冶金工业出版社

普通高等教育"十四五"规划教材

冶金设备基础

朱 云 沈庆峰 编著

扫码看本书
数字资源

北 京

冶 金 工 业 出 版 社

2025

内 容 提 要

本书对冶金设备的结构、工作原理、特点、注意事项与选用等进行了详细阐述，主要内容包括绪论，散料输送设备，流体输送设备，冶金传热设备，混合与搅拌装置，非均相分离设备，蒸发、萃取与离子交换设备，电化学冶金设备，干燥与焙烧设备和冶金熔炼设备等。

本书为高等院校冶金工程专业本科生、硕士研究生的教学用书，也可供相关专业的工程技术人员参考。

图书在版编目（CIP）数据

冶金设备基础/朱云，沈庆峰编著 . —北京：冶金工业出版社，2022.3
（2025.1 重印）

普通高等教育"十四五"规划教材

ISBN 978-7-5024-9074-4

Ⅰ . ①冶…　Ⅱ . ①朱…　②沈…　Ⅲ . ①冶金设备—高等学校—教材
Ⅳ . ①TF3

中国版本图书馆 CIP 数据核字（2022）第 040190 号

冶金设备基础

出版发行	冶金工业出版社	**电　话**	（010）64027926
地　址	北京市东城区嵩祝院北巷 39 号	**邮　编**	100009
网　址	www.mip1953.com	**电子信箱**	service@ mip1953.com

责任编辑　杨　敏　美术编辑　吕欣童　版式设计　禹　蕊
责任校对　范天娇　责任印制　窦　唯

北京印刷集团有限责任公司印刷

2022 年 3 月第 1 版，2025 年 1 月第 4 次印刷

787mm×1092mm　1/16；21.75 印张；526 千字；337 页

定价 55.00 元

投稿电话　（010）64027932　投稿信箱　tougao@cnmip.com.cn
营销中心电话　（010）64044283
冶金工业出版社天猫旗舰店　yjgycbs.tmall.com
（本书如有印装质量问题，本社营销中心负责退换）

前　言

为贯彻落实国家高等教育有关要求和精神，适应新教学大纲的需要，我们编著了本书，其目的是帮助学生建立"冶金原理""传输原理"基础理论课程与冶金工程专业课程的衔接，了解冶金生产设备，为后期专业课程的学习打下坚实的基础。

本书围绕冶金本科教学课程体系设置要求，坚持以"衡量设备的指标、设备结构、工作原理与实用性"为原则，在我们对冶金企业进行实地调查、对设备资料进行归纳整理的基础上编写而成。本书介绍了现代冶金中最基本、最常见的设备，尽可能介绍近年来生产的先进设备，包括散料输送设备，流体输送设备，冶金传热设备，混合与搅拌装置，非均相分离设备，蒸发、萃取与离子交换设备，电化学冶金设备，干燥与焙烧设备和冶金熔炼设备等。

本书以设备类别为纲，从原料进入冶金工厂开始至产品出厂，逐一分类叙述设备的结构、工作原理、特点、注意事项与选用。与冶金设计手册不同，本书重点介绍设备的工作原理，对不同设备进行分析、比较，启发学生进一步思考。

本书由昆明理工大学朱云与沈庆峰编著。沈庆峰编写了第6章，其余各章由朱云编写。沈庆峰带领昆明理工大学李旻廷、邓志敢等，进行了全书校对。

本书的编写与出版得到了昆明理工大学"特色精品教材建设"项目的资助，以及昆明理工大学冶金与能源工程学院的大力支持，同时在编写过程中，参考了有关文献，一些同事为我们提供了资料、建议和帮助，在此一并表示诚挚的谢意！

由于作者水平所限，书中疏漏和不妥之处，恳请读者批评指正。

作　者
2021 年 6 月

目　　录

1　绪　论

冶金设备是指在冶金工业的冶炼、铸锭、加工、搬运和包装过程中使用的各种机械和设备。本书详细介绍了冶金过程中物流及传热、传质和动量传递的基础设备和基本原理。学习"冶金设备基础",做到安全使用、优化调配、经济合理、确保质量、保护环境。

1.1　冶金设备发展简史

从过去看现在,从现在看未来,人类的行为和思维方式一般都遵循从原始到复杂,最终达到简单的途径。了解冶金设备发展简史,可以为学习"冶金设备基础"提供一些启发。

早期对天然金属（铜、金、陨铁）的使用表现为:在现在伊朗西部艾利库什（Ali Kosh）地区,发现公元前七八世纪用天然铜片卷成的铜珠;在伊朗中部纳马克湖南部泰佩锡亚勒克（Tepe Sialk）发现了公元前五世纪的铜针;在克尔曼（Kerman）之南的叶海亚（Yahya）地区发现了公元前五世纪后期天然铜制成的铜器。

天然金虽然容易发现,但一般块金尺寸较小、数量较少。砂金的利用有待冶金方法的出现,所以出现较晚。目前,世界上已发现的金制品最早的为公元前5000年南美最早使用的天然金。在秘鲁,对金的加工始于公元前1500年,而用铜和铜银合金则在公元前1000年以后。

人们最早从大自然中找到天然的金属为金、铜、银,并把这些金属做成了工具。早期对天然金属（铜、金、陨铁）的使用,使人们认识到了金属制作的工具更好用。新石器时期的制陶技术（用高温和还原气氛烧制黑陶）,促进了冶金技术的产生和发展。

在日常生活中,人们发现了冶炼金属的方法:炼青铜——锡铜合金,炼铅,炼倭铅——锌及其合金。冶金技术从根本上改变了人们的劳动生产力,人们开始注意冶炼金属。

冶金技术的发展提供了用青铜、铁等金属及各种合金材料制造的生活用具、生产工具和武器,提高了社会生产力,推动了社会发展。中国、印度、北非和西亚地区冶金技术的进步是同那里的古代文明紧密联系在一起的。

冶炼技术与冶炼设备,对冶炼过程来说,后者更起决定性作用。没有相应的冶炼设备完成过程操作,再好的冶炼工艺和技术也是没法实现成果转化的。

1.1.1　冶金设备发展的四个关键时期

冶金设备在冶金发展史上有四个关键时期:

（1）青铜器时代的冶金设备。最早的冶炼是火堆冶炼。最早人们用火堆煮食物时,偶然发现某块矿石会在火焰灼烧下变成金属,发现了火堆冶炼技术。青铜器时代之前,冶炼用的设备就是火堆，没有功能区的设置。火堆没有炉膛，火堆温度最高 800℃，火堆中心的还原气氛弱。火堆只能冶炼出固态还原的红铜（斑铜）。红铜质软，既不适合造工具，也不适合制作兵器。

随着对冶炼过程的认识，人们开始用一个专用设备来冶炼金属。炉是古代焚烧木炭之器，取暖、做饭或冶炼用的设备。

随着人们对燃烧的认识，发明了火炉，如图 1-1 所示。火炉是由燃烧室、供风与保温层组成的炉，火炉本体结构肩负燃烧发热与接收热量的双重任务。火炉的本体至少有一个燃料槽室，有一个供风室或风箱，有一个燃烧产物排出口。火炉有了炉膛，炉膛温度就可以达到 1100℃，火炉炉膛的还原气氛较强。火炉能够直接烧矿石使之熔化，产出致密青铜，青铜是铜与锡或铅的合金或三元合金（熔点 740~900℃）。

火炉的结构有两种基本形式。一种是炉膛内置坩埚，就是如图 1-1 所示的火炉，有炉条，上面放炭，下面是鼓风和积灰空腔。燃料在炉条上面进行燃烧，内置的坩埚里放矿石，燃烧直至坩埚里的矿石熔化，产出的炉渣漂浮在上部，还原出的金属沉在下部。反应完后，把坩埚夹出，再放入一个装有矿石的新坩埚。另一种是火炉直接用耐火石砌筑，中间用耐火泥砌筑一个坩埚形状的空腔，通过风管把风鼓入炉内，先点燃风口附近的燃料，再把矿石和炭加到炉里，把矿石烧化，进行冶金反应，还原出的金属在下部，炉渣在上

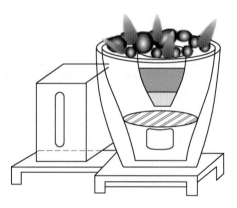

图 1-1　火炉示意图

部。把它倒出或开口放出。也可以炉膛内置一批燃料与矿石的混合料，点燃，待燃料烧尽后，把炉子冷却，撬出金属，重新修炉再炼第二炉。火炉的这两种结构都是间歇式操作，炼完一炉再来炼第二炉。

火炉冶炼比火堆冶炼先进了很多。火炉内可以置坩埚，坩埚内再放置矿石，由于坩埚的阻隔作用，能够在坩埚内产生强还原气氛，可以炼出难还原的锌。

人们对火炉冶炼的认识，在冶炼的早期，是一种蒙昧地认识，凭经验体会，如火炉内的燃烧与热工、火炉内的冶金反应、火炉的温度控制与使矿石熔化产出致密金属的规律。这些认知完全是蒙昧的、经验式的，所以，古人要崇拜神——冶神，要祈求神的保佑。西方崇拜的冶神是一目神，《荷马史诗》里德赫菲斯托斯就是冶神。

青铜器时代的冶金设备，最早是火炉冶炼。火炉冶炼炉膛非常小，效率非常低，之后进一步把炉膛加大，就逐步改进成坑式炉。青铜器时代的冶金设备就是火炉与坑式炉。

坑式炉的结构如图 1-2 所示。

（2）铁器时代的冶炼设备。在世界冶炼金属的历史上，炼铜先于冶铁，其原因为：

1）在自然界有天然铜，几乎无天然铁。铜比铁被人早认识。

2）铜矿石比铁矿石容易察觉和识别。

3）炼铜比炼铁容易。铜很容易还原，铁很难还原。古代的冶炼设备只能炼铜。所以，约公元前 2000 年，我国、西亚和东南欧的广大地区，普遍掌握了冶炼青铜（或红铜）的技术，用的就是火炉。

青铜时代所铸出来的青铜宝剑是熔炼制造的。

大约在1200℃，在火炉内铁矿石被木炭还原就产出炉渣和铁，与没有反应完的木屑混在一起，呈团块状。把这样的铁块趁热不断捶打，挤出其中的夹杂物，把小铁块锻打连接起来就做成器件，这种方法获得的铁叫做固态还原铁。

火炉也可以炼出生铁，生铁就是碳、硫、磷的一个熔体，它的熔点只有1150℃，生铁经不起捶打，不易加工成器件。所以，要火炉还原产出致密的中低碳铁是不可能的，需要改进火炉。

改进方法是把火炉炉膛加高，改进成坑式炉。坑式炉进一步升高炉膛，就成了原始的高炉。

炉膛加高，燃烧产生的烟尘就很大，就要排烟尘，排烟尘就要设置烟囱。炉膛加高以后燃烧所需的空气会

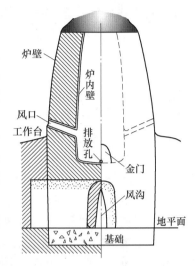

图1-2 坑式炉示意图

增多，需要加皮囊鼓风。在火炉的基础上增加烟囱和皮囊鼓风就成了最早的竖炉。

铁器时代的冶金设备就是坑式炉进一步改进，改进的坑式炉名为竖炉。坑式炉也叫原始的竖炉，竖炉由此而来。

据《天工开物》记载，古代的竖炉最早是用来炼青铜的。竖炉从下往上由炉基、炉缸、炉腹、炉顶和烟囱构成，炉料从加料口加进来。加入块状的物料，块状的物料填满了炉膛的整个空间；风从风口吹进来，在金门之上附近区域进行燃烧，燃烧的火焰直接把矿石熔化落入炉缸；燃烧的热气流从下往上走，加入的物料从上往下走，就形成了逆流传热。

竖式炉内炉料以气流对流传热为主，这是第一个特征。第二个特征就是碳进行了焖燃烧。焖燃烧就是在风口上方一点的空腔燃烧。燃烧的火焰向上流动，把炉腔内上部的矿石加热，加热的矿石被火焰融化。第三个特征是炉内风口区的较高温度能把炉内的炉料完全熔化。熔化以后的物料从金门处的排放孔排出。

古代竖式坑式炉已经具有现代竖炉所具有的特征：炉膛内块状物料直接受热，炉膛内风口区进行焖燃烧；燃烧是被炉膛内的料压住的，是焖在下面燃烧的；风口区物料一直被烧到熔化；炉缸区渣和铁进行分离，有供风和排烟的装置。

风从风口区持续的鼓入。古竖炉的还原需要提供持续的风，需要有耐火材料来砌筑这样一个竖炉，需要有烟囱把废气排出炉外。早期的供风用皮囊。皮囊由拉杆、进气门、排气口与排气门构成。当气囊由右往左拉的时候就是进气，就是往皮囊里面吸气，吸气的时候排气门关闭，进气门打开，环境里的空气吸到里面。当皮囊从左往右拉时，就是排气。排气时排气门打开，进气门关闭，往炉子里面鼓进风。皮囊鼓的风，风量太小。炉子要做大，要冶炼更多的金属就需要更强劲的鼓风设备。古人是用水排解决大炉子的鼓风问题的。《天工开物》上记载的水排，就是在一根轴上下分别设置一个轮，下面的是水轮，上面的是传动轮。当高处的水冲击到水轮上，水轮转动带动轴、带动上面的传动轮，传动轮带动行恍，行恍推动风箱给炉子供风。据文献记载水排供风量比皮囊供风量大得多、强劲得多，水排能够提供100m³的竖炉所需要的风。在古代，100m³的竖炉一天可以产出1~2t铁。

（3）近代冶金设备。沿着时间叙述，要把铁炼成钢，古人是趁热捶打挤出其中的夹杂物，这种叫作千锤百炼。现在成语千锤百炼就是从冶炼里面来的，要把铁炼成钢就是趁热捶打，不断的捶打就把铁炼成钢了，这是最早的炼钢方法。后来就发明了白口铁加热保温，缓慢冷却使碳以团状石墨析出，这种叫作固体脱碳方式。所用的设备也是保温炉。再后来就发明了生铁趁热融化后在熔池里面加以搅拌，借助空气把铁中的碳氧化，这种方法叫做炒钢。从坑式炉放出铁水与炉渣的混合体，在坠子焖（见《天工开物》）里保温进行渣与铁分相，再把铁水转至炒钢炉，进行炒钢操作。炒钢就是脱碳。

古竖炉冶炼是焖着燃烧的，在风口区燃烧形成火焰。这个火焰把热量传给矿石以后，它的温度就降低，随着气流从下往上流动，气流的温度降低，烟气里面的含尘颗粒变大，浓烟滚滚是坑式炉的正常标志。正因为浓烟滚滚，所以近代冶金，又要搞冶炼又不能让烟气从炉子里面排放到环境，就要收尘，于是有了各式各样的收尘设备。

在此之前的冶金都是凭经验的，是人类的经验传承。所以在此之前都是师傅带徒弟的方式来搞冶炼的。公元 1550 年阿格里科拉出版了《论冶金》著作。《论冶金》中明确提出了冶金是一门科学。《论冶金》的意义在于它把人们对冶金的认识，从工匠的经验式发展为理性的科学——冶金学，激发了仁人志士为冶金做贡献。

确立了冶金的科学地位后，各种冶炼设备不断地被发明。1807 年戴维用电解的方法获得了金属钠和钾，金属钠和钾只能用电解的方法制取。有了钠与钾以后，就有了金属热还原法。随后，人们开始认识到活泼的金属锂、钛，才有了今天的冰晶石氧化铝熔盐电解这些设备。图 1-3 所示为电解氯化钠熔盐制取钠的设备。熔融的氯化钠在阴极室生成金属钠，周边阴极区是环状的，金属钠的密度比熔融氯化钠的小，所以融化了的液态金属钠通过上升通道排到液体金属储存室，通过排放阀排出。阳极室在中间。阳极室里面产生氯气，氯气从上部通道收集起来储存。

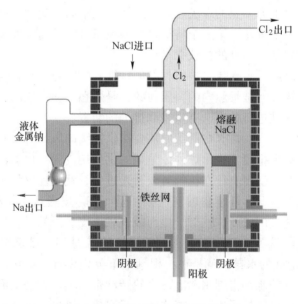

图 1-3　电解氯化钠熔盐制取钠设备

近代冶金发展时期，冶炼设备不再是单一的某个冶炼炉而是多种冶炼设备，有转炉、反射炉……除了炉子以外还有其他冶金设备，如电解设备（用电化学来冶金），有水溶液电解的设备，也有熔盐电解的设备。近代冶金出现了工作原理互不相同的多种冶炼设备。

（4）现代冶金设备。现代冶金设备，不再是单个冶金设备而是一个冶炼设备系统。炼铜不是只靠一个设备，而是为了高效率炼铜而组合成的一个冶炼系统。以铜精炼为例，现代铜电解精炼向着大极板、长周期、高电流密度、高品质阴极铜发展。阳极板是电解铜的原材料，要获得优质的电解铜，阳极板的外形得良好。阳极板外形影响电解过程中电流效率和残极率。完整的自动化极板作业机组是实现铜电解生产高效率、高质量的前提。铜阳极板一般在火法冶炼中使用圆盘浇铸机浇铸成型，通过叉车运送到电解车间阳极板整形机组进行整形排列等准备。精炼铜生产主要有传统法和永久阴极电解法两种，永久阴极电解机组主要由阳极整形机组、剥片机组、残极洗涤垛机组三部分组成，全自动化。阳极板从圆盘浇铸机组到电解阳极整形机组用链条运输生产线设备，全自动化生产，能够完全无缝衔接浇铸工序及电解工序的生产，实现火法冶炼与湿法冶炼中间产品的自动化运送，生产效率大大提高。

我国现代冶炼技术注重装备的自主研发。按照设备"简约化、大型化、智能化"的原则，自主研发高效冶炼与安全生产的冶金设备。例如，江西铜业集团公司在 2002 年研制成功国内第一台全自动圆盘浇铸机，2008 年研制了全自动铅阳极板圆盘浇铸机，2011 年研制了银锭浇铸机，2015 年研制了永久不锈钢阴极剥片机。

1.1.2 现代冶金设备的特点

2000 年前人们把单台冶炼设备的潜能发挥到了极致。例如，重有色金属冶炼的熔炼设备种类繁多、复杂。其中铜熔炼设备有闪速炉、闪电炉（又称合成炉）、诺兰达炉、特尼恩特炉、艾莎炉、澳斯麦特炉、卡尔多炉、瓦纽柯夫炉、自热熔炼炉、氧焰熔炼炉、旋涡熔炼炉（CONTOP）、三菱熔炼炉、白银炉、底吹熔炼炉，加上传统的反射炉、鼓风炉、电炉等近 20 种之多。其他重有色金属冶炼炉大体包括在上述设备内，其中镍冶炼有飘浮熔炼（Inco），铅冶炼还有基夫赛特炉（同闪电炉）、QSL 炉（Queneau-Schumann-Lurqi reactor）、短窑等，锌的火法冶炼还有竖罐蒸馏炉等。铅冶炼多用鼓风炉，镍冶炼处理红土矿多用电炉。在锡和锑冶炼中，传统的"烧结鼓风炉"均有采用，其中锡冶炼水平较高的有澳斯麦特炉，锑冶炼正在开发底吹熔炼炉。2000 年前单台冶炼设备的发展大体可归纳为：

（1）设备大型化，提高单炉产能，提高劳动生产率。如萨姆松厂的闪速炉反应塔直径最大已达 $\phi 7m$，我国贵溪冶炼厂为 $\phi 6.8m$；单炉产能最大已达 450kt/a 粗铜；三菱熔炼炉内径已扩至 $\phi 10m$；单炉产能已接近 300kt/a；国外电炉熔炼单台最大功率已达 110MW。

（2）提高供风的氧浓度，以便提高热强度和产能。提高冶炼的氧浓度，可提高烟气 SO_2 浓度，降低酸厂投资，减少尾气 SO_2、CO_2、NO_x 排放量，改善环境。如闪速炉、瓦纽柯夫炉、底吹炉的氧浓度均高达 70%~80%，Inco 炉氧浓度达 95%；离炉烟气 SO_2 浓度高于 30%；硫的捕集率达到 99.9%，降低了单位产品能耗。

（3）改善渣线耐火炉料冷却方式，延长炉寿，降低耐火材料单耗。如闪速炉与三菱熔炼炉的大修周期有的已延长至 10 年左右；瓦纽柯夫炉渣线以上全水套，大修周期达 500 天左右。

（4）重视余热回收。在前述各类熔炼炉中，除鼓风炉、竖罐与炼锌电炉外，目前仍被采用的炉型几乎都配备了余热锅炉，以生产蒸汽、发电或做它用，有效降低了单位产品能耗。

（5）优化工艺，提高劳动生产率。全熔炼系统包括制酸，普遍采用 DCS 系统，实现在线控制，全员劳动生产率大幅提高，以铜为例，美国 Utat 冶炼厂人均年劳动率已接近1000t 电铜。

现代冶金设备是一个冶炼设备系统。

现代冶金的设备必须是自动化的生产过程。例如，氧化铝设备的发展方向是设备大型化和生产过程控制的自动化。铝电解设备的发展方向是开发具有更合理的"三场（磁场、流场与电场)"、使用惰性阳极的新型电解槽，开发具有防高磁场强度、高效化、自动化、智能化和实现远程操作控制的电解多功能天车。碳素设备的发展方向是低能耗、高产能、大型化、连续化、自动化以及改善生产操作环境。氧化铝厂规模和氧化铝生产线的大型化，还依赖于生产过程控制的自动化。只有提高生产过程自动化控制水平，才能保证系统的稳定运行，达到高产低耗的目的。因此，现代冶金设备的特征之一是高度自动化。

现代冶金的第二个特征是注重可持续发展。在资源方面，矿产资源储量有限，品质有好有坏，不能只用富矿，贫矿也要使用，再生资源也要合理利用，综合利用也要进行，这样才能保证冶金行业的持续发展。

所以，现代可持续发展的冶金设备系统具有以下 5 个特点：

第一个特点是充分利用矿石自身所含的能量。火法炼铜时，硫化铜精矿中的硫燃烧，放出大量热量，利用这个热量，可使炼铜过程不需要额外补加燃料，只靠硫化矿燃烧放出来的热量就能把冶炼完成（叫作自热熔炼）。

第二个特点是把多个传统冶金过程缩合为一个设备（过程）完成。过去竖炉炼铜要把铜矿石制粒，焙烧，再用鼓风炉熔炼，至少 3 个过程，现在只需一个设备（过程）。

第三个特点是设备高度自动化。现代冶金设备很多都是在计算机控制下自动运行。炉子的任何一个参数发生变化都会联动整个系统，实现自动调整和自适应。

第四个特点是反应过程强化，提高设备生产力。我国贵溪冶炼厂最早从日本引进闪速炉，设计产能为年产 5 万吨铜。后经过消化，改进，强化反应过程，同样是这套设备，产能提高到 25 万吨。一台炉子，原来年产 5 万吨，现在年产 25 万吨，设备生产率大幅提高。

第五个特点是为达到特定的冶金过程采用特殊手段。HIsmelt 技术就是用特殊的手段组成了 HIsmelt 冶炼系统。

1.2　"冶金设备基础"课程设置

教学中曾经开设"冶金炉""湿法冶金过程与设备""燃烧学"等多门课程，相互重叠。历年来，大块式基础一直是冶金设备基础的一种主要形式。设备基础之所以"深、大、笨、粗"，主要是由于设备设计与工艺技术相脱节、静态估算、软硬件易脱节、简单地把设备拼接等弊端。把承"冶金原理"与启"冶金工艺"的内容整合于"冶金设备基础"课程内，形成特色鲜明的专业基础课程，是本课程的设置定位。

如果要学好专业课程就一定要先学好专业基础课程，"冶金设备基础"是冶金工程专业的专业基础课程。

1.2.1 "冶金设备基础"与其他课程的关系

大学本科的培养目标：培养具备冶金工程方面较宽的基础知识和冶金物化、钢铁冶金和有色金属冶金等方面的知识。能在其领域从事生产、设计、科研和管理的高层次、高素质，获得工程师基本训练的高级工程技术人才。冶金工程专业学生主要学习黑色和有色金属（包括重、轻、稀有和贵金属）冶金的基本理论、生产工艺和设备及资源综合利用的基本理论和基本知识。主干课程："冶金原理""传输原理""冶金设备基础"与工艺方面如"钢铁冶金学""有色金属冶金学"等。

"冶金设备基础"课程是衔接"冶金原理""传输原理"与"冶金工艺"的重要课程。有什么样的工艺设想，就要有相应实现该工艺的冶金设备。在冶金中，往往是用设备的名称来命名方法，如"闪速炉熔炼"法就是用该方法的主体设备"闪速炉"来命名的。"冶金设备基础"在大学本科培养中具有重要作用。

冶金设备与工艺课程是冶金工程本科生的必修课程，其课程特点要求理论讲授贴近工程实际，跟踪现代冶金设备与工艺流程的发展方向。在教学过程中可以通过有效衔接机械基础课程与专业课程以及工艺流程与设备的教学内容，增加相关专题的讲授达到增强学习的目的性，提升创新设计能力，为从事冶金机械及相关技术工作打下基础。

本教材改变以往重叠、粗糙的分类，根据冶金工程培养总方针，按单元过程分类，全面讲述冶金通用设备、湿法冶金设备与火法设备。对设备进行归类，对比叙述，注重"传输原理"基础知识在本课程的运用。

1.2.2 "冶金设备基础"在人才培养中的地位与作用

"冶金设备基础"课程的特点是讲授贴近工程实际的理论。其教学目标是：（1）掌握本专业所需的冶金机械、识图、制图和计算机设计的基本知识和技能；（2）掌握黑色和有色金属冶金过程所用设备的基础理论和生产工艺知识；（3）具有黑色和有色金属冶金生产组织、课程设计、工程设计的基础知识和工业设计的初步能力；（4）具有分析解决本专业生产中的实际问题以及进行科学研究，开发新技术、新工艺、新材料的初步能力；（5）了解本专业和相关学科设备发展的动态。

"冶金设备基础"课程要求的具体能力包括：

（1）知识规格：掌握高等数学、机械制图、计算机应用等基础知识，掌握冶金物化原理、冶金热工基础、金属学等冶金基础知识，掌握黑色和有色金属生产及加工的原理、工艺及设备。

（2）能力规格：具备操作冶金设备、进行冶金生产的能力；应用冶金基础知识到本专业及相关专业工艺中去，从事技术改造、新产品开发的能力。

（3）素质规格：第一，爱岗敬业、勤奋工作的职业道德素质；第二，从事冶金生产和设计的业务素质；第三，注重节能减排、环境保护和可持续发展的工程伦理素质。

现代社会发展与冶金能源及资源结构的变化，迫使当代冶金工艺流程和设备结构发生变化，新技术、新装备不断涌现，因而需要冶金工艺及设备课程在内容上与时俱进，在教学方式上灵活多变，以培养符合社会及工业发展需求的冶金专业技术人才。

现代冶金企业希望拥有具有以下主要技术特点的人才：（1）具有认识设备可靠性和稳定性的理念。（2）掌握现代冶炼技术，掌握设备操作技术。很多技术和工艺是固化在具体的设备上的，所以要掌握设备。（3）整体素质高，具有国际化眼光，工作敬业、责任心强，具有良好的职业道德。（4）有技术创新意识，有市场意识，能够开发新的设备。（5）具有熟练驾驭 CAD/CAM /CAE 等的计算机技能。

综合上述可知，"冶金设备基础"课程在冶金工程专业人才培养中占有举足轻重的地位。

1.3 "冶金设备基础"的内容与学习方法

"冶金设备基础"课程是全国所有设置冶金专业的高校都开设的课程。以往的教学内容有：冶金传输、耐热及保温材料、燃料与燃烧计算以及燃烧器等；火法冶金设备的结构、工作原理、应用范围、选择原则及发展趋势等；反应槽、储槽、液固分离设备、水溶液电解设备、萃取及离子交换设备、蒸发及浓缩结晶设备等湿法冶金设备。这些教学内容相互重叠，不利于科学组织教学。本教材精选"冶金通用设备、湿法冶金设备与火法冶金设备"，按照现代冶金单元操作过程中所涉及的设备来组织课程内容。

1.3.1 "冶金设备基础"的内容

凡是冶金中所用的设备都属于"冶金设备"课程的内容。"冶金设备基础"课程的内容既可以按所涉及的单元过程来编排，也可以按功能体系来编排。

"冶金设备基础"课程涉及的单元过程有：散料输送、搅拌（浸出）、干燥、萃取、流态化技术、熔炼、吹炼、流体输送、液固分离、焙烧与烧结、熔盐电解、金属脱气等。掌握了这些单元操作所用设备的原理，冶金工作者就能够思考、解决工厂实际问题，能够快速制定出解决问题的有效方法，在工作中起到强化生产、提高产品质量、增加设备能力、改善设备效率及降低投资的作用；并能通过改善操作，起到降低成本、能耗及原材消耗的作用。

《冶金设备基础》按单元过程来编排，涉及的内容包括：（1）散料输送设备；（2）流体输送设备；（3）冶金传热设备；（4）混合与搅拌装置；（5）非均相分离设备；（6）蒸发、萃取与离子交换设备；（7）电解、电积设备；（8）干燥、焙烧与烧结设备；（9）冶金燃烧与熔炼设备。

现代冶金是一个设备系统。按功能体系，《冶金设备基础》涉及设备的使用、维护和开发，包含的内容有：

（1）充分了解实现冶金单元过程（某个冶金反应）的技术要求。

（2）实现单元过程的设备工作原理、设备的类型、设备的特点。

（3）冶金设备的正确选用和维护。

（4）冶金设备的系统革新，整个冶金设备系统的革新。

冶金设备正确选用和维护的基本条件是：按企业产品生产的工艺特点和实际需要配置设备，使其与工艺配套，布局合理、协调；依据设备的性能、承荷能力和技术特性，安排设备的生产任务；选择配备合格的操作者；制订并执行使用和维护保养设备的法规，包括一系列规章、制度，保证操作者按设备的有关技术资料使用和维护设备；保证设备充分发挥效能的客观环境，包括必要的防护措施和防潮、防腐、防尘、防震措施等；保持设备应有的精度、技术性能和生产效率，延长使用寿命，使设备经常处于良好技术状态。

冶金设备的系统革新就是冶金设备的配备。合理配备是根据生产能力、生产性能和企业发展方向，按产品工艺技术要求实际需要配备和选择设备。合理配备设备，是正确合理使用设备、充分发挥设备效能、提高其使用效果的前提。冶金设备的系统革新，要注意以下几点：

（1）要考虑主要生产设备、辅助设备的成套性。不然，就会产生设备之间不相适应，造成生产安排不协调，影响正常生产进行。

（2）设备的配备，在性能上和经济效率上应相互协调，并随着产品结构的改变，品种、数量和技术要求的变化，以及新工艺的采用，各设备的配备比例也应随之调整。

（3）在配备设备中，切忌追求大而全或小而全。一个企业内，在全面规划、平衡和落实各单位设备能力时，要以发挥设备的最大作用和最高利用效果为出发点，尽可能做到集中而不分散。

（4）有的专用设备，如果能用现有设备进行改进、改装或通过某工具的革新来解决，就不要购置专用的设备。

（5）在配置设备中，要注意提高设备工艺加工的适应性和灵活性，以满足多品种、小批量、生产周期短的产品。

设备综合利用率是综合衡量设备水平的一个指标，与合格率、计划生产时间、实际生产时间、理论生产数量、实际生产数量等指标有关，总体反应设备的利用情况，设备利用越高，浪费就越少。与设备综合利用率相反的就是故障率。用故障率表示冶金设备的经济寿命，如图 1-4 所示。

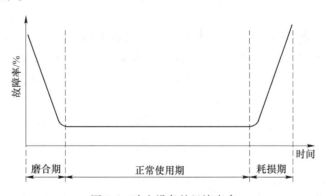

图 1-4　冶金设备的经济寿命

现代冶炼设备的经济使用与维护：随着现代冶炼的发展，机械设备出现了大型化、自动化等特征，设备管理中也愈加注重设备维修管理的问题。

在冶炼行业生产过程当中，冶炼设备的正确使用非常关键，冶炼设备出现任何的问题，都会在一定程度上影响企业正常的生产活动。"冶金设备基础"的学习就是培养学生具备冶金设备的应用、维护、调试的能力，使学生能够具备现代冶金设备的控制、操作、维护和调试设备各项工艺参数的技术能力，培养学生成为高素质技能型人才。

1.3.2 "冶金设备基础"的学习方法

"冶金设备基础"的学习，离不开教材。本教材以"典型的单元操作过程"归类，讲述设备性能及原理，遵从认知规律；实例讲解相关的计算方法和选择使用方法，启迪学生应用基本理论分析和解决冶金中工程实际问题；紧扣"三传"的基本理论，引导学生应用"三传"的知识来分析冶金设备的问题。

学习"冶金设备基础"，了解和掌握先进技术的设备，指导冶金设备的设计与制造，才能为节能减排、降低消耗、降低生产成本、提高经济效益，提供性能好、能耗低、自动化程度高的大型化设备。"冶金设备基础"课程在内容上难懂之一是设备使用时是动态的，看不见动态设备的内部结构；难懂之二是设备太多，不能一个一个地学习。因此，学习《冶金设备基础》的方法包括：

第一，观察自然现象。许多现代冶金设备的工作原理都源于自然现象，把自然现象的原理用到冶金设备中来。如散料气体浓相输送技术所用设备就是源于人们观察风吹砂粒在地面上运动的原理而制成的。所以，观察自然现象，结合冶金设备，深刻理解工作原理。

第二，自觉复习"冶金传输原理"的内容。冶金设备的工作原理是"冶金传输原理"在具体设备中的运用。冶金生产中常用到"冶金传输原理"的动能传递、质量传递、热量传递和冶金化学反应（简称"三传一反"）规律。现代冶金设备把"三传一反"发挥到冶炼的极致。用冶金传输原理的知识，注重对设备的"结构、工作原理、特点和实用性"深入认识，增强掌握设备的能力。

第三，采用比较学习的方法，用分类对比的方法触类旁通。冶金单元过程中同类型的多种设备成千上万，如果一个一个地学习，大学期间就只能学这门课程了。任何一种设备都有其特点和局限性，需要多种设备协同完成一个特定冶金任务，但也要注重同类设备的比较，触类旁通。

第四，充分利用网络资源。网络上有丰富的设备资料资源，包括设备类型、结构组成、工作原理、性能参数、生产厂家、产品价格等诸多方面，有视频、动画、图片等多种形式，通过网络资源的辅助学习，可以对相关设备进行全面和深入的了解。

习　　　题

1-1　单选题：

(1) 古代冶金设备发展的四个关键时期的特征是（　　　）。

　　A. 炉火的温度控制技术　　　　　　　B. 炉子内的冶金反应控制技术

　　C. 强劲、大流量供风技术　　　　　　D. 火堆冶炼技术

(2) 现代冶金设备的特征是（　　　）。

　　A. 一个冶炼设备系统　　　　　　　　B. 澳斯麦特炉技术

　　C. 卡尔多炉技术　　　　　　　　　　D. 高炉技术

(3) 冶金设备基础在核心制造技术中的地位与作用是（　　　）。

　　A. 技术和工艺固化在具体的设备上

　　C. 注重各工序装备动态运行的计算

　　B. 技术、劳动密集型产业

D. 具有明确的设备开发战略，具有完备的科技管理制度，具有明确的知识产权

（4）学习好冶金设备基础，必须（　　　）。

　　A. 掌握 CAD/CAM /CAE 软件　　　　B. 掌握冶金设备的系统革新

　　C. 掌握"三传一反"　　　　　　　　D. 掌握冶炼设备的维护技术

1-2　简述现代冶金设备的特点。

1-3　简述冶金设备基础课程需要掌握的内容。

1-4　简述冶金设备基础与其他课程的关系。

1-5　简述冶金设备基础的内容。

1-6　简述如何判断冶金设备的新旧程度。

1-7　简述冶金设备基础的学习方法。

2 散料输送设备

金属矿物进厂后卸入料仓，在之后的冶金处理过程中，需先经过一系列物理准备过程（如物料的干燥、配料、混合、润湿、制粒、制团、破碎、筛分等）和化学准备过程（如焙烧、烧结、挥发、焦结等），物料经过这些准备处理后，达到冶炼的要求，才能进入冶金炉或其他反应装置，以确保冶金过程正常进行，生产出合格的冶金产品。从料仓到各工序的固体物料输送是冶金工厂的普遍作业。因此，需要学习物料的输送及给料。

在有色冶金工厂内，输送的物料主要是散粒物料（简称散料）。散料就是未包装的、零散的固体物料，指各种堆积在一起的块状物料、颗粒物料和粉末物料。

2.1 散料输送工程基础

2.1.1 散料的性质

散料的主要性质有粒度、堆积密度及堆积重度、堆积角、磨琢性、含水率、黏度、温度等。

（1）粒度。粒度又称块度，是表示散料颗粒大小的物理量，以颗粒的最大线长度表示，如图 2-1 所示。散料的粒度通过试样筛分确定。散料按其粒度值的大小一般分为五类，见表 2-1。

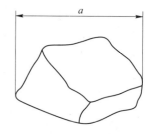

图 2-1　颗粒粒度尺寸示意图

表 2-1　散料按粒度分类

散料名称	散料粒度 a/mm	散料举例
大块散料	≥160	石英石、石灰石、矿石
中块散料	60~160	入炉烧结块、竖罐团块
小块散料	10~60	碎焦、原煤
小颗粒散料	0.5~10	烧结返料、水淬渣、焦粉
粉状散料	<0.5	干精矿、烟尘

（2）真密度及堆积密度。堆积密度（简称堆密度）是指散料在松散的堆积状态下占据的单位体积的质量，其单位为 t/m³。堆积重度（简称准重度）是指散料在松散的堆积状态下占据的单位体积的重量，其单位是 kN/m³。真密度就是颗粒组成的密度。

根据颗粒的气动输送性能散料被分为四类，如图 2-2 所示。1）细颗粒。固气密度差 200~6000kg/m³，尺寸 1.0~74μm。这类颗粒流动性能好，在超过临界流化速度前会明显膨胀，停止送气会缓慢排气。2）粗颗粒。尺寸 74~500μm。固气密度差 1400~4000kg/m³。易于鼓泡，气流速度一旦超过临界流化速度就会立即出现两相（气泡相与乳化

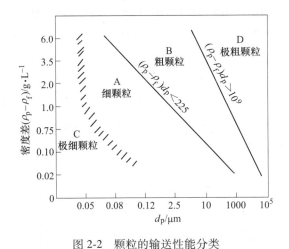

图 2-2　颗粒的输送性能分类

ρ_p—固体颗粒的密度，kg/m^3；ρ_f—气体的密度，kg/m^3；d_p—固体颗粒的直径，μm

相）。3）极细颗粒。密度 $2500kg/m^3$、尺寸小于 $1.0\mu m$。它具有黏结性，易受静电效应与颗粒间作用力的影响，流动性能在图 2-2 上弧形变化。颗粒间作用力与重力相近。4）极粗颗粒，密度 $2500kg/m^3$、尺寸大于 $550\mu m$ 甚至更大。气固混合性差，易产生喷射流。需要相当高的气流速度，才能使其处于喷射流操作。

（3）堆积角。堆积角是指散料在平面上自然形成的散料堆表面与水平面的最大夹角，又称为休止角或自然坡角，如图 2-3 所示。散料的流动性与堆积角有关。按堆积角的大小，散料又可分为四类，见表 2-2。

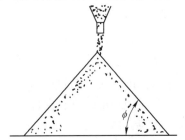

图 2-3　散料堆积角示意图

表 2-2　散料按堆积角分类

散料类别	静堆积角/(°)	散料举例
自由流动散料	≤30	干烟尘、干精砂
正常流动散料	30~45	石英砂、水淬渣、石灰石
流动慢散料	45~60	焦炭、烧结块、石英石
压实散料	>60	湿精矿、滤饼

在选择输送机承载工作构件尺寸时，应特别注意堆积角。

（4）磨琢性。磨琢性是指散料在输送和转运过程中与输送设备接触表面磨损的性质、程度。散料的磨琢性与散料品种、粒度、硬度和表面形状等有关。

（5）含水率。散料中除本身的结晶水之外，还有来自空气中吸入的收湿水和充满于散料颗粒间的表面水。收湿水和表面水的质量与干燥散料质量之比称为含水率（湿度）。

（6）黏性。散料与其接触的物体表面黏附的性质称为散料的黏性。通常散料的黏性与其含水率有关，含水率大将增加散料的黏性。对精矿，当含水率为 6%~8% 时会表现出较强的黏结性，将影响输送机、料仓及溜槽、漏斗的正常工作。

（7）温度。凡未说明温度的散料，其温度等于环境温度。输送设备选型时，应按散料的最高温度考虑。一般胶带输送机输送的散料温度不得高于 150~200℃。

散料除具有上述性质外，还有其他一些性质，如腐蚀性、毒性、可燃性等。所有这些特性，都应在输送、给料设备的选型和设计时加以认真考虑。

冶金过程中散料的特点：（1）粒度大小不一，要么大块，要么粉料；（2）含水范围广，要么是浓泥浆，要么不含水；（3）黏度有大有小，如烟尘或浓泥浆黏性大；（4）温度高低不同，如烧结块温度高于 400℃。

2.1.2 冶金散料输送设备的评价

2.1.2.1 冶金散料输送的特点

散料输送、给料的类型多，输送线路复杂。冶金散料的品种多，冶炼工艺复杂。在不同的冶炼工艺流程中，输送的原料、中间产品及最终产品性质不同，采用输送、给料设备的类型也不同。在工艺过程中，物料须经过一系列处理与冶炼加工，因各冶炼处理设备配置的多样化，致使物料输送线路十分复杂，不仅需要水平、倾斜、垂直输送，有时甚至要求空间曲线输送。

高温热料应及时输送。有色冶金工厂某些产品或中间产品温度较高，如热烧结块的温度为 400~600℃，热焙砂为 600~800℃。为了回收利用热物料的热量，减少能量消耗，要求采用耐热的输送、给料设备，并及时迅速地把这些热物料输送出去。

必须避免环境污染和保证操作人员的身体健康，减少损失率。许多冶金散料的元素或其化合物对人体有害。其在输送、给料过程的机械扬尘，特别在高温时散发出的有害烟气，都会严重污染环境，损害操作人员的健康，因而需要进行除尘处理。

选择合适的输送、给料设备，采取合理的密封措施，防止有害粉尘与烟气逸散到周围环境，这是冶金工厂输送、给料设备在选型、设计和研制时应密切注意的问题，也是环保研究的重大课题之一。

2.1.2.2 散料输送量的计算

冶金生产的工艺过程非常复杂，输送机瞬时输送量变化比较大，因此在输送机与给料机选型时，应按其可能出现的最大输送量来考虑，最大输送量可按下式计算：

$$I_{max} = \frac{I_a K_2}{8760 K_1} \qquad (2-1)$$

式中　I_{max}——最大小时输送量，t/h；

I_a——年输送量，t/a；

K_1——时间利用系数，一般取 $K_1 = 0.6~0.8$；

K_2——给料不均匀系数，一般 $K_2>1$，根据各厂具体情况确定。对于铜及铅锌烧结厂，取 $K_2 = 1.4$。

2.1.2.3 散料输送设备的类型

冶金工厂使用的输送、给料设备，按国际标准 ISO 21481—2011 的规定，其分类如下。其中括号内为国内习惯名称。

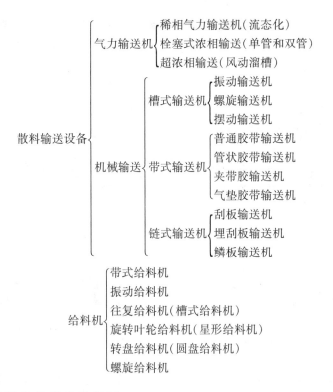

以上内容为分类树状图，转录如下：

散料输送设备
- 气力输送机
  - 稀相气力输送机(流态化)
  - 栓塞式浓相输送(单管和双管)
  - 超浓相输送(风动溜槽)
- 机械输送
  - 槽式输送机
    - 振动输送机
    - 螺旋输送机
    - 摆动输送机
  - 带式输送机
    - 普通胶带输送机
    - 管状胶带输送机
    - 夹带胶输送机
    - 气垫胶带输送机
  - 链式输送机
    - 刮板输送机
    - 埋刮板输送机
    - 鳞板输送机
- 给料机
  - 带式给料机
  - 振动给料机
  - 往复给料机(槽式给料机)
  - 旋转叶轮给料机(星形给料机)
  - 转盘给料机(圆盘给料机)
  - 螺旋给料机

2.1.2.4 散料输送设备的能耗

输送 1t 散料所需要的能量叫做散料输送设备的单位能耗。散料输送设备的单位能耗从低到高的顺序：带式机械输送<气力超浓相输送<气力浓相输送<气力稀相输送。

一般情况下，金属冶金块状散料采用机械输送，而粉状散料采用皮带输送和气力输送。输送机与给料机的选定，应充分考虑输送物料的性质及输送线路的特点，选择散料输送设备和给料设备的原则是：散料温度优先，散料尺寸定型，成本定类，综合考虑其他。

2.2　机械输送设备

2.2.1　机械输送设备的结构与工作原理

以连续、均匀的方式沿着一定的线路从装货地点到卸货地点输送散料和成件包装货物的机械装置称为输送机。

2.2.1.1　刮板输送机与埋刮板输送机

A　刮板输送机

刮板输送机的工作原理是，利用在牵引构件（如链条）上固定的刮板，将被输送的物料分隔成一小堆一小堆的形式沿着料槽移送，以实现连续输送。因为刮板平面与其运动方向垂直，槽内物料靠一个个刮板一份份地刮着向前运动，因此这种承载构件的输送机叫做刮板输送机，主要用来输送烧结块、返料、烟尘、干精矿和煤等。

图 2-4 所示为通用刮板输送机示意图。通用刮板输送机由牵引件、承载构件、槽体、

驱动装置、张紧装置、装料及卸料装置以及机座等部分组成。固定在牵引链条上的刮板随同牵引链条沿着固定在机座上的料槽一起运动，绕过端部的驱动链轮和张紧链轮，把料槽中的物料向前输送。牵引链条由驱动轮驱动，由张紧轮进行张紧。

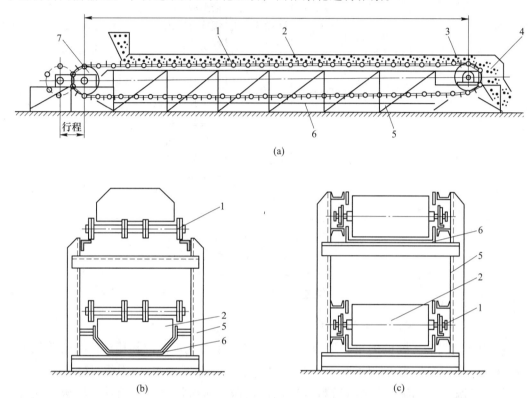

图 2-4　通用刮板输送机示意图
（a）具有上工作分支、全封闭式；（b）具有下工作分支、敞开式；（c）具有上、下分支、敞开式
1—牵引件；2—刮板；3—驱动轮及传动装置；4—卸料口；5—机座；6—料槽；7—尾轮及张紧装置

　　刮板输送机的工作分支（即负载区）既可以是上分支［图2-4（a）］，也可以是下分支［图2-4（b）］，如需要两个方向进行输送物料时，则上下分支可同时成为工作分支［图2-4（c）］。

　　刮板输送机输送的物料可以在其长度上任一处由上面或侧面用漏斗装入。输送机的卸料，同样既可以在槽底任一处通过其翻板阀门进行中途卸出，也可以从输送机头部自然卸料。冶金工厂用的刮板输送机常采用上工作分支和头部末端自然卸料方式。

　　B　埋刮板输送机

　　埋刮板输送机是由刮板输送机发展起来的，但其输送原理却完全不同。它是在封闭断面的壳体内，利用物料的内摩擦力大于外摩擦力的性质，借助于运动着的刮板链条连续输送散状物料。输送物料时，刮板链条全埋于物料中，故称这类刮板输送机为埋刮板输送机。

　　埋刮板输送机主要由料槽、刮板链条、头部驱动装置及装料、卸料装置等部分组成。在结构上与刮板输送机不同之处主要是料槽和刮板链条。

埋刮板输送机的工作原理：由于散料具有内摩擦力和侧压等特性，因此埋刮板输送机在水平输送时，物料受到刮板链条沿运动方向的推力和物料自身重力的作用，料层之间产生内摩擦力，这种内摩擦力足以克服物料在机槽（料槽）内因移动产生的外摩擦阻力，使物料形成连续整体的料流而被输送。埋刮板输送机在垂直输送时，由于物料的起拱特性，使作用在物料上的力既有刮板链条沿运动方向的推力，又有机槽给的侧压力，使料层之间产生内摩擦力，由于下部水平不断给料，下部物料在刮板链条的带动下对上部物料产生推移力，当这些作用力大于物料与槽壁间的外摩擦阻力及物料自身产生的重力时，物料流就随刮板链条向上输送，形成连续料流。因此，倾斜或垂直式埋刮板输送机必须有一个水平给料段。

2.2.1.2 斗式提升机

斗式提升机是一种沿垂直或倾斜路程输送散状固体物料的输送机，无论在室内或室外均可安装使用。其定义为：在带或链等挠性牵引件上，均匀地安装着若干料斗用来连续运送物料的运输设备称为斗式提升机。

组成：由牵引带、料斗、张紧装置、机壳及装卸装置构成。料斗包括有底与无底斗，牵引带可以是平皮带或链条，如图 2-5 所示。斗式提升机工作原理：将料斗固定在链条或胶带上，使其上下循环运动，从而将物料由低处提升到高处卸下。所有链条（或胶带）及料斗均用金属壳体保护。

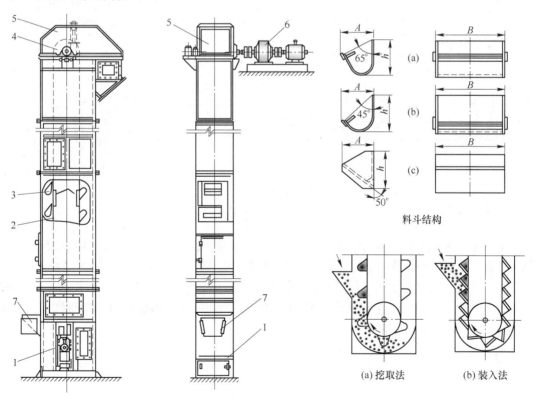

图 2-5　斗式提升机示意图

1—导向卷筒；2—挠性牵引件；3—料斗；4—驱动卷筒；5—机壳；6—驱动装置；7—装料口

用途：主要用于垂直、倾斜连续输送散状物料。斗式提升机的作用是能在有限的场地内连续地将物料由低处运送至高处。斗式提升机适合输送均匀、干燥的细颗粒散状固体物料，散状固体物料的粒度最好不超过80mm。通常斗式提升的提升机高度以30m为限，物料温度以65℃为限。但可设计特殊斗式提升机，使其提升高度达60m，物料温度达260℃以上。

斗式提升机的料斗连接有两种，即间隔料斗的斗式提升机及连续密集料斗的斗式提升机。间隔料斗的斗式提升机有离心卸料的斗式提升机和强制卸料的斗式提升机等。连续密集料斗的斗式提升机有标准的斗式提升机、特大输送能力的斗式提升机和内卸式的斗式提升机等。常用的斗式提升机通常采用离心式卸料或重力式卸料，这些斗式提升机均是标准产品。

2.2.1.3　螺旋输送机

螺旋输送机的工作原理是借助螺旋旋转使散状固体物料在金属料槽内沿轴线方向移动。这种移动物料的方法广泛用来输送、提升和装卸散状固体物料。适于输送各种粉状、粒状和小块状物料，不宜用来输送易变质的、黏性大的、易结块的、纤维状的以及大块状的物料。

螺旋输送机的基本结构如图2-6所示，主要由装料口、料槽（承载槽）、带有叶片的螺旋轴、悬挂式轴承、卸料口与驱动装置组成。

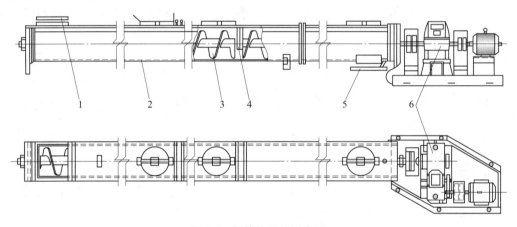

图 2-6　螺旋输送机示意图

1—装料口；2—料槽（承载槽）；3—带有叶片的螺旋轴；4—悬挂式轴承；5—卸料口；6—驱动装置

螺旋输送机的特点：结构简单、横截面积小、密封性能好、操作方便、制造成本低，但散料螺旋输送时物料易破碎，能耗较大。水平螺旋输送机转速和填充率分别为200r/min和20%时，螺旋输送机输送一定质量物料消耗的功率最小。螺旋输送机构的能耗在一开始有个上升趋势，之后逐渐趋于稳定，机构能耗最大发生在120r/min下10s时，其值为13.45kJ/t，通常平均7.76kJ/t。

动力消耗（送料功率）的计算：

$$N_{送} = \frac{Q}{360\eta}(KL + H) \tag{2-2}$$

式中　Q——单位时间送料量，kg/min；

η——质量功率系数，kg/kJ；

K——螺旋叶片结构形式对送料量的影响系数，通常为1.2~1.4；

L——料管的长度影响系数，通常为 1.05~1.1；

H——料管内物料的填充率,%。

2.2.1.4 振动输送机

振动输送机的工作原理是利用振动技术使承载构件产生定向振动，推动物料前进以达到输送或给料。振动输送机能输送的物料较多，从大的石块到粉状物料均可，也可输送磨琢性较大的及温度较高的物料。

振动输送机的基本结构是由安装在一个刚性结构架上并由板弹簧或铰接支承的槽体构成（图2-7），物料输送是借助机械或电磁使槽体往复摆动的作用。振动槽体对装在其上的散状固体物料的基本作用是向上和向前抛掷物料颗粒，使物料沿槽体以一系列短暂的跳跃形式前进。

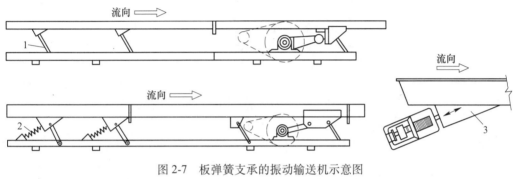

图 2-7 板弹簧支承的振动输送机示意图
1—板弹簧支腿；2—螺旋弹簧；3—电磁振动

2.2.1.5 带式运送机

带式运输机是应用最广泛的一种具有挠性牵引构件的连续运输机。它由挠性输送带作为物料的承载构件和牵引构件，在水平方向和倾角不大的倾斜方向输送散粒物料，有时也用来输送大批的成件物品。

带式输送的工作原理：靠皮带的摩擦力把散料从一端运送到另一端，皮带的动力由电机提供，经过减速器、双卷筒机构传给皮带。

带式输送的基本构造：作为牵引构件和承载构件的输送带是封闭的，主要支撑在托辊上，并且绕过驱动滚筒和张紧装置中的张紧滚筒。驱动滚筒由驱动装置驱动旋转，输送带与驱动滚筒之间靠摩擦进行传动。物料由装载斗装到输送带上，并由卸料斗将物料卸下。另外为了清除黏附在输送带上的物料，在靠近驱动滚筒下边装有清扫器，如图2-8所示。

带式输送机的主要部件及功能如下。

输送带：主要有橡胶带和钢绳芯输送带，用于承载并运送散料。

传动机构：给输送带提供能量，使其运动。多数采用双卷筒四电机驱动装置。

托轮：承载或托住输送带及其承载的物料。多数采用三托辊30°槽形结构。

张紧机构：使输送带与传动机构张紧，能够把传动机构的力传给输送带。常见的有坠锤式、固定式（螺旋、绞车）、自动绞车张紧和螺旋式。

制动机构：发生事故时或希望设备载料停止时能够停止系统运行。

输送带在带式运输机中既是承载构件又是牵引构件，所以要求输送带强度高、伸长率

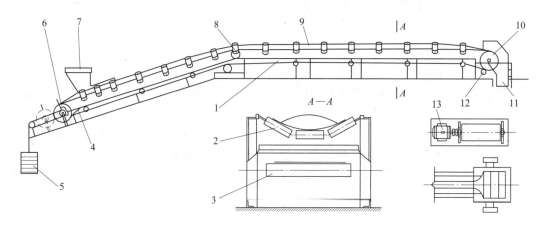

图 2-8　通用带式运输机简图

1—机架；2—上托辊；3—下托辊；4—空段清扫器；5—重锤拉紧装置；6，8—导向卷筒；
7—装载斗；9—输送带；10—驱动滚筒；11—卸载斗；12—清扫装置；13—驱动装置

小、挠性好、耐磨性和抗腐蚀性强等。通用带式运输机常用的输送带是橡胶带。钢绳芯带式运输机采用钢绳芯输送带。输送带的构造基本由衬垫层和覆盖层组成。衬垫层是输送带的骨架，承受带的全部拉力，橡胶带的衬垫层由若干层帆布胶合而成。普通橡胶带的衬垫层是棉织物，强度较低，每片仅为 560N/cm；强力型橡胶带的衬垫层是维尼纶，每片强度为 1400N/cm；钢绳芯带的衬垫层为一排钢丝绳，强度可达 60000N/cm。覆盖层是橡胶，其作用只是保护输送带免受机械损伤、磨损以及腐蚀等。输送带的接头有机械接头和硫化接头两种。机械接头采用金属卡子连接，连接方便，但接头强度低；硫化接头采用硫化胶合，强度较高，但制造工艺复杂。

带式输送机的运量和带速是影响输送机功率的主要因素。可采用变频调速的策略实现带式输送机运行阶段带速与运量相匹配，进而达到节能的效果。带速与电机的关系如图 2-9 所示。永磁电机负载率比异步电机的宽，异步电机的负载率在 0.6~1.0 为合适。

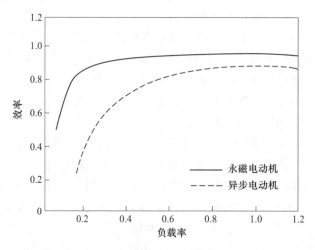

图 2-9　设备负载率与效率的关系

系统传动效率一般在 0.65～0.75 之间，如果负载轻或电机选型富余量过大，实际效率甚至低于 0.6。功率的计算：

$$N = K_1 AL(0.000545K_A u + 0.000147Q) \tag{2-3}$$

式中　Q——带式运输机的运量，kg/h；

　　　K_1——时间利用系数，一般取 $K_1 = 0.6～0.8$；

　　　A——胶带上料面的截面积，m^2；

　　　K_A——给料不均匀系数，一般 $K_A > 1$，根据各厂具体情况确定，对于铜及铅锌烧结厂，取 $K_A = 1.4$；

　　　L——输送距离，m；

　　　u——输送胶带速度，m/s。

2.2.2　机械输送设备的特点与注意事项

常见机械输送设备的特点与注意事项见表 2-3。

表 2-3　常见机械输送设备的特点与注意事项

设备名称	特点	注意事项
刮板输送机	结构简单，运行可靠，维修方便，可实现封闭输送和热物料输送。装料和卸料方便，位置布置灵活	刮板链条紧贴槽底滑行，会挤压破碎被输送物料。料槽和刮板易磨损，输送的能耗高。长度一般不超过 50～60m，最长不超过 120～200m
埋刮板输送机	结构简单，机体紧凑，安装维修方便，造价相对较低；可实现单机水平、倾斜和垂直输送以及多机组合成各种特殊形式的输送；输送机槽全封闭，密闭输送性能好，适用于输送多尘、有毒、挥发性强的物料，也可输送高温物料	刮板链条和槽底磨损严重，与其他输送机相比，其输送量较小；一般仅用于输送粉尘状、小颗粒及小块状等物料；冶金工厂常用埋刮板输送机输送干精矿、烟尘、烧结块及其返料，也可以输送其他物料
斗式提升机	优点：结构简单，占地面积小，提升高度大（一般为 12～20m，最高可达 30～60m），密封性好，不易产生粉尘。缺点是料斗和牵引件易磨损，维护费用高，维修不易，经常需停车检修	对需 24h 连续操作的场合必须考虑备用措施，安装 2 台同样设备，交替使用。对过载的敏感性大
螺旋输送机	结构简单、造价低廉，可在输送机的任何地方装料和卸料，可实现密闭输送；在相同的输送能力下，其投资费用比其他输送机低，但动力消耗比其他类型的输送机大，物料磨碎严重	必须均匀给料，否则容易造成堵塞现象；必要时可充干燥或惰性气体保护
振动输送机	结构简单，既没有带式输送机那样多的易损件，也没有链式输送机那样多的牵引件和润滑点，维护保养工作量少而简便；容易实现密闭输送，改善劳动条件，对高温多尘、有毒、腐蚀性物料的输送特别有利。在输送的同时，能方便地完成筛分、干燥、冷却等作业	普通钢质槽体能运送温度高达 400～500℃ 的物料。极细的粉状物料输送效果不好，不能输送成件物品；向上倾斜输送物料的倾角限制在 15° 以内
带式运输机	能力强，上料均匀，对物料的破碎作用较小；结构简单，维护方便，投资较少；输送距离远；工作噪声较小，适应性广，还可以是密封式输送；工作可靠，动力消耗少，便于自动化操作	对输送物料的温度有限制，不超过 100℃，普通带式输送机爬升坡度有限，通常倾角限制在 35° 以内

2.3 气力输送设备

利用气体的流动进行的固体物料输送操作称为气力输送。

目前气力输送主要有如下的分类与特点：

按气源的动力学特点分为吸气输送与压气输送。吸气输送是指气流输送管道中压强低于大气压的输送，输送距离有限；压气输送是指气流输送管道中压强大于大气压的输送，输送距离可达 1000m，但动力消耗大。

按气流中固体颗粒的浓度分为稀相输送、浓相输送和超浓相输送。三种气力输送在冶金生产中均有不同程度的使用，目前使用最广的是浓相输送，约占粉料总输送量的 50%。

2.3.1 稀相气力输送

当气流中固气质量比低于 1：25（颗粒体积浓度在 0.05 以下），固气混合系统的（体积）空隙率 $\varepsilon > 0.95$ 时，称为稀相输送。

当直径为 $d_粒$ 的球形颗粒从静止状态开始在流体中自由下落时，粒子由于受重力作用，下落速度逐渐增大，与此同时，粒子所受到的流体阻力也相应增大，最后当粒子的自重 $G_粒$、粒子在流体中受到的浮力 $G_浮$ 与流体作用于粒子的阻力 f 按下述关系达到平衡时，即：

$$G_粒 - G_浮 = f \tag{2-4}$$

球形粒子在流体中将以等速度自由沉降。球形粒子在气体介质中下降时所受的阻力有两种类型：一种是由于气体作用于粒子的动压力引起的阻力；另一种是由于摩擦引起的阻力。这些阻力的大小，决定气体是紊流还是层流流动。紊流流动时，粒子主要克服动压阻力（即动力阻力）；层流流动时，粒子主要克服摩擦阻力。

2.3.1.1 稀相气力输送的状态

A 水平管道内的输送状态

稀相气-固混合物在水平管道内输送时，由于固体颗粒受重力的影响而具有下落的趋势。当气体输送的操作速度足够高时，所有颗粒都呈悬浮状态被输送而不发生沉积。保持固体颗粒的进入量为 $G_{粒1}$ 不变，慢慢将气体的操作速度由高降低，使固体颗粒的运动变慢，混合物的孔隙度减小，摩擦损失也将减小。试验观察水平管道中物料颗粒运动状态与气流的关系如图 2-10 所示。

在图 2-10 中，u_a 为管道中气流速度，v_s 为进入管道中物料颗粒的速度。横坐标为气流速度的对数，纵坐标为单位水平长压力降的对数。对于进入管道中速度为 2m/s 的物料颗粒，在 B 点颗粒开始沉积到管子的底部，且在沉积层的高度与在沉积层以上的混合物之间达成平衡。相当于 B 点的极限气体操作速度称为沉积速度 $u_沉$。在 B 点摩擦阻力急剧增大，然后随着气体速度的进一步下降而稳步上升。

在水平管道内为保持气力输送正常进行，气体的操作速度应大于沉积速度。关于沉积速度的确定方法，目前多通过实验进行估算。根据曾兹（Zenz）提出的方法来估算沉积速度 $u_沉$ 时，对于具有某个粒度分布的固体颗粒，首先要估算出输送混合物中的单个最大颗粒和单个最小颗粒时所需的最低速度 $u_{沉,粒1}$ 和 $u_{沉,粒2}$。其次选择这两个 $u_{沉,粒}$ 中较大的值在以后的计算中使用。水平输送时颗粒的极限速度以及相关计算可以参照设计手册。

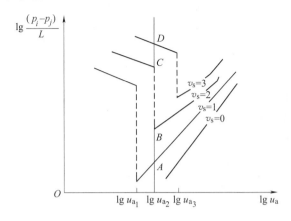

图 2-10　水平输送时气体的沉积速度示意图

B　垂直管道内的输送状态

固体颗粒在垂直管道中输送时，如气体向上运动，则气体的作用力与固体颗粒的下落力方向相反。因此固体颗粒在垂直向上的气流中受到上述相反的两个力作用。当气流压力等于颗粒重力时，颗粒不会从气流中下落而是处于悬浮状态。气流在这个压力下的操作速度称为极限速度，在数值上与球形颗粒的极限下落速度相等。当气流操作速度大于极限速度时，固体颗粒才可能升起，而且以缓慢的加速度向上运动。这是因为支撑固体颗粒重力的气流压力随着颗粒本身向上速度的增加而减小。

极限速度是垂直管道中输送稀相气-固混合物的气流最低速度。当气流操作速度大于极限速度时，颗粒具有上升的速度。

在垂直气流中，颗粒上升的极限速度等于气流的操作速度与气流极限速度之差。上升颗粒的速度需经无限长的时间才能达到极限速度。实际应用中，只要找出颗粒上升速度接近其极限速度所需的时间即可。

C　撞击效应

上述只适用于一种颗粒上升时的情况。当各种尺寸颗粒以较大浓度运动时，如按最大颗粒选择气流速度，则小颗粒将以较大速度运动，结果小颗粒将撞击大颗粒使其运动速度加速（撞击现象）。物料中的小颗粒部分愈多，浓度愈大，则平均被气流携出的颗粒愈大。气力输送各种大小的物料时，如气体消耗量不变，则输送的颗粒与气体操作速度、物料的粒度与成分和物料浓度有关。

2.3.1.2　气力稀相输送中的压力降

气力输送的管道中两点之间产生的压力降可以由伯努利方程式求得，但应考虑流动的不是单相而是气-固混合物。若管子向上倾斜与水平线成一角度，并将固体颗粒从端点处加入。如气流的速度很高，则被加速的固体颗粒的动能很大，不能忽略。但在气力输送时由于固体颗粒的含量很小，由它引起的气体速度变化和动能变化也很小，因而可以忽略不计。在这样的条件下，压力降由三部分组成，即由位压头变化引起的静压头变化、固体颗粒的动能增量以及混合物与管壁之间的摩擦阻力损失。可用分解式（2-5）~式（2-7）计算。

水平管道的摩擦阻力损失：

$$p_1 = \frac{\lambda L_p}{D} \times \frac{\rho_a u_m^2}{2g}(1 + K_L \mu) \tag{2-5}$$

式中　p_1——直管的摩擦阻力损失，Pa；

$\quad\quad\lambda$——摩擦阻力系数；

$\quad\quad\rho_a$——空气的重度，$1.2kg/m^3$；

$\quad\quad u_m$——输送管道的平均风速，m/s；

$\quad\quad D$——输送管道的直径，m；

$\quad\quad L_p$——水平管道的当量长度，m；

$\quad\quad K_L$——附加阻力系数；

$\quad\quad\mu$——粉料浓度，kg/kg_{air}。

垂直管道的摩擦阻力损失：

$$p_2 = \frac{\lambda H}{D} \times \frac{\rho_a u_m^2}{2g}(1 + K_H \mu) \tag{2-6}$$

式中　p_2——垂直管的摩擦阻力损失，Pa；

$\quad\quad H$——垂直提升高度，m；

$\quad\quad K_H$——附加阻力系数，$K_H = 1.1K_L$。

垂直管道的提升压力损失：

$$p_3 = \rho_a(1 + \mu)H \tag{2-7}$$

管道出口的压力损失：p_4 可以取 300～500Pa。

气力输送设备的压力损失：p_5 可以取 12000～18000Pa（对于仓式泵），取 10000～18000Pa（对于螺旋泵）。

气力输送总压力损失：

$$p = p_1 + p_2 + p_3 + p_4 + p_5 \tag{2-8}$$

稀相输送的主要设备是喷射泵，压缩空气直接作用于物料的单个颗粒上，使物料呈沸腾状态。稀相输送的特点是：固气比低、压缩空气耗量大、动力消耗大，而且物料流速快，致使管道磨损严重、维修费用高、物料破损率高。

2.3.2　浓相气力输送

当气流中固气质量比高于 60（或颗粒体积浓度在 0.05 以上），输送气流速度低，仅 2～3m/s，固气混合系统的体积空隙率 $0.05 < \varepsilon < 0.8$ 时，称为浓相输送。有时固气质量比可达 150。

2.3.2.1　气力浓相输送中的压力降特性

料流长度 L 与压力降 Δp 的关系如图 2-11 所示，每条 $\Delta p\text{-}L$ 曲线均具有抛物线的形状特征，可见压力降 Δp 随着料流长度 L 的增加而以平方增加，即：

$$\Delta p \propto L^2 \tag{2-9}$$

当料流长度 L 很短时，推动料柱流动所需的压力降 Δp 很小。因此，对于短距离水平管道，气流与物料混合就足以形成流态化的、充满管道的连续料流。

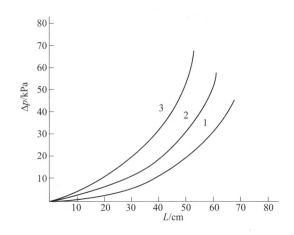

图 2-11 流态化水平料流长度 L 与压力降 Δp 的关系

1—输送速度为 1m/s；2—输送速度为 2m/s；3—输送速度为 3m/s

流态化水平料流的压力降除与料流长度有关外，还与管径、气速、料气质量比、料气速比、摩擦阻力系数等有关。

从图 2-11 可看出，随着料流长度增加，压力降以越来越快的速率增加，很快就可消耗掉输送气源所能提供的压力。因此，这种流态化的连续料流不可能保持在较长的水平输送管段中。

在管道中输送物料时，管道内压力降与管道长度的平方成正比，即管道越长，压力降越大，输送物料所需的能量越大。

2.3.2.2 栓流式浓相输送技术原理

试验观察直管道内气体吹动固体的运动状态时发现，当固体颗粒在直管道内以沙丘移动时直管道两端的压力差最小，即气体输送固体颗粒所需要的能量最少，如图 2-12 所示。

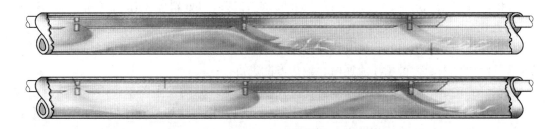

图 2-12 直管道内气体吹动固体颗粒的沙丘移动状态示意图

如果管道太长，直管道中流态化的连续料流遇阻后即将停滞。但是，如果直管道采用套管式，由于管道内腔的上部还设置有一根内管，内管朝下的一面开有若干小孔，因此输送管中的部分气流将进入内管流动，如图 2-13 所示。

在图 2-13 中，输送管中连续料流的最末端长度为 L_1 的料流段，设与其对应的内管段中的气流速度不变，则内管中的压力分布以 $\Delta p_{内管}$ 线呈线性变化；推动长度为 L_1 料流段所

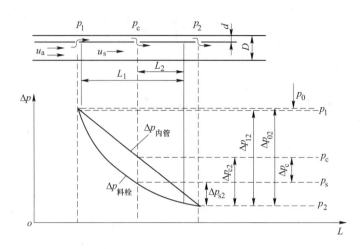

图 2-13　栓流式浓相输送原理示意图

需的压力以 $\Delta p_{料栓}$ 曲线变化。设料流段 L_1 两端的内管压差小于推动料流段所需的压力，亦即 $\Delta p_{12} < \Delta p_{02}$，则显然该段料流不能继续移动。此时，管中大部分气流将通过内管，小部分透过料流段。

对处于最末端但长度为 L_2，并且 $L_2 < L_1$ 的料流段情形，从图 2-13 中可见，由于此处的内管压力降与输送管内料流压力降间存在压差 Δp_c，使得 $\Delta p_{c2} = \Delta p_{s2} + \Delta p_c > \Delta p_{c2}$，亦即料流段 L_2 两端的内管压差大于推动料流段 L_2 所需的压力。因此，该段料流可产生移动。如此循环往复，物料便被一段一段地向前运输，如同一个个沙丘在向前移动。

在管道中输送物料时，管道内压力降与管道长度的平方成正比，即管道越长，压力降越大，输送物料所需的能量越大。但在此输送方式中管道被分割成了一个一个很小的料栓，压力降很小。所以，相对来说也较节省能量。这就是浓相输送比稀相输送节能的原因所在。由图 2-13 可知，推动若干个料栓所需消耗的气压比推动一段流态化连续料流（等于各料栓长度之和）要小得多；料栓长度越短，所需的输送空气压力就越小。

在图 2-13 中，气栓和料栓产生相对运动，在管道入口处料栓流速和气栓平均流速的比值约为 0.51。

垂直管道中物料运动的原理与水平管道中的情况类似，即受到气流向上的推力作用，但只有气流速度大于物料悬浮流速时，输送方能进行。

在双管式输送之前，人们采用单管栓流式浓相输送。脉动发生器单管浓相输送就是常用的一种，它是在一根管内，采用脉动发生器（气刀）把料柱切成气柱与料柱相间的形式进行输送。单管式栓流式浓相输送及气刀结构如图 2-14 所示。

用图 2-14 所示的气刀，控制脉冲气流来形成栓状。一旦管道内物料堵塞，管内压力就会增高，当管内压力大于定值，如 0.4MPa，设置在管道上的压力传感器将发出信号，控制电磁阀的动作，并通过电磁阀控制气动蝶阀的开关实现输送管道的自动排堵功能。

2.3.2.3　栓流式浓相输送技术的压力容器构造与操作

双管浓相输送的压力容器由压力容器仓、气源、输送管路、固气分离器与控制器构成，构造如图 2-15 所示。

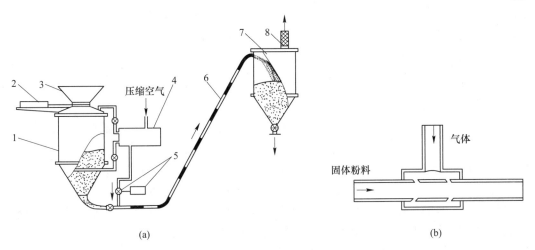

(a) (b)

图 2-14 单管式栓流式输送及其气刀结构示意图

(a) 单管式栓流式浓相输送；(b) 单管浓相输送的气刀

1—料仓；2—料口封门；3—料口；4—气源分配器；5—气刀；

6—输送管道；7—料气分离器；8—净气装置

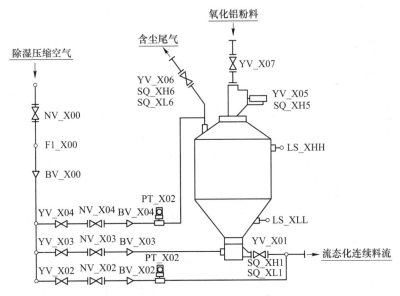

图 2-15 双管浓相输送压力容器示意图

从其构造上来说，双管压力容器浓相输送程序是：三路进气及出口排料球阀同时打开进行输送。压力容器不必预先进行充压，在输送过程中，由压力容器本体压力及输送管道上的压力变化来控制其三路进气的通断，从而产生一个气流的脉冲喷吹作用，这是其技术上的一大特点。待本体压力达设定值后（0.2~0.3MPa）才打开出口排料屏气阀，进行输送，在输送过程中三路进气为常开状态，直到送完料为止，这在物料浓相输送技术中起着至关重要的作用。

双管路浓相输送控制系统的每条输送管道上都加装有电控气动阀门，并用电控气动阀门连通并联管路。用 PLC 控制系统连接电控气动阀门，通过 PLC 控制系统对该电控气动阀门进行控制。

双管压力容器输送的操作包括进料阶段、加压流化阶段、输送阶段、吹扫阶段。先打开排气阀与进料阀进行装料，料满后关闭进料阀与排气阀，打开缸体加压阀，压缩空气将缸体内的粉料送走。如此循环往复，就可将粉料输送到目的地。双管压力容器浓相输送程序是出口排料球阀同时打开进行输送。压力容器不必预先进行充压，在输送过程中，由压力容器本体压力及输送管道上的压力变化来控制其三路进气的通断，从而产生一个气流的脉冲喷吹作用。进入输送管道的料量由压力容器本体及辅送管道上的压力进行自动控制，而这两个压力就是输送物料是否堵塞的反映，当输送不畅时，压力就会升高，达到设定值0.48MPa 时，就会切断物料进入输送管道，待自动排通压力下降至 0.42MPa 时才会恢复送料，从而避免堵管现象；同时由于其为低压力静压输送，形成短料栓流输送现象（由其双管输送形成），所以物料在输送过程中遇到停电、停气或压力突然下跌都不会造成输送管道堵塞，即使管道全部堵塞，系统重新启动后亦能畅通输送，克服了单管输送在相同情况下难排通输送管道的缺点，所以双管浓相输送技术运行性能优越。

2.3.2.4　栓流式浓相输送技术的特点

栓流式浓相输送技术为套管式气力压送式输送，与稀相输送相比，固气比高、气流速度小，管道磨损的计算主要通过瑞士阿里莎（ALESA）公司提供的管道磨损公式：

$$A = KV \tag{2-10}$$

式中　A——管道的磨损度；

　　　K——物料对管道的磨损系数；

　　　V——管道中物料的流动速度。

浓相输送采用较低的物料流动速度（2~3m/s），解决了物料对管道的磨损问题。而稀相输送过程要求很高的风速（25~35m/s），管道中的物料速度达 10m/s 以上，物料在管道内呈跳跃式前进与管道发生碰撞，所以对管道产生的磨损严重。稀相输送管道寿命只有 1 年左右，而双管浓相输送管道寿命可达 5 年以上。国内某铝厂引进瑞士阿里莎（ALESA）公司浓相输送技术，管道寿命可达 15 年以上。

在气力输送装置上，不同的输送风速与管径的匹配由生产确定，所需的能耗取决于风速、管径与输送距离。浓相输送所耗的气力能耗为：

$$E = \Delta p Q T \tag{2-11}$$

式中　Δp——输送时的实时差压，Pa；

　　　Q——输送时的实时流量，kg/h；

　　　T——输送时间，h。

对于给定的输送量与管径，管内的料气质量比随着输送风速的增加而降低。稀相输送时，保持颗粒在气流中悬浮的最小速度叫作临界跳跃速度。该速度下输送散料的压强降（dp）最小，如图 2-16所示。

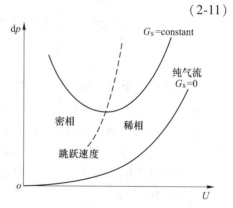

图 2-16　给定管道尺寸时气力输送的状态示意图

在图 2-16 中，U 为输送风速，G_s 为输送量。输送风速低于跃迁速度，处于密相输送区；输送风速高于跃迁速度，处于稀相输送区。在稳定输送时，空气随着向管道口处流动而膨胀。对于均匀管径，输送风速会不断增大。又由于压强降（dp）正比于输送风速的二次方，故压强降的增加会带来流动模式的改变。

2.3.3 超浓相输送

超浓相输送是指气流中固气质量比大于100（或颗粒体积浓度在0.05以上），且有明显固气流相界面的输送（广义流态化）。超浓相输送是继皮带输送、稀相输送、斜槽输送之后发展起来的一个粉体输送技术。

早期的空气输送斜槽如图2-17所示。空气输送斜槽的斜度为4%~6%，输送粗料时，斜度不小于10%。空气输送斜槽所需风机的风压，应大于多孔板（或帆布）的阻力与料层阻力之和，风压一般为0.034~0.058MPa。

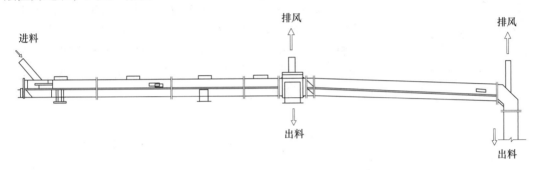

图2-17 空气输送斜槽输送物料的示意图

超浓相输送技术首先由法国PECHINEY开发成功。由"特殊的排风结构，使散料克服静摩擦力（流态风能及时排出）与散料几乎充满整个溜槽断面"构成了超浓相输送。虽然流速很低，但输送量并不小。

超浓相输送的原理：利用物料在流态化后转变成一种固-气两相流体，颗粒移动由平衡料柱高流向平衡料柱低的方向。透过帆布的气流吹动固体颗粒，使颗粒在管内滑动或滚动，由气流带动，在静压强驱动下移动，固-气间有明显的相界面。超浓相输送的冶金思想是让固体颗粒能够靠静压强移动。

超浓相输送的结构主要是离心风机、风动溜槽和固气分离器。输送粉末物料的流态化是通过一个多孔透气层来完成的。多孔透气层将输送槽分为上下两部分，上部装有粉状物料，下部是气腔。当气腔中没有外压时，气体是常态，物料粒子呈静止状态；当气腔中有外加压力时，气体通过多孔板，进入上部粉状物料层，填充粉料层的空隙，当气流达到一定速度时，粉状粒子之间原有的平衡被打破，同时其体积增大，比重减小，粒子之间的内摩擦角及壁摩擦角都接近于零，这样粉状物料就成了流体，利用粉状物料这一特性进行输送即是超浓相输送。如图2-18所示。

超浓相输送又叫"风动溜槽"，或平衡料柱（排气箱）。在图2-18中，平衡料柱把底部鼓入的低压风排出，维持输送管道中从左至右的静压强差分布。超浓相输送的技术指标明显优越。例如氧化铝输送系统，输送能力大于45t/h；滤布更换周期大于20个月；余风排放粉尘含量（标态）小于10mg/gm^3；物料流速小于0.3m/s；风压3~9kPa。铝电解生产中的"风动下料器"工作原理如图2-19所示，氧化铝颗粒被透过帆布的低压气流吹动，

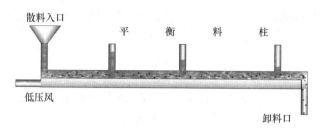

图 2-18　超浓相输送原理示意图

使颗粒在管内流动，在静压强驱动下移动。推动氧化铝粉做定向移动的外力是氧化铝料柱（平衡料柱）的压力。在系统配置中，氧化铝输送装置首端设有一个下料料柱（平衡料柱），这个料柱产生的压力作用在输送系统首端，迫使输送装置中流态化的氧化铝粉定向移动，达到输送的目的。平衡料柱的作用力作用在每一个细小的氧化铝颗粒上，动力源是广义的。最显著的优点是无机械动作、无磨损、可靠性高、寿命长。但是它对物料的粒度要求较高。若料过细，易堵塞多孔板、风动流槽排气网，使送、吸气不畅，物料在定容室中会因排气不尽出现正压而流出，使下料的准确性丧失。

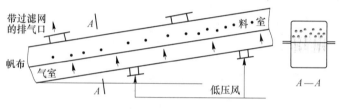

图 2-19　风动流槽工作原理示意图

超浓相输送的特点：体系为水平或倾角很小的输送，输送距离长时需要中继站；低的物流速度，设备磨损小、寿命长、维修费低；固气比高，输送相同固体所需的压缩气体少，动力消耗低；系统排风自成体系，独立完成粉体输送，无机械运动；输送的粉体摩擦破碎少、粉尘率低。

2.4　给 料 设 备

给料设备是一种比较短的输送设备，注重计量，用来调节进入冶金作业设备的物料量。用在储仓、筒仓或料斗的底部排出物料，例如给破碎机、筛分设备、冷却机、干燥机等设备提供均匀物流。连续均匀给散状固体物料时，系统就能达到最大的生产率；如果物料不规则地加到输送带上，将会出现空载或超载现象，因此使带式输送机系统达到最大利用率的关键是给料系统。一个好的给料系统必须要适应设备的操作，能将间断、不规则的加料转变成稳定、均匀的料流，并可调节。

选择给料设备要考虑以下因素：被处理物料的物性和特点、物料的储存方式、所需的给料能力；包括手动在内的无级调速，且具备开车进行无级调速功能，方便调节运输量。

给料设备种类繁多，按照给料设备的工作原理可分为直线运动式、回转式及振动往复式三种类型。冶金工厂常用的给料机的形式有胶带给料机、板式给料机、槽式摆给料机、圆盘给料机、螺旋给料机、星形给料机、电磁振动给料机及惯性振动给料机等。每种形式根据其结构特点又派生出若干种类型。此仅介绍三种给料机。

2.4.1　带式给料机

带式给料机是一种比较短的带式输送机，通常安装在储仓卸料口下方，承受料仓压力。一般输送带是水平的，而且支承在短间距的托辊上或支承在光滑的衬板上（图2-20）。

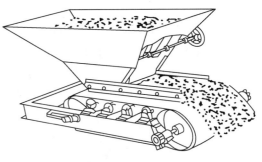

图 2-20　带式给料机示意图

按照储仓排料口结构形式及带式给料机与储仓的配置关系，带式给料机分为普通带式给料机与仓压式带式给料机，如图 2-21 所示。普通带式给料机上方的料仓出口较小，料仓料柱压力基本作用在料仓出口溜槽和仓壁上。仓压带式给料机上部料仓呈直筒形，料仓压力直接作用在带式给料机上。这种给料方式可以用于粒度在 300mm 以下的散料，若为带式给料机配备良好的输送带清扫装置，还可以用于黏度较大的物料给料，如含水量大于 7% 的精矿等。对于使用黏性物料较多的有色冶炼厂，这种给料方式具有较广泛的应用前景。

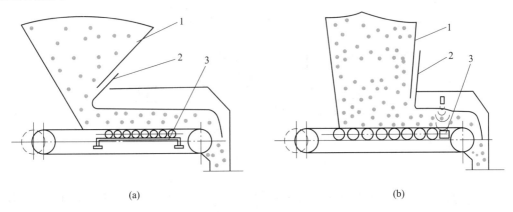

(a)　　　　　　　　　　　　　　　(b)

图 2-21　两种带式给料机的示意图

(a) 普通式；(b) 仓压式

1—储仓；2—调节压门；3—电子秤

带式称重给料机由带式输送机和电子计量两部分组成，是对散状物料进行连续输送和计量的设备。电子皮带秤由 4 个主要部分组成：称重架、称重桥、速度传感器和积算仪。在称量台式皮带秤中（如图 2-21 的 3 所示），置于称量台（又称为秤架、秤框或秤台）上的托辊称为"称重托辊"，安装于输送机架纵梁上的称为"输送托辊"，其中最靠近称重托辊的前后各一组输送托辊又特称为"秤端托辊"。物料重力的传递途径为：输送带→称重托辊→托辊支架→称量台→称重传感器。

带式给料机与带式输送机相比，具有以下结构特点：（1）带式给料机应用在具有仓压的料仓和漏斗下面时，能够将各种大容量物料短距离均匀、连续地输送给各种设备；

（2）全程安装导料槽，这样使得给料机本身的运输能力增大，提高了输送效率；（3）带速低，给料速度一般控制在 0.2~1m/s；（4）带式给料机承载段托辊组一般采用 4~5 节辊子组成，总长度约为带宽的 3/4。侧辊采用短辊，槽角 20°。带式给料机承载段托辊间距很小，通常为普通带式输送机托辊间距的 1/3 左右。

带式给料机主要用于要求操作平稳、卸料均匀的场合。如果要求输送能力较大时，最好是加大给料机的宽度而不是增加其速度。（1）用于输送粉矿、煤、精矿等干细物料，物料含水量一般不大于 5%~7%；（2）输送物料块度小于 50mm，对于非磨琢性物料输送块度可达 100mm，物料温度小于 70~150℃。

2.4.2　圆盘给料机

圆盘式给料机是中、细粒度物料的常用给料设备。圆盘式给料机是适用于 20mm 以下粉矿的给料设备，由驱动装置、给料机本体、计量用带式输送机和计量装置组成。其结构如图 2-22 所示。给料机和带式输送机由一套驱动装置驱动，该驱动装置的电磁离合器具有实现给料机的开、停和兼有功能转换的作用。也有容积式计量的圆盘式给料设备。

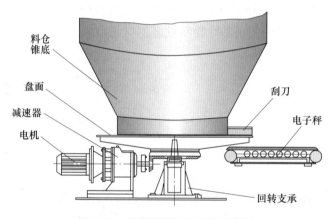

图 2-22　圆盘给料机的结构示意图

工作原理：电动机经联轴器通过减速机带动圆盘。圆盘转动时，料仓内的物料随着圆盘一起移动，并向出料口的一方移动，经闸门或刮刀排出物料。排出量的大小可用刮刀装置或闸门来调节。改变刮板所在的位置，改变活动套筒的高度，改变圆盘转速都可以调节圆盘式给料机的给料速度。

圆盘给料机的优点：结构简单、坚固耐用、给料均匀、给料量易调节、操作方便、适用的物料范围广；缺点是投资费用较高，物料与槽盘易黏结。

圆盘给料机的用途：用于各种细物料连续均匀地给料，对于黏结性的物料（如冶金散料精矿）水分不大于 12%；可输送热物料。特别适合于不同矿点的精矿配料和各种细物料连续均匀的给料。

2.4.3　星型给料机

星型给料机的结构如图 2-23 所示。主要工作件是旋转的叶轮，既起着输送物料的作用，又担负密封作用。主要由聚四氟乙烯密封垫、两端密封压盖、叶轮密封条、轴承或气密轴承、两头端盖、叶轮转子、主轴、壳体、齿轮减速机或摆线针减速机、三项异步电机或变频电机组成。

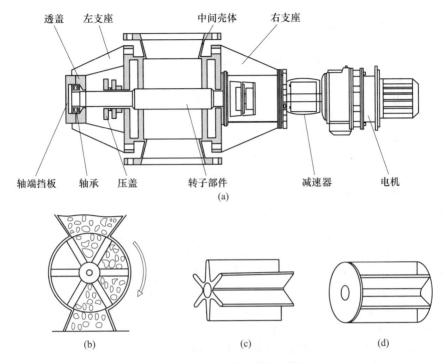

图 2-23 星型给料机结构示意图

（a）主视图；（b）进料示意；（c）开型转子叶轮；（d）闭型转子叶轮

星型给料机的工作原理：由叶轮旋转卸料，由物料自重沉降，容积式计量。电机动力传给减速机，减速机降速，使扭矩更加强劲，驱动叶轮转动。强大的扭矩力通过联轴器传给叶轮主轴转动卸料。通过减速机传动的力量大，给料机不易卡料。

星形给料机的优点是结构简单、外廓尺寸小、密封性好、物量易于调节、操作方便；缺点是适用的物料范围较窄，给料量是波动的。

星形给料机的主要用途：适用于含水率小于 10% 以下的干粉散料；可输送温度在 300℃ 以下的散料。

此外，还有板式给料机、槽型往复给料机、电振动给料机与惯性振动给料机等，参考其他文献。

习 题

2-1 单选题：

（1）气体浓相输送固体散料的特征是（　　）。

    A. 用静压力驱动   B. 用黏性力驱动

    C. 用气泡浮力驱动   D. 沙丘移动

（2）硫化锌精矿从干燥设备至加料抛料机时用（　　）输送。

    A. 刮板输送机   B. 斗式提升机

C. 螺旋输送机　　　　　　　　D. 带式运输机

（3）超浓相气力输送的原理是（　　）。

A. 无机械动作、无磨损、可靠性高、寿命长

B. 透过帆布的气流克服了固体颗粒间的静摩擦力，在静压强驱动下移动

C. 体系为水平或倾角很小的输送，输送距离长时需要中继站

D. 靠透过帆布的气流吹动固体颗粒，使颗粒在管内悬浮输送

（4）气力输送机主要由（　　）五部分组成。

A. 供料器、输料管、分离器、空气除尘器和风机

B. 吸嘴、输料管、卸料器、空气除尘器和风机

C. 供料器、输料管、闭风器、除尘器和风机

D. 接料器、输料管、闭风器、除尘器和风机

（5）散料输送机主要由（　　）来衡量优劣。

A. 单位时间散料输送量　　　　B. 电机能耗

C. 散料损失率　　　　　　　　D. 散料输送量与能耗

（6）冶金用斗式提升机的突出优点有（　　）。

A. 料斗和牵引件易磨损，对过载的敏感性大

B. 不受地形、输送距离、输送高度、原材料形状和性质、输送量的制约

C. 结构简单，占地面积小，提升高度大，密封性好，不易产生粉尘

D. 利用物料的重力作用从高处向低处输送散料

2-2　冶金散料有什么特点，冶金散料输送有什么特点？

2-3　带式输送机由哪几个主要部分组成？简述各部件的功能。

2-4　简述稀相气力输送设备的特点。

2-5　简述浓相气力输送的原理。

2-6　简述浓相气力输送系统的构成和各部件的功能。

2-7　比较浓相气力输送与机械输送机的优缺点。

2-8　简述如何选用给料设备。

3 流体输送设备

液体和气体都具有出易于变形和流动的性质，统称为流体。冶金工程中普遍遇到的流体输送的情况，与大多数金属的提取和精炼过程有着密切的联系。例如湿法冶金中溶液及矿浆的输送、储槽中液位高度的确定、管路的设计计算，火法冶金中炉子的供风与水冷装置、炉内气体流动规律、烟道中烟气的流动阻力及烟道的设计、流态化反应器床层阻力的计算等，都与流体的流动有关。因此，掌握流体流动及其传递有关规律与设备，对冶金设备的设计与改进以及冶金过程的优化与控制都具有重要意义。

在冶金生产中，经常需要将流体（液体、气体）按一定流程从一个设备输送至另一个设备；或从低位处提升到高位处；或从低压区送至高压区；或将设备造成真空，这些都需要外界对输送物料做功。用于输送流体的机械叫做流体输送机械。掌握并正确使用流体输送机械，才能做到节能减排。

3.1 流体输送的基础

3.1.1 流体的基本性质

3.1.1.1 连续介质模型

流体在静止时，只能抵抗压力，不能抵抗拉力和剪切力，只要流体受到剪切力的作用，即使这个力很小，都将使流体产生连续不断的变形，只要这种作用力持续存在，流体就将继续变形，流体内部各质点之间就要发生相对运动，这就是流体的流动性。冶金工程中流体输送通常忽略流体微观结构的分散性，而将流体视为由无数流体微团组成的无间隙的连续介质，这就是连续介质模型。

3.1.1.2 流体的黏性

黏性是流动性的反面，其大小用物理量黏度来衡量。在运动着的流体内部两相邻流体层之间由于分子运动而产生内摩擦力（或称黏性力），这种黏性力的大小可由牛顿黏性定律 [式 (3-1)] 确定。也有一些流体不符合牛顿黏性定律，称为非牛顿流体。冶金过程中几乎不涉及非牛顿流体。

如图 3-1 所示，在运动的流体中取相邻的两层流体，设接触面积为 A，两层的相对速度为 du_x，层间垂直距离为 dy。实验证明，两层流体之间产生的内摩擦力 F 与层间的接触面积 A、相对速度 du_x 成正比，与垂直距离 dy 成反比，即

$$F = -\mu A \frac{du_x}{dy} \tag{3-1}$$

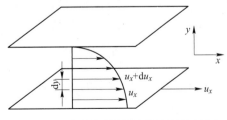

图 3-1 两平行平板间流体速度的变化

单位面积上的内摩擦力称为内摩擦应力或切应力，用 τ 表示，于是式（3-1）可写成

$$\tau = \frac{F}{A} = -\mu \frac{\mathrm{d}\mu_x}{\mathrm{d}y} \tag{3-2}$$

式中　τ ——单位面积上的内摩擦力，$\mathrm{N/m^2}$；

　　　μ ——流体的黏性系数，称为动力黏度，简称黏度，$\mathrm{N \cdot s/m^2}$；

　　$\dfrac{\mathrm{d}\mu_x}{\mathrm{d}y}$ ——法向速度梯度，$\mathrm{s^{-1}}$。

由式（3-2）可知，当 $\dfrac{\mathrm{d}\mu_x}{\mathrm{d}y} = 1$ 时，$\mu = \tau$，所以，黏度的物理意义为促使流体流动产生单位法向速度梯度的切应力。为了克服这种内摩擦力造成的阻力使流体维持运动，必须供给流体一定的能量，这也就是流体运动时造成能量损失的原因之一。

不同的流体具有不同的 μ 值，流体黏性越大，其值越大。在工程上有时用黏度和密度的比值来表示流体黏性的大小，称为流体的运动黏度，即

$$\nu = \frac{\mu}{\rho} \quad \mathrm{m^2/s} \tag{3-3}$$

气体、液体、液态金属与合金、熔盐等的黏度可以查有关图表或用经验公式计算。

3.1.1.3　流体的流动形态

流体在管内流动时，会呈现出两种性质截然不同的流动形态。雷诺指出，影响流体流动形态的因素除了平均流体流速 u 外，还有管径 d、流体密度 ρ 和黏度 μ，流体的流动型态可由上述 4 个因素组成的复合数群来判断，称为雷诺准数，用"Re"表示，即：

$$Re = \frac{du\rho}{\mu} \tag{3-4}$$

在任何一种单位制中，只要 d、u、ρ、μ 取相同的单位值，所得到的 Re 是无因次的，具有一定的物理意义，称为"准数"。

当雷诺数较小时，流动为层流；当雷诺数较大时，流动为紊流。实验证明，两种流动形态的转变存在相应的临界 Re，若将紊流转变成层流的雷诺数 Re_c 称为下临界值；将层流转变成紊流的雷诺数 Re_c' 称为上临界值，则 Re_c' 总是大于 Re_c。由此，流体的流动形态就可通过流体的雷诺数与临界雷诺数的比较来判断，即

当 $Re<Re_c$ 时，流动为层流；

当 $Re>Re_c'$ 时，流动为紊流；

当 $Re_c<Re<Re_c'$ 时，流动为过渡流。

对于光滑圆管，各研究者测得的 Re_c 值比较接近，为 2000~2300；但 Re_c' 的测定值则依实验条件的不同而分歧较大。由于过渡状态很不稳定，易受外界条件干扰而触发变成紊流，故实际当中一般作紊流处理。因此，工程计算中常把 $Re=2300$（或 2000）作为临界雷诺数，把流体的流动划分为层流和紊流两种流动形态。

3.1.2　流体在管内的流动

3.1.2.1　流体流动的基本概念

A　流量

单位时间内流经管道内任一截面积的流体量称为流量。可以用体积或质量来表示。

体积流量是单位时间内流经管道内任一截面积的流体体积数，以 $Q(\mathrm{m^3/s})$ 表示。

质量流量是单位时间内流经管道内任一截面积的流体质量数，以 $W(\mathrm{kg/s})$ 表示。

Q 与 W 之间的关系：

$$W = \rho Q \tag{3-5}$$

B　流速

单位时间内，流体质点沿流动方向所流经的距离称为流速，用 u 表示，单位：$\mathrm{m/s}$。在工程上计算管道内流速采取截面平均流速的方法，即：

$$u = \frac{Q}{A} \tag{3-6}$$

式中　A——与流体流动方向相互垂直的管道截面积，$\mathrm{m^2}$。

质量流速：单位截面积上单位时间流过的流体质量数，以 G 表示，单位 $\mathrm{kg/(m^2 \cdot s)}$。

$$G = \frac{W}{A} \tag{3-7}$$

u 与 G 的关系为：

$$G = u\rho \tag{3-8}$$

C　稳定流动

流体流动时，若任一截面的流速、流量与压力等参数都不随时间改变，只与空间位置有关，这种流动称为稳定流动。反之，流体流动时，若任一截面的流速、流量与压力等参数有一部分或全部随时间改变，这样的流动称为不稳定流动。在冶金生产中，绝大部分过程的流体流动为不稳定流动，但是对于那些变化很轻微或很缓慢的流动，其过程趋近于稳定流动，为简化起见，通常当作稳定流动处理。本章着重讨论稳定流动问题。

3.1.2.2　流体稳定流动时的物料衡算

根据质量守恒定律，在冶金过程中物料的质量既不会增加也不会减少，即

单位时间进入系统的物料总量-单位时间流出系统的物料总量＝系统中积累的物料量速率

$$\sum W_i - \sum W_0 = \frac{\mathrm{d}M}{\mathrm{d}t} \tag{3-9}$$

式中　W_i——单位时间进入系统的物料量，$\mathrm{kg/s}$；

　　　W_0——单位时间流出系统的物料量，$\mathrm{kg/s}$；

　　　t——时间，s。

在无漏损与添加情况下，对稳定流动，其积累物料量速率为零；对于不稳定流动，则积累物料量速率不为零，即 $\dfrac{\mathrm{d}M}{\mathrm{d}t} = 0$。

3.1.2.3　流体稳定流动时的能量衡算

假如流体流过的管路比较复杂，其中包含了热交换器或动力设备（如泵与风机等），这时流体中就存在各种能量间的转换关系，应进行系统能量衡算。能量衡算的依据是能量守恒定律。在流体流动系统中，应用最广的是机械能守恒定律，其结果是伯努利方程。

在一个稳定流动系统中，任意取 1—1、2—2 截面为输送系统，系统中有泵对流体做

功，输入能量，有一个加热器加热或冷却流体，则根据能量守恒定律，对 1kg 流体在 1—1 和 2—2 截面间列能量平衡方程式，即输入能＝输出能。得伯努利方程式：

$$U_1 + gz_1 + \frac{1}{2}u_1^2 + p_1v_1 + Q_e + W_e = U_2 + gz_2 + \frac{1}{2}u_2^2 + p_2v_2 \tag{3-10}$$

或用增量表示为：

$$\Delta U + g\Delta z + \frac{1}{2}\Delta u^2 + \Delta(pv) = Q_e + W_e \tag{3-11}$$

式中　U_1，U_2——分别为 1kg 流体在 1—1 和 2—2 截面的内能，kJ；

　　　z_1，z_2——分别为 1kg 流体在 1—1 和 2—2 截面的位能，kJ；

　　　p_1，p_2——分别为 1kg 流体在 1—1 和 2—2 截面的静压能，kJ；

　　　v_1，v_2——分别为 1kg 流体在 1—1 和 2—2 截面的体积流速，m^3/s；

　　　u_1，u_2——分别为 1kg 流体在 1—1 和 2—2 截面的速度，m/s；

　　　Q_e，W_e——分别为 1kg 流体在 1—1 和 2—2 截面之间获得的热量与外加的功，kJ。

　　式（3-11）称为热力学第一定律在流体力学中的具体应用。式中的能量分为两类：一类是机械能，包括 $g\Delta z$、$\dfrac{\Delta u^2}{2}$、$\Delta(pv)$ 和 W_e；另一类是内能与热量，即 ΔU 与 Q_e。

　　将式（3-10）、式（3-11）改写为：

$$gz_1 + \frac{1}{2}u_1^2 + \frac{p_1}{\rho} + W_e = gz_2 + \frac{1}{2}u_2^2 + \frac{p_2}{\rho} + \sum h_f \tag{3-12}$$

　　式（3-12）称为实际流体的伯努利方程式，等式的左边是 1kg 流体通过 1—1 截面输入的位能、动能、静压能之和加上泵输入的外加功，它等于等式右边由 2—2 截面上输出的位能、动能、静压能之和以及系统损失的能量，描述了流体各种形式的能量之间的相互转化规律。

　　伯努利方程广泛用于分析和解决流体的平衡、流动、输送等实际问题。如确定管道中流体流量、输送设备的有效功率及轴功率、设备间的相对位置、管路中流体的压强、炉内气体运动状况的分析等。

　　应用伯努利方程解题的要点：

　　（1）作图。为了使计算思路清晰，有助于正确解题，首先应根据题意绘出系统示意图，标出流动方向，将主要数据，如高度、管径、流量、压力值等数据标注于图中。

　　（2）截面的选取。所选的截面必须与流动方向垂直，且在两截面间的流体必须是连续的，所求的未知量必须在所选截面上或两截面之间，且截面上的 z、u、p 等物理量除所求的未知量外，都应是已知的或通过其他关系可计算求得。通常两截面可选取在流体的进出口端。

　　（3）水平面基准的选取。由于方程式中等号两边均有位能，且位能是相对值，故水平面基准可以任意选定而不影响计算结果。为使计算方便，通常取水平基准面为通过系统的一个截面（如果该截面与地面垂直，取水平基准面通过该截面的中心线），这样该截面上位压头为零，如果另一个截面的位置在水平基准面的上方，则其位压头为正值，反之为负值。

　　（4）单位制一致。应把题目中各项不同的单位制化为相同的单位制再进行计算，以 SI 制为准。

　　（5）列伯努利方程并进行计算。

3.1.3 输送流体的管路及管路计算

流体的输送离不开管路。每一个具体的流体输送工程均由一个具体的输送管路来提供。管路是指流体的输送工程中传输工作流体的管道体系，包括提供能量的泵或风机。按其管子的布置情况可分为简单管路、并联管路及分支管路。并联管路与分支管路又合称复杂管路。管路计算是合理安排管道系统的基础。

管路计算是指通过计算求取流体在流动过程的阻力损失、流量或管径，以此作为输送设备选用、管道布置等有关设计的依据。管路与烟道计算的理论依据是流体流动的连续性方程、伯努利方程及阻力损失计算式。

流体流动的连续性方程：当流体为不可压缩性流体且稳定流动时，不仅质量流量相等，体积流量也相等，如图3-2所示，即

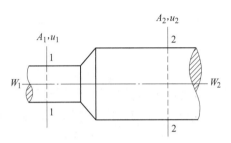

$$u_1 A_1 = u_2 A_2 \qquad (3-13)$$

式（3-13）为流体流动的连续性方程。

流体流动阻力损失：流体流动阻力通常可分为直管阻力（沿程阻力）和局部阻力（撞击阻力）两大类。直管阻力是指派体流经直管时由于

图 3-2　流体稳定流动示意图

流体的内摩擦力而产生的能量损失，局部阻力是指流体流经管路中各类管件（弯头、阀门等），或管道截面发生突然缩小或扩大等局部地方时，由于速度方向及大小的改变，引起速度重新分布并产生漩涡，使流体质点发生剧烈动量交换而产生的能量损失。

实际流体的伯努利方程式中的能量损失 $\sum h_f$ 便代表了单位质量流体因克服各种流体阻力而损失了的能量，称为压头损失。管路系统的流体阻力实际上为直管阻力 h_f 和局部阻力 h_f' 之和，即：

$$\sum h_f = h_f + h_f' \qquad (3-14)$$

式中　$\sum h_f$ ——管路中总的能量损失，J/kg；

　　　h_f ——克服直管阻力损失的能量，J/kg；

　　　h_f' ——克服局部阻力损失的能量，J/kg。

$H_f = \dfrac{\sum h_f}{g}$，表示单位质量流体所消耗的能量，单位为 J/kg。$\Delta p_f = \rho \sum h_f$，表示单位体积流体所消耗的能量，单位为 J/m。

流体直管阻力计算方法——达西公式，即：

$$h_f = \kappa_f \frac{l}{d} \frac{u^2}{2} \qquad (3-15)$$

式中　κ_f ——摩擦系数，$\kappa_f = f\left(Re, \dfrac{\varepsilon}{d}\right)$；

　　　ε/d ——相对粗糙度；

　　　ε ——绝对粗糙度，管壁表面突出物的平均高度，mm；

　　　l, d ——分别为管长和管径，m；

　　　u ——直管中流体的流速，m/s。

流体局部阻力计算方法有当量长度法和局部阻力系数法。

（1）当量长度法。将管路中的局部阻力折合成相当于流体流过相同直径长度为 l_e 的直管阻力，则可用达西公式计算其局部阻力，即

$$h_f' = \kappa_f \frac{l_e}{d} \frac{u^2}{2}$$ （3-16a）

或

$$\Delta p_f' = \kappa_f \frac{l_e}{d} \frac{u^2}{2} \rho$$ （3-16b）

式中　l_e——各种管件、阀门的当量长度之和，m。

（2）局部阻力系数法。将阻力系数表示为动压头的一个倍数，即

$$h_f' = \xi \frac{u^2}{2}$$ （3-17a）

或

$$\Delta p_f' = \xi \frac{u^2}{2} \rho$$ （3-17b）

式中　ξ——阻力系数，一般通过实验测量而供工程计算使用。

工程应用中对给定流体及管路进行的计算一般可分为如下三类：

（1）已知管径、流量及管件和阀门的设置，计算总的阻力损失以确定输送设备的功率；

（2）已知管径、管件和阀门的设置及阻力损失，求流体的流量或流速；

（3）已知流量、管件及阀门的设置及阻力损失，求管径。

第（1）类管路计算，可按下述步骤进行：

第一步，根据管径及流量的不同，将整个管路分段；

第二步，由各段管路的体积流量 Q_i 和管径 d_i 计算各段的流速 u_i；

第三步，求各段 Re_i 及 ε/d_i（管壁相对粗糙度），确定摩擦系数 λ；

第四步，根据管道变形处的形状与尺寸，查定各局部阻力系数；

第五步，按式（3-14）~式（3-17）计算流体流动总的阻力损失 $\sum h_f$。

对第（2）、（3）类情况都存在一个共同性问题，即由于流速或管径未知，Re 不能确定，因而无法确定摩擦系数 λ，也就不能求出所要求的未知量（流速及管径）。工程上解决上述问题常采用试差法或迭代法，参看其他书籍。

3.1.4　流体输送设备的评价

流体输送是指流体以一定流量沿着管道（或明渠）由一处送到另一处，是一种属于流体动力过程的单元操作，流体输送往往借助于机械对流体做功。为流体提供能量或输送流体的机械称为流体输送设备。

冶金及化工生产过程中输送的流体种类很多。输送液体或使液体增压的机械称为泵。由于气体与液体不同，气体具有压缩性，因此，气体输送设备与液体输送设备在结构和特性上往往不尽相同。输送气体的设备按不同的情况可分别称为通风机、鼓风机、压缩机和真空泵。

对流体输送设备的基本要求：（1）满足工艺对流量与能量的要求；（2）结构简单，投资费用低；（3）运行安全可靠，效率高，日常维护费用低；（4）能够应用被输送流体

的特性，如腐蚀性、黏性、可燃性等。

泵或风机的主要性能参数包括流量、扬程、风压、有效功率和效率。

（1）流量。泵（风机）的流量即单位时间内泵所输送的流体体积。用符号 Q 表示，其单位为 m^3/s。在某给定条件下的输送能力用流量来表示。

（2）扬程（风压）。泵的扬程又叫作泵的压头，指单位重量流体流经泵获得的能量，用符号 H 表示（风压用 P 表示），单位为 m。

（3）有效功率。泵（风机）输送流体的过程中，由于泵内存在各种能量损失，泵轴转动所做的功并不能全部转换为流体的能量。泵的有效功率 N_e 可表示为

$$N_e = QH_e \rho g$$

或

$$N_e = \frac{QH_e \rho}{1000/9.81} = \frac{QH_e \rho}{102} \tag{3-18}$$

式中　N_e——泵的有效功率，W 或 kW；

　　　Q——泵的流量，m^3/s；

　　　H_e——泵的扬程，m；

　　　ρ——被输送液体的密度，kg/m^3。

（4）效率。由电机输入泵的功率称为轴功率，以 N 表示。有效功率与轴功率之比就是泵的效率 η：

$$\eta = \frac{N_e}{N} \tag{3-19}$$

3.2　液体输送设备

液体输送设备是各种类型的泵，泵通常可按工作原理分为容积式泵、动力式泵和其他类型泵三类。除按工作原理分类外，还可按其他方法分类和命名。例如，按驱动方法可分为电动泵和水轮泵等，按结构可分为单级泵和多级泵，按用途可分为锅炉给水泵和计量泵等，按输送液体的性质可分为水泵、油泵和泥浆泵等。流体输送设备按工作原理的不同可分为三大类：

（1）叶轮式（动力式）。利用叶轮高速旋转时产生的离心力作用将流体吸入和压出，包括离心式、轴流式和漩涡式输送设备。

（2）容积式（正位移式）。利用活塞的往复运动或转子的旋转运动产生的挤压作用使流体升压获得能量，包括往复式和旋转式输送设备。

（3）其他类型。不属于上述两种类型的其他输送设备，如喷射泵等。

工作原理可分为又分为叶片式、容积式和其他形式。

（1）叶片式泵。依靠旋转的叶轮对液体的动力作用把能量连续地传递给液体，使液体的动能（为主）和压力能增加，随后通过压出室将动能转换为压力能，又可分为离心泵、轴流泵、部分流泵和旋涡泵等。

（2）容积式泵。依靠包容液体的密封工作空间容积的周期性变化，把能量周期性地传递给液体，使液体的压力增加至将液体强行排出，根据工作元件的运动形式又可分为往复泵和回转泵。

（3）其他类型的泵。以其他形式传递能量。如射流泵依靠高速喷射的工作流体将需输送的流体吸入泵后混合，进行动量交换以传递能量；水锤泵利用制动时流动中的部分水被升到一定高度传递能量；电磁泵是使通电的液态金属在电磁力作用下产生流动而实现输送。另外，泵也可按输送液体的性质、驱动方法、结构、用途等进行分类。

结合冶金生产的特点，下面讨论流体输送设备的工作原理、基本结构、性能、操作以及有关计算，重点介绍应用广泛的离心泵、离心通风机、鼓风机和压缩机等。

3.2.1　离心泵

离心泵是冶金生产中最常用的一种流体输送机械，它具有结构简单、流量大且均匀、操作方便等优点，约占冶金流体输送用泵的80%。离心泵有单吸、双吸、单级、多级、卧式、立式及低速、高速之分。目前高速离心泵的转速已达到24700r/min，单级扬程达1700m。我国单级泵的流量为$5.5 \sim 300 \mathrm{m}^3/\mathrm{h}$。

3.2.1.1　离心泵的工作原理及主要构件

A　离心泵的工作原理

在蜗壳形泵壳内，有一固定在泵轴上的工作叶轮。叶轮被泵轴带动旋转，对位于叶片间的流体做功；泵内高速旋转叶轮产生的离心力，使液体从叶轮中心被抛向叶轮外周，压力增高，并以很高的速度流入泵壳出口。当叶轮中心的液体被甩出后，泵壳的吸入口就形成了一定的真空，外面的大气压力迫使液体经底阀、吸入管进入泵内，填补液体排出后的空间。这样只要叶轮旋转不停，液体就源源不断地被吸入与排出。图3-3所示为简单离心泵的结构与工作原理。

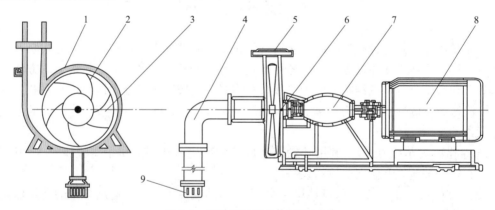

图3-3　离心泵的结构与工作原理

1—泵壳；2—叶片；3—叶轮；4—吸入管；5—压出管；6—泵轴；7—联轴器；8—电机；9—底阀

在泵壳中由于流道的不断扩大，液体的流速减慢，使大部分动能转化为压力能，最后液体以较高的静压强从排出口流入排出管道。

离心泵若在启动前未充满液体，则泵壳内存在空气。由于空气密度很小，所产生的离心力也很小，因此在吸入口处形成的真空不足以将液体吸入泵内，虽启动离心泵，但不能输送液体。此现象称为"气缚"。

B 离心泵的结构

其由若干个弯曲的叶片组成的叶轮置于具有蜗壳通道的泵壳之内；叶轮紧固于泵轴上，泵轴与电机相连，可由电机带动旋转；吸入口位于泵壳中央与吸入管路相连，并在吸入管底部装一止逆阀；泵壳的侧边为排出口，与排出管路相连，装有调节阀。

离心泵的主要构件有叶轮、泵壳、泵轴等，叶轮通过轴由马达带动。

（1）叶轮。是离心泵重要的构件，它把电机传来的能量传递给流体。流体吸收其传来的机械能，转化为静压能。叶轮通常由 4~12 片向后弯曲的叶片组成。叶轮有单吸式和双吸式之分，按其机械结构形式可分为开式、半闭式和闭式，如图 3-4 所示。

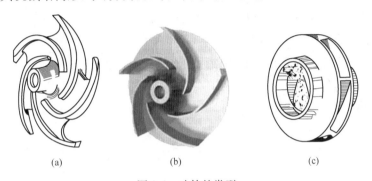

图 3-4 叶轮的类型

（a）开式叶轮；（b）半闭式叶轮；（c）闭式叶轮

1）开式。两侧均无盖板，制造简单，清洗方便，适宜于输送悬浮液及某些腐蚀性液体。由于其高压水回流较多，泵输送液体的效率较低。

2）半闭式。在吸入口一侧无盖板，另一侧有盖板，它也适用于输送悬浮液。

3）闭式。两侧都有盖板，这种叶轮效率较高，适用于输送洁净的液体。

叶轮安装在泵轴上，在电动机带动下快速旋转。液体从叶轮中央的入口进入叶轮后，随叶轮高速旋转而获得动能，同时由于液体沿叶轮径向运动，且叶片与泵壳间的流区不断扩大，液体的一部分动能转变为静压能。叶轮直径越大，流体获得的机械能越多，泵出口的压强（扬程）越高。但叶轮直径越大，叶片端部受力越大，如图 3-5 所示，旋转的晃动越大。泵厂家采用多级串联起来，即在一个泵壳内

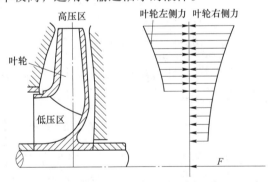

图 3-5 叶轮叶片的受力分布

装有多只叶轮，液体串联通过各个叶轮，产出高扬程。

（2）泵壳。离心泵的外壳常做成蜗形壳，其内有一截面逐渐扩大的蜗形流道，如图 3-6所示，由于流道的截面积逐渐增大，使由叶轮四周抛出的高速流体的速度逐渐降低，而其位置变化很小，因而使部分动能可有效地转化为静压能。

3.2.1.2 离心泵的主要性能参数

如前所述，离心泵的主要性能参数包括流量、扬程、有效功率和效率，这些参数不仅

与泵有关，还与输送液体的管路有关。

如图 3-7 所示，在泵的入口和出口处分别安装真空表和压力计，在管道中装一流量计，可以测量泵的扬程。在真空表和压力计所在的两截面之间列伯努利方程，得：

$$0 + \frac{p_a - p_v}{\rho g} + \frac{u_1^2}{2g} + H_e = h_0 + \frac{p_a + p_M}{\rho g} + \frac{u_2^2}{2g} + H_f$$

或

$$H_e = h_0 + \frac{p_M + p_v}{\rho g} + \frac{u_2^2 - u_1^2}{2g} + H_f \tag{3-20}$$

式中　p_a——当地大气压，Pa；

p_M——压力表读出的压力（表压），Pa；

p_v——真空表读出的真空度，Pa；

u_1，u_2——分别为吸入管和压出管中液体的流速，m^3/s；

H_e——泵的扬程，m；

H_f——两截面的阻力损失，m。

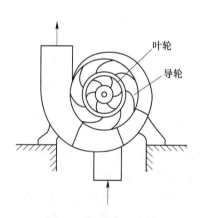

图 3-6　蜗形壳和叶轮

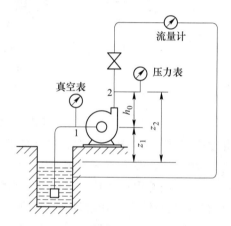

图 3-7　泵的扬程测定

由于两截面之间管路很短，故其阻力损失 H_f 可忽略不计。若以 H_M 及 H_V 分别表示压力表和真空表上的读数，以米液柱计，则式（3-20）可改写为：

$$H_e = h_0 + H_M + H_V + \frac{u_2^2 - u_1^2}{2g} \tag{3-21}$$

例 3-1　某离心泵以 20℃水进行性能实验，测得体积流量为 960m^3/h，压出口压力表读数为 42.89mH_2O（1mH_2O=9806.65Pa），吸入口真空表读数 3.40mH_2O，压力表和真空表之间的垂直距离为 500mm，吸入管和压出管内径分别为 350mm 及 300mm，试求泵的扬程。

解：根据式（3-21），有：

$$H_e = h_0 + H_M + H_V + \frac{u_2^2 - u_1^2}{2g}$$

$$u_1 = \frac{960/3600}{3.14/4 \times (0.35)^2} = 2.77m/s$$

$$u_2 = \frac{960/3600}{3.14/4 \times (0.30)^2} = 3.77 \text{m/s}$$

将已知数据代入上式中，得：

$$H = 0.50 + 42.89 + 3.40 + \frac{3.77^2 - 2.77^2}{2 \times 9.81} = 47.12 \text{mH}_2\text{O}$$

根据泵的轴功率，可选用电机功率。但实际生产中为了避免电机烧毁，在选取电机功率时，要用求出的轴功率乘上一安全系数，常取安全系数见表3-1。

表 3-1 泵的轴功率与安全系数

泵的轴功率/kW	0.5~3.75	3.75~37.5	>37.5
安全系数	1.2	1.15	1.1

3.2.1.3 离心泵的特性曲线

由前面的公式可以看出泵的扬程是随流量变化的，流量增大时扬程就会变小，所以泵可以在一个很广的流量范围内操作。因此必须根据实际送液系统对 Q 和 H（H_e）的要求选择一台泵，使它在较高的效率下操作，以达到最经济的目的。

流量、扬程、效率和功率是离心泵的主要性能参数。这些参数之间的关系可通过实验测定。工厂生产的泵都有一定的牌号，其扬程、流量、功率、转速都有一定值，且生产厂家已将其产品性能参数用曲线表示出来，这就是离心泵的特性曲线。

对于一定转速的泵，存在以下三种关系曲线，即 $H = f_1(Q)$，$N = f_2(Q)$，$\eta = f_3(Q)$。它们分别表示扬程、轴功率和效率与流量的关系。

图3-8所示为4B20型离心泵在 $n = 2900 \text{r/min}$ 下的特性曲线，这些曲线都是由实验测定的。H-Q 曲线表明在较大的流量范围内，泵的扬程随流量的增大而平稳下降；N-Q 曲线

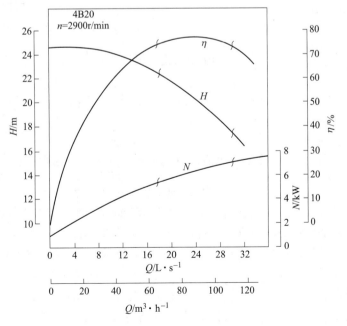

图 3-8 4B20 型离心泵的特性曲线

表明泵的轴功率随流量的增加而平稳上升，当 $Q = 0$ 时，泵的轴功率最小，故启动离心泵时应将出口阀关闭，以减小启动功率和电流；$\eta\text{-}Q$ 曲线有一最高点，即泵在该点下操作效率最高，所以该点为离心泵的设计点，与此最高效率点相对应的 Q、H、N 值称为最佳工况参数或叫设计点参数。

选泵时，总是希望泵在最高效率下工作，因为在此条件下操作最为经济合理。但实际上泵往往不可能正好在该条件下运转，因此，一般只能规定一个工作范围，称为泵的高效率区，如图 3-8 所示的波折线区域。高效率区的效率应不低于最高效率的 92% 左右。泵的铭牌上标明的都是最高效率点的工况参数。离心泵产品目录和说明书上还常常注明最高效率区的流量、扬程和功率的范围等。

3.2.1.4   离心泵的工作点及工作点调节

A   离心泵的工作点

管路特性曲线是指在整个管路系统的不同流量下，要求离心泵提供的实际扬程。与上节所述的离心泵特性曲线并不相同。离心泵的扬程与流量的特性曲线仅表示泵本身在不同流量下提供的实际扬程。

当离心泵被安装在一定的管路系统中工作时，其实际的工作扬程与流量不仅与离心泵本身的特性有关，还取决于管路的工作特性。在图 3-9 所示的离心泵输水系统中，取地槽液面为 1—1 面，高位槽液面为 2—2 面，在这两截面之间列伯努利方程式，有：

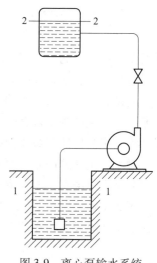

$$H = (z_2 - z_1) + \frac{1}{2g}(u_2^2 - u_1^2) + \frac{p_2 - p_1}{\rho g} + H_{f_{1-2}}$$

或 $H = \Delta z + \frac{\Delta p}{\rho g} + \frac{\Delta u^2}{2g} + H_{f_{1-2}}$

图 3-9   离心泵输水系统

当固定管路条件时，Δz 与 $\frac{\Delta p}{\rho g}$ 均与流量无关，可用常数 $A = \Delta z + \frac{\Delta p}{\rho g}$ 表示，$\frac{\Delta u^2}{2g} \approx 0$，又

因为 $H_{f_{1-2}} = \left(\lambda \frac{l}{d} + \sum \xi\right)\frac{u^2}{2g}$，$u = \frac{Q}{A}$，所以，$H_{f_{1-2}} = \left(\lambda \frac{l}{d} + \sum \xi\right)\frac{Q^2}{2gA^2}$。当管路系统确定后，

包括阀门调到一定时，$\lambda \frac{l}{d} + \sum \xi$ 为定值，令 $B = \dfrac{\left(\lambda \dfrac{l}{d} + \sum \xi\right)}{2gA^2}$，则有：

$$H = A + BQ^2 \tag{3-22}$$

式（3-22）是离心泵在特定管路中工作时的特性曲线，即管路特性曲线。

如果把离心泵的特性曲线与管路特性曲线绘于同一坐标图内（图 3-10），两曲线的交点 A 即为离心泵在该管路中的工作点。A 点所对应的流量 Q_A 和扬程 H_A 就是泵在此管路中运转的实际流量和扬程。当 A 点所对应的效率较高时，说明泵选择得较好。

泵在实际操作过程中，常常需根据生产任务的要求改变流量。从泵的工作点可知，流量的调节实质上就是改变离心泵的特性曲线或管路特性曲线，从而改变工作点 A 的位置。因此离心泵的流量调节应从两方面考虑：一是在离心泵的压出口管路上安装适当的调节阀，以改善管路特性曲线；二是调节泵的转速或改变泵的叶轮外径，以改变泵的特性曲线。

B 离心泵工作点调节

改变阀门的开度以调节流量实质上就是改变管路的局部阻力，从而使管路特性曲线发生变化，导致离心泵工作点的移动。如图 3-11 所示，当阀门关小时，局部阻力增大，管路特性曲线变陡，即从曲线 0 变为曲线 1，工作点 A 移向 M_1，其流量则由 Q_A 降低为 Q_{M_1}；当阀门开大时，局部阻力减小，则管路特性曲线变得平坦，即从曲线 0 变为曲线 2，工作点则由 A 移至 M_2，流量由 Q_A 增加至 Q_{AM_2}。

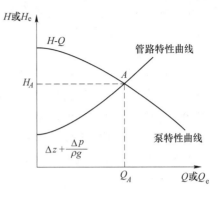

图 3-10 管路特性曲线与泵的工作点 A

采用调节出口阀门来改变管路特性曲线的方法调节流量十分简便、灵活，但关小阀门会使管路阻力增大，需多消耗一部分能量以克服附加阻力，使离心泵在低效率点下工作。

为克服上述缺点，可以采用调节泵的转速或改变泵的叶轮外径的方法来改变泵的特性曲线，以达到调节工作点的目的。如图 3-12 所示，当泵的转速由 n_A 提高至 n_B 时，泵的特性曲线上移，工作点由 A 点移至 B 点，流量和扬程相应增加；若把泵的转速由 n_A 降至 n_C，则泵的特性曲线相应下移，工作点移至 C 点，流量和扬程随之减小。

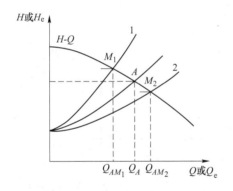

图 3-11 用阀门调节工作点示意图

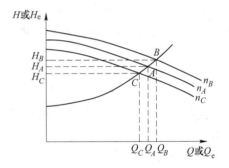

图 3-12 改变泵的转速数调节工作点示意图

采用改变泵的特性曲线的方法调节工作点，不会额外增加管路阻力，节能效果是显著的，在一定范围内可保证离心泵在高效率区工作，但需要变速装置或价格昂贵的原动变速机，且难以做到流量连续调节。

3.2.1.5 离心泵的安装高度

A 气蚀现象

从离心泵的工作原理可知，由离心泵的吸入管路到离心泵入口，并无外界对液体做功，液体是由于离心泵入口的静压低于外界压力而进入泵内的。即便离心泵叶轮入口处达到绝对真空，吸上液体的液柱高度也不会超过相当于当地大气压力的液柱高度。这里就存在一个离心泵的安装高度问题。

显然，当叶轮旋转时，液体在叶轮上流动的过程中其速度和压力是变化的。通常在叶轮入口处最低，当此处压力等于或低于液体在该温度下的饱和蒸汽压时，液体将部分气化，生成大量的蒸气泡。含气泡的液体进入叶轮流至高压区时，由于气泡周围的静压大于气泡内的蒸气压力，会使气泡急剧凝结而破裂。气泡的消失会产生局部真空，使周围的液体以极高的速度涌向原气泡中心，产生很大的压力，造成对叶轮和泵壳的冲击，使其震动并发出噪声。尤其是当气泡在金属表面附近凝聚而破裂时，液体质点如同无数小弹头连续打击在金属表面上，在压力很大、频率很高的连续冲撞下，叶轮很快就被冲蚀成蜂窝状或海绵状，这种现象称作气蚀现象。

为保证离心泵正常工作，应避免气蚀现象发生。这就要求叶轮入口处的绝对压力必须高于工作温度下液体的饱和蒸气压，亦即要求泵的安装高度不能太高。

B 离心泵的安装高度

允许吸上真空高度 H_s 是指泵入口处压力 p_1 所允许达到的最大真空度，其表达式为：

$$H_s = \frac{p_a - p_1}{\rho g} \tag{3-23}$$

式中 H_s——离心泵的允许吸上真空高度，米液柱；

p_a——当地大气压，Pa；

ρ——被输送液体的密度，kg/m^3。

允许吸上真空高度由实验测定。由于实验不能直接测出叶轮入口处的最低压力位置，故往往以测定泵入口处的压力为准。

设离心泵的允许安装高度为 H_g，离心泵吸液装置如图 3-13 所示。以储槽液面为基准面，在储槽液面 0—0 面与泵入口 1—1 截面之间列伯努利方程，则有：

$$H_g = \frac{p_0}{\rho g} - \frac{p_1}{\rho g} - \frac{u_1^2}{2g} - \sum H_f \tag{3-24}$$

式中，$\sum H_f$ 为液柱流经吸入管路时损失的扬程，m。

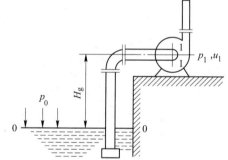

图 3-13 离心泵吸液示意图

将式（3-24）进行转换，得：

$$H_g = \frac{p_0 - p_a}{\rho g} + \frac{p_a - p_1}{\rho g} - \frac{u_1^2}{2g} - \sum H_f$$

将式（3-23）代入上式得：

$$H_g = \frac{p_0 - p_a}{\rho g} + H_s - \frac{u_1^2}{2g} - \sum H_f \tag{3-25}$$

若储槽是敞口的，则 p_0 等于大气压 p_a 时式（3-25）可写成

$$H_g = H_s - \frac{u_1^2}{2g} - \sum H_f \tag{3-26}$$

式（3-25）和式（3-26）均可用于计算泵的允许安装高度。

由式（3-25）和式（3-26）可知，为了提高泵的安装高度，应该尽量减小 $\frac{u_1^2}{2g}$ 和 $\sum H_f$。

为了减小 $\frac{u_1^2}{2g}$，在同一流量下，应选用直径稍大的吸入管路；为了减小 $\sum H_f$，除了选用直径稍大的吸入管路外，吸入管应尽可能短，并且尽量减少弯头和不安装截止阀等。

由于每台泵的使用条件不同，吸入管路的布置情况也各不相同，相应地有不同的 $\dfrac{u_1^2}{2g}$ 和 $\sum H_f$ 值，因此，需根据吸入管路的具体布置情况计算确定 H_g。

值得注意的是，泵的说明书中所给出的 H_s 是指大气压力为 10mH₂O（米水柱），水温为 20℃ 状态下的数值。当泵的使用条件与该状态不同时，应把样本上给出的 H_s 值换算成操作条件下的 H_s' 值，换算公式为：

$$H_s' = [H_s + (H_a - 10) - (H_v - 0.24)] \times \dfrac{998.2}{\rho} \tag{3-27}$$

式中　　H_s'——操作条件下输送液体时的允许吸上真空高度，mH₂O；

　　　　H_s——泵样本中给出的允许吸上真空度，mH₂O；

　　　　H_v——真空表上的读数，mH₂O；

　　　　H_a——泵工作处的大气压，mH₂O，$H_a = \dfrac{p_a}{\rho_{H_2O} g}$；

　　　　ρ——操作温度下被输送液体的密度，kg/m³；

　　　　ρ_{H_2O}——实验温度（20℃）下水的密度，kg/m³，$\rho_{H_2O} = 998.2$kg/m³。

10，0.24，998.2——分别为测定铭牌上标注的允许吸上真空高度时的大气压力和 20℃ 下水的饱和蒸汽压（mH₂O）以及水的密度（kg/m³）。

　C　允许气蚀余量

允许吸上真空高度由于随输送液体性质、安装地区大气压和操作温度的不同而变化，使用时不太方便。因而又引入允许气蚀余量这一参数。允许气蚀余量 Δh 是指离心泵的入口处液体的静压头 $\dfrac{p_1}{\rho g}$ 与动压头 $\dfrac{u_1^2}{2g}$ 之和超过输送液体在操作温度下的饱和蒸汽压的最小允许值，即

$$\Delta h = \left(\dfrac{p_1}{\rho g} + \dfrac{u_1^2}{2g} \right) - \dfrac{p_v}{\rho g} \tag{3-28}$$

式中　Δh——气蚀余量，m；

　　　p_v——操作温度下液体的饱和蒸汽压，Pa；

　　　p_1——泵入口处允许的最低压力，Pa。

当输送其他液体时，可按照下式加以校正：

$$\Delta h' = \phi \Delta h \tag{3-29}$$

式中　$\Delta h'$——输送其他液体时的允许气蚀余量，m；

　　　ϕ——校正系数，它与输送温度下液体的密度和饱和蒸汽压有关，其值小于 1。

对于一些热力学性质难以确定的特殊体系，ϕ 值难以确定，因 $\phi < 1$，故 Δh 可以不加校正，即气蚀余量取得稍大些，等于外加一个安全系数。

由式（3-26）可知，只要已知允许吸上真空度 H_s 和允许气蚀余量 Δh 中任一参数，均可确定泵的允许安装高度。泵的实际安装高度应小于允许安装高度 H_g，通常比允许值小 0.5~1.0m。

例 3-2　某台离心泵，从样本上查得允许吸上真空高度 $H_s = 6$m，现将该泵安装在海拔高度为 500m 处。若夏季平均水温在 40℃，则修正后的 H_s' 应为多少？若泵的阻力损失为

$1mH_2O$，泵入口处动压头为 $0.2mH_2O$。则该泵安装在离水面 5m 高处是否合适？

解：当水温为 40℃ 时，$H_v = 0.75mH_2O$。海拔高度为 500m 处的大气压为 $H_a = 9.74mH_2O$，$\rho = 992.2kg/m^3$，则根据式（3-23），有

$$H'_s = [H_s + (H_a - 10) - (H_v - 0.24)] \times \frac{998.2}{\rho}$$

$$= [6 + (9.74 - 10) - (0.75 - 0.24)] \times \frac{998.2}{992.2} = 5.26m^3/h$$

根据式（3-22）得泵的安装高度为：

$$H_g = H'_s - \frac{v_1^2}{2g} - \sum H_f = 5.26 - 0.2 - 1 = 4.06m < 5m$$

故将泵安装在离水面 5m 高处不合适。

离心泵的允许安装高度的计算和实际安装高度的确定是设计和使用离心泵的重要一环，有几点值得注意：

（1）离心泵的允许吸上真空度 H_s 和允许气蚀余量 Δh 均与泵的流量有关，大流量下 H_s 较小而 Δh 较大，必须用最大额定流量值进行计算；

（2）离心泵安装时，应注意选用较大的吸入管径，减小吸入管路的弯头等管件，以减少吸入管路的阻力损失；

（3）当液体输送温度较高或液体沸点较低时，可能出现允许安装高度 H_s 为负值的情况，此时应将离心泵安装于储槽液面以下，使液体利用位差自动流入泵内。

3.2.1.6 离心泵的类型

离心泵种类很多，按输送液体的性质不同可分为清水泵、泥浆泵、耐腐蚀泵、油泵等；按泵的工作特点可分为低温泵、热水泵、液下泵等；按吸入方式的不同可分为单吸泵和双吸泵；按叶轮数目的不同可分为单级泵和多级泵。以下就冶金工厂常用的几种离心泵，如水泵、泥浆泵、耐腐蚀泵、液下泵等加以介绍。

（1）水泵。用来输送清水以及物理、化学性质类似于水的清洁液体。按系列代号又可分为 B 型、D 型和 Sh 型。

B 型水泵——单级单吸悬臂式离心泵，扬程为 $8\sim98mH_2O$，流量为 $4.5\sim360m^3/h$；

D 型水泵——多级泵，扬程为 $14\sim351mH_2O$，流量为 $10.8\sim850m^3/h$；

Sh 型水泵——双吸单吸泵，扬程为 $9\sim14mH_2O$，流量为 $102\sim12500m^3/h$。

其中，以 B 型离心泵应用最广，这类泵只有一个叶轮，液体从泵的一侧吸入，液体的最高温度不能超过 80℃。

（2）耐腐蚀泵（系列代号为 F）。用来输送酸、碱等腐蚀性液体，扬程为 $15\sim105mH_2O$，流量为 $2\sim400m^3/h$。输送介质温度一般为 $0\sim105℃$，特殊需要时可为 $-50\sim+200℃$。这种泵与腐蚀性液体接触的部件都需用各种耐腐蚀材料制造，在系列代号 F 后加上材料的代号。常用的有灰口铸铁、高硅铸铁、镍铬合金钢、聚四氟乙烯塑料等。

（3）多级离心泵。是若干个叶轮安装在同一泵轴上，流体通道结构上，表现在第一级的介质泄压口与第二级的进口相通，第二级的介质泄压口与第三级的进口相通，如此串联的机构形成了多级离心泵。叶轮的外侧是液体导流装置及泵壳。水平式多级离心泵结构如图 3-14 所示。

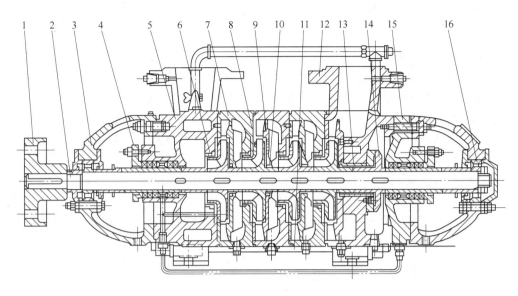

图 3-14 水平式多级离心泵结构

1—柱销轴联器；2—轴；3—轴承；4—填料；5—吸入段；6—密封环；7—中段；8—叶轮；9—导叶；
10—导叶套；11—拉紧螺栓；12—吐出段；13—平衡套；14—平衡盘；15—盘根函体；16—轴承

（4）杂质泵（系列代号为 P）。用来输送悬浮液及稠厚浆液。杂质泵又可分为污水泵（PW 型）、砂泵（PS 型）和泥浆泵（PN 型）。这类泵的叶轮流道较宽，叶片数目少，常用开式或半闭式叶轮。

（5）液下泵（系列代号为 FY）。用于安装在液体储槽以内输送各种腐蚀性料液。其轴封要求不高，不足之处是效率较低。

（6）油泵（系列代号为 Y）。用来输送油产品及其他易燃、易爆液体。扬程为 60~603m 液柱，流量为 6.25~500m³/h，为冶金燃烧提供液体燃料之用。

3.2.1.7 离心泵的选用

选用离心泵的基本原则是以能满足液体输送的工艺要求为前提。选用时，须遵循技术合理、经济等原则，同时兼顾供给能量一方（泵）和需求能量一方（管路系统）的要求。通常可按下述步骤进行：

（1）确定输送系统的流量与扬程。流量一般由生产任务规定。根据输送系统管路的安排，可用伯努利方程式计算管路所需的扬程。

（2）选择泵的类型。根据输送液体的性质和操作条件确定泵的类型。

（3）确定泵的型号。根据输送液体的流量及管路要求的泵的扬程，从泵的样本或产品目录中选出合适的型号。泵的流量和扬程应留有适当余地，且应保证离心泵在高效率区工作。泵的型号一旦确定，则应进一步查出其详细的性能参数。

（4）校核泵的性能参数。如果输送液体的黏度和密度与水相差较大，则应核算泵的流量、扬程及轴功率等性能参数。

3.2.2 往复泵

往复泵利用活塞的往复运动将能量传递给液体，以完成液体输送任务。往复泵输送流体的流量只与活塞的位移有关，而与管路情况无关，但往复泵的扬程与泵体结构强度与管路情况有关。往复泵主要由泵缸、活塞吸入阀与单向排出阀构成。

往复泵的工作原理：活塞由曲柄连杆机构带动作往复运动。活塞由于外力的作用向右移动时，造成泵体内低压，上端的单向阀（排出阀）被压而关闭，下端的单向阀（吸入阀）便被泵外液体的压力推开，将液体吸入泵体内；相反，当活塞向左移动时，造成泵体内高压，吸入活门被压而关闭，排出活门受压而开启，由此将液体排出泵外。活塞如此不断进行往复运动，就将液体不断地吸入和排出。

单缸单动往复泵的结构如图 3-15 所示。单缸双动泵的构造如图 3-16 所示。

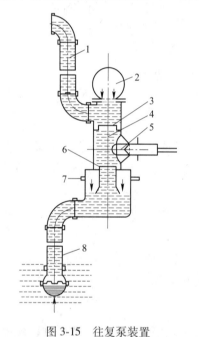

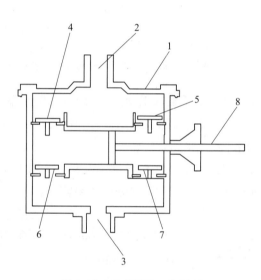

图 3-15   往复泵装置   图 3-16   双动泵的工作原理

1—泵出口；2—压力平衡室；3—出口活门；4—缸体；   1—泵体；2—出口；3—入口；4，5—排出阀；

5—活塞柱；6—吸入阀；7—气室；8—吸入管   6，7—吸入阀；8—活塞杆

活塞运动的距离称为冲程，当活塞往复一次（即双冲程）时，只吸入一次和排出一次液体，这种泵称为单动泵。单动泵的流量是波动而不均匀的，仅在活塞压出行程时才排出液体，而在吸入行程无液体排出。

为了改善单动泵流量的不均匀性，又出现了双动泵，其构造如图 3-16 所示，单缸双动泵的输出如图 3-17 所示。它有 4 个单向活门，分布在泵缸的两侧。当活塞向右移动时，左上端的活门关闭，左下端的活门开启，与此同时，右上端的活门开启，右下端的活门关闭，液体进入泵体内的左边，原存在于泵缸右边的液体由右上端的活门排出；当活塞向左端移动时，泵体左边的液体被排出，泵体右边吸入液体。因此对于双动泵而言，当活塞往复一次（即双冲程）时，可吸入和排出液体各两次，故其流量比较均匀。

双缸双作用、四缸单作用泵的瞬时流量曲线可由单缸单作用的瞬时流量曲线叠加得

到。对于双缸双作用，两缸的活塞的相角差 $\phi = 90°$，如图 3-18 所示。实际中的"四缸单动泵"就是这种输出波形。

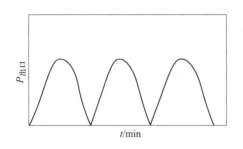

图 3-17 单缸双动泵的输出示意图

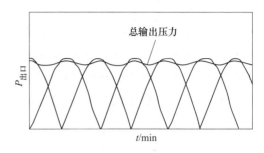

图 3-18 双缸双动泵的输出示意图

泵的作用数 K：泵在一个 360° 的曲柄回转时间内吸（排）液体的次数。K 与泵的工作腔室数、泵缸数目有关。单作用泵 $K=1$；双作用泵 $K=2$；三作用泵 $K=3$；多作用泵记为 K。

理论上讲，作用数 K 越大，流量越均匀；奇数 K 的往复泵比偶数 K 的往复泵的流量均匀。实际生产中，K 不是越大越好，由于谐波效应，双缸双作用的流量变化幅度大于三单缸单作用。三单缸单作用的输出如图 3-19 所示。

当输送腐蚀性料液或悬浮液时，为了不使活塞受到损伤，多采用隔膜泵，即用一弹性薄膜将活塞和被输送液体隔开的往复泵。此弹性薄膜系用耐磨、耐腐蚀的橡皮或特殊金属制成。如图 3-20 所示，隔膜左边接触被输送液体；隔膜右边则为油。活塞在油保护的缸内做往复运动，致使腐蚀性液体或悬浮液在隔膜左边轮流地吸入和压出，而不与活塞接触。

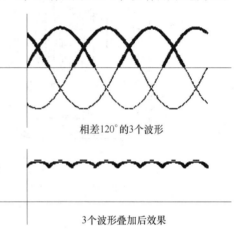

相差 120° 的 3 个波形

3 个波形叠加后效果

图 3-19 三单缸单作用的输出示意图

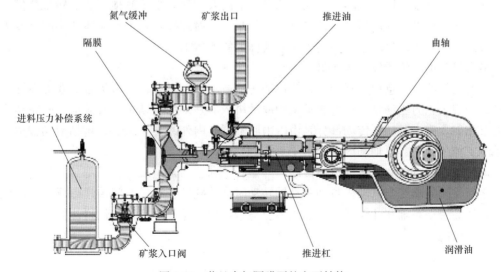

图 3-20 荷兰奇好隔膜泵的主要结构

隔膜泵由动力系统（曲柄连杆机构）、动力端（柱塞、液缸）、液力端（隔膜）、液压控制系统、进料压力补偿系统、排出压力补偿系统与电气控制系统等组成。

隔膜泵按动力来分，有活塞式隔膜泵与气动隔膜泵两类。

气动隔膜泵采用压缩空气作为动力源，对于各种腐蚀性液体，带颗粒的液体，高黏度、易挥发、易燃、剧毒的液体均能输送。其流量随背压（出口阻力）的变化而自动调整，不会过压。负载过大时泵会自动停机，具有自我保护性能，当负荷恢复正常后，又能自动启动运行。气动隔膜泵如图 3-21 所示。

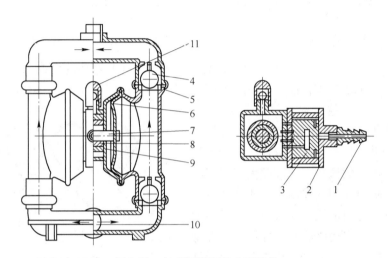

图 3-21　气动隔膜泵的主要结构

1—进气口；2—配气阀体；3—配气阀；4—圆球；5—球座；6—隔膜；
7—连杆；8—连杆铜套；9—中间支架；10—泵进口；11—排气口

3.2.3　其他泵

除上述两种泵外还有旋转泵、喷射式泵、消防泵、移动泵等其他泵。旋转泵是借泵内转子的旋转作用吸入和排出液体，又称为转子泵。喷射式泵是靠工作流体产生的高速射流引射流体，然后再通过动量交换使被引射流体的能量增加。

最常见三类泵的比较见表 3-2。

随着人们的环保意识不断加强，流体输送的要求逐渐提高，很多场合需要无泄漏流体输送，出现了磁力驱动泵。磁力驱动泵的原动机依旧是采用电动机，其泵体、叶轮结构与普通泵相似。磁力驱动泵传动部分是由磁力联轴器和内外磁转子组成，包括滑动轴承和推力轴承支撑了叶轮、泵轴和内外磁转子。

内转子部分直接和输送的流体接触，外磁转子和驱动轴组成外转子部分，外转子和内转子之间完全隔离。当电动机带动驱动轴转动时，外磁转子通过空间传递磁场影响内磁转子转动从而带动泵轴和叶轮开始输送流体。整个过程都是静态密封，使得流体几乎没有任何泄漏的可能。

表 3-2 常见三类泵的比较

类型	离心泵	隔膜泵	磁力驱动泵
流量	(1) 均匀; (2) 量大; (3) 流量随管路情况变化	(1) 不均匀; (2) 量不大; (3) 流量恒定,几乎不因压头变化而变化	(1) 比较均匀; (2) 量小; (3) 流量恒定,与离心泵相同
扬程	(1) 一般不高;对一定流量只能提供一定的扬程; (2) 若要较高扬程,则选多级离心泵	(1) 较高; (2) 对一定流量可提供不同扬程,由管路系统确定	同离心泵
效率	(1) 最高为70%左右; (2) 在设计点最高,偏离愈远,效率愈低	(1) 为80%左右; (2) 不同扬程时效率仍保持最大值	(1) 介于60%~80%左右; (2) 无泄漏,但效率较低
结构	(1) 简单、价廉、安装容易; (2) 高速旋转,可直接与电动机相连; (3) 输送同一流量体积小; (4) 轴封装置要求高,不能漏气	(1) 零件多,构造复杂; (2) 震动甚大,安装较难; (3) 体积大,占地多; (4) 需进料与排出补偿系统	(1) 没有活门; (2) 可与电动机直接连接; (3) 零件较少,但制造精度要求高
操作	(1) 有气缚现象,开启前要充水,运转中不能漏气; (2) 维护、操作方便,阀门调节流量; (3) 不因管路堵塞而发生损坏现象	(1) 零件多,易出故障,检查修理麻烦; (2) 不能用出口阀门而只能用支路阀或电机调节流量; (3) 扬程、流量改变时能保持高效率	(1) 检查比离心泵复杂,比往复泵容易; (2) 只能用支路阀调节流量
适用范围	流量大,扬程小的腐蚀性液体或稀的悬浮液,对黏度大的流体不适用	高扬程、小流量的含固体浆液	较低扬程、小流量的腐蚀性液体

3.3 气体输送设备

原则上,气体输送设备与液体输送设备的结构和工作原理大体相同,其作用都是向流体做功,以提高流体的静压力,但由于气体的可压缩性及比液体小得多的密度,使气体输送设备具有与液体输送设备不同的特点,主要表现为以下几方面。

(1) 气体密度小,体积流量大,因此气体输送设备的体积大。

(2) 流速大。在相同直径的管道内输送同样质量的流体,气体的阻力损失比液体的阻力损失要大得多,需提高的压头也大。

(3) 由于气体的可压缩性,当气体压力变化时,其体积和温度也同时发生变化,这对气体输送设备的结构形状有很大的影响。

气体输送设备除按工作原理及设备结构分类外,还可按一般气体输送设备产生的进出口压差或压缩比(出口气体压力与进口气体压力的比值)来分类,见表3-3。

表 3-3　气体输送设备的分类

种　类	出口压力（表压）/Pa	压缩比
通风机	15×10^3	$1\sim1.15$
鼓风机	$(15\sim294)\times10^3$	<4
压缩机	294×10^3	>4
真空泵	大气压	（用于减压）

3.3.1　通风机

通风机主要有离心式和轴流式两种类型。轴流通风机由于其产生的风压很小，一般只作通风换气用。冶金厂应用最广的是离心通风机。离心通风机按其产生的风压大小可分为以下三种：

（1）低压离心通风机：风压 $\leq1\times10^3$ Pa（表压）。

（2）中压离心通风机：风压在 $1\times10^3\sim3\times10^3$ Pa（表压）。

（3）高压离心通风机：风压在 $3\times10^3\sim15\times10^3$ Pa（表压）。

3.3.1.1　离心通风机的结构及工作原理

离心通风机的基本结构和工作原理均与单级离心泵相似，如图 3-22 所示。它同样是在蜗形机体内靠叶轮的高速旋转产生的离心力使气体的压力增大而排出。与离心泵相比，其结构具有如下特点：

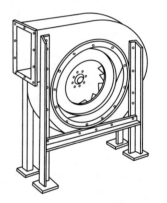

（1）叶轮直径大，叶片数目多，叶片短，以保证达到输送量大、风压高的目的。

（2）蜗形通道一般为矩形截面，以利于加工。

3.3.1.2　离心通风机的性能参数和特性曲线

离心通风机的性能参数主要有风量（流量）、风压（压头）、功率和效率。

图 3-22　离心式通风机

与离心泵类似，离心通风机性能参数之间的关系也是用实验方法测定，并用特性曲线或性能数据表的形式表示。

（1）风量：单位时间内从风机出口排出的气体体积，并以风机进口处气体的状态计，以 Q 表示，单位为 m^3/h。

（2）风压：单位体积的气体流过风机时所获得的能量，以 p_t 表示，单位为 Pa。

用下标 1、2 分别表示进口与出口的状态，在风机的吸入口与压出口之间列伯努利方程式：

$$\rho gH_e = \rho g(z_2-z_1)+(p_2-p_1)+\frac{\rho(u_2^2-u_1^2)}{2}+\rho gH_f \qquad (3\text{-}30a)$$

式（3-30a）各项均乘以 ρg 并加以整理得：

$$p_t = \rho gH_e = (p_2-p_1)+\frac{\rho u_2^2}{2}=p_{st}+p_k \qquad (3\text{-}30b)$$

式中　p_{st}——静风压，Pa；

p_k——动风压，Pa；

p_t——全风压，Pa。

离心通风机中气体的出口流速较大，故动风压不能忽略。因此离心通风机的风压应为静风压与动风压之和，又称为全风压或全压。通风机性能表上所列的风压是指全风压。

3.3.1.3 离心通风机的轴功率及功率

离心通风机的轴功率为：

$$N = \frac{p_t Q}{1000\eta} \tag{3-31}$$

式中 N——轴功率，kW；

Q——风量，m^3/s；

p_t——全风压，Pa；

η——效率。

离心通风机的特性曲线如图 3-23 所示，由于通风机的风压有全风压和静风压之分，故其特性曲线与离心泵相比多了一条 Q-p_{st} 曲线。

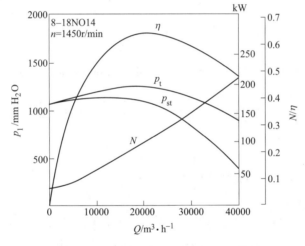

图 3-23 8-18NO14 离心通风机的特性曲线

（1mmH₂O＝9.80665Pa）

图 3-23 中的 4 条曲线表示在一定的转速下，风量 Q、静风压 p_{st}、轴功率 N 和效率 η 四者间的关系。由于通风机前后气体压力的变化较小，因而气体密度和温度可视为不变。因此，在计算通风机性能时可与离心泵使用相同的公式。

必须指出，通风机的特性曲线是由生产厂家在 20℃ 及 1.033×10^5Pa 标准状态下，用空气进行实验测定的，此条件下空气的密度为 $1.2 kg/m^3$。

计算功率时，Q、p_t、ρ 等必须为同一状态下的数值，且须注意输送气体的性质，当操作状态不同于标准实验状态时，可用式（3-32）进行换算：

$$\frac{p'_t}{p_t} = \frac{\rho'}{\rho}, \quad \frac{N'}{N} = \frac{\rho'}{\rho} \tag{3-32}$$

式中 p_t，N，ρ——实验条件下的全风压、轴功率及输送气体的密度；$\rho = 1.2 kg/m^3$；

p_t'，N'，ρ'——操作状态下的全风压、轴功率及气体密度。

3.3.1.4 离心通风机的选择

离心通风机的选用与离心泵相仿，主要步骤为：

（1）根据气体的种类（如清洁空气、易燃气体、腐蚀性气体、含尘气体、高温气体等）与风压范围，确定风机类型；

（2）将操作状态下的风压及风量等参数换算成标准实验状态下的风压和参数；

（3）根据所需风压和风量，从样本上查得适宜的设备型号及尺寸。

例 3-3 已知空气的最大输送量为 $1.6\times10^4\mathrm{m}^3/\mathrm{h}$，最大风量下输送系统所需的风压为 10.8kPa，设空气进口温度为 30℃，当地大气压为 98.7kPa，试选择一台适用的离心通风机。

解： 在实际操作状态下空气密度为：

$$\rho' = \rho\,\frac{T}{T'}\,\frac{p'}{p} = 1.29 \times \frac{273}{303} \times \frac{98.7}{101.33} = 1.13\mathrm{kg/m}^3$$

由式（3-32）知：

$$p_t = p_t'\,\frac{\rho}{\rho'} = 10.8 \times \frac{1.2}{1.13} = 11.47\mathrm{kPa}$$

从风机样本中查得，$9-27-101\mathrm{N}07$（$n=2900\mathrm{r/min}$）可以满足要求，该通风机性能如下：

全风压 $p_t=11.87\mathrm{kPa}$；风量 $Q=17100\mathrm{m}^3/\mathrm{h}$；轴功率 $N=89\mathrm{kW}$。

3.3.2 鼓风机

常用的鼓风机有离心式和旋转式两种。

3.3.2.1 离心鼓风机

离心鼓风机又称涡轮鼓风机或透平鼓风机，其基本结构和操作原理与离心通风机相似。它的特点是转速高、排气量大、结构简单。但单级风机由于只有一个叶轮，不可能产生较大的风压（一般小于 30kPa），故风压较高的离心鼓风机一般是由几个叶轮串联组成的多级离心鼓风机。

3.3.2.2 旋转鼓风机

旋转鼓风机种类较多，最典型的是罗茨鼓风机，工作原理与齿轮泵相似。罗茨鼓风机的结构如图 3-24 所示。

在一长圆形气缸内配置 2 个"8"字形的转子，装在 2 个平行轴上，通过对同步齿轮的作用，使 2 个转子作反方向旋转。由于 2 转子之间、转子与机壳之间的缝隙很小，转子可自由旋转而不会引起过多的泄漏。当转子旋转时，推动气缸内的气体由一侧吸入，从另一侧排出，达到增压鼓风的目的。目前把"8"字形的转子改为三叶罗茨鼓风机，如图 3-24（a）、（c）所示。三叶式风机由护壳、端盖、护壳风窗、传动齿轮、中轴、排气孔、排气室、叶片传动簧片落槽、托座、叶片暂止簧片、进气室、滚筒润滑孔、三角叶片、滚筒、叶片传动簧片、暂止簧片工作孔、滚筒风窗、叶片轴套、中轴润滑孔构成。

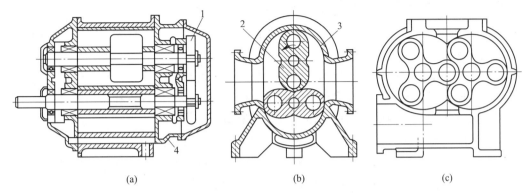

图 3-24 罗茨鼓风机结构示意图

(a) 正视图；(b) "8" 字形侧视图；(c) 三叶式侧视图

1—同步齿轮；2—转子；3—气缸；4—盖板

三叶罗茨风机运转一周有 6 次吸排气过程，容积效率高，如图 3-25 所示。每个三叶型转子用 2 个轴承支承，利用一对同步齿轮使 2 个转子的相对位置始终保持不变，具有比较稳定的工作特性。三叶罗茨风机转子与转子、转子与泵体、转子与侧盖之间都有微小间隙，因而工作腔内没有摩擦，无接触磨损部分；三叶罗茨风机经济耐用，无需润滑，使用寿命长，动力平衡性好。

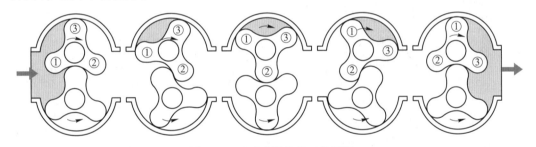

图 3-25 三叶式风机的工作原理

三叶式风机具有结构简单、使用维护方便、不需要内部润滑、输送的介质不含油等特点。泵转子的支承采用可靠的消隙结构，转动部件作细致的动平衡，并采用高精度的斜齿轮，因此，运行平稳、噪声低、使用更加可靠，可在高压差下长期运行。

罗茨鼓风机的主要特点是风量与转速成正比，转速一定时，风压改变风量可基本不变。此外，此风机转速高、无阀门、结构简单、重量轻、排气均匀、风量变动范围大，可在 $2 \sim 500 \mathrm{m^3/h}$ 范围内变动，但效率低，其容积效率一般为 $0.7 \sim 0.9$。

罗茨鼓风机的出口应安装稳压罐和安全阀，流量可用旁路调节，操作温度不宜超过 85℃，以防转子受热膨胀卡住。

3.3.3 压缩机

冶金及化工生产中使用的压缩机主要有往复压缩机和离心压缩机两种。由于离心压缩机的基本结构与工作原理与离心鼓风机完全相同，故下面着重介绍往复压缩机。

3.3.3.1　往复压缩机的构造及工作原理

往复压缩机的构造和工作原理与往复泵相似。它主要由气缸、活塞、吸气阀和排气阀组成，如图 3-26 所示。

往复压缩机是利用曲柄连杆机构，将驱动机的回转运动变为活塞的往复运动，使气体在气缸内完成进气、压缩、排气等过程，由进、排气阀控制气体进入和排出气缸，达到提高气体压力的目的。下面以单动往复压缩机为例说明其工作过程。

A　理想压缩循环

在理想状态下，气缸排气终了时活塞与气缸盖之间没有缝隙（即余隙）以及各种能量损失。往复压缩机在理想状态下的压缩过程如图 3-27 所示。

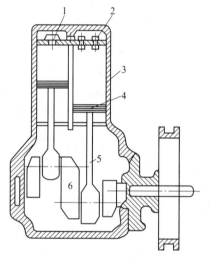

图 3-26　立式单动双缸压缩机
1—排气阀；2—吸气阀；3—气缸体；
4—活塞；5—连杆；6—曲柄

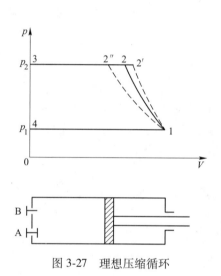

图 3-27　理想压缩循环

当活塞由左向右运行时，吸气阀 A 打开，气体在 p_1 压力下吸入缸内（4—1 线）；当活塞开始从右往左运行时，吸气阀被关闭，气缸内的气体被压缩（1—2 线）；当气缸内的气体压力大于气阀 B 外的气体压力时，排气阀 B 被顶开，气体在 p_2 压力下排出气缸（2—3线）。3—4 线表示排气终了和吸气初期气缸内压力的变化。如此不断重复上述吸气—压缩—排气过程。

在实际状态下，有余压，气体被压缩的（1—2）线变为（1—2'）线；或有泄漏，气体被压缩的（1—2）线变为（1—2"）线。

根据热力学定律，绝热压缩耗功最少，而等温压缩耗功最多。事实上，等温和绝热压缩只是两种极端情况，实际压缩过程与多变压缩过程较接近，多变压缩功为：

$$W = \frac{m}{m-1}p_1 V_1 \left[\left(\frac{p_2}{p_1} \right)^{\frac{m-1}{m}} - 1 \right] \tag{3-33}$$

式中　W——每一循环多变压缩功，J；

p_1，p_2——进、排气压力，Pa；

V_1——每一循环吸入气体的体积，m^3；

m——多变指数。

多变压缩时，气体排出口绝对温度为：

$$T_2 = T_1\left(\frac{p_2}{p_1}\right)\frac{m-1}{m} \tag{3-34}$$

式中 T_1，T_2——分别为进、出口温度，K。

B 有余隙压缩循环

往复压缩机排气终了时，活塞与气缸盖之间必须留出很小的空隙，称为余隙。有余隙压缩循环如图 3-28 所示。它与理想压缩循环的区别在于排气终了时残留在余隙体积中的高压气体在活塞反向运动时将再次膨胀。当膨胀到图 3-28 所示的点 4 时，气缸中的压力降至进气压力 p_1，此后便开始吸气。由于余隙体系的存在使压缩机循环一次的吸气体积 V_e 比活塞一次吸入的体积（即理论吸气体积）V_1 低，其比值称为容积系数 λ，即：

$$\lambda = \frac{V_e}{V_1} \tag{3-35}$$

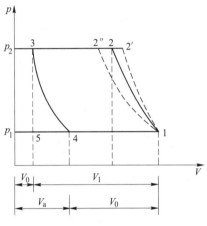

图 3-28 有余隙压缩循环示意图

余隙体积 V_0 与理论吸气体积 V_1 之比称为余隙系数，以符号 ε 表示。

$$\varepsilon = \frac{V_0}{V_1} \tag{3-36}$$

由图 3-28 可知：

$$V_e = V_1 + V_0 - V_a \tag{3-37}$$

式中 V_a——余隙膨胀所占体积，m^3。

将式两边均除以 V_1，则有：

$$\frac{V_e}{V_1} = 1 + \frac{V_0}{V_1} - \frac{V_a}{V_0} = 1 + \frac{V_0}{V_1} - \left(\frac{V_0}{V_1}\right)\left(\frac{V_a}{V_0}\right) \tag{3-38}$$

将式（3-35）、式（3-36）代入式（3-38），有

$$\varepsilon_v = 1 + \varepsilon - \varepsilon\left(\frac{V_a}{V_0}\right) \quad 或 \quad \kappa_v = 1 - \varepsilon\left(\frac{V_a}{V_0} - 1\right) \tag{3-39}$$

对于多变膨胀过程，有：

$$p_2 V_0^m = p_1 V_a^m$$

将上式代入式（3-39）中，则有：

$$\kappa_v = 1 - \varepsilon\left[\left(\frac{p_2}{p}\right)^{\frac{1}{m}} - 1\right] \tag{3-40}$$

由式（3-40）可知，容积系数 ε_v 与余隙系数 ε 的大小和气体的压缩比 $\left(\frac{p_2}{p_1}\right)$ 有关。余隙系数愈大，容积系数愈小；压缩比愈大，容积系数愈大。

3.3.3.2 往复压缩机的生产能力

往复压缩机的生产能力是指压缩机在单位时间内排出的气体体积换算成吸入状态下的数值。若没有余隙，则单动往复压缩机的理论吸气量为：

$$V' = \frac{\pi}{4} D^2 S n \qquad (3-41)$$

式中 V'——理论吸气体积，m^3/min；

      D——活塞直径，m；

      S——活塞的冲程，m；

      n——活塞每分钟的往复次数，min^{-1}。

由于有余隙，故实际吸气体积为：

$$V = \kappa_v V' \qquad (3-42)$$

式中 V——实际吸气体积，m^3/min。

3.3.3.3 多级压缩机

如前所述，容积系数随压缩比的增大而减小，当压缩比达到某一极限时，容积系数为零，即当活塞往右运动时，残留在余隙内的气体膨胀后充满整个气缸，以致不能再吸入新的气体。实际上，压缩机每压缩一次允许的压缩比一般为 5~7。如果要求的压缩比超过这个数值，应采用多级压缩。在多级压缩机里，每一级压缩腔吸入的是上一级压缩腔的压力介质，实现再次压缩，再次压缩的气体输入到再下一级，五级压缩机结构如图 3-29 所示。

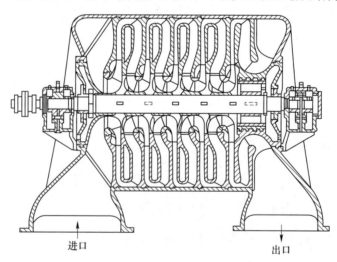

图 3-29   五级离心式压缩机的结构

采用多级压缩可降低压缩气体消耗的功。现以两级压缩（图 3-30）为例进行分析。若压力为 p_1 的气体采用单级压缩至 p_2，则压缩过程如图 3-30 中多变过程 BB_1C' 所示，消耗的理论功相当于图 3-30 中 $B-B_1-C'-D-A-B$ 围成的面积。如改为两级压缩，中间压力为 p_x，尽管每一次也是进行多变压缩，但因两级之间在恒定压力下进行冷却，冷却过程依等压线 B_1E 进行，两级所消耗的总理论功相当于图上 $B-B_1-E-C-D-A-B$ 围成的面积。比较这两种压缩方案，显然，两级压缩比单级压缩所消耗的功要少。依此类推，当压缩比相同时，所用级数愈多，消耗的功愈少。

3.3.3.4　往复压缩机的分类及选用

往复压缩机的种类较多，按吸气阀和排气阀在活塞的一侧或两侧可分为单动和双动往复压缩机；按气体受压级数可分为单级、双级和多级压缩机；按终压分为低压（$<1 \times 10^5$ Pa）、中压（$1 \times 10^5 \sim 10 \times 10^5$ Pa）和高压（$10 \times 10^5 \sim 100 \times 10^5$ Pa）压缩机；按排气量可分为小型（< 10 m^3/min）、中型（$10 \sim 30$ m^3/min）和大型（>30 m^3/min）压缩机；按压缩

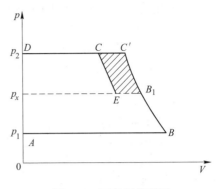

图 3-30　两级压缩循环

机结构形式可分为立式、卧式和角式压缩机；按压缩气体种类可分为空气压缩机、氨气压缩机、氢气压缩机等。

选用压缩机的原则：

（1）根据输送气体的性质确定压缩机种类；

（2）根据生产任务及厂房情况选定压缩机结构形式；

（3）根据所需排气量和排气压力从压缩机样本中选择合适的型号。

习　题

3-1　单选题：

（1）离心泵主要由叶轮、泵壳、泵轴、马达组成，下面关于叶轮的正确说法是（　　）。

    A. 开式叶轮效率高，适宜于输送悬浮液

    B. 闭式叶轮效率较高，用于输送洁净的液体

    C. 其直径和厚度与泵的性能无关

    D. 其直径决定了泵的流量，厚度决定了泵的扬程

（2）离心泵的安装高度取决于（　　）。

    A. 离心泵的特性曲线　　　　　　　B 允许气蚀余量

    C. 离心泵的允许吸上真空度　　　　D. 离心泵的特性曲线和允许气蚀余量

    E. 允许气蚀余量和离心泵的允许吸上真空度

（3）为了给高压釜供稳定料流，应采用（　　）隔膜泵。

    A. 带授料器的三缸单动　　　　　　B. 带授料器的双缸单动

    C. 带授料器的四缸单动　　　　　　D. 带授料器的双缸双动

（4）为了提高离心泵的扬程，应采用（　　）。

    A. 多台离心泵串联　　　　　　　　B. 多台离心泵并联

    C. 多台离心泵中继站相联　　　　　D. 多级离心泵

（5）冶金中常用压力 0.4~0.7MPa、大风量的场合，采用（　　）提供。

    A. 高压（离心）离心风机　　　　　B. 三叶型罗茨风机

    C. 多级空气压缩机　　　　　　　　D. 双叶型罗茨鼓风机

（6）用泵将碱液由敞口槽打入位差为 10m 高的塔中，塔顶压强为 0.6kgf/cm^2（表压），流量 20m^3/h，管路均为 ϕ57mm×3.5mm 无缝管，管长 50m（包括所有局部阻力的当量长度）。碱液 $\rho = 1200$ kg/m^3，黏度 $\mu = 2$cP，管壁粗糙度为 0.3mm，则泵的压头为（　　）。

    A. 18.9m　　　B. 38.9m　　　C. 20.8m　　　D. 30.8m　　　E. 28.9m

    （7）往复式空气压缩机是利用曲柄连杆机构将驱动机的回转运动变为活塞的往复运动，使气体在气缸内完成（　　）过程。

        A. 无膨胀的进气、压缩、排气   B. 进气、压缩、点火、排气

        C. 余气膨胀、吸气、缸内气体压缩、排气 D. 进气、压缩、无膨胀的排气

3-2   两管道截面积相同，一为长方形，一为圆形，其他条件完全相同，问单位长度的阻力是否相同，为什么？

3-3   试述往复泵的工作原理，泵的安装高度与什么因素有关？

3-4   往复式压缩机的工作过程可分为几个阶段，其工作原理如何？

3-5   液环泵是液体输送设备还是气体输送设备，其工作原理如何？

3-6   简述通风机的工作原理与特点。

3-7   简述鼓风机的工作原理与特点。

4 冶金传热设备

把精矿粉散料输送至反应器，把与之反应的流体也输送至反应器，冶金反应还不能发生或反应可能不充分。通常还需要提供冶金反应所需的活化能才能使冶金反应持续进行或加速，就是要给反应物系供热。为了维持所要求的温度，物料在进入反应器之前往往需要预热；在冶金反应过程进行中，由于反应本身需吸收或放出热量，也要及时补充或移走热量；反应结束，流出反应器，需要回收产物携带的热量，这些都需要热交换。

此外，还有一些过程虽然没有化学反应发生，但需维持在一定的温度下进行，如干燥与结晶、蒸发与热流体的输送等，都直接或间接地与传热有关。在许多场合，热量的传递对冶金过程起着控制作用。冶金反应多数需要传热才能完成，冶金传热设备有自己的特点。掌握和控制热量传递的设备，对冶金工程具有重要意义。

4.1 传 热 基 础

热量的传递是由系统或物体内部的温度差引起的，是自然界及许多生产过程中普遍存在的一种极其重要的物理现象。当无外功输入时，根据热力学第二定律，热总是从温度较高的物体传递给温度较低的物体。温度差为传热过程的推动力，热流方向是由高温处流向低温处。

根据传热机理的不同，传热的基本方式有传导、对流和辐射三种。实际生产过程中，各种传热方式往往不是单独出现的，而是伴随着其他传热方式同时出现。

4.1.1 冶金过程换热的方式

换热器是冶金生产中用以进行热交换操作的常用设备，特殊情况下还要借载热体来输送热量。根据传热的原理和实现热交换的方法，换热器可分为间壁式、混合式和蓄热式三大类。

（1）间壁式换热。高温流体与低温流体各在间壁的一侧，以固体壁面隔开，两种流体不相混合，通过流体的对流、器壁的传导综合传热。套管式、列管式、板式和特殊形式的换热器等都属于这一类。

（2）直接接触换热。热流体和冷流体直接混合，传质传热同时进行，不需要传热面。在工业上常用的凉水塔、喷洒式冷却塔、混合冷凝器等都属此类。

（3）蓄热式换热。将高温气体通过热容量大的蓄热室（内充填耐火砖等热容量较大的固体填料），冷热流体交替地流过蓄热器，利用固体填料来积蓄和释放热量以达到热交换的目的。这种设备常用在有大量余热的冶金、石油等工业上。

在实际工业生产中，应根据工艺要求，结合各种换热器的特点，选用适当的换热器。

4.1.2　载热体

被加热的物料如果不适合与热源直接接触，可通过中间介质进行加热。被加热的介质把热量传递给需要加热的物料，这种介质叫载热体或热媒。常用的载热体有水蒸气、有机载热体、熔盐及液态金属等，其中水蒸气在冶金工业过程中最为常用。

（1）直接蒸汽加热。把蒸汽直接通入待加热的物料，设备简单、操作易行。但是加热的结果是被加热物料将被稀释。只有工艺允许才可以采用这种方法。这种加热方法无需特殊设备，只要将有孔的蒸汽喷嘴插入被加热物料中即可。在入口管路应装有单向阀门，以防止在蒸汽管路压强降低时，被加热物料吸入蒸汽管路中。

（2）间接蒸汽加热。多数加热过程不适于用蒸汽直接加热，而需要用间壁式的热交换器用蒸汽进行间接加热。在加热蒸汽冷凝时，放出潜热成为冷凝水排出，有时冷凝水还可以降到更低的温度，以放出更多的热量。

（3）其他载热体。除水蒸气之外，常用的载热体有以下三种：

1）有机载热体。又称导热油，有多种类型，如联苯 26.5% 与二苯醚 73.5% 混合物的熔点为 12.3℃，沸点为 225℃，在 200℃ 的蒸气压强为 2.45×10^4 Pa（绝对），350℃ 时为 5.20×10^5 Pa（绝对），与同温度的水蒸气相比，压强低得多。放热系数可达 $1400 \sim 1700$ W/($m^2 \cdot$ K)。

2）熔盐载热体。当加热温度高于 380℃ 时，可采用熔盐载热体进行加热，熔盐的成分为 $NaNO_2$ 40%、$NaNO_3$ 7%、KNO_3 53% 或 $NaNO_2$ 45%、KNO_3 55%。这种熔盐混合物在常压下的沸点为 680℃，因此，它可以加热到 540℃ 的温度。

3）热水。即工业上具有一定利用价值的废热水，如加热器排出的冷凝水，可以进一步用作热源。

4.1.3　换热器的总传热系数

在传热系统中各点的温度只随换热设备中的位置变化而不随时间变化，此种传热过程称为稳定传热。冶金过程中，设备投入正常使用后可以视为稳定传热。

4.1.3.1　导热系数

在温度场中，将相同时刻由温度相同的各点连接起来的面称为等温面。设两相邻等温面之间的温度差为 Δt，两个等温面沿法线方向的距离为 Δx，则两者之比的极限称为温度梯度。在稳定传热时，温度梯度可以简化计算，即温度差。傅里叶建立了导热微分方程：

$$dQ = \lambda A \frac{\Delta t}{\Delta x} \tag{4-1}$$

式中　λ——流体导热系数，W/(m·K)；

　　　A——传热面积，m^2。

导热系数 λ 表示物质导热能力的大小。导热系数的物理意义是，单位温度梯度下通过单位传热面积的热流量，其单位为 W/(m·K)。

导热系数 λ 大小与物质的种类、密度、温度和湿度等因素有关。不同物态的物质其导热能力差别很大。表 4-1 列出了各种物质导热系数的大致范围。一般来说，固体的导热能力大于液体，液体的导热系数不大，气体的导热系数最小。在固体中，又以金属的导热能力较强，具有较大的导热系数，其中以银和铜的导热系数值最高，绝热材料的导热系数较小。

表 4-1　各种物质导热系数的范围

物质	导热系数 λ/W·(m·K)$^{-1}$	物质	导热系数 λ/W·(m·K)$^{-1}$
金属	2.3~420	建筑材料	0.23~0.58
绝热材料	0.023~0.23	水	0.58
其他液体	0.093~0.7	气 体	0.006~0.6

4.1.3.2　对流传热系数

正如流体流过固体壁面时形成流动边界层一样，当流体主体的温度与壁面温度不同时，在固体壁面也必然会形成热边界层（又称温度边界层）。当温度为 t_f 的流体在表面温度为 t_w 的平壁上流过时，流体和平壁之间即进行对流传热。热边界层的厚度 δ_t 定义为从温度 $t=t_w$ 的壁面到 $t=0.99t_w$ 处的垂直距离。在热边界层以外的主流区域温度基本相同，即温度梯度可视为零。

将对流传热仿照平壁热传导的概念进行数学处理，则可得目前采用的牛顿冷却定律。

$$Q = \frac{\lambda}{\delta_t}A(t_w - t_f) = A\frac{t_w - t_f}{\frac{\delta_t}{\lambda}} \tag{4-2}$$

式中　t_w，t_f——分别为壁面与流体温度，K；

　　　δ_t——热边界层厚度，m；

　　　$\frac{\lambda}{\delta_t}$——对流传热系数，m。

由于式（4-2）中热边界层厚度 δ_t 难以测定，无法进行计算，因而在处理上，以 $\alpha = \frac{\lambda}{\delta_t}$ 代入式（4-2）。对于热流体与冷流体间壁换热，传热量 $Q(J)$ 为：

$$Q = kA\Delta t \tag{4-3}$$

式中　k——总传热系数，W/(m·K)。

$$k = \frac{1}{\frac{1}{\alpha_1} + \frac{1}{\alpha_2} + R_{垢} + \frac{\delta}{\lambda}} \tag{4-4}$$

式中　α_1，α_2——分别为热流体与冷流体的传热系数，W/(m·K)。

影响对流传热系数 α 的因素很多，包括流体的流速 u、导热系数 λ、黏度 μ、密度 ρ、比热容 c_p、体积膨胀系数 β、传热面的特征尺寸 l、壁面温度 t_w 和流体温度 t_f 等。

例 4-1　有一列管热交换器，内管冷流的放热系数 $\alpha_2 = 116.3$W/(m^2·K)，外管加热蒸汽的放热系数 $\alpha_1 = 8150$W/(m^2·K)，钢管为 $\phi53\times1.6$，其导热系数 $\lambda = 46.6$W/(m·K)，结垢层单位面积热阻为 0.0004W/(m^2·K)，求传热系数 k。若其他条件不变，α_1、α_2 增加 1 倍，k 值如何变化？

解：由式（4-4）有：$k = \dfrac{1}{\dfrac{1}{8150} + \dfrac{1}{116.3} + 0.00043 + \dfrac{0.0016}{46.6}} = 109.05$W/(m^2·K)

当 $\alpha_1 = 2\times8150$ 时，$k = 109.73\mathrm{W}/(\mathrm{m}^2\cdot\mathrm{K})$；

当 $\alpha_2 = 2\times116.3$ 时，$k = 204.9\mathrm{W}/(\mathrm{m}^2\cdot\mathrm{K})$。

4.1.4　换热器的指标

国内外对换热器的评价有多种指标，有定性的和定量的。习惯上，人们最为关注的重要的指标是传热总系数 K 值和运行的流阻系数 ΔP，或能效传热总系数和能效表面热流强度。

4.1.4.1　传热总系数 k 值

在换热器的传热方程（4-3）中，Q 和 A 属于容量指标；Δt 属于强度指标，是传热过程的推动力；而 k 属于混合指标，它既含有容量指标，又含有强度指标，它的物理意义是每小时、每平方米的换热表面积（容量指标）当传热推动力（强度指标）为 1℃ 时，能够传输的热量（容量指标）。k 的数值取决于两流体的对流给热和换热表面的传导给热。

影响流体对流给热系数 α（同样也影响传热总系数 k）的因素有流体在给定定性温度下的物性和流体的流态，与推动流体流动的压力差和推动传热的温度差无关。为使流体流动和传热得以进行，必须有一定的压力差和温度差。即传热总系数 k 值是在某一特定的压力差和温度差条件下取得的数值。由于压力差对传热的影响不大，可忽略不计，而温度差对传热影响很大，必须将其关联进去，因此，当评价一台运行中的换热器的性能时，不仅要将 k 值作为单一的评价标准，而且还要考虑当时的温度差是多少。为此，引入换热面表面热流强度这一概念。定义为 $q=Q/A$，其物理意义是每平方米换热表面、每小时的换热量。

由式（4-3）可得

$$q = Q/A = k\Delta T_\mathrm{m} \tag{4-5}$$

换热面表面热流强度 q 可以作为换热器评价的量化指标，它是 k 和 ΔT_m 的积，涵盖了 ΔT_m 的影响。

以传热总系数 k 和换热面表面热流强度 q 作为换热器的评价指标，追求的目标是换热器的最小化，以达到降低换热器固定资产投资的目的。然而，它并没有顾及换热器的能效。

4.1.4.2　传热器的流阻系数 ΔP 或换热器的热效率 η

换热器传热器的流阻 ΔP 通过测量流入换热器的流体压强降来简单表征，它影响着换热器的热效率 η。

换热器在实际生产时，应保证在最小压降的前提下获得最大的换热量。对流给热系数 α 与流阻系数 1/3 次幂的比值，能够准确评价壳程的强化传热性能，即

$$\eta = \frac{\alpha}{\Delta P^{1/3}} \tag{4-6}$$

式中　η——热效率，%；

　　　ΔP——流阻，Pa。

实际生产中不止用一台换热设备来实现一个换热过程。多台换热设备（称为传热单元数）的组合有顺流、交叉流与逆流的方式。通常多台换热设备的总费用与传热单元数有关，如图 4-1 所示。

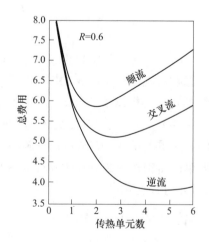

图 4-1　R 一定时总费用与传热单元数的关系

由图 4-1 可知，冷热流体热容量比值 $R=0.6$ 时逆流换热的总费用最低，需要换热级数 4~5 级。

4.2 换热设备

冶金过程中的换热设备分类：
(1) 按用途分为加热器、冷却器、冷凝器、再沸器、蒸发器等。
(2) 按传热特征分为直接接触式，冷、热直接混合和蓄热式。

4.2.1 间壁式换热器

根据结构形状，间壁式换热设备分为以下类型。

4.2.1.1 蛇管式热交换器

该热交换器是用弯头把一排排的直管联结起来构成，如图 4-2 所示。

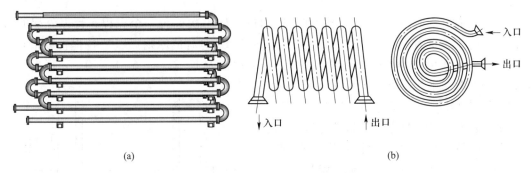

图 4-2 蛇管式热交换器的蛇管
(a) 直管式；(b) 螺旋式

如图 4-2 (a) 所示，置于被加热的溶体中，形成间壁式换热。另外也有采用螺旋形弯管构成图 4-2 (b) 的形式。

以蛇形管为传热元件，根据管外流体冷却方式的不同，蛇管换热器又分为沉浸式和喷淋式。优点：结构简单、制造安装、清洗检维修方便、便于防腐、承压高、造价低，特别适用于高压流体冷却、冷凝；缺点：设备笨重、耗材大，单位传热需要更多的金属。

4.2.1.2 套管式热交换器

该交换器是采用管件把两种不同管径的管子装成同心套筒，再把这样的套筒多级串联而构成，如图 4-3 所示，内管也可以是多根，内管及套筒环隙各有一种流体流过，进行热交换。通常，热流体为蒸汽，走套筒环隙，冷流体走套筒内管。套管很长，冷流体与热流体的流动方向，可以是顺流与逆流，通常为逆流。

这种设备结构简单、紧凑，可按需要增加或减少传热面积，灵活性大。当被加热介质温度低于 160℃ 时，传热效率高。

4.2.1.3 列管式热交换器

列管式热交换器的结构简单、制造容易、检修方便，是应用最广的一种间壁式换热器。该类型热交换器由壳体、管束、管板（又称花板）和封头等部件组成。管束两端装在管板

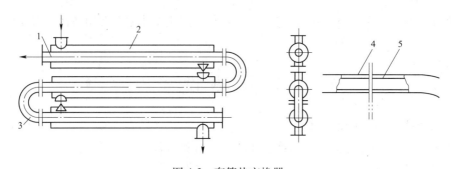

图 4-3　套管热交换器

1—内管；2—外管；3—U 形肘管；4—换热外管壁；5—换热内管壁

上，管板连同管束装于壳体内，两端有圆形帽盖（称为封头），封头上装有流体的进出口，用螺钉与壳体连接。进行换热的冷热两种流体，一种在管内流动，称为管程流体；另一种在管外流动，称为壳程流体。为了增加管系间流体的流速，可在壳体内安装横向或纵向折流挡板。

　　流体每通过管束一次称为一个管程；每通过壳体一次称为一个壳程。管程分程的目的：为了防止长管力有较大的扰曲，保证传热面积 A。分程的原则：（1）各程管数相同或相近；（2）分程的结构简单，密封面小。分程数通常为 1、2、4、6、8、10。壳程也可分程，目的是增加平均温差，增大平均传热效率。类型有单层（E 型）与双层（F 型、G 型、H 型）。

　　把列管换热器的列管两头都固定在两端的管板上，与壳体焊接，叫作固定管板列管换热器。流体为高温换热时，管壳程热应力较大，会受热应力而破坏。为了消除该热应力，壳体上需要加补强圈（也称膨胀节），如图 4-4 所示。

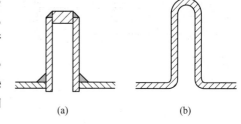

(a)　　　　　　(b)

图 4-4　两种典型的膨胀节

（a）平板焊接；（b）U 型

　　设置膨胀节的条件：

当评定条件 $\begin{cases} \sigma_t \leqslant 2[\sigma]_t^t \\ \sigma_c \leqslant 2[\sigma]_c^t \varphi \\ q = [q] \\ |\sigma_t| \leqslant [\sigma_{cr}] \end{cases}$ 中有一项不符合时，则采用膨胀节。

σ_t 为管轴向位移引起的薄膜温度应力；$[\sigma]_t^t$ 最大允许应力；σ_c 为波纹管径向位移引起的弯曲温度应力；$[\sigma]_c^t$ 为最大允许应力；$[\sigma_{cr}]$ 为波纹管径向总组合最大允许应力；q、$[q]$ 分别为弯曲刚度与最大允许弯曲刚度。

　　浮头式热交换器把管束一端的管板与壳体联接，另一端不与壳体相联，而是在这一端管板上装一个顶盖（称为浮头），使其受热和冷却时能够自由伸缩；根据浮头是否被封在壳体内部，浮头式热交换器可分为内浮头与外浮头两种。内浮头式应用普遍，但结构较复杂，造价稍高，如图 4-5 所示。外浮头与壳体之间以填料密封，所以也可称为垫塞式浮头，由于填料容易损坏，这种交换器只能用于 2.06MPa（表压）及 350℃ 以下，并且壳程不能用于易燃、易爆、有毒和易挥发的流体。

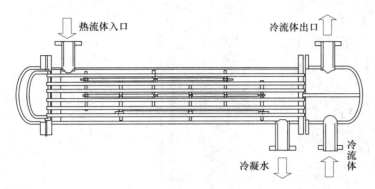

图 4-5 内浮头式换热器

另外一种补偿法叫作 U 形管热交换器。图 4-6 所示为 U 形管热交换器，管子弯成 U 形，两头都固定在同一块管板上，管子的受热膨胀与壳体无关，不会受破坏。优点：管束可以自由伸缩，管壳之间无热应力，管程为双管程，流程长，换热效果好，承压能力强；管束可以从壳体抽出，便于检修清洗，且结构简单、造价便宜。缺点：管内清洗不便，管束中间管子难以更换，管子分布不够紧凑，壳程流体易短路而影响壳程换热，且管子会出现弯曲减薄，所以直管部分需要较厚的管子，限制了它的使用场合，该换热器仅适用于管壳程温差较大，或壳程介质易结垢且管程介质清洁、高温、高压、腐蚀性强的场合。这种补偿法叫作 U 形管补偿。

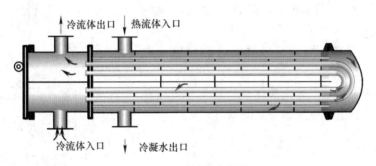

图 4-6 U 形管热交换器

4.2.1.4 板式热交换器

冶金过程中用得较多的另一种换热器是平板式换热器，其结构如图 4-7 所示。

板式换热器由一组长方形的薄金属板平行排列、夹紧组装于支架上构成。在两相邻板片的边缘衬有垫片，压紧后形成密封的流动通道，且可用垫片的厚度调节通道的大小。每块板的 4 个角上开有一个圆孔，其中一对圆孔和板面上流道相通，另一对圆孔则不相通，它们的位置在相邻的板上是错开的，以便分别形成两流体的通道。冷热流体交替地在板片两侧流动，通过板片进行换热。通常板片冲压成波纹状，使流体均匀流过，既可增强流体湍动，又可增加传热面积，有利于传热。

它的优点是传热系数大、结构紧凑、操作灵活性大、金属材料消耗量低、加工容易、检修清洗方便。适用于：温度 0~250℃，压力 0~0.5MPa 的场合。

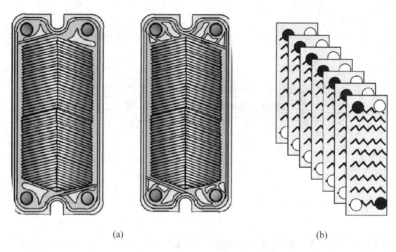

(a)   (b)

图 4-7　板式换热器

（a）板式换热器的板片和板面波纹形状；（b）板式换热器的板片排列

4.2.1.5　夹套式热交换器

夹套式换热器是间壁式换热器的一种，在容器外壁安装夹套制成，用于反应过程的加热或冷却。

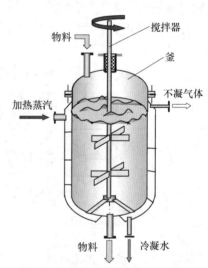

夹套式换热器的结构：在容器外壁安装一个夹套制成，如图 4-8 所示。容器外壁与夹套间设置一些支撑件，在最下端开冷凝水出口。通常用蒸汽提供热量，也可以用热油。

优点是结构简单；缺点是传热面受容器壁面限制，传热系数小。

为提高传热系数且使釜内液体受热均匀，可以在釜内安装搅拌器，也可在釜内安装蛇管。

4.2.2　对流换热器

除了间壁式换热，冶金还用对流传热器。以下以逆流式冷却塔为例进行说明。逆流式冷却塔按噪声级别分：（1）普通型冷却塔；（2）低噪型冷却塔；（3）超低噪型冷却塔；（4）超静音型冷却塔。其他型式冷却塔还有喷流式冷却塔、无风机冷却塔等。

图 4-8　夹套式换热器

4.2.2.1　设备结构

逆流式冷却塔的结构如图 4-9 所示。冷却塔一般主要由填料（亦称散热材）、配水系统、通风设备、空气分配装置（如入风口百叶窗、导风装置、风筒）、挡水器（或收水器）、集水槽等组成。

逆流式冷却塔主要由散热盘管、风机、风筒、空气分配装置及塔体等组成。在冷却塔散热盘管上还有淋水装置，包括喷淋配水系统、过滤器、集水槽、喷淋水泵等，以提高换热效果。

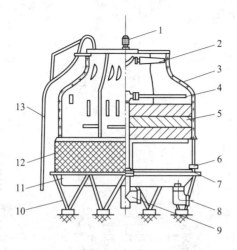

图 4-9　逆流式冷却塔的主要结构

1—电机与减速器；2—叶片；3—上塔体；4—布水器；5—填料；6—补水管；7—滤水网；
8—出水管；9—进水管；10—支架；11—下塔体；12—进风窗；13—梯子

4.2.2.2　工作原理

冷却塔是用空气与溶液对流换热，水产生汽化，蒸汽挥发带走热量，空气携带蒸汽和从溶液中吸收的热量排放至大气中，以降低溶液温度的装置。

一般认为蒸发的水分子首先在水表面形成一层薄的饱和空气层，其温度和水面温度相同，然后水蒸气从饱和层向大气中扩散，扩散的快慢取决于饱和层的水蒸气压力和大气的水蒸气压力差，即道尔顿（Dolton）定律，可用图 4-10 表示此过程。

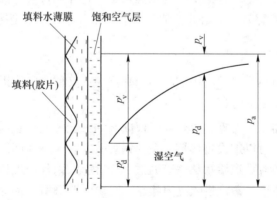

图 4-10　冷却塔水蒸发过程原理示意

p'_v—水面薄膜饱和层的蒸气压差，Pa；p'_d—湿空气中水的蒸气分压，Pa；

p_v—气相中总的水蒸气压，Pa

溶液制冷是利用水与空气流动接触后进行冷热交换，水产生汽化，蒸汽挥发带走热量，达到蒸发散热、对流传热和辐射传热等原理来散去工业上产生的余热，降低溶液温度的蒸发散热装置。逆流式冷却塔的工作原理如图 4-11 所示。

逆流塔的特点：

（1）水在塔内填料中，水自上而下，空气自下而上，两者流向相反。

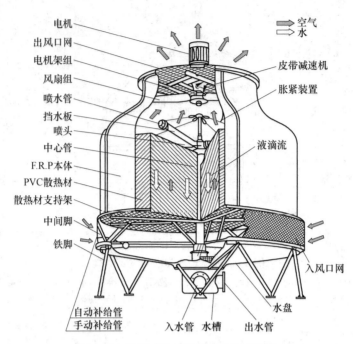

图 4-11　逆流式冷却塔的工作原理示意

（2）逆流冷却塔热力性能好。经过一次冷却塔后水温可下降 1~2℃。综上所述，逆流塔比横流塔在相同的情况下填料体积可小 20% 左右，逆流塔热交换过程更合理，冷效高。

（3）配水系统不易堵塞、淋水填料保持清洁不易老化、湿气回流小、防冻化冰措施更容易。多台可组合设计，冬季根据所需的水温水量可合并运行或全部停开风机。

（4）施工安装检修容易、费用低，常用在空调和工业大、中型冷却循环水中。

4.2.3　余热锅炉

利用各种废气的显热为热源的锅炉称为余热锅炉，又称为废热锅炉。

4.2.3.1　余热锅炉的结构

余热锅炉由省煤器、蒸发器、过热器以及联箱和汽包等换热管组和容器等组成。在有再热器的蒸汽循环中，可以加设再热器。余热锅炉共有 6 个循环回路，每个循环回路由下降管和上升管组成，各段烟道给水从锅筒通过下降管引入到各个烟道的下集箱后进入各受热面，水通过受热面后产生蒸汽进入进口集箱，再由上升管引入锅筒。余热锅炉可分为管壳式和烟道式余热锅炉。管壳式余热锅炉的结构与管壳式换热器区别不大。烟道式余热锅炉的结构与普通锅炉相似，由耐火砖砌成炉膛，炉膛内装设管束，高温气体通过炉膛将管束内流动的水加热汽化。

余热锅炉有立式与卧式两种。由烟囱、膨胀节、支承框架、汽包、烟道、挡板、烟囱缩口、过热器、蒸发器Ⅰ和蒸发器Ⅱ、省煤器、旁路烟道及其挡板和吊架等组成，如图 4-12 所示。

4.2.3.2　余热锅炉的工作原理

从冶金燃烧设备出来的高温烟气经烟道输送至余热锅炉入口，再流经过热器、蒸发器

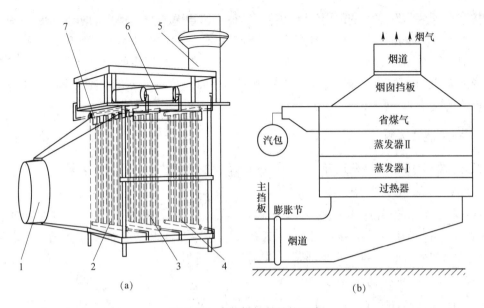

图 4-12 余热锅炉的结构示意
(a) 卧式；(b) 立式
1—烟箱（烟气通道）；2—换热元件（过热器）；3—汽化元件；4—省煤气元件；5—排烟管；
6—蒸汽聚集器（汽包）；7—ZKD-36 脉冲吹灰系统

和省煤器，最后经烟囱排入大气，排烟温度一般为 150~200℃，烟气温度从高温降到排烟温度所释放出的热量用来使水变成蒸汽。锅炉给水首先进入省煤器，水在省煤器内吸收热量升温到略低于汽包压力下的饱和温度进入锅筒。进入锅筒的水与锅筒内的饱和水混合后，沿锅筒下方的下降管进入蒸发器吸收热量开始产汽，通常是只用一部分水变成汽，所以在蒸汽器内流动的是汽水混合物。汽水混合物离开蒸发器进入上部锅筒通过汽水分离设备分离，水落到锅筒内水空间进入下降管继续吸热产汽，而蒸汽从锅筒上部进入过热器，吸收热量使饱和蒸汽变成过热蒸汽。

在余热锅炉设计中，如何合理地划分温度区段，是合理布置余热锅炉受热面以及最大限度利用余热的基础。在给定余热锅炉入口烟温条件下，对排烟温度的要求有两种情况，一种是限制排烟温度，要求排烟温度在合理的范围内；另一种是不限制排烟温度，要求最大限度利用余热。

对于中、低温余热利用而言，窄点温差直接影响着余热锅炉的蒸发量以及受热面的布置。窄点温差也称节点温差，是换热过程中蒸发器出口处对应的烟气与被加热的饱和水汽之间的最小温差。随着窄点温差的变化，余热锅炉的相对换热总面积、相对蒸发量、相对排烟温度也随之发生变化，所产生的蒸汽数量、工作压力及蒸汽温度也随之发生变化。

当窄点温差减小时，余热锅炉的排烟温度会下降，烟气余热回收量会增加，蒸汽产量也会随之增加，即对应着高的余热锅炉热效率，但平均传热温差会随之减小，必将增加余热锅炉的换热面积，使制造成本增加，因此，在选择窄点温差时，应注意经济技术比较的合理性。由于排烟温度受传热、环境、用户等各种条件的限制，在锅炉蒸发量的计算过程中，有两种计算蒸发量的方法，即按排烟温度计算蒸发量和按窄点计算蒸发量。从投资费用以及余热利用效率最佳的角度考虑，必然存在一个如何合理选择余热锅炉窄点温差的问题。

按窄点计算蒸发量就是选用经济条件下的最小窄点温差，其得出的蒸发量是锅炉经济条件下的最大蒸发量，由此得出排烟温度是经济条件下的最低排烟温度，因此，利用窄点计算锅炉蒸发量和排烟温度是比较可靠的、比较准确的、最经济的。窄点温差是确定余热锅炉换热面积、蒸发量、排烟温度的重要依据。目前，窄点温差的一般范围为 $10 \sim 20 ℃$，最低可达 $7℃$。

4.2.4　换热器的选用

换热器的选用包括类型选择、载热体的选择、多级换热器的组合工艺等。

4.2.4.1　类型的选择

在选择换热器类型时应注意：（1）能够满足冶金工艺上要求，且易于与工艺操作相匹配；（2）设备类型的热效率高，总传热系数 k 值应尽量大和运行的流阻系数 ΔP 应尽量低；（3）易操作、易维护、安全可靠；（4）性价比适当。

4.2.4.2　载热体的选择

在选择载热体时应注意：（1）载热体应该能够满足工艺上要求的加热最高温度、冷却最低温度，且易于准确控制温度；（2）载热体的蒸汽压适当，避免过高的压强、热稳定性好；（3）毒性要小、安全、腐蚀性小；（4）价格适当、易于得到。

4.2.4.3　多级换热组合流程的选择

多级换热组合的流程通常有：（1）顺流：两股流体平行同向流动。（2）逆流：两股流体平行逆向流动。（3）叉流：两股流体流动方向垂直；（4）错流：指两流体在间壁两侧彼此的流动方向垂直；（5）折流：一种流体作折流流动，另一种流体不折流，或仅沿一个方向流动。

假定：（1）在传热过程中，热损失忽略不计；（2）两流体的比热为常数，不随温度而变；（3）总传热系数 k 为常数，不沿传热表面变化，则逆流或顺流时的平均温差为：

逆流
$$\Delta t_{\mathrm{m}} = \frac{(T_1 - t_2) - (T_2 - t_1)}{\ln \dfrac{T_1 - t_2}{T_2 - t_1}} = \frac{\Delta t_1 - \Delta t_2}{\ln \dfrac{\Delta t_1}{\Delta t_2}} \tag{4-7}$$

顺流
$$\Delta t_{\mathrm{m}} = \frac{(T_1 - t_1) - (T_2 - t_2)}{\ln \dfrac{T_1 - t_1}{T_2 - t_2}} = \frac{\Delta t_1 - \Delta t_2}{\ln \dfrac{\Delta t_1}{\Delta t_2}} \tag{4-8}$$

例 4-2　在套管换热器中用 $20℃$ 的冷却水将某溶液从 $100℃$ 冷却至 $60℃$，溶液流量为 $1500\mathrm{kg/h}$，溶液比热为 $3.5\mathrm{kJ/(kg \cdot ℃)}$，已测得水出口温度为 $40℃$，试分别计算顺流与逆流操作时的对数平均温差。若已知顺流和逆流时总传热系数 $k = 1000\mathrm{W/(m^2 \cdot ℃)}$，求顺流操作和逆流操作所需的传热面积。

解： 由式（4-7）与式（4-8），得逆流和顺流的平均温差分别是：

$$\Delta t_{\mathrm{m, 逆}} = \frac{(100 - 40) - (60 - 20)}{\ln \dfrac{100 - 40}{60 - 20}} = 49.3℃$$

$$\Delta t_{m,顺} = \frac{(100 - 20) - (60 - 40)}{\ln\dfrac{100 - 20}{60 - 40}} = 43.3℃$$

可见，参数相同情况下，用逆流比用顺流的温度差大，故应尽量用逆流。

换热器的选用步骤：

（1）根据工艺要求计算自然对数平均温度差 Δt_m，估计传热系数 k，估算传热面积 A。

（2）根据估算的 A 及其他条件，估选管长 d、管径 l 和计算管束根数 n，然后查产品目录，选用近似的型号及规格；再根据所选型号的数据，修正管数、流速等项，确定合理的程数。

4.3 热 风 炉

现代热风炉是一种蓄热式换热器。热风炉供给高炉的热量约占炼铁生产耗热的 1/4。目前的风温水平一般为 1000~1200℃，高的为 1250~1350℃，最高可达 1450~1550℃。高温风是高炉最廉价的、利用率最高的能源，风温每提高 100℃，焦比约降低 4%~7%，产量提高 2%。

4.3.1 热风炉工作原理

热风炉的主要作用是把鼓风加热到高炉要求的温度，是一种按"蓄热"原理工作的热交换器。蓄热式热风炉是循环周期工作的，在它的一个循环周期中，可分为燃烧阶段和送风阶段，如图 4-13 所示。

（1）燃烧阶段。将热风炉内的格子砖烧热，也叫加热或烧炉阶段。如图 4-13（a）所示，此时热风炉的冷风入口和热风出口关闭，将煤气和空气按一定的比例从燃烧器送入，通过煤气燃烧将热风炉内的格子砖加热，燃烧产生的烟气（也称废气）由烟气出口经过烟道从烟囱排掉，这样一直将热风炉加热到需要的蓄热程度，然后转入送风阶段。

（2）送风阶段。将由鼓风机吹来的冷风加热后（一般在 1000~1200℃ 之间）送入高炉。如图 4-13（b）所示，此时燃

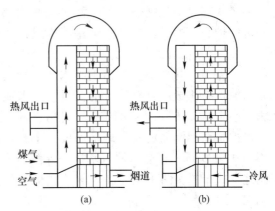

图 4-13 热风炉工艺过程
(a) 燃烧阶段；(b) 送风阶段

烧器的煤气和助燃空气入口及烟气出口关闭，冷风入口和热风出口打开，由鼓风机经冷风管道送来的冷风进入热风炉，冷风在通过格子孔时被加热，热风经热风出口和一些管道进入高炉。送风一段时间后，热风炉蓄存的热量减少，不能将冷风加热到所要求的热风温度，这时就要由送风阶段再次转入燃烧阶段。

现在每一座高炉基本上配有 3 座热风炉。热风炉经常处于燃烧期、送风期和焖炉期 3 种工作状态，称为"二烧一送"工作制度，也叫作"燃烧—焖炉—送风"制。三座热风

炉在某时刻的状态如图 4-14 所示。

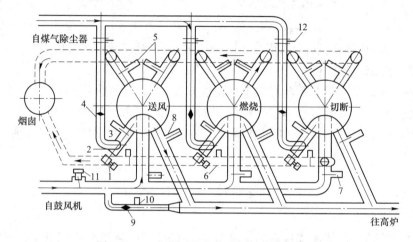

图 4-14　三座热风炉在某时刻的状态示意图

1—助燃空气风机；2—燃烧器；3—燃烧器隔离阀；4—煤气调节阀；5—烟道阀；6—废气阀；7—冷风阀；
8—热风阀；9—混风调节阀；10—混风隔离阀；11—放风阀；12—煤气切断阀

4.3.2　热风炉的结构

当前热风炉的结构有三种基本形式：内燃式热风炉、外热式热风炉和顶燃式热风炉。下面以内燃式热风炉为例来说明结构。

内燃式热风炉包括燃烧室、蓄热室两大部分，并由炉基、炉底、炉衬、炉箅、支柱等构成，如图 4-15 所示。

（1）炉基。热风炉主要由钢结构和大量的耐火砌体及附属设备组成，具有较大的荷重。要求地基的耐压力不小于（2.96~3.45）×10^5 Pa。通常将同一座高炉的热风炉组基础钢筋混凝土结构做成一个整体，高出地面 200~400mm，以防水浸。基础的外侧为烟道，它采用地下式布置，两座相邻高炉的热风炉组可共用一个烟囱。

（2）炉壳。热风炉的炉壳由 8~14mm 厚度不等的钢板连同底封板焊成一个不漏气的整体。其作用是承受砖衬的热膨胀力、承受炉内气体的压力与确保炉密封。在其内部衬以耐火砖砌体，并用地脚螺丝将炉壳固定在基础上。

（3）大墙。大墙即热风炉外围炉墙，一般为三环，内环砌以 230~345mm 厚的耐火砖砌体，要求砖缝小于

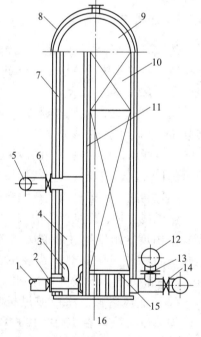

图 4-15　内燃式热风炉

1—煤气管道；2—煤气阀；3—燃烧器；
4—燃烧室；5—热风管道；6—热风阀；
7—大墙；8—炉壳；9—拱顶；10—蓄热室；
11—隔墙；12—冷风管道；13—冷风阀；
14—烟道阀；15—支柱；16—炉箅子

2mm；外环是 65mm 厚的硅藻土砖的绝热层；两环之间是 60~145mm 厚的干水渣填料层，

以吸收膨胀。

（4）拱顶。连接燃烧室和蓄热室的空间。内外热风炉的拱顶一般为半球形。以往拱顶由大墙支撑，现在将拱顶与大墙分开，支在环行梁上，使拱顶砌体成为独立的支撑结构。其长期处于高温状态下工作，除选用优质耐火材料外，还必须在高温气流作用下保持砌体结构的稳定性，使燃烧时的高温烟气流均匀地进入蓄热室。

（5）隔墙。隔墙即为燃烧室与蓄热室之间的砌体，一般为 575mm 或 460mm，两层砌砖之间不咬缝，以免受热不均造成破坏，同时便于检修时更换。隔墙与拱顶之间不能完全砌死相互抵触，要留有 200~500mm 的膨胀缝，为了使气流分布均匀，隔墙要比蓄热室的格子砖高 400~700mm。

（6）燃烧室。煤气燃烧的空间即燃烧室。内燃式热风炉的燃烧室位于炉内一侧。其断面形状有圆形、眼睛形和复合形。三种燃烧室形状如图 4-16 所示。

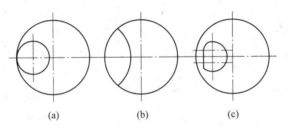

图 4-16　内燃式热风炉燃烧室形状
（a）圆形；（b）眼睛形；（c）复合形

燃烧室所需空间的大小和燃烧器的形式有关，套筒式燃烧器是边混合边燃烧，要求有较大的燃烧空间；而短焰或无焰型的燃烧器，则可大大减小或无需专门的燃烧室。燃烧室的砌筑，即为隔墙的砌筑。

（7）蓄热室。就是充满格子砖的空间。格子砖作为储热体，砖的表面就是蓄热室的加热面，格子砖块就是储存热量的介质，所以蓄热室的工作既要传热快，又要储热多，而且要有尽可能高的温度。对格子砖砖型的要求是：1）单位体积格子砖具有最大的受热面积；2）有和受热面积相适应的砖量来储热，以保证在一定的送风周期内，不引起过大的风温降落；3）尽可能地引起气流扰动，保持较高流速，以提高对流换热速度；4）有足够的建筑稳定性；5）便于加工制造、安装、维护，成本低。普遍采用的是五孔砖和七孔砖。这类砖建筑稳定性好，砌筑快、受热面积大。

（8）支柱及炉箅子。蓄热室全部格子砖都通过炉箅子支撑在支柱上，当废气温度不超过 350℃时，用普通铸铁件能稳定工作；当废气温度较高时，可用耐热铸铁（Ni0.4%~0.8%，Cr 0.6%~1.0%）或高锰耐热铸铁。

为了避免堵塞格孔，支柱及炉箅子的结构应和格孔相适应，可将支柱做成空心的（图 4-17）。支柱高度要满足安装烟道和冷风管道的净空需要，同时保证气流畅通。炉箅子的块数与支柱数相同，而炉箅子的最大外形尺寸要能从烟道口进出。

（9）人孔。人孔为检查、清灰、修理而设，对于大中型高炉热风炉，在拱顶部分蓄热室上方设 2 个人孔，布置成 120°，以供检查格子砖、格孔是否畅通，清理格孔表面的附着灰；为清灰工作，在蓄热室下方也设有 2 个人孔，布置时应避开炉箅子支柱及下部各口。

为了便于清理燃烧室，在燃烧室的下部应设置 1 个人孔。

传统的内燃式热风炉的通病就是隔墙两侧的温度差大，如图 4-18 所示。

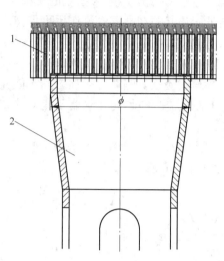

图 4-17　蓄热室的支柱和炉箅子
1—箅子板；2—空心支撑柱

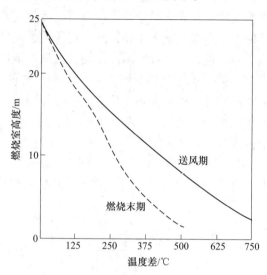

图 4-18　内燃式热风炉隔墙
两侧的温度差

4.3.3　外燃式热风炉

外燃式热风炉是由内燃式热风炉演变而来的。它的燃烧室设于蓄热室之外，在 2 个室的顶部以一定的方式连接起来。按连接的方式不同分为四种，如图 4-19 所示。

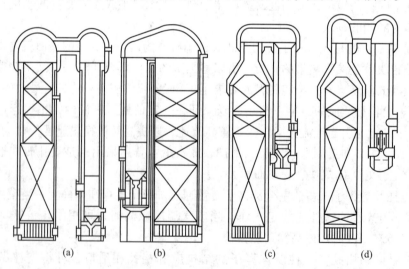

图 4-19　外燃式热风炉结构示意图
（a）考柏式；（b）地得式；（c）马琴式；（d）新日铁式

外燃式热风炉的优点是取消了燃烧室和蓄热室的隔墙，使燃烧室和蓄热室都各自独立，从根本上解决了温差、压差所造成的砌体破坏。由于圆柱形砖墙和蓄热室的断面得到了充分利用，在相同的加热条件下，与内燃式相比，炉壳与砖墙直径都较小，故结构稳定。此外它受热均匀，结构上都有单独膨胀的可能，稳定性大大提高。由于两室都做成圆形断面，炉内气流分布均匀，有利于燃烧和热交换。

不同形式外燃式热风炉的主要差别在于拱顶形式。图 4-19（a）为考柏式，两室的拱顶由圆柱形通道连成一体；图 4-19（b）为地得式，拱顶由 2 个直径不等的球形拱构成并用锥形结构相连通；图 4-19（c）为马琴式，蓄热室的上端有一段倒锥形，锥形上部接一段直筒部分，直径与燃烧室直径相同，2 室用水平通道连接起来。地得式热风炉拱顶造价较高，砌筑施工复杂，而且需用多种形式的耐火砖，所以新建的外燃式热风炉多采用考柏式和马琴式。

新日铁式外燃热风炉如图 4-19（d）所示，其结构特点是：蓄热室上部有一个锥体段，使蓄热室拱顶直径缩小至和燃烧室拱顶直径大小相同，拱顶下部耐火砖承受的荷重减小，提高结构的长期稳定性；对称的拱顶结构有利于烟气在蓄热室中的均匀分布，提高热风炉的传热效率。

外燃式热风炉结构复杂，占地面积大，钢材和耐火材料消耗量大，基建投资比同等风温水平的内燃热风炉高 15%～35%，一般应用于新建的大型高炉。

4.3.4 顶燃式热风炉

顶燃式热风炉就是将燃烧器安装在热风炉炉顶，在拱顶空间燃烧，不需专门的燃烧室，又称无燃烧室式热风炉。卡卢金博士发明的顶燃式热风炉简称卡式热风炉（图 4-20），突破了内燃式和外燃式热风炉的结构局限，使用硅砖等常规耐火材料可以达到 1300～1400℃ 的高风温，具备了现代热风炉高风温、低投资、长寿命的基本特征。在煤气、助燃空气双预热的条件下，仅仅使用高炉煤气即可以实现 1300℃ 风温，在中国广泛得到应用。

将煤气直接引入拱顶空间燃烧，为了在短时间里保证煤气与空气很好地混合完全燃烧，需采用燃烧能力大的短焰或无焰烧嘴，烧嘴的数量和分布形式应满足燃烧后的烟气在蓄热室内均匀分布的要求，通常采用炉顶侧面双烧嘴或四烧嘴的结构形式。烧嘴向上倾斜 25°，由切线方向相对引入燃烧，火焰呈涡流状流动。常用的为半喷射式短焰烧嘴。

由于卡式热风炉的体积小、投资少、热风出口高，导致热风总管的安装平面要求高，从而对支柱结构强度要求较高。故采用热风炉呈矩形组合的平面布置（图 4-21）。

顶燃式热风炉吸收了内燃式、外燃式热风炉的优点并克服了它们的一些缺点。顶燃式热风炉的结构能适应现代高炉向高温、高压和大型化发展的要求，因此，它代表了新一代高风温热风炉的发展方向。

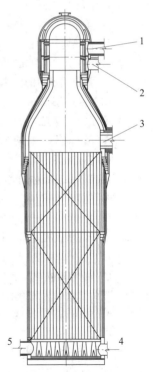

图 4-20　卡式热风炉结构形式
1—煤气口；2—燃烧空气；
3—热风出口；4—冷风入口；
5—烟气出口

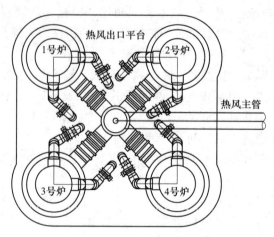

图 4-21 顶燃式热风炉布置

习　　题

4-1 单选题：

（1）冶金过程中主要由（　　）来衡量换热设备的优劣。

　　A. 单位时间传热量　　　　　　　B. 传热效率

　　C. 传热面积　　　　　　　　　　D. 单位时间传热量和传热效率

（2）高炉炼铁常用到蓄热式换热设备，因为（　　）。

　　A. 蓄热式换热的传热面积大　　　B. 蓄热式换热的传热效率高

　　C. 蓄热式换热的连续供风　　　　D. 蓄热式换热的传热量大和传热效率高

（3）为了提高管壳式换热器的传热效率，采取（　　）措施。

　　A. 两股流体平行同向流动　　　　B. 两股流体平行逆向流动

　　C. 多壳程和管程　　　　　　　　D. 增加膨胀节

（4）冷流体和热流体同时连续进入换热器，相同情况下采取（　　）的传热推动力最大。

　　A. 逆流　　　　　　　　　　　　B. 并流

　　C. 叉流　　　　　　　　　　　　D. 折流

（5）对于间壁式换热器，相同情况下采取（　　）的传热系数最大。

　　A. 气-气流换热　　　　　　　　B. 气-液流换热

　　C. 液-液流换热　　　　　　　　D. 液-相变流换热

（6）高炉炼铁的热风炉用高炉煤气的含尘量应小于（　　）。

　　A. $50mg/m^3$　　　　　　　　　B. $10mg/m^3$

　　C. $20mg/m^3$　　　　　　　　　D. $30mg/m^3$

（7）热风炉由送风转为燃烧的操作内容包括：①开烟道阀，②开燃烧阀，③关冷风阀，④关热风阀。正确的操作顺序是（　　）。

　　A. ①②③④　　　　　　　　　　B. ③④①②

　　C. ④①②③　　　　　　　　　　D. ②③④①

（8）热风炉一个周期时间是指（　　）。

　　A. 燃烧时间+换炉时间　　　　　B. 换炉时间+送风时间

C. 燃烧时间+送风时间　　　　　　　　D. 燃烧时间+送风时间+换炉时间

4-2 放热系数（或给热系数）受到哪些因素影响？影响传热系数有哪些因素？

4-3 间壁式换热设备有哪几种方式？比较各设备的特点。

4-4 有两湍流液体在逆流套管换热器内换热，两流体的放热系数均为 $500W/(m^2 \cdot K)$，密度平均值为 $1000kg/m^3$，比热平均值为 $4kJ/(kg \cdot K)$，流量为 $0.001m^3/s$，换热面积为 $20m^2$，热流体初始温度为 $120℃$，冷流替初始温度为 $20℃$。求热流体出口温度（管壁热阻可忽略）。

4-5 某液体以 $0.5m/s$ 的速度从管内流过列管式热交换器，列管总截面积为 $0.01m^2$，加热面积为 $5m^2$，管外用常压饱和蒸汽加热，总传热系数为 $400W/(m^2 \cdot K)$，液体的进口温度为 $20℃$。换热过程中该液体的平均物理性质为：$\lambda = 0.2W/(m \cdot K)$，$c_p = 1.0kJ/(kg \cdot K)$，$\rho = 800kg/m^3$，$\mu = 1 \times 10^{-3}Pa \cdot s$。试求液体的出口温度。

4-6 为什么冶金中常用蓄热式传热设备？

4-7 简述热风炉的结构和工作原理。

5 混合与搅拌装置

在冶金生产中，为使某一冶金反应进行到所需的程度，必须将参与反应物的质点尽快传输到反应进行的区域（或界面）去，并使反应产物尽快地排除。其中最慢的步骤称为过程控制步骤或限制性环节。高温、多相条件下的冶金反应大多受传质环节控制，即传质速率往往决定了反应速度，而传质速率往往又与动量和热量传输有密切关系。

在冶金反应器中应力求器内成分和温度均匀以提高反应效率。在实践中，要实现器内液体瞬间混合均匀是不可能的，只能采取工艺措施尽可能缩短混合均匀时间，用各种方式加强液体搅拌是达到此目的的唯一途径。另外，在金属液浇铸，特别是钢的连铸过程中，对钢液的搅拌有利于凝固传热和铸坯质量的提高。总之，搅拌是冶金工作者极为重视的研究领域。混合与搅拌在冶金、化工行业中都有广泛的应用。

5.1 混合与搅拌的基础

5.1.1 概述

混合与搅拌，按其操作目的基本上可分为以下四个方面：

制备均匀混合物：如调和、乳化、固体悬浮、捏合以及固粒的混合等。

促进传质：如萃取、溶解、结晶、气体吸收等。

促进传热：搅拌槽内加热或冷却。

上述三种目的之间的组合，特别是一些快速反应对混合、传质、传热都有较高的要求，混合与搅拌的好坏往往成为过程的控制因素。

混合与搅拌是一种很常规的单元操作，理论方面的研究还很不够，对搅拌装置的设计和操作至今仍具有很大的经验性。

5.1.2 混合的分类

混合按被混合的物质可以分为液体与固体的二相混合、气体-液体-固体的三相混合、捏合、固体-固体的混合；按搅拌动力有气体搅拌、机械搅拌和电磁搅拌三种。

5.1.2.1 捏合

捏合是高黏度流体与固体混合的操作。在粉料中加入少量液体，制备均匀的塑性物料或膏状物料，或是在高黏稠物料内加入少量粉料或液体添加剂制成均匀混合物等称为捏合操作。捏合操作中混合物的黏度高达 $10^2 \sim 10^6 \mathrm{Pa \cdot s}$，流动性极小，故不可能利用分子扩散和湍流扩散混合。捏合操作包括矿物料的分散及混合两种作用。捏合机叶片的剪切力可将物料拉伸撕裂，或将粉粒聚集体粉碎分散成小粒子，同时又可推动物料使之混合。这两种作用多次反复经过较长时间后，才能达到捏合均匀的目的，也称为混捏。

捏合比其他任何操作都更困难，要更长时间才能达到统计上的完全混合状态。捏合操作要在单位容积中输入很高的功率值才能有效，故捏合机消耗功率大、工作容积小。

由于捏合操作往往伴有加热和冷却过程，为防止物料粘挂在器壁上，捏合机应保证传热速率，故要求捏合机单位容积具有很大的传热面，并要求叶片能刮除壁面上的黏结料并送回高剪切区。物料经预混合处理后加入捏合机可有效地提高捏合质量，减少捏合时间及捏合的能耗。

5.1.2.2 固体与固体的混合

固体-固体的混合是一个减少组分非均匀性的过程。所谓固体-固体的混合物是指由两个或多个组分结合形成的状态。这些组分相互间并无固定的比例，而这些混杂在一起的组分是以分离的形式存在的。

固体-固体混合过程的同时会发生相反的过程，即离析，混合物会重新分层，降低混合程度。为防止离析，应尽可能使物性相差不大，并改进加料方式，对易成团物料应加破碎装置，以减少粉尘带走量。

固体混合的基本运动形式是对流混合，即粒子从一个空间位置移动到另一个空间位置或两种或多种组分在相互占有的空间内发生运动，以达到各组分的均匀分布。

5.1.2.3 搅拌分类

按搅拌动力来分，冶金中应用的搅拌方式有气体搅拌、机械搅拌和电磁搅拌三种。

气体搅拌广泛应用于火法冶金过程，尤其是金属液的二次精炼。它最初是为了使金属液成分和温度迅速均匀化，后来人们又研究了在气体喷射下冶金过程的各种现象和规律，提出了"气泡冶金""气动冶金""喷射冶金"等概念和理论，发展了多种多样的炉外精炼技术和装置。传统的冶金熔炼炉逐步改变了功能，成了"熔化的机械"或"粗炼的工具"，而金属液的精炼则放到了各种精炼炉中去完成。

机械搅拌在湿法冶金中广泛应用，在科学研究和部分火法冶金中也有应用。

电磁搅拌最初用于大容量电炉熔池的搅拌和大钢锭的浇铸过程以及自然伴有电磁搅拌的感应电炉中。连续铸钢和炉外精炼技术的发展大大推动了电磁搅拌技术的发展和应用。

5.1.3 混合效果的评价

混合程度是对不同物料经过混合所达到的分散掺和的均匀程度的度量。流体系统的混合程度可用调匀度、分隔强度与混合时间来表述。混合需要消耗能量，所消耗能量越少越好，即达到混合效果要求所消耗的能量尽量少。

5.1.3.1 调匀度

设 A 和 B 两种液体的体积分别 V_A 和 V_B，将其置于同一搅拌罐中进行混合操作，则罐内液体 A 的平均体积分数 φ_{Am} 可表示为：

$$\varphi_{Am} = \frac{V_A}{V_A + V_B} \tag{5-1}$$

经一定时间的搅拌混合后，在罐内各处取样分析，若各处样品分析结果一致，并恒等于 φ_{Am}，就表明搅拌过程已达到完全均匀状态；若分析结果不一致，样品分数 φ_A 与平均分数 φ_{Am} 偏离越大表明混合物的均匀程度越差。为此，引入调匀度表示样品与均匀状态偏离的程度，根据调匀度的含义，调匀度 S 可定义为：

$$S = \frac{\varphi_A}{\varphi_{Am}} \qquad （当 \varphi_A < \varphi_{Am}） \tag{5-2}$$

若取样数为 n 个，则平均调匀度为其代数和：

$$\overline{S} = \frac{S_1 + S_2 + \cdots + S_n}{n} \tag{5-3}$$

平均调匀度 $\overline{S}$ 可用来度量整个液体的混合效果或均匀程度。

5.1.3.2　分隔尺度与分隔强度

分隔尺度是对混合物系中被分散微团（如液滴、气泡或固体团粒）大小的度量。分隔尺度愈小，说明混合愈均匀。对于不互溶的物系，不可能达到分子级的分隔尺度。

在混合操作过程中，某一时刻的分隔强度定义为给定时刻组成对平均浓度的均方差对初始时刻均方差之比。分隔强度愈小，说明物料混合愈充分。基于此定义，还可以推导出不同的体系来计算分隔指数。

5.1.3.3　混合时间

混合时间（均匀化时间）是使搅拌槽内物料的浓度或温度达到规定均匀程度所需的时间。不同类型的反应器采用的搅拌方式不同，混合时间也不同。以炼钢用的氧气吹炼转炉为例，顶吹时 τ_m 约为 $90 \sim 120s$，底吹时 τ_m 约为 $10 \sim 20s$，而顶底复吹时 τ_m 约为 $20 \sim 50s$。

现代生产几乎都是连续作业，用测量 t 时刻的调匀度 S，并作图来描述混合均匀性能。各流体粒子在反应器中的停留时间有长有短，形成一停留时间分布。描述停留时间分布的函数有停留时间分布密度函数 $E(t)$ 和停留时间分布 $F(t)$（%）。

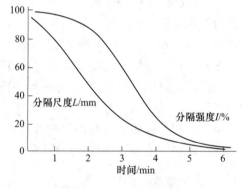

图 5-1 所示为 A、B 两种流体的混合过程。由图 5-1 可见，分隔尺度 L 随宏观混合的进行不断减小，随微观混合的进行逐渐增大。在图 5-1 中，前 3min 为宏观混合阶段，分隔尺度下降很快；4min 后为微观混合阶段，分隔尺度

图 5-1　混合过程示意图

下降很慢。用激光测量仪测量 t 时刻的分隔尺度，并作图来描述混合均匀性能。

欲求混合需要消耗能量，需要结合具体的混合方式，通过实验才能获得功率密度，后面分类介绍。

5.2　气　体　搅　拌

5.2.1　气体搅拌的类型与效果

气体喷向或喷入熔池造成金属液的运动，形成金属液环流，从而给冶金带来多方面的好处：环流使液体产生混合作用，达到成分和温度均匀；环流提高了熔化固体料（如废

钢、铁和金等）时固–液相间的传热系数和传质系数等。

气体搅拌在冶金上广泛使用。

5.2.1.1　气体搅拌的分类

起到熔池液体搅拌作用的气源可来自外部供给的气体和熔池内反应产生的气体。而用于搅拌的外部气体射流可分为两种：

冲击式气体射流：指射流射到固体表面或液体表面上，其特点是气体喷嘴距固体表面或液体表面有一定的距离。冲击式气体射流在与金属液面接触之前可近似于自由射流，与液体接触后情况就变得复杂了。气体射流中轴线与液面的夹角既可以是90°，如炼钢的 LD 转炉，也可以是其他角度，如 Kaldo 炉、Rotor 炉以及正开发的连续炼钢炉、连续炼铅炉等。

浸没式气体射流：指气体喷嘴或孔口淹没在液体中的射流（包括气泡流），属于限制射流。根据射流方向可分为垂直浸没射流、水平浸没射流和倾斜浸没射流。

5.2.1.2　气体搅拌的效果

混合时间既与供给液体的搅拌功率密度 ε 有关，也与液体在反应器内的循环流动状态有关。混合时间常采用刺激–响应实验确定，搅拌功率密度则采用分析计算法确定。

在高温冶金反应器中，常采用放射性同位素（如 Au^{198}）或某些金属（如 Sn、Cu 等）作为示踪剂。响应信息的测定多采用在反应器内某点间断地取出金属样，测定其放射强度或示踪剂浓度随时间变化的关系曲线，通过曲线确定混合时间。设 C_∞ 为混合均匀后示踪剂的浓度，C 为混合过程中示踪剂的浓度，则达到混合均匀时有 $\dfrac{C}{C_\infty} = 1$，此时对应的时间即为混合均匀时间 τ_m。

5.2.2　气体搅拌的功率

无论是冲击式气体射流还是浸没式气体喷射，都将对熔池中的液体施加搅拌力，形成液体的循环流动。现以从容器底部喷入气体为例，介绍气体搅拌功率密度的计算。由于分析方法的不同所得计算公式也不尽相同。

常用的计算方法有热力学循环系统估算法与能量分析计算法。

5.2.2.1　热力学循环系统估算法

设想用图 5-2 所示的热力学循环系统来估算气体抽引液体的能力。

在 A 点，气体以等压绝热状态压入液体，其状态参数为 p_1、V_1、T_1；在 B 点，用活塞以等压绝热状态由液面回收气泡，这就形成一个热力学闭路系统。A 点活塞做功为 $W_A = p_1 V_1$，B 点做功为 $W_B = -p_2 V_2$。在气体被压缩时有热量 Q_C 放出，在 C 点需外加机械功为 $\int_{V_2}^{V_1} p dV$，所以 C 点的功为：

$$W_C = Q_C - \int_{V_2}^{V_1} p dV \tag{5-4}$$

其中，$dQ = nc_V(T_1 - T_2)$，所以对液体、气体体系而言，所做的总功 W_t 为：

$$W_t = W_A + W_B + W_C = nc_V(T_1 - T_2) + (p_1 V_1 - p_2 V_2) = H_1 - H_2 \tag{5-5}$$

即外界对搅拌槽所做的功 W_t 等于状态 1 和 2 的焓的差值。

搅拌液体的推动力除了外界对系统所做的功外，还有气泡上浮过程中从液体吸收的热

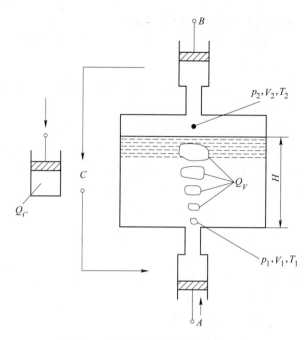

图 5-2 气泡搅拌热力学循环示意图

Q_V。根据 $dQ = dH - Vdp$，有：

$$Q_V = \int_1^2 dQ_V = \int_1^2 dH - \int_1^2 Vdp \tag{5-6}$$

于是，液体从气泡上浮所获得的总功为：

$$W_t = (H_1 - H_2) + Q_V = -\int_1^2 Vdp \tag{5-7}$$

由式（5-7）可见，液体得到的总搅拌功等于由运动力学所得出的浮力功 $\int_1^2 Vdp$。在等温膨胀下，浮力功可写为：

$$W_t = \int_1^2 Vdp = \int_{p_2}^{p_1}\left(\frac{nRT_1}{p}\right)dp = nRT_1\ln\left(\frac{p_1}{p_2}\right) \tag{5-8}$$

在喷入气体的体积流量为 q_V 时，将气体的摩尔体积和气体常数 $R = 8.314$ 代入，最后可导出搅拌功率密度的计算式：

$$\dot{\varepsilon} = \frac{371q_V T_1}{m_L}\left\{\ln\left(1 + \frac{9.81\rho_L H}{p_2}\right) + \eta\left(1 + \frac{T_n}{T_L}\right)\right\} \tag{5-9}$$

式中 $\dot{\varepsilon}$——搅拌功率密度，W/t；

m_L——液体金属的质量，t；

q_V——喷入气体的体积流量，m³/s；

T_1——喷入气泡温度，K；

T_L——金属液体温度，K；

T_n——熔体中气泡的温度，K；

p_2——液面上方气相压力，Pa；

ρ_L——金属液体密度，kg/m³；

H——熔池深度，m。

式（5-9）可用于计算各种金属液的底吹气搅拌功率密度。

对顶吹冲击式氧气射流，搅拌功率密度可用式（5-10）计算。

$$\dot{\varepsilon} = 2.718 \times 10^{-6} \times \frac{q_{O_2} u_0^2 d_0 \cos\theta}{m_L L_H} \tag{5-10}$$

式中　q_{O_2}——顶吹气流量，m^3/s；

　　　u_0——喷嘴出口气体流速，m/s；

　　　d_0——喷嘴直径，m；

　　　θ——喷嘴扩张角；

　　　m_L——金属液质量，t；

　　　L_H——喷枪枪位，m。

式（5-10）未考虑化学反应产生的 CO 的搅拌作用。

5.2.2.2　能量分析计算法

喷入容器的气体对液体所做的功可包括 5 项：（1）气体喷入时的动能；（2）气体在喷嘴附近因温度升高做的膨胀功；（3）气泡上浮过程中由于静压变化而做的膨胀功；（4）气体浮力功；（5）高压气体在出喷口时的膨胀功。第（1）、（2）、（5）项功都产生在喷嘴附近，除了底吹转炉及 AOD 炉的底吹气量大、压力大，这几项不能忽略外，在其他吹气冶金装置中它们在总功中所占比例不大，可以忽略。其计算可采用下列各式。

对大多数气体搅拌冶金装置，第（1）、（4）项是搅拌功的主要项。对一个气泡做功为：

$$dW = \rho V_g dz + p dV \tag{5-11}$$

将气体状态方程与液体静压力代入式（5-11）得：

$$dW = -V dp + p dV = nRT\left(-\frac{dp}{p} + \frac{dV}{V}\right) \tag{5-12}$$

按 $p_0 \sim p_1$，$V_0 \sim V_1$ 积分得：

$$W = nRT\left(\ln\frac{p_1}{p_0} + \ln\frac{V_0}{V_1}\right) \tag{5-13}$$

由于 $p_1 V_1 = p_0 V_0$，$p_1 = p_0 + \rho g z$，故代入式（5-13）中得：

$$W = 2nRT\ln\left(1 + \frac{\rho g z}{p_0}\right) \tag{5-14}$$

若把吹入钢液的氩气流量 $q_V(L/min)$ 看作产生相同大小的 N 个气泡，则搅拌功率为：

$$NW = \frac{2q_V RT}{22.4 \times 60}\ln\left(1 + \frac{7 \times 981 \times z}{101325}\right) \tag{5-15}$$

单位搅拌功率（搅拌功率密度）则为：

$$\dot{\varepsilon} = NW/m_L, \quad W/t$$

代入式（5-15）有：

$$\dot{\varepsilon} = 0.0285\frac{q_V T}{m_L}\lg\left(1 + \frac{z}{148}\right) \tag{5-16}$$

式中　$\dot{\varepsilon}$——搅拌功率密度，W/t；

　　　m_L——钢水质量，t；

q_V——氩气体积流量，L/min；

z——钢液深度，cm。

对于上述推导，有的学者认为浮力功和膨胀功是一回事，第（3）、（4）项计算重复，可取上述计算值的一半。此外，也有学者采用以下各式计算搅拌功率密度：

$$\dot{\varepsilon} = (0.014 q_V T/m_L)\lg\left(1 + \frac{z}{1.48}\right) \tag{5-17}$$

式中，$\dot{\varepsilon}$ 的单位为 W/t；m_L 的单位为 t；q_V 的单位为 m^3/min；z 的单位为 m。

$$\dot{\varepsilon} = (0.0062 q_V T/m_L)\left[1 - \frac{273}{T} + \ln\left(1 + \frac{p}{p_0}\right)\right] \tag{5-18}$$

式中，q_V 的单位为 L/min；p 为钢水静压力，单位为 atm（$1atm \approx 0.1MPa$）；p_0 为大气压力，单位为 atm。

5.2.3　气体搅拌装置

气流搅拌装置按气流喷口与被搅拌介质是否接触分为气泡搅拌与射流搅拌两大类；按被搅拌介质分为水溶液搅拌与高温熔体搅拌两大类。气流搅拌装置简单，无运动部件，适宜于搅拌高温或具腐蚀性的液体。但是，要达到同样的混合程度，气流搅拌的功率消耗高于机械搅拌，气流还会带走液体中的挥发组分，或造成雾沫夹带，损耗物料。

5.2.3.1　帕秋卡槽

帕秋卡槽是一种矿浆搅拌槽，属于气泡搅拌，如图 5-3 所示。

帕秋卡槽有一锥形底，锥角 0°~90°，一般为 60°，有利于沉落下来的矿砂在槽内循环。从槽的底部引入气体，对槽内的矿浆进行搅拌。帕秋卡槽的高径比一般为 2.5~3.0，有的高达 5；一般槽径 3~4m，高 6~10m，大槽槽径可达 10~12m，高达 30m；多用混凝土捣制，内衬防腐材料（如环氧树脂玻璃钢、瓷砖、耐酸瓷板等）。根据中央循环管的长短和有无，帕秋卡槽的槽型有如图 5-4 所示的 A、B、C 三种形式，特点见表 5-1。

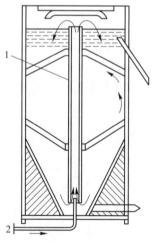

图 5-3　帕秋卡槽

1—中央循环管；2—压缩空气管

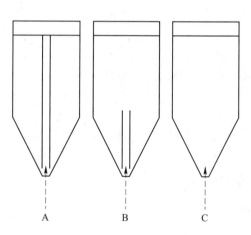

图 5-4　帕秋卡槽的基本类型

表 5-1　帕秋卡槽的槽型与特点

槽型	结构特点	矿浆循环流动特性	充气功能
A 型槽	中心管由底部伸至槽顶液面	矿砂全部提起，底无积砂	最差
B 型槽	中心管由底部伸至槽内液体中	槽底清洁	次之
C 型槽	无中心管	槽底积砂	最好

不同的帕秋卡槽矿浆循环量（重要参数）随液深的变化关系如图 5-5 所示。图中曲线 A、B、C 分别是 A 型槽、B 型槽及 C 型槽的循环量特性。

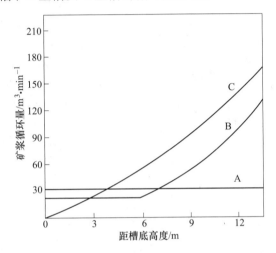

图 5-5　帕秋卡槽中矿浆的循环流动特性

5.2.3.2　鼓泡塔

鼓泡塔是一种常用的气液接触反应设备，属于气泡搅拌，如图 5-6 所示。

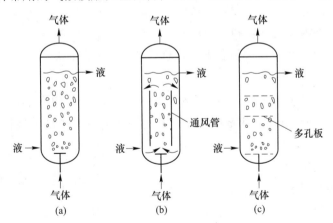

图 5-6　标准型鼓泡塔
(a) 鼓泡塔；(b) 供风管式鼓泡塔；(c) 多孔板式鼓泡塔

按结构特征，鼓泡塔可分为空心式、多段式、汽提式三种。图 5-6 (a) 是空心式，如氧化铝工业所用的鼓泡预热器。图 5-6 (b) 为汽提式，图 5-6 (c) 为多段式。

鼓泡塔的基本结构主要由塔体、气体分布器及液位控制器组成。塔体可安装夹套或其他型式换热器或设有扩大段、液滴捕集器等，塔内液体层中可放置填料，塔内可安置水平多孔隔板以提高气体分散程度和减少液体返混。

鼓泡塔底部装有不同结构的鼓泡器，如图5-7所示。钟罩形鼓泡器具有锯齿形边缘，以便将空气或气体分散成细小的气泡。鼓泡器的孔径通常取3~6mm（对于空气在水中鼓泡，最大孔径是6~7mm）。

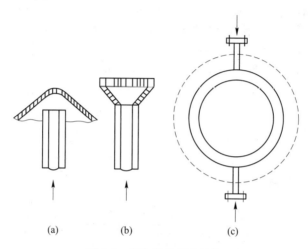

图5-7 鼓泡器的部分结构
（a）钟罩形；（b）供气喷嘴；（c）环形鼓泡器

冶金所用的鼓泡塔多数在安静鼓泡区，气泡呈分散状态，大小均匀，进行有秩序的鼓泡，液体搅动微弱，可称为视均相流动区域。

当气体空塔气速低于最佳空塔气速时，气体分布器的结构就决定了气体的分散状况、气泡的大小，进而决定了气含率和液相传质系数的大小。当气体空塔气速高于最佳空塔气速时，气泡是靠气与液体的冲击和摩擦形成的，与气体分布器的结构无关。最佳空塔气速应满足两个条件：（1）保证反应过程的最佳选择性；（2）保证反应器体积最小。

5.2.3.3 氧气顶吹炼钢

氧气顶吹炼钢属于射流搅拌。氧气顶吹转炉是实现炼钢的主要设备（结构见第10章）。转炉内配置由喷嘴和枪身组成的氧枪，氧枪喷出射流，带动周围同类介质和铁水流动，形成强烈搅拌。

A 设备的工作原理

氧气顶吹炼钢如图5-8所示。

在顶吹氧气转炉中，高压氧流从喷孔流出后，经过高温炉气以很高的速度冲击金属熔池，引起金属熔池的循环运动，起到机械搅拌作用。在熔池中心（即氧射流和熔池冲击处）形成一个凹坑状的氧流作用区，由于凹坑中心被来流占据，排出的气体必然由凹坑壁流出。排出气流层的一边与来流的边界接触，另一边与凹坑壁相接触，由于排出的气体速度大，因此对凹坑壁面有一种牵引作用。其结果使得邻近凹坑的液体层获得一定速度，沿坑底流向四周，随后沿凹坑壁向上和向外运动，往往沿凹坑周界形成一个"凸肩"，然后在熔池上层内继续向四周流动。由于从凹坑内不断地向外流出液体，为了达到平衡，必须由凹坑的周围给予补充，于是就引起了熔池内液体的运动。其总的趋势是朝向凹坑底部运动。这样，熔池内的铁水就形成了以射流滞止点（即凹坑的最低点）为对称中心的环流运动，起到对熔池的搅拌作用。

氧气流的动能增大，对液面的冲击力增强，被熔池吸收的氧就多，产生液滴和氧气泡的数量也多，乳化充分，反射氧流就少，炉内直接传氧的比例大，所以化学反应速度也快。图 5-9 所示为氧气顶吹转炉熔池和乳化相示意图。

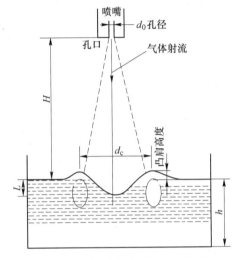

图 5-8　氧气顶吹熔池搅拌示意图

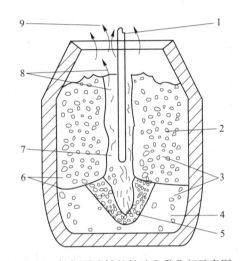

图 5-9　氧气顶吹转炉熔池和乳化相示意图
1—氧枪；2—气-渣-金属乳化相；3—CO 气泡；
4—金属熔池；5—火点；6—金属液滴；7—由作用区释
放的 CO 气流；8—溅出的金属液滴；9—离开转炉的烟尘

B　氧气顶吹转炉搅拌功率密度

在氧气顶吹转炉内，由于氧射流的直接和间接作用，造成了熔池的强烈运动，使熔池强烈运动的能量一部分是射流的动能直接传输给熔池，另一部分是在氧射流作用下发生碳氧反应生成的 CO 气泡提供的浮力，另外还有温度差和浓度差引起的少量对流运动。因此，熔池搅拌运动的总功率是这些能量提供的功率之和，即：

$$N_\Sigma = N_{O_2} + N_{CO} + N_{T \cdot C} \tag{5-19}$$

（1）N_{O_2} 为氧射流提供的功率。氧射流与熔池金属液相遇时，其作用是按非刚性物体碰撞和能量守恒定律来分析的。在一般情况下，氧射流的动能消耗于以下几个方面：搅拌熔池所耗能量 E_1，克服炉气对射流产生的浮力 E_2，射流冲击液体时非刚性碰撞时的能量消耗 E_3，把液体破碎成液滴时的表面生成能量 E_4，供给反射流股的能量 E_5。

E_4 和 E_5 值一般很小，约为氧射流初始动能 E_0 的 3%，而非刚性碰撞的能量消耗为 70%~80%，克服浮力的能量 E_2 为 5%~10%，搅拌熔池的能量消耗 E_1 为 20% 左右。假定把氧气看成理想气体，则 $E_0(\mathrm{kJ/kg})$ 可用式（5-20）计算：

$$E_0 = \frac{k}{k-1} R T_0 \left[1 - (p_{出}/p_0)^{\frac{k-1}{k}} \right] \tag{5-20}$$

式中　T_0，p_0——氧气进口处的温度和压力；

　　　$p_出$——氧气出口处的压力；

　　　k——氧气绝热指数值，为 1.4。

由于氧射流用于熔池搅拌的能量只为初期动能的 20%，故氧射流提供的搅拌功率密度 $\varepsilon_{O_2}(kW/t)$ 为：

$$\varepsilon_{O_2} = 0.2E_0W_{O_2} \tag{5-21}$$

式中　W_{O_2}——每吨金属消耗的氧的质量流量，$kg/(s \cdot t)$。

（2）N_{CO} 为 CO 气泡提供的搅拌功率。氧射流进入熔池将发生碳氧反应产生大量 CO 气泡，一般认为，CO 气泡搅拌熔池的能量等于气泡上浮过程中浮力所做的膨胀功，故 CO 气泡提供的搅拌功率密度 $\varepsilon_{CO}(kW/t)$ 可用式（5-22）计算：

$$\varepsilon_{CO} = [p_eVT\ln(1 + h'\rho_m/p_0)]/273 \tag{5-22}$$

式中　V——标态下单位时间内生成的 CO 气泡体积；

　　　T，ρ_m——金属液的温度和密度；

　　　p_e——炉内液面压力；

　　　p_0——供氧压力；

　　　h'——气泡生成处金属液层高度，可近似为 $h/2$；

　　　h——熔池深度。

（3）$N_{T \cdot c}$ 温度差和浓度差引起流动所提供的功率，与前两项相比很小，可以忽略。

5.3　机　械　搅　拌

机械搅拌是通过浸入到液体中旋转的搅拌器（浆）来实现液体的循环流动、混合均匀、加快反应速度以及提高反应效率。在湿法冶金中，机械搅拌对槽式（釜）反应器至为重要。在火法冶金中，铁水预脱硫的 KR 法就是应用机械搅拌的例子。在湿法冶金中，机械搅拌是广为应用且效果很好的方法。例如拜耳法生产氧化铝中的关键工序——晶种分解，就是在不断搅拌的反应槽中进行的，机械搅拌是常用的方法。

机械搅拌常以搅拌器（浆）的类型来划分，不同黏度范围的液体选用不同的浆型。衡量搅拌器好坏的指标用混合时间来衡量，所用的混合时间越短，搅拌器就选择的越好。另一个指标是达到搅拌效果的搅拌功率密度。

5.3.1　机械搅拌器的主要参数

机械搅拌器的主要参数包括容器的形式与尺寸、工作压力、工作温度、物料特性与搅拌浆等，详见中华人民共和国化工行业标准《HG/T 3796.1—2005 搅拌器形式及基本参数》。

例如，浆式搅拌器的主要参数：（1）材料：扁钢、合金钢、有色金属、或钢外包橡胶或环氧树脂、酚醛玻璃布等。（2）形式：平直叶式，叶面与旋转方向垂直；折叶式，叶面与旋转方成一倾斜角。（3）尺寸：搅拌器直径 $d_j = (1/3 \sim 2/3)D_i$；浆叶宽度 $b = (0.1 \sim 0.25)d_j$，加强筋的厚度常与浆叶厚度相同。（4）固定方式：当 $d<50mm$ 时，除用螺栓对夹外，再用紧固螺钉固定；当 $d>50mm$ 时，除用螺栓对夹外再用穿轴螺栓或圆柱销固定在轴上。（5）转速：20~100r/min，圆周速度在 1.0~5.0m/s。

下面分别叙述表征搅拌作用的参数。

5.3.1.1 混合均匀时间 τ_m

混合均匀时间可分以下两种情况来讨论。

（1）连续操作搅拌槽的混合均匀时间 τ'_m 可用经验公式（5-23）来计算：

$$\frac{1}{\tau'_m} = \frac{1}{\tau_m} + \frac{1}{\tau_f} + \frac{0.5}{(\tau_m \tau_f)^{1/2}} \tag{5-23}$$

式中　τ_m——间歇操作时的混合均匀时间；

　　　τ_f——无搅拌情况下流动时所需的混合均匀时间。

通常用 $\tau'_m \approx \tau_m$ 已相当准确，τ_m 可以实验测定。

（2）间歇式操作搅拌槽的混合时间 τ_m 可用实验测定。若在层流区，可用 N'_p 和 Re' 的实验曲线来确定某些形式桨叶搅拌时的 τ_m，对这些形式的桨叶，Np' 与 Re' 呈线性关系。N'_p 为用 τ_m 表示的功率准数

$$N'_p = \tau_m^2 P / (\mu d^3) \tag{5-24}$$

Re' 为用 τ_m 表示的雷诺数，其定义式为：

$$Re' = \frac{\rho(d/\tau_m)\, d}{\mu} \tag{5-25}$$

式中　P——桨叶搅拌功率；

　　　μ——液体黏度；

　　　d——桨叶直径；

　　　ρ——液体密度。

5.3.1.2 桨的周边速度（桨端速度）

桨的周边速度与桨的直径和转速有关，代表实际的剪切速度。流体剪切速率大小对打碎气泡有较大影响。功率相等条件下，大直径、低转速的叶轮把更多的功率消耗于总体流动；而小直径、高转速的叶轮把更多的功率消耗于湍动。

5.3.1.3 搅拌器的搅拌功率

机械搅拌器的功率有：

（1）搅拌功率。指搅拌过程进行时需要的动力，笼统地称为搅拌功率。

（2）搅拌器的功率。指搅拌连续运转所需要的功率。

（3）搅拌作业功率。指搅拌槽中的液体以最佳方式完成搅拌过程，安装在搅拌槽上的搅拌器所需要的功率。

最理想的是：搅拌器的功率＝搅拌作业功率。

影响搅拌器功率的因素：搅拌器的几何参数与运转参数、搅拌槽的几何参数与搅拌介质的物性参数。

搅拌器所需功率是搅拌器设计的一个重要参数。因为对给定体系所需搅拌功率还不能由理论分析得出，所以采用试验的经验关系来确定。搅拌功率 P 与功率准数 N_P 和搅拌雷诺数 Re 有关。搅拌器功率准数定义如下：

$$N_P = \frac{P}{\rho n^3 d^5} \tag{5-26}$$

式中　P——搅拌器的搅拌功率，W；

　　　ρ——液体密度，kg/m^3；

　　　n——桨的转速，s^{-1}；

　　　d——桨的直径，m。

可见，搅拌器的功率是由功率准数来表达的。在搅拌器中，搅拌雷诺数定义如下：

$$Re = \frac{\rho n d^2}{\mu} \tag{5-27}$$

槽内流动状态可以用 Re 来估计。在不同的流动状态下，搅拌器功率准数 N_P 如图 5-10 所示。

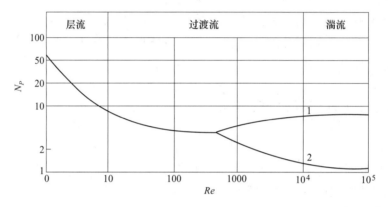

图 5-10　搅拌器功率准数 N_P 与雷诺数 Re 的关系

1—有挡板（标准搅拌器）；2—无挡板

功率计算如下：

当 $Re<10$ 时，槽内为层流，$N_P = \dfrac{P}{\rho n^3 d^5} = 71\dfrac{\mu}{\rho n d^2}$；

当 $10<Re<10000$ 时，槽内为过渡流，此时在搅拌器处的流动为紊流，远离搅拌器的其他部分为层流。对于有挡板的搅拌，$N_P = kRe^x$（x 为常数，Michel 经验 0.45）；对于无挡板的搅拌，$N_P = \dfrac{P}{\rho n^3 d^5}\left(\dfrac{g}{n^2 d}\right)^{\left(\frac{\beta - \lg Re}{\gamma}\right)}$。

当 $Re>10000$ 时，槽内为紊流，$N_p = k$（常数，有挡板的搅拌为 6.1）。

例 5-1　如图 5-11 所示，一个扁平涡轮搅拌器安装在槽内，槽的直径为 $D=1.83$m，涡轮直径 $d=0.61$m，宽度 $b=0.122$m，挡板宽度 $J=0.15$m（4 块），涡轮转速 $n=90$r/min，槽内液体黏度 $\mu=10$cP，密度 $\rho=929$kg/m^3。求：

（1）计算搅拌器所需功率；

（2）其他条件不变，液体黏度改为 100Pa·s，计

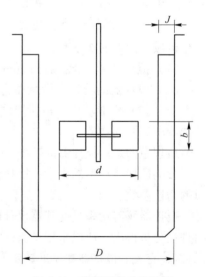

图 5-11　搅拌器的功率计算
实例示意图

算搅拌器所需功率。

解：（1）由 $\mu = 10.0\text{cP} = 0.01\text{Pa}\cdot\text{s}$，$n = 90/60 = 1.5\text{r/s}$，利用式（5-27）可得：

$$Re = \frac{\rho n d^2}{\mu} = \frac{929 \times 1.5 \times 0.61^2}{0.01} = 51850$$

因为，$d/b = 5$，$D/J = 12$，从图 5-10 查得当 $Re = 51850$ 时 $N_P = 5$。将已知数据代入式（5-26），得：

$$P = N_P \rho n^3 d^5 = 5 \times 929 \times 1.5^3 \times 0.61^5$$
$$= 1324\text{J/s} = 1.324\text{kW}$$

（2）当 $\mu = 10^5\text{cP} = 100\text{Pa}\cdot\text{s}$ 时，有：

$$Re = \frac{\rho n d^2}{\mu} = \frac{929 \times 1.5 \times 0.61^2}{100} = 5.185$$

这属于层流，从图 5-10 查得 $N_P = 14$，于是

$$P = N_P \rho n^3 d^5 = 14 \times 929 \times 1.5^3 \times 0.61^5 = 3707\text{J/s} = 3.71\text{kW}$$

由此可见，液体黏度增加 10000 倍，功率从 1.324kW 增加到 3.71kW。

将搅拌功率分为搅拌器功率和搅拌作业功率两个方面。搅拌器功率指为使搅拌器连续运转所需的功率；搅拌作业功率指搅拌器使搅拌槽中流体以最佳方式完成冶金过程所需的功率。最好就是搅拌作业功等于搅拌器功率。

5.3.1.4 搅拌器的搅拌功率密度

加到单位质量或单位体积物料上的搅拌功率称为搅拌的功率密度 $\dot{\varepsilon}$，单位为 W/t 或 W/m³，功率密度是标志混合程度的参数。通过实验可以求得各种不同情况下物料混合均匀时间与功率密度的关系，即：

$$\tau_m = f(\dot{\varepsilon}) \tag{5-28}$$

功率密度是放大设计的重要依据。在实践中一般只考虑搅拌器功率密度。影响搅拌功率密度的主要因素有：

（1）搅拌器的结构和运行参数，如搅拌器的形式、桨叶直径和宽度、桨叶的倾角、桨叶数量、搅拌器的转速等。

（2）搅拌槽的结构参数，如搅拌槽内径和高度、有无挡板或导流筒、挡板的宽度和数量、导流筒直径等。

（3）搅拌介质的物性，如各介质的密度、液相介质黏度、固体颗粒大小、气体介质通气率等。

5.3.2 机械搅拌器的分类

机械搅拌器按流体形式可分为轴向流搅拌器、径向流搅拌器和混合流搅拌器。

机械搅拌器按搅拌器叶面结构可分为直叶、折叶及螺旋面叶。其中具有直叶和折叶结构的搅拌器有桨式、涡轮式、框式和锚式等，推进式、螺杆式和螺带式的桨叶为螺旋面叶。

机械搅拌器按搅拌用途可分为低黏度流体用搅拌器和高黏度流体用搅拌器。其中低黏度流体用搅拌器主要有推进式、长薄叶螺旋桨、桨式、开启涡轮式、圆盘涡轮式、布鲁马金式、板框式、三叶后弯式、MIG 和改进 MIG 等；高黏度流体用搅拌器主要有锚式、框

式、锯齿圆盘式、螺旋桨式、螺带式（单螺带、双螺带）和螺旋-螺带式等。

　　桨式、推进式、涡轮式和锚式搅拌器在搅拌反应设备中应用最为广泛，据统计占搅拌器总数的 75%~80%。

5.3.2.1　桨式搅拌器

　　桨式搅拌器的结构就是用扁钢制成简单叶片，如图 5-12 所示。

　　叶片焊接或用螺栓固定在轮毂上，叶片数是 2 片、3 片或 4 片，叶片形式可分为直叶式和折叶式两种。桨式搅拌器的转速一般为 20~100r/min，适用液体的最高黏度为 20Pa·s。液-液系中用于防止分离、使罐的温度均一，固-液系中多用于防止固体沉降；主要用于流体的循环，促进流体的上下交换，代替价格高的螺带式叶轮，能获得良好的效果。不能用于以保持气体和以细微化为目的的气-液分散操作中。

5.3.2.2　推进式搅拌器

　　标准推进式搅拌器有三瓣叶片，如图 5-13 所示。其螺距与桨直径 d 相等。它直径较小，$d/D = 1/4~1/3$，D 为槽直径，叶端速度一般为 7~10m/s，最高达 15m/s。搅拌时流体由桨叶上方吸入，下方以圆筒状螺旋形排出，流体至容器底再沿壁面返至桨叶上方，形成轴向流动。流体的湍流程度不高、循环量大、结构简单、制造方便。容器内装挡板，搅拌轴偏心安装，搅拌器倾斜，可防止漩涡形成。

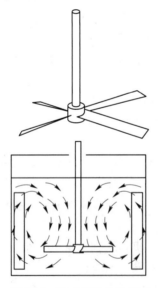 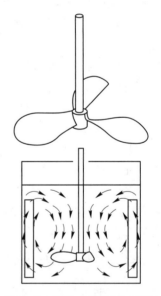

图 5-12　桨式搅拌器示意图　　　　图 5-13　推进式搅拌器示意图

　　黏度低、流量大的场合，用较小的搅拌功率能获得较好的搅拌效果。主要用于液-液系混合、使温度均匀，在低浓度固-液系中防止淤泥沉降等。

5.3.2.3　涡轮式搅拌器

　　涡轮式搅拌器又称透平式叶轮，它是应用较广的一种搅拌器，能有效地完成几乎所有的搅拌操作，并能处理黏度范围很广的流体。其结构如图 5-14 所示。

　　涡轮式搅拌器有较大的剪切力，可使流体微团分散得很细，适用于低黏度到中等黏度流体的混合、液-液分散、液-固悬浮以及促进良好的传热、传质和化学反应。

5.3.2.4　锚式搅拌器

锚式搅拌器的结构简单，如图 5-15 所示。适用于黏度在 100Pa·s 以下的流体搅拌，当流体黏度在 10~100Pa·s 时，可在锚式桨中间加一横桨叶，即为框式搅拌器，以增加容器中部的混合。易得到大的表面传热系数，可以减少"挂壁"的产生。

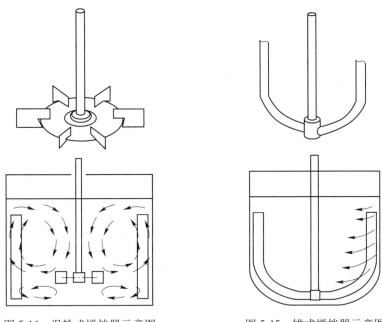

图 5-14　涡轮式搅拌器示意图　　　　图 5-15　锚式搅拌器示意图

锚式或框式桨叶的混合效果并不理想，只适用于对混合要求不太高的场合。由于锚式搅拌器在容器壁附近流速比其他搅拌器大，能得到大的表面传热系数，故常用于传热、晶析操作；也常用于高浓度淤浆和沉降性淤浆的搅拌。

5.3.2.5　捏合机

捏合机主要由混捏部分、机座部分、液压系统、传动系统和电控系统等五大部分组成。其由一对互相配合和反向旋转的 Σ 形桨叶（或 Z 形）产生强烈剪切作用，使半干状态或橡胶状的黏稠塑料材料迅速反应从而获得均匀的混合搅拌。捏合机分为间歇（分批式）捏合机和连续捏合机。间歇捏合机有双臂式捏合机、波尼式捏合机和行星式捏合机三种。可氏捏合机是常见的连续捏合机。捏合机的 Σ 形搅拌桨如图 5-16 所示。

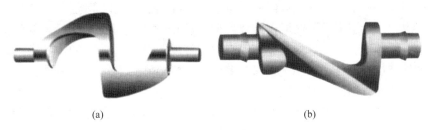

(a)　　　　　　　　　　　　　　　　(b)

图 5-16　捏合机的搅拌桨

（a）Σ 形；（b）Z 形

铝电解的炭素生产就用到捏合机。

5.3.2.6 固-固混合机

固-固混合机有固定容器式混合机与回转容器式混合机两种。在冶金中很少用到这些设备，冶金中的固-固混合大多数情况是在料仓、皮带运输等过程中完成。

5.3.2.7 机械搅拌器的选用

在选用搅拌器时，除了要求它能达到工艺要求的搅拌效果外，还应保证所需功率小、制造和维修容易、费用较低。目前多根据实践选用，也可通过小型实验来确定。

（1）根据被搅拌液体的黏度大小选用。由于液体的黏度对搅拌状态有很大影响，所以根据搅拌介质黏度大小来选型是一种基本方法。随着黏度的增高，使用顺序为推进式、涡轮式、桨式以及锚式等。

（2）根据搅拌器型式的适用条件选用。结合搅拌目的、介质黏度范围、搅拌器转速范围和槽体容积范围等因素确定。

1）浸出过程。即固相中某种成分溶解进入液相的过程，它是一个固液两相的反应过程。当固体粒度小、固液密度差小、固相浓度较高、沉降速度低的固体悬浮时，采用桨式搅拌器；当容积很大时，采用涡轮式搅拌器。

2）结晶过程。结晶过程的搅拌是很困难的，在特别要求严格控制晶体大小的时候，通常小直径的快速搅拌，如涡轮式的，适用于微粒结晶；而大直径的慢速搅拌，如桨式的，可用于大晶体的结晶。在结晶操作中要求有较大的传热作用，而又避免过大的剪切作用时，可考虑用推进式或锚式搅拌器。

3）换热过程。换热过程往往是与其他过程共同存在的，如果换热不是主要过程，则搅拌能满足其他过程的要求即可；如果换热是主要过程，则要满足较大的循环流量，同时还要求液体在换热表面上有较高的流动速度，以降低液膜阻力和不断更新换热表面。换热量小时可以在槽体内部设夹套，用桨式搅拌器，加上挡板换热量还可以大些。当要求传热量很大时，槽体内部应该设置蛇管，这时采用推进式的或涡轮式搅拌器更好，内部蛇管还可起到挡板的作用。

5.3.3 机械搅拌器的放大

机械搅拌器的放大应该遵循：

（1）几何相似性。指两个大小不同的系统，其几何形状完全或主体相同，并且各部分几何尺寸之比应该等于常数。因此可以通过小设备的尺寸，用几何相似关系来确定大设备的各种几何因素；然后，用实验或经验，按一定的准则求出大设备的搅拌器转速与功率。

（2）参数"放大准则"。根据实验或经验，找出对工艺过程影响最重要的搅拌参数，并使这些参数保持不变。在这样的放大原则下，可以保持放大的设备保持小设备具有的搅拌效果。如保持搅拌的雷诺数不变，保持单位体积搅拌能耗不变，保持搅拌叶片端部切向速度不变，保持搅拌器的流量与压头之比不变。

（3）逐级放大。采用一系列几何相似、大小不同、放大比适度的实验装置，用实验的方法逐步调整参数，最终达到搅拌器放大的效果。

5.4　电磁搅拌

广义地讲，靠电磁力来使被加工的物质进行搅拌的装置都叫磁力搅拌装置。包括将搅拌子放入液体当底座产生磁场后带动搅拌子成圆周循环运动从而达到搅拌液体的目的实验室搅拌装置。这里所讲的电磁搅拌装置是工业上的电磁搅拌装置，即连铸电磁搅拌器、半固态电磁搅拌器、熔铝炉电磁搅拌器、电磁搅拌合金熔化炉、电磁搅拌器控制系统等。

瑞典于 1939 年将电磁搅拌装置在瑞典钢厂的电弧炉上进行了实验，进一步改进后于 1948 年完成了 15t 电弧炉电磁搅拌装置的发明。目前，冶金用得最多的是借助在铸坯液相穴中感生的电磁力与铝熔铸业的电磁搅拌器。

5.4.1　电磁搅拌装置的工作原理

电磁搅拌装置主要由低频电源、感应器和水冷系统等几部分组成。电磁搅拌装置在不同的应用场合有着不同的安装形式，具体实例的结构见第 10 章。从冷却结构上来讲，电磁搅拌大致有以下三种结构形式：（1）"油-水"二次冷却结构形式（感应器浸泡在不导电的硅油中进行冷却）；（2）外水直冷式结构形式；（3）空芯铜管内冷式结构形式。

电磁搅拌装置工作的基本原理：当磁场以一定速度切割金属液时，金属液中产生感应电流，载流金属液与磁场相互作用产生电磁力，从而驱动钢液运动。包括两方面：一是运动的导电金属液与磁场相互作用产生感应电流；二是载流金属液与磁场相互作用产生电磁力。电磁力作用在金属液每一个体积元上，从而驱动钢水流动。其可以是基于异步电机原理的旋转搅拌，也可以是同步电机原理的直线搅拌。

磁场产生的电磁搅拌力（洛仑兹力）可用式（5-29）计算：

$$F_{\mathrm{b}} = K \frac{P_{\mathrm{z}}}{\sqrt{f}} \tag{5-29}$$

式中　P_{z}——金属液吸收的功率，W；

　　　f——电流频率，Hz；

　　　K——常数，$K = 6 \times 10^{-4} \times \dfrac{1}{S\sqrt{\rho_{\mathrm{z}}}}$；

　　　S——金属液柱侧面积，cm^2；

　　　ρ_{z}——金属液的电阻率，$\Omega \cdot cm$。

由式（5-29）可知，低频率比高频率搅拌力大。因此当主要功能是加热时采用较高的电流频率；当主要功能在于搅拌时，则采用较低的电流频率。

5.4.2　电磁搅拌的类型

根据直流电动机原理、感应电动机原理、直线电动机原理和固定磁场下运动导体感应受力的原则，电磁搅拌力相应地分为以下四种类型。

（1）行波磁场电磁搅拌。当感应线圈内通入电流，其周围就会产生一个磁场，将旋转磁场展成直线，波在介质中传播时其波形不断向前推进，就形成行波磁场。行波磁场搅拌器引起钢水做直线运动，或作用于铝液，推动铝液定向移动，行波磁场电磁搅拌装置如图 5-17 所示（迭绕式、套圈形与凸极形三种绕线方式）。

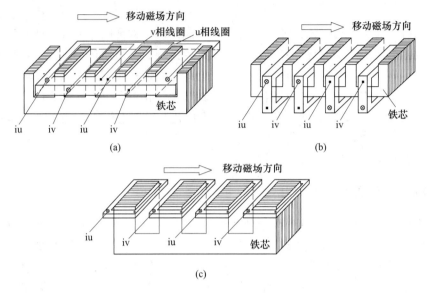

图 5-17　行波磁场电磁搅拌装置
（a）迭绕式电磁搅拌器；（b）套圈形电磁搅拌器；（c）凸极形电磁搅拌器

　　熔炉用电磁搅拌装置以其实施搅拌方便、充分，能确保产品质量，不污染铝熔液等优势，成为铝熔铸业的必备设备。

　　（2）移动磁场产生的电磁感应搅拌。移动磁场也称运动磁场，主要应用于连续铸钢机的结晶器和液芯部分的搅拌或者以金属熔体搅拌为主要目的的熔炼装置，例如 ASEA-SKF 炉。

　　（3）固定磁场产生的电磁搅拌。在以金属料加热为主要目的的电磁感应熔炼设备中，例如感应电炉，采用单相线圈装置，于是产生一个静止的电场。在连铸坯外面以直流线圈，也产生沿铸坯方向的静磁场。若通过夹辊向铸坯液芯通以电流，则液芯在磁场作用下产生运动。

　　（4）加电后产生的电磁搅拌。许多熔炼设备的能源是电能，例如电弧炉、自耗电极电渣炉、熔盐电解槽等。此时电流从金属熔池中通过或通过导体熔渣，也会产生一个电磁场并引起熔渣和金属液的运动。

5.4.3　冶金电磁搅拌实例

5.4.3.1　ASEA-SKF 炉

　　ASEA-SKF 炉是一种钢包精炼设备（图 5-18），它具有在钢包内对钢液真空脱气、电弧加热、电磁搅拌的功能。其工艺过程是在炼钢炉出钢时，将钢水放在特殊设计的钢水包中，将钢水包吊入搅拌器内进行电磁搅拌，同时进行造渣操作，用电弧加热，钢水温度符合要求时，盖上真空盖进行真空脱气处理。脱气后经料槽加入铁合金调整钢液成分，最后调温加热，待成分、温度符合要求后，将钢包从电磁搅拌器中吊出，送去浇铸。此法加热靠电弧，电磁感应器的唯一功能是进行搅拌，因此选用低的电流频率。

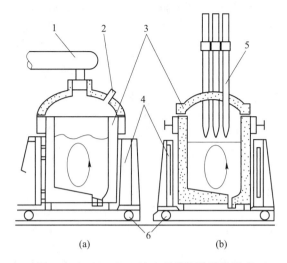

图 5-18　ASEA-SKF 炉电磁搅拌装置的示意

（a）真空处理；（b）加热

1—排气装置；2—合金添加孔；3—钢包；4—感应器；5—电极；6—台车

5.4.3.2　连铸机用电磁搅拌

连铸机用的电磁搅拌装置可分为旋转磁场型、直线移动磁场型、螺旋磁场型、静磁场通电型等多种类型（图 5-19），但使用最多的是前两种。只有使搅拌装置尽可能适应铸坯断面的工艺要求，才能得到较好的搅拌效果。

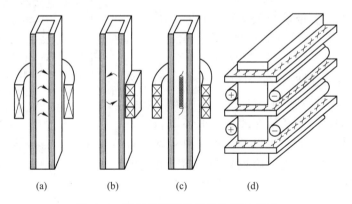

图 5-19　连铸机用各种搅拌装置示意图

（a）旋转型；（b）直线型；（c）螺旋型；（d）静磁场通电型

用于连铸过程的电磁搅拌器按其安装的位置不同，有布置于结晶器、二冷区与凝固末端三种情况。结晶器、二冷区与凝固末端三种电磁搅拌器的布置如图 5-20 所示。

（1）中间包加热用电磁搅拌器 HEMS。该种电磁搅拌使连铸过程中的钢水温度在液相线温度以上 30℃或 40℃，使中间包二次冶金的效果更佳。

（2）结晶器电磁搅拌器 MEMS。是目前各种连铸机都适用的装置，它对改善铸坯表面质量、细化晶粒和减少铸坯内部夹杂及中心疏松有明显的作用，应用最为广泛。为不影响液面自动控制装置的使用，一般安装在结晶器的下部。

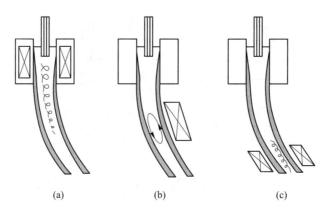

图 5-20　结晶器、二冷区与凝固末端的电磁搅拌布置区

（a）结晶器电磁搅拌（M-EMS）；（b）二冷区电磁搅拌（S-EMS）；（c）凝固末端电磁搅拌（F-EMS）

（3）二冷段电磁搅拌器 SEMS。又可分为二冷一段电磁搅拌器 S1EMS 和二冷二段电磁搅拌器 S2EMS。S1EMS 安装在结晶器一段的足辊处，其功能与 MEMS 类似，两者不重复使用，由于其更换、维修方便，因此其投资和运行成本比较经济。S2EMS 是促进铸坯晶粒细化的有效手段，一般与 MEMS 或 S1EMS 一起使用。

（4）凝固末端电磁搅拌器 FEMS。一般在浇注对碳偏析有严格要求的含碳高的钢种时采用，为保证搅拌效果，其安装位置要靠近凝固末端，一般在液芯直径为 $\phi 60 \sim 80mm$ 处为佳，并允许调节。

当采用直线移动行波磁场的搅拌装置时，可选用环管式直线搅拌器。它具有体积小、重量轻的特点。也可采用对装式的直线搅拌器，如图 5-21 所示。

图 5-21 中，右侧搅拌器在铸坯中产生向上的行波磁场，使右侧金属液体附加一个向上的电磁力；同理，左侧搅拌器的行波磁场使左侧金属液体增加一个向下的电磁力，导致钢液产生循环运动。由于钢液的趋肤效应，离铸坯中心越近，磁场越弱，感应电流越小，电磁力也就越小。

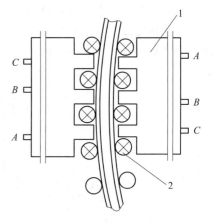

图 5-21　对装式直线搅拌器示意图
1—搅拌器；2—不锈钢辊

习　题

5-1　单选题：

（1）反映混合机混合性能效果的核心指标是（　　）。

　　A. 混合机电机功率　　　　　　　B. 混合机重量

　　C. 混合均匀度变异系数　　　　　D. 生产效率

（2）喷吹钢包中驱动金属流动的外力主要是（　　）力。

　　A. 气泡浮力　　　　　　　　　　B. 黏性力

　　C. 重力　　　　　　　　　　　　D. 惯性力

（3）搅拌器罐体长径比对夹套传热有显著影响，容积一定时长径比越大，则夹套的传热面积（　　）。

　　A. 按长径比增大　　　　　　　　　B. 不变

　　C. 越大　　　　　　　　　　　　　D. 越小

（4）铝酸钠溶液的晶种分解用（　　）搅拌设备。

　　A. 鼓入空气的气力　　　　　　　　B. 搅拌装置在设备的底部

　　C. 以径向流为主的推进式　　　　　D. 以切向流为主的"圆柱状回转区"

（5）搅拌雷诺数和流态划分与管道流体输送不同，主要是（　　）。

　　A. 微观流动促使液体细微化分散作用

　　B. 搅拌雷诺数与管道流体输送的组成参数不同

　　C. 搅拌雷诺数决定搅拌釜内流体流动的流态，也对搅拌器的特性和行为有决定性作用

　　D. 搅拌桨叶的动力特性、循环特性、混合特性，分别用无因次准数表示

（6）搅拌器选用应满足下列要求：（　　）。

　　A. 保证物料的混合所需费用最低，操作方便、易于运送

　　B. 保证工艺要求的搅拌效果，消耗最少的功率、制造和维修容易、费用较低

　　C. 保证固体悬浮、固体溶解、溶液蒸发并结晶、冶金换热

　　D. 促进传质、促进传热，制备均匀混合物

（7）搅拌与混合的目的是（　　）。

　　A. 制备均匀混合物：如调和、乳化、固体悬浮、捏合以及固粒的混合等

　　B. 促进传质：如萃取、溶解、结晶、气体吸收等

　　C. 促进传热：搅拌槽内加热或冷却

　　D. "制备均匀混合物，促进传质，促进传热"之间的组合

（8）搅拌器轴功率计算中，用因此分析法得到功率关联式（　　）。

　　A. 单只涡轮在不通气条件下输入搅拌液体的功率 P_0：

$$\frac{P_0}{\rho N^3 d^5} = K \left(\frac{N d^2 \rho}{\mu} \right)^x \left(\frac{N^2 d}{g} \right)^y$$

　　B. 全挡板条件：$P_0 = N_p \times N^3 \times d^5 \times \rho (\mathrm{W})$

　　C. 无挡板条件：$P_0 = N_p \times N^3 \times d^5 \times \rho (\mathrm{W})$

　　D. 两只涡轮 $P_2 = P_1 \times 3^{0.86} \left[(1 + s/d)(1 - (s/(H_L - 0.9d)) \times \log 4.5/\log 3) \right]^{0.3}$

5-2　捏合有何特点？捏合机有哪几类？

5-3　粉料混合机有哪几类？各有何特点？

5-4　机械式液体搅拌机有哪几种？

5-5　如何选择机械搅拌设备？

5-6　简述电磁搅拌的特点和种类。

5-7　简述气体搅拌的特点和种类。

5-8　搅拌的目的是什么？

5-9　某开启式平直涡轮搅拌机装置，$\dfrac{D}{d} = 3$，$\dfrac{n_1}{d} = 1$，$\dfrac{d}{b} = 5$。搅拌槽内设有挡板，搅拌器有 6 个叶片，直径为 150mm，转速为 300r/min，液体密度为 970kg/m³，黏度为 $1.2 \times 10^{-3} \mathrm{Pa \cdot s}$，试估算搅拌器的功率。

6 非均相分离设备

若物系内部各处均匀且不存在相界面，则称为均相混合物或均相物系，溶液及混合气体都是均相混合物。由具有不同物理性质的分散物质和连续介质组成的物系称为非均相混合物或非均相物系。在非均相物系中，处于分散状态的物质，如分散于流体中的固体颗粒、液滴或气泡，称为分散物质或分散相；包围分散物质且处于连续状态的物质称为分散介质或连续相。例如冶金中经常涉及固体颗粒和液体组成的液态非均相物系。液体为连续相，固体为分散相，这种固体颗粒悬浮于液体中组成的系统称为悬浮液。冶金工业也常常用到液-液分离，本书将其归于萃取设备中。本章涉及的非均相分离操作，包括悬浮液的性质，以及悬浮液中固液体的分离、气体和粉尘微粒的多相混合物的分离。

6.1 非均相分离基础知识

非均相包括固体颗粒和气体构成的含尘气体，固体颗粒和液体构成的悬浮液，不互溶液体构成的乳浊液，液体颗粒和气体构成的含雾气体。

工业生产中把气体和粉尘微粒的混合物的分离操作称为收尘，收尘操作过程是将粉尘微粒从气体中分离出来；把液体和固体颗粒的混合物的分离操作称为液固分离。液固分离与收尘是非均相分离的两种基本形式。

非均相分离工程的基础理论很成熟，相分离的工艺与设备要结合具体的实际冶金场合确定，涉及分离的原料、目的、规模和其他条件。

6.1.1 非均相系的分离性能

6.1.1.1 分散系与表面能

一种物质或几种物质分散在另一种物质中形成的系统称为分散系。分散系就是众多颗粒群分散在分散介质中，因此要注意颗粒群的几何特性。非常细小的颗粒可以视为球形，即几何特性近似相同。

按分散质粒子的大小可将分散系分成三类：真溶液、胶体分散系和粗分散系。当分散质粒子的直径小于 1nm（相当于分子或离子大小）时形成的均匀的稳定体系称为真溶液；当分散质粒子的直径大于 100nm 时形成的分散系为粗分散系，粗分散系为多相不稳定体系；分散质粒子大小介于 1~100nm 的分散系为胶体分散。胶体分散系中的分散质粒子通常是众多分子（或离子）的聚集体，为多相体系。含尘气体与悬浮液的分离所处理的是粗分散系。

在前面讲到颗粒的输送性能，就是固体颗粒悬浮在气体中的性能，相反，收尘涉及悬浮颗粒与气体分离性能。冶金中的含尘气体（简称烟气），按固体颗粒的尺寸来说，通常在 0.01~100μm 之间，如图 6-1 所示。这个定义包括了一般工程上的"烟气"与一部分"粉尘"。

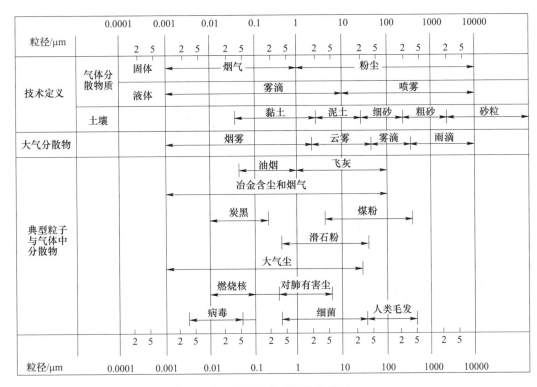

图 6-1　粉尘颗粒物特性及粒径范围

物质的分散程度影响着物质的某些物理化学性质，而物质的分散程度与物质的表面积大小有直接的关系。某一物质被分散得越细，分散程度越高，总表面积就越大，通常用比表面的大小表示物质的分散度。系统被分散的程度越大，系统的表面积就越大，这时表面性质对系统整体性质的影响就不能忽略了。

比表面积 A_m 是单位质量的固体拥有的表面积。物质的表面层分子比内部分子的能量高，高出部分的能量称为表面能 E_s。物质分散程度越大，比表面越大，表面能就越高。物质分散程度越大，比表面越大，表面能就越高。整个系统吉布斯自由能变化包括体相部分（为考虑表面特性）和表面效应所多出来的那部分吉布斯自由能变两部分。颗粒的表面能 E_s 与其表面积 A_m 和表面张力 σ 有关。

$$E_S = A_m \sigma \tag{6-1}$$

6.1.1.2　影响非均相分离的因素

非均相由两相构成，故其物理性质基本取决于两相的体积比例。当固体含量较低时，通常用固体浓度表示它的一般性质比较便利，反之则用分散介质浓度表示。

非均相的分离过程主要受非均相的浓度、密度及固体颗粒的影响。

（1）非均相的浓度。非均相的浓度既可以用其中干固体颗粒的质量百分浓度、体积百分浓度表示，也可以用其中质量固液比（固气比）、体积固液比等多种浓度进行表示。

（2）非均相的密度。非均相的密度为单位体积悬浮液所具有的质量，即：

$$\rho_m = \frac{\rho Q + \rho_s Q_s}{Q_m} \tag{6-2}$$

式中 ρ，ρ_s，ρ_m——分别为分散介质、干固体颗粒的密度和非均相的密度，kg/m³；

Q，Q_s，Q_m——分别为分散介质、干固体颗粒和非均相的体积流量，m³/s。

$$Q_m = Q_s + Q \tag{6-3}$$

在悬浮液中，ρ_s 与 ρ 的差值越大，分离就越容易；反之，分离就越困难。

（3）非均相的黏度。在非均相中，除固体与分散介质之间的相互作用外，还存在颗粒之间的相互作用，因此其流变行为比均质液相要复杂得多。

非均相中固体浓度增大，其黏度也增大：

$$\mu_s = \frac{1 - 0.5C}{(1 - C)^4} \mu_L \tag{6-4}$$

式中 μ_s，μ_L——分别为非均相与分散介质的黏度，Pa·s；

C——分别为分散介质中干固体颗粒的浓度，kg/m³。

（4）非均相的温度。一般来说，温度越高，黏度越小的非均相就越容易分离。但温度过高，也会带来不良影响，如自然对流加大等，增加沉降分离的困难程度。表 6-1 为赤泥分离时泥浆温度对泥浆浓缩程度的影响。

表 6-1 泥浆温度对浓缩程度的影响

泥浆温度/℃	30	60	70	85	95
$\dfrac{沉淀高}{总高} \times 100\%$	73.5	86.5	78.5	78.5	79.0

（5）固体的粒度。非均相中固体的粒度越大，沉降时的速度越快，过滤时形成的滤饼孔隙率越大，滤饼的阻力越小，过滤效率也越高，越易于分离。当非均相中颗粒的粒径小于 0.5μm 时，影响已较明显，用密度差很难使其分离。

6.1.2 非均相分离性能的评价

由于非均相物系中分散相和连续相具有不同的物理性质，故工业上一般都采用机械方法将两相进行分离。要实现这种分离，必须使分散相与连续相之间发生相对运动。根据两相运动方式的不同，悬浮液的分离可按两种操作方式进行：

（1）颗粒相对于流体（静止或运动）运动的过程称为沉降分离。实现沉降操作的作用力既可以是重力，也可以是惯性离心力。因此，沉降过程有重力沉降与离心沉降两种方式。

（2）流体相对于固体颗粒床层运动实现固液分离的过程称为过滤。实现过滤操作的外力可以是重力、压强差或惯性离心力。因此，过滤操作又可分为重力过滤、加压过滤、真空过滤和离心过滤。

表征非均相分离性能的好坏有处理量、分离效率、压力损失（或称阻力）、能耗等指标。评价非均相分离性能的指标有：

（1）设备能力：分离器单位时间内处理非均相的量。

（2）分离效率：被分离出来的百分率。粒级效率：被分离出来的颗粒占全部颗粒的质量分率。

（3）压强降：分离器入口压力与出口压力的差。分离器的压力降是评价其性能的重要指标。

（4）能耗：处理单位体积的流体所消耗的能量。

6.1.2.1 处理量

非均相分离时，处理量是表示分离器在单位时间内所能处理的非均相系的流量，一般用体积流量 $Q(m^3/s$ 或 $m^3/h)$ 表示。处理量计算式如下：

$$Q = 3600Fv \frac{B + p}{101325} \times \frac{273}{273 + t} \tag{6-5}$$

式中　Q——实测非均相系的流量，m^3/h；

　　　　F——实测断面积，m^2；

　　　　v——实测非均相系的风速，m/s；

　　　　B——实测大气压力，Pa；

　　　　p——设备内部静压，Pa；

　　　　t——设备内部气体温度，℃。

在计算处理气体流量时有时需要换算成气体的工况状态或标准状态，计算式如下：

$$Q_n = Q_g(1 - X_w) \frac{273}{273 + t_g} \times \frac{B + p_g}{101325} \tag{6-6}$$

式中　Q_n——标准状态下的气体流量，m^3/h；

　　　　Q_g——工况状态下的气体流量，m^3/h；

　　　　X_w——气体中的水汽含量体积百分数，%；

　　　　t_g——工况状态下的气体温度，℃；

　　　　B——大气压力，Pa；

　　　　p_g——工况状态下处理气体的压力，Pa。

6.1.2.2 分离效率

分离效率是指在同一时间内分离装置捕集的固体质量占进入分离器的固体质量的百分数（以 η 表示）。

$$\eta = \left(1 - \frac{C_2}{C_1}\right) \times 100\% \tag{6-7}$$

式中　C_1，C_2——非均匀物系进入与流出分离器时固体的浓度。

n 级分离器串联时，其总效率为：

$$\eta_{1-n} = 1 - (1 - \eta_1)(1 - \eta_2)\cdots(1 - \eta_n) \tag{6-8}$$

式中　η_1——第一级分离器的分离效率；

　　　　η_n——第 n 级分离器的分离效率。

6.1.2.3 分离设备的阻力

分离设备的阻力也叫压力损失，通常用 Δp 表示。其大小不仅与分离器的种类和结构形式有关，还与非均匀物系的流速大小有关。通常设备阻力与入口气流的动压成正比，即

$$\Delta p = \xi \frac{\rho v^2}{2} \tag{6-9}$$

式中　Δp——非均相系通过分离设备的阻力，Pa；

ξ——分离器的阻力系数；

ρ——非均相系的密度，kg/m^3；

v——分离器入口的平均流速率，m/s。

设备阻力直接影响设备所消耗的机械能，它与非均相流过设备所耗功率成正比，所以设备的阻力越小越好。多数收尘设备的阻力损失在 2000Pa 以下。

对于收尘装置，收尘装置的压力损失可分为：

1）低阻收尘器——$\Delta p < 500Pa$；

2）中阻收尘器——$\Delta p = 500 \sim 2000Pa$；

3）高阻收尘器——$\Delta p = 2000 \sim 20000Pa$。

6.1.2.4　分离器的能耗

非均相系进出口的全压差即为该设备的阻力，设备的阻力与能耗成比例，非均相分离设备消耗的功率：

$$P = \frac{Q\Delta p}{9.8 \times 10^2 \times 3600\eta} \tag{6-10}$$

式中　P——所需功率，kW；

Q——非均相的流量，m^3/h；

Δp——分离器的阻力，Pa；

η——驱动非均相系的电动机传动效率，%。

6.2　非均相的沉降分离设备

非均相物系的沉降分离是指在某种力场中，利用分散相和连续相之间的密度差异，使之发生相对运动而实现分离的操作过程。实现沉降操作的作用力既可以是重力，也可以是惯性离心力。因此，沉降过程有重力沉降和离心沉降两种方式。利用重力作用进行液固分离的操作称为重力沉降。

6.2.1　球形颗粒的自由沉降

6.2.1.1　沉降速度

将表面光滑的刚性球形颗粒置于静止的流体介质中，如果颗粒的密度大于流体的密度，则颗粒将在流体中沉降。此时，颗粒受到 3 个力的作用，即重力 F_g、浮力 F_f 和阻力 F_d，如图 6-2 所示。重力向下，浮力向上，阻力与颗粒运动的方向相反（即向上），则有：

重力：
$$F_g = \frac{\pi}{6}d^3\rho_s g \tag{6-11}$$

浮力：
$$F_f = \frac{\pi}{6}d^3\rho g \tag{6-12}$$

阻力：
$$F_d = \varepsilon \frac{\pi}{4}d^2 \frac{\rho u^2}{2} \tag{6-13}$$

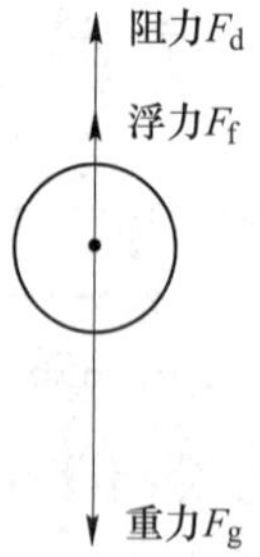

图 6-2　沉降颗粒的受力情况

式中　d——颗粒直径，m；

　　　ε——阻力系数，无因次；

　　ρ_s，ρ——颗粒和液体的密度，kg/m^3；

　　　u——颗粒相对于流体的沉降速度，m/s。

颗粒在 3 种力的作用下运动，根据牛顿第二运动定律，其运动方程可表示为：

$$F_g - F_b - F_d = ma \tag{6-14}$$

或

$$\frac{\pi}{6}d^3(\rho_s - \rho)g - \varepsilon\frac{\pi}{4}d^2\left(\frac{\rho u^2}{2}\right) = \frac{\pi}{6}d^3\rho_s\frac{\mathrm{d}u}{\mathrm{d}t} \tag{6-15}$$

整理后得：

$$\frac{\rho_s - \rho}{\rho_s}g - \frac{3\varepsilon\rho u^2}{4d\rho_s} = \frac{\mathrm{d}u}{\mathrm{d}t} \tag{6-16}$$

式中　$\dfrac{\pi}{6}d^3(\rho_s-\rho)g$——球形颗粒的有效重力；

　　　$\dfrac{\rho_s-\rho}{\rho_s}g$——球形颗粒的有效重力加速度，与颗粒和流体密度有关；

　　　$\dfrac{3\varepsilon\rho u^2}{4d\rho_s}$——球形颗粒的阻力加速度；

　　　ε——阻力系数；

　　　g——重力加速度，为 9.81m/s^2；

　　　u——球形颗粒的绝对速度，称为沉降速度。

对于给定的流体和颗粒，重力与浮力是恒定的，但阻力却随颗粒的沉降速度发生变化。颗粒刚开始沉降的瞬间沉降速度 u 为零，故阻力和阻力加速度也为零，此时颗粒沉降加速度具有最大值，颗粒因受力而加速降落；由于有重力加速度的影响，沉降速度迅速增大，阻力加速度也随之增加，从而使沉积速度迅速减小。经短暂时间后，阻力加速度增加到与有效重力沉积速度相等时，沉降加速度为零，则作用于颗粒上的有效重力与阻力相等，即合外力为零，颗粒便开始以等速沉降，此时的沉降速度称为自由沉降速度 u_0。因此，单个颗粒在静止流体中的自由沉降经历过了两个阶段，第一阶段为加速运动阶段，第二阶段为等速运动阶段。根据式（6-16），可以推导出颗粒的自由沉降速度为：

$$u_0 = \sqrt{\frac{4d(\rho_s - \rho)g}{3\varepsilon\rho}} \tag{6-17}$$

式中　u_0——颗粒的自由沉降速度，m/s。

6.2.1.2　阻力系数

由式（6-17）可知，自由沉降速度 u_0 不仅与颗粒的 ρ_s、d 及流体的 ρ 有关，而且还与流体对颗粒的阻力系数有关。阻力系数 ε 反映颗粒运动时流体对颗粒的阻力大小，它是颗粒与流体相对运动时雷诺准数 Re 的函数。几种不同球形系数下的阻力系数 ε 与雷诺准数的关系如图 6-3 所示。

图 6-3 中，Re 为雷诺准数，$Re = \dfrac{du_0\rho}{\mu}$。由图 6-3 可以看出，球形系数 $\varphi_s = 1$ 的曲线（即颗粒的 ε-Re 曲线），可以分为 3 个不同的流型区域，各区域的曲线可分别用相应的

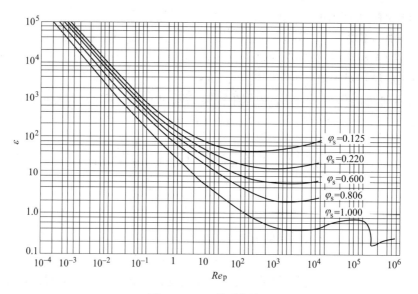

图 6-3　ε-Re 关系曲线

关系式表达。即：

（1）层流区域或斯托克斯（Stokes）定律区（$10^{-4}<Re<1$）：

$$\varepsilon = \frac{24}{Re} \tag{6-18}$$

（2）过渡区或艾伦（Allen）定律区（$1<Re<10^3$）：

$$\varepsilon = \frac{18.5}{Re^{0.6}} \tag{6-19}$$

（3）湍流区或牛顿（Newton）定律区（$10^3<Re<2\times10^5$）：

$$\varepsilon = 0.44 \tag{6-20}$$

将式（6-18）~式（6-20）分别代入式（6-17），便得到颗粒在各流型区域相应的自由沉降速度的计算公式即：

（1）层流区或斯托克斯（Stokes）定律区（$10^{-4}<Re<1$）：

$$u_0 = \frac{(\rho_s - \rho)g}{18\mu}d^2 \tag{6-21}$$

（2）过渡区或艾伦（Allen）定律区（$1<Re<10^3$）：

$$u_0 = 0.2\left(g\frac{\rho_s - \rho}{\rho}\right)^{0.72}\frac{d_p^{1.18}}{(\mu/\rho)^{0.45}} \tag{6-22}$$

（3）湍流区或牛顿（Newton）定律区（$10^3<Re<2\times10^5$）：

$$u_0 = 1.74\sqrt{\frac{d(\rho_s - \rho)g}{\rho}} \tag{6-23}$$

式（6-21）~式（6-23）分别称为斯托克斯公式、艾伦公式和牛顿公式，适用于液固分离与气固分离。气固分离多数情况下颗粒较细，处于层流区。

可见，在同一流型中，颗粒的直径和密度越大，自由沉积速度就越大；对于同一直径和密度的颗粒在不同的流型中，自由沉积速度也不同。在层流与过渡流中，自由沉降速度与流体的黏性有关；而在湍流中，自由沉积速度则与黏性无关。

通常，在冶金中遇到的沉降分离问题为雷诺数小于 0.1 的层流状态下的沉降问题。当考虑到生产设备内的状态时，可能会延伸至过渡区。至于雷诺准数超过 1000 的湍流状态，实际是很难出现的。只有密度较大的颗粒，如方铅矿密度约 7500kg/m³，颗粒直径也大于 23.5mm，自由沉降速度大于 2.13m/s 时，雷诺准数才能达到 20000。显然，在湿法冶金需要处理的矿浆中很少有如此大的密度和如此粒径大的颗粒，湿法冶金不可能遇到湍流区。由于沉降过程中涉及的颗粒直径 d 一般很小，Re 通常在 0.3 以内，所以经常用的是斯托克斯公式。

6.2.1.3 自由沉降速度的计算

根据式（6-21）~式（6-23）计算球形颗粒的自由沉降速度 u_0 时，需要预先知道 Re 值以判断流型，而后才能选用相应的计算式。但是 u_0 是要求计算的结果，即为未知量，故该类问题只能用试差法予以求解。即先假设沉降属于某一流型，譬如层流区，则可直接选用与该流型相应的斯托克斯沉降公式计算 u_0，然后用求得的 u_0 来核算 Re 的值是否符合假设的范围。如果与假设一致，则求得的 u_0 有效；否则，按算出的 Re 值另选流型，并改用相应的公式求 u_0，直到按求得的 u_0 值算出的 Re 值恰与所选用公式的 Re 值范围相符为止。

例 6-1 一个直径为 1.0mm，密度为 2500kg/m³ 的玻璃球在 20℃ 的水中沉降，已知 20℃ 水的密度 $\rho = 998.2kg/m^3$，$\mu = 1.01 \times 10^{-3}$ Pa·s，试求自由沉降速度。

解：先假设流形为层流，则根据式（6-21）计算：

$$u_0 = \frac{(\rho_s - \rho)g}{18\mu}d^2 = \frac{(2500 - 998.2) \times 9.81}{18 \times 1.01 \times 10^{-3}} \times (1.0 \times 10^{-3})^2 = 0.82 m/s$$

核算流型：

$$Re = \frac{du_0\rho}{\mu} = \frac{1.0 \times 10^{-3} \times 0.82 \times 998.2}{1.01 \times 10^{-3}} = 818.50 > 1$$

显然，颗粒沉降不在层流区域，再假设在过渡流区域进行沉降，则根据式（6-22）计算：

$$u_0 = 0.2 \left(g\frac{\rho_s - \rho}{\rho}\right)^{0.72} \frac{d_p^{1.18}}{(\mu/\rho)^{0.45}} = 0.2 m/s$$

再次核算流型：

$$Re = \frac{du_0\rho}{\mu} = \frac{1.0 \times 10^{-3} \times 0.2 \times 998.2}{1.01 \times 10^{-3}} = 197.7$$

经计算，Re 的范围在 $1~10^3$ 之间，故第二次假设正确，因此，$u_0 = 0.2 m/s$。

6.2.1.4 影响沉降速度的因素

以上讨论只是针对表面光滑、刚性球形颗粒在流体中作自由沉降的简单情况，实际颗粒的沉降须考虑以下因素的影响：

（1）干扰沉降。当悬浮液中固体颗粒的体积浓度很小时，颗粒之间的距离足够大，任一颗粒的沉降不因其他颗粒的存在而受到干扰，可以忽略容器壁面的影响，此时发生的沉降过程称为自由沉降。如果分散相的体积分率较高，由于颗粒间有显著的相互作用，每个颗粒的沉降都受到周围颗粒的影响，则称为干扰沉降或受阻沉降。液态非均相物系中，当分散相浓度较高时往往发生干扰沉降。

（2）端效应。容器壁对颗粒的沉降有阻滞作用，使实际颗粒沉降速度较自由沉降速度小，这种现象称为端效应。当容器尺寸远大于颗粒尺寸时（例如在100倍以上）器壁效应可以忽略。当沉降处于斯托克斯区时修正式为：

$$u_t' = u_t \div \left(1 + 2.1\frac{d_p}{D}\right) \tag{6-24}$$

（3）分子运动。颗粒不可过细，否则流体分子的碰撞将使颗粒发生布朗运动而影响沉降过程。

（4）颗粒形状的影响。同一种固体颗粒，球形或近球形的颗粒比同体积非球形颗粒的沉降要快一些。非球形颗粒的形状及其投影面积均影响沉降速度。

（5）分散介质运动。若颗粒不是在静止流体中，而是在运动的流体中沉降，则应考虑流体运动的影响。

6.2.1.5 分级沉降

利用重力沉降可将悬浮液中粒径不同的颗粒进行粗略的分离，或将两种不同密度的颗粒进行分类，这样的过程统称为分级沉降。这种方法广泛应用于采矿工业中，借此可以从低品位矿石（含密度较小的脉石）中分选出高品位的精矿；在冶金工业中，亦用此法来将粗细不同的颗粒物料按大小分成几部分。实现分级沉降操作的设备称为分级器。

分级沉降采用两种方法：一种是将沉降速度不同的两种颗粒倾倒于向上流动的流体中，若流体的速度调节到在两者的沉降速度之间，则沉降速度较小的那部分颗粒便被漂走而分出；另一种是将悬浮于流体中的混合颗粒送入截面积很大的容器室中，流道突然扩大使流体的线速度变小，悬浮液在室内经过一定时间后，其中的颗粒沉降到室底，沉降速度大的收集于室的前部，沉降速度小的则收集于室的后部。

6.2.1.6 絮凝剂

促使悬浮液中呈胶体状分散的颗粒凝聚成体积较大的絮团的物质叫做絮凝剂。絮凝剂中以硫酸铝、聚氯化铝、氯化铁等无机絮凝剂用得最多，有机絮凝剂也比较常用。目前使用的絮凝剂大致分为以下四类：

（1）无机絮凝剂。小分子的氯化铁、硫酸铁、硫酸铝、含铁硫酸铝，高分子的聚硫酸铁、聚氯化铝等；pH调整剂，如石灰、苛性钠、硫酸、盐酸、二氧化碳等；辅助剂有絮团重质剂，如膨润土、炭黑、陶土、酸性白泥、水泥尘等，以及絮团形成剂，如活性硅酸、藻朊酸钠等。

（2）天然有机高分子絮凝剂。淀粉或含淀粉的植物、含胶质的蛋白质物质等，如马铃薯粉、玉米粉、红薯粉、木薯粉、麦麸、丹宁、纤维素、古尔胶以及动物胶等。

（3）合成有机高分子絮凝剂。它们大多是以聚丙烯酰胺及其衍生物为基础合成的，有离子和非离子型高分子聚合物，如聚丙烯酰胺（含阴离子型、阳离子型和非离子型）、聚丙烯酸、羧基纤维素和聚乙烯基乙醇等。

（4）生物絮凝剂。生物絮凝剂是利用微生物技术提取得到的新型水处理剂，有霉菌、细菌、放线菌和酵母等，主要由糖蛋白、多糖、蛋白质、纤维素和核酸等成分组成。这些生物絮凝剂中，有些具有一定的线型长度，有的表面具有较高的荷电性和较强的亲水性或疏水性，能与固体颗粒通过离子键、氢键等作用结合，就像高分子聚合物那样起到絮凝作用。因其在实际应用中具有絮凝效果好、易生物降解、无二次污染等环境友好的特点而成为国内外新型水处理剂研究的前沿课题。

6.2.2 非均相的澄清试验

非均相物系中固体颗粒的浓度对于颗粒的沉降速度有明显的影响。在低浓度非均相物系中，例如颗粒的体积浓度低于0.2%时，按照自由沉降计算所引起的偏差在1%以内。当固体颗粒浓度较大时，其干扰沉降速度会比自由沉降速度显著减小。实际生产中，固体颗粒含量较高，大部分沉降都属于干扰沉降。重力沉降最适合于处理密度差较大、固体含量不太高而处理量又比较大的非均相物系。实验证明，对于粒度范围比不超过6∶1的非均相物系，所有颗粒都基本以大体相同的速度进行沉降。

沉降过程可通过间歇沉降实验测定，如图6-4所示。把摇匀的悬浮液（颗粒粒度相差不大）倒进玻璃筒内［图6-4（a）］，颗粒都开始沉降，并很快达到沉降终速，于是筒内出现4个区，如图6-4（b）所示。A区为清液区，已无固体颗粒；B区为等浓度区，固相浓度与原悬浮液相同；C区为变浓度区，该区内愈往下颗粒愈大，浓度愈高；D区为沉聚区，固相浓度最大，由最先沉降下来的大颗粒和随后陆续沉降下来的小颗粒构成。

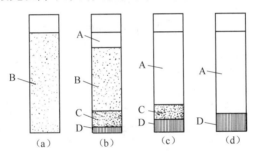

图6-4 间歇沉降实验

A—清液区；B—等浓度区；C—变浓液区；D—沉聚区

如图6-4（c）所示，随着沉降过程的进行，A、D两区逐渐扩大，B区逐渐缩小以至消失。等浓度区B消失以后，A、C界面以逐渐变小的速度下降，直至C区消失，如图6-4（d）所示。此时，A区与D区之间形成清晰的界面，即达到"临界沉降点"。此后便进入沉聚区的压紧过程，故D区又称压紧区。

实验测得的澄清液面随时间的改变曲线（塔尔梅季-菲奇法 TalmadgrFitch）如图6-5所示，进一步获得表观沉降速度与悬浮液浓度以及沉渣浓度与压紧时间等对应关系的数据，可作为沉降设备设计的依据。

（1）根据试验得到的悬浊液高度-时间关系曲线找出压缩点（图6-5）。压缩点就是沉降速度由快变慢之点，沉降曲线的斜率在此点有明显变化。

（2）在压缩点上绘出沉降曲线的切线（塔尔梅季-菲奇图解线），并在图6-5上绘出沉降水平线，读取相应的沉渣线高度 H_u。

（3）在图6-5上查出 H_u 水平线与塔尔梅季-菲奇图解线交点相应横坐标上的时间 t_u，

再用式（6-25）计算单位处理量需要的浓缩面积。

$$A = t_u / (H_0 \cdot C_0) \tag{6-25}$$

式中　A——单位处理量需要的浓缩面积，m^2；

　　　t_u——达到底流浓度时间，d；

　　　H_0——初始矿浆高度，m；

　　　C_0——初始矿浆浓度（单位矿浆体积含固体重量），t/m^3。

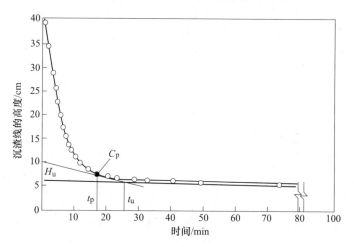

图 6-5　澄清液面随时间的改变曲线

6.2.3　重力沉降设备

非均相物系中的液固分离与收尘皆可以用重力沉降设备进行分离。液固分离不会受到气相的影响，在敞开体系中进行（叫作沉降槽）；而进行气固分离的收尘要在密闭设备中分离（叫作重力收尘器）。

完成间歇沉降操作的沉降设备称为间歇式沉降槽，该操作的特点是清液和沉渣要经过一段时间后才能产生。而在连续操作的沉降过程中，沉降槽内存在并保持沉降过程的各个区域，即连续加入悬浮液并连续产生清液和沉渣的沉降槽，称为连续沉降槽。习惯上将这两种沉降操作的槽子都简称为沉降槽。

6.2.3.1　单层沉降槽

沉降槽是用来提高悬浮液浓度并同时得到澄清液体的重力沉降设备。沉降槽又称浓密机或增浓器。沉降槽可间歇操作或连续操作，其中常用的是连续操作。

间歇式沉降槽通常为带有锥底的圆槽，其中的沉降情况与间歇沉降试验时玻璃筒内的情况相似。需要处理的悬浮料浆在槽内静置足够时间以后，增浓的沉渣由槽底排出，清液则由槽上部排出管抽出。

图 6-6 所示为一典型的连续式单层沉降槽，该设备主要由底部略成锥状的大直径浅槽体、工作桥架、刮泥机构传动装置、传动立轴、立轴提升装置、刮泥机构（刮臂和刮板）等组成。设备刮泥装置的重量和转矩均由工作桥梁承受，又叫悬挂式中心传动沉降槽。

单层沉降槽的工作原理：沉降槽的中央下料筒插入到悬浮液区，待分离的悬浮液（料

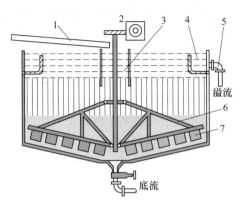

图 6-6 悬挂式中心传动沉降槽
1—进料槽道；2—转动机构；3—料井；
4—溢流槽；5—溢流管；6—转耙；7—耙齿

浆）经中央下料口送到液面以下 0.1~1.0m 处，在尽可能减小扰动的条件下，迅速分散到整个横截面上，液体向上流动，清液经由槽顶端四周的溢流堰连续流出，称为溢流；固体颗粒下沉至底部，缓慢旋转的耙机（或刮板）将槽底的沉渣逐渐聚拢到底部中央的排渣口连续排出，排出的稠泥浆称为底流。耙机的缓慢运动是为了促进底流的压缩而又不致引起搅动。料液连续加入，溢流及底流则连续排出。当连续式沉降槽的操作稳定之后，各区的高度保持不变，如图 6-7 所示。

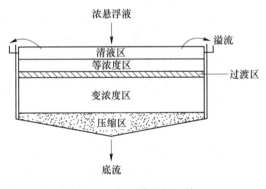

图 6-7 连续沉降槽的沉降区

连续沉降槽的直径，小者为数米，大者几十米甚至上百米。高度一般在几米以内，2.5~4m 比较常见。耙机转速通常小槽约为 1r/min、大槽减至 0.1r/min。排出的底流中固体含量常高达 50% 以上。

6.2.3.2 多层沉降槽

多层沉降槽相当于把几个单层沉降槽垂直叠放，共用一根中心竖轴带动各槽的转耙，各层之间的悬浮液是相通的，上一层的下料筒插入下一层的泥浆中形成泥封，使下一层的清液不会通过下料筒进入上层。各层内规定的浓缩带沉渣高度由下一层中的压力差控制，以防止上层的沉渣面由于沉渣流入下层而下降。压力差可由下层溢流管出口 Δh 产生。

多层沉降槽的优点是占地面积小，比同样面积的单层沉降槽节省材料，但操作控制较为复杂。尤其是近年来单层沉降槽的生产能力可由加高槽体而提高，多层降槽的优势已不很明显。沉降槽的高度根据槽内要积存的沉渣量由经验确定。

6.2.3.3 边部排泥沉降槽

把臂主轴在驱动机构的驱动下带动把臂转动，把臂转动过程中将沉淀到沉降槽槽底的沉淀物刮到排泥口，进而排出。按排设置位置，排泥沉降槽可分为中心排泥与边部排泥两种。冶炼厂的大型沉降槽用边部排泥，如图6-8所示。

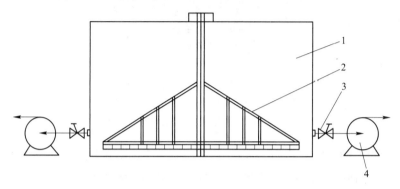

图6-8 边部排泥沉降槽示意图
1—槽体；2—把机；3—出料口；4—输送泵

由于中心排泥沉降槽产出的泥需从中间最低口排出，故需要把整个设备架空。如果沉降槽很大，把它架空，造价高，维修很困难。

边部排泥沉降槽可以不需要架空，方便维修。其由槽体、把机、出料口、输送泵组成。其中，槽体为圆筒形，把机主轴的一端由安装在沉降槽底部的底轴承进行限位，出料口设在槽体靠近底部位置，出料口可根据需要设置2个或多个，出料口一般呈对称分布；输送泵与出料口连接，向外输送物料。在氧化铝生产中，大型平底沉降槽是沉降工序实现赤泥分离沉降、洗涤的重要设备。

6.2.3.4 深锥沉降槽

深锥沉降槽如图6-9所示，深锥沉降槽的主要结构由桁架、槽盖、槽体、搅拌轴、把机、锥体及支撑立柱组成。结构特点是池深大于池直径，整机呈立式圆锥形。由于池深，一般又添加絮凝剂，因此设备处理能力大，可以得到高浓度的底流产品，有的底流产品甚至可以用皮带运输机输送。与普通沉降槽相比，具有占地少、处理能力大（单位面积处理能力可达 $2 \sim 4 m^3 /(m^2 \cdot h)$ ）、自动化程度高等优点，适用于处理和回收各种微细物料。

6.2.3.5 高效沉降槽

高效浓密机是以絮凝技术为基础，用于分离含微细颗粒矿浆的沉降设备。实质上不是单纯的沉降设备，而是结合泥浆层过滤特性的一种新型脱水设备。

增大颗粒的表观直径（或当量直径） d ，是提高固体颗粒在重力场中沉降速度最有效的措施，而增大 d 的途径便是絮凝。高效浓密机是通过添加絮凝剂来增加处理能力和分离效果的液固分离设备，图6-10所示为艾姆科型高效浓密机的结构示意图。给料系统将絮凝剂与料浆混合，混合后的料浆由下部呈放射状给料筒直接进入浓缩-沉积层的上、中部，料浆絮团迅速沉降，液体则在浆体自重的液压力作用下向上经浓缩-沉积层过滤出来，形成澄清的溢流由上部溢流槽排出；泥浆从底流排料管排出。

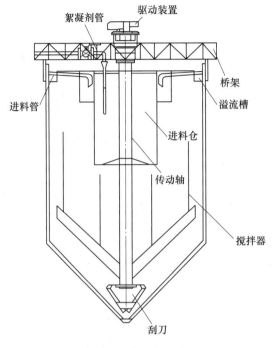

图 6-9 深锥沉降槽

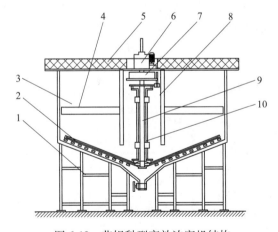

图 6-10 艾姆科型高效浓密机结构

1—支架；2—耙臂与耙架；3—筒体；4—层流板；5—桥架；

6—动力装置；7—给料器；8—给料导流筒；9—主转轴；10—调节装置

6.2.3.6 重力收尘器

重力收尘技术是利用粉尘颗粒的重力沉降作用使粉尘与气体分离的收尘技术。重力收尘装置又叫沉降室。重力收尘器只能捕集粗颗粒烟尘，阻力为 50～150Pa，收尘效率只有40%～50%，常常作为多级收尘的预收尘使用。

如图 6-11 所示为含尘气体在水平流动情况下尘粒的重力沉降状态。尘粒主要受到重力、浮力和沉降时阻力的作用。重力与沉降方向一致，浮力与沉降方向相反，两者的差值为尘粒的沉降力 F_c。尘粒受沉降力作用向下运动，由于介质阻力 F 不断增加，很快与沉降力达到平衡。尘粒等速下降，此速度即为沉降速度 u_0，由式（6-17）计算。

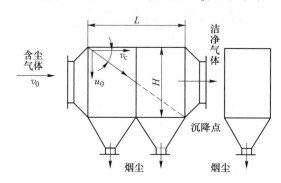

图 6-11   尘粒重力沉降过程示意图

尘粒以沉降速度下降，经过一定时间后，尘粒落到收尘器底部而分离，净化后的气体从出口排出。

由式（6-17）不难看出，如果粒径变小，则沉降速度也会减小，从气流中分离出尘粒也就更困难。粉尘粒径大，则沉降速度快，更容易分离出来。

含尘气体进入降尘室后，因流通截面扩大而流速变慢，若在气体通过降尘室的时间内尘粒能够降至室底，尘粒便可以从气流中分离出来。可见尘粒被分离出来的条件为气体通过降尘室的时间 t 不小于尘粒沉降至室底所需的时间 t_c，即 $t \geqslant t_c$。

尘粒沉降至室底所需的时间为：

$$t_c = \frac{H}{v_c} \tag{6-26}$$

气体通过降尘室的时间为：

$$t = \frac{H}{u_0} = \frac{LBH}{Q} \tag{6-27}$$

式中 H——沉降室的高度，m；

        B——沉降室的宽度，m；

        L——沉降室的长度，m；

        Q——沉降室处理的含尘气体的体积流量，m^3/s。

整理上述关系式可以得到：

$$Q \leqslant BLv_c \tag{6-28}$$

能满足 $t \geqslant t_c$ 条件的尘粒，其粒径为重力沉降室能 100% 除去的最小粒径，称为临界粒径。由式（6-28）可知，收尘室的生产能力与其沉降面积 BL 及尘粒的沉降速度有关，在理论上与沉降室的高度 H 无关。因此沉降室不宜过高，为此可将降尘室以隔板分层，制成多层收尘室，如图 6-12 所示。

为了提高收尘效率，可在收尘器中加装一些垂直挡板 [图 6-13（a）]。其目的一方面是为了改变气流运动方向，这是由于粉尘颗粒惯性较大，不能随同气体一起改变方向，撞到挡板上失去继续飞扬的动能，沉降到下面的集灰斗中；另一方面是为了延长粉尘的通行

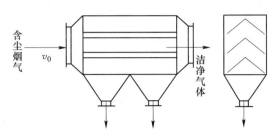

图 6-12 多层无挡板重力收尘器

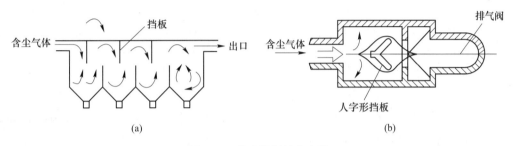

图 6-13 装有挡板的收尘器

（a）垂直挡板；（b）人字形挡板

路程，使它在重力作用下逐渐沉降下来。有的采用百叶窗形式代替挡板，效果更好。有的还将垂直挡板改为人字形挡板 [图 6-13（b）]，其目的是使气体产生一些小股涡旋，尘粒受到离心作用与气体分开，并碰到室壁上和挡板上使之沉降下来。对装有挡板的重力收尘器，气流速度可以提高到 6~8m/s。多段收尘器设有多个室段，这样可相对降低尘粒的沉降高度，延长粉尘颗粒穿过收尘器的时间。

6.2.4 离心分离设备

依靠惯性离心力作用实现的沉降过程称为离心沉降。两相密度差较小、颗粒粒度较细的非均相物系在重力场中的沉降效率很低甚至完全不能分离。离心分离器产生的作用在颗粒上的力比重力大得多，离心沉降可大大提高沉降速度，提高分离能力，可以捕集 $5\mu m$ 的颗粒。

6.2.4.1 离心场的分离因数

当流体带着颗粒旋转时，如果颗粒密度大于流体密度。设球形颗粒的直径为 d、密度为 ρ_s，流体密度为 ρ，颗粒与中心轴的距离为 r，切向速度为 u_T，则当作用在颗粒的力达到平衡时有：

$$\frac{\pi}{6}d^3\rho_s\frac{u_T^2}{r} - \frac{\pi}{6}d^3\rho\frac{u_T^2}{r} - \varepsilon\frac{\pi}{4}d^2\frac{\rho u_r^2}{r} = 0 \tag{6-29}$$

平衡时颗粒在径向上相对于流体的运动速度 u_r 便是它在此位置上的离心沉降速度，由式（6-29）可得：

$$u_r = \sqrt{\frac{4d(\rho_s - \rho)}{3\rho\varepsilon}\frac{u_T^2}{r}} \tag{6-30}$$

比较式（6-30）与式（6-17）可以看出，颗粒的离心沉降速度 u_r 与重力沉降速度 u_0 具有相似的关系式。若将重力加速度 g 改为离心加速度 u_T^2/r，则式（6-17）就变为式（6-30）。但是二者又有明显的区别，首先，离心沉降速度 u_r 不是颗粒运动的绝对速度，而是绝对速度在径向上的分量，且方向不是向下而是沿半径向外；再者，离心沉降速度 u_r 不是恒定值，随颗粒在离心力场中的位置（r）而变，而重力沉降速度 u_0 则是恒定的。

离心沉降时，如果颗粒与流体的相对运动属于层（滞）流，阻力系数也可用式（6-18）表示，于是得到：

$$u_r = \frac{d^2(\rho_s - \rho)}{18\mu} \frac{u_T^2}{r} \tag{6-31}$$

式（6-31）与式（6-17）相比可知，同一颗粒在同种介质中的离心沉降速度与重力沉降速度的比值为：

$$\frac{u_r}{u_0} = \frac{u_T^2}{gr} = K_c \tag{6-32}$$

比值 K_c 就是颗粒所在位置上的惯性离心力场强度与重力场强度之比，称为离心分离因数或分离因数，是离心分离设备的重要指标。离心分离设备按分离因素大小可分为常速离心（$K_c < 3000$）、高速离心（$K_c = 3000 \sim 50000$）和超高速离心（$K_c > 50000$）。湿法冶金中使用的离心沉降设备因（$\rho_s - \rho$）以及颗粒粒径 d 较大，故低速离心机已可达到要求。旋流分离器的分离因数一般在 $5 \sim 2500$ 之间。例如，当旋转半径 $r = 0.5$m，切向速度 $u_r = 20$m/s 时，分离因数为：

$$K_c = \frac{20^2}{9.81 \times 0.5} = 81.5 \tag{6-33}$$

可见，离心沉降设备的分离效果远高于重力沉降设备。

6.2.4.2　旋风收尘器

旋风收尘器是利用旋转的含尘气流产生的离心力将粉尘从气体中分离出来的一种气固分离装置。旋风收尘器的优点是结构简单、性能稳定、造价便宜、体积小、操作维修方便、压力损失中等、动力消耗不大，可用于高压气体收尘，能捕集 $5 \sim 10 \mu$m 以上的烟尘，属于中效收尘设备；缺点是收尘效率不高，对于流量变化大的含尘气体收尘性能较差，通常作为预收尘设备使用。设备阻力因结构形式和进口流速而异，有的可达 3000Pa。收尘效率的高低与阻力大小成正比，此外，烟尘密度大、烟气含尘量高，收尘效率也随之提高。烟尘硬度大时，须考虑设备的耐磨问题，旋风收尘器由普通钢板制成，如外部保温时可耐650℃。

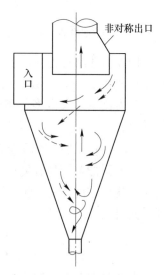

图 6-14　普通旋风收尘器的组成及内部气流

A　旋风收尘器的结构与工作原理

旋风收尘器一般由筒体、锥体、进气管、排气管和卸灰管等组成，如图 6-14 所示。旋风收尘器的收尘工作原理是基于离心力作用，其工作过程是当含尘气体由切向进气口进入旋风分离器时，气流将由直线运动变为圆周运动。旋转气流的绝大部分沿器壁自圆筒体呈螺旋形向下，朝锥体流动，通常称此为外旋气流。含尘气体在旋转过程中产生离心力，将相对密度大于气体的尘粒甩向器壁。尘粒一旦与器壁接触，便失去径向惯性力而靠向下的动量和向下的重力沿壁面下落，进入排灰管。旋转下降的外旋气体到达锥体时，因圆锥形的收缩而向收尘器中心靠拢，根据"旋转矩"不变原理，其切向速度不断提高，尘粒所受离心力也不断加强。当气流到达锥体下端某一位置时，即以同样的旋转方向从旋风分离器中部由下反转向上，继续做螺旋形流动，即内旋气流。最后净化气体（内旋气流）经排气管排出管外，一部分未被捕集的尘粒也由此排出。

旋风收尘器性能的评价指标：（1）临界半径；（2）经过分离器的压强降；（3）单位时间内单台设备的处理能力。

选择单个旋风收尘器应该考虑的主要因素如下：

（1）筒体直径与高度。旋风收尘器的直径与高度对收尘器的技术性能有直接的影响。筒体直径越小，气流给予粒子的离心力越大，收尘效率越高，相应的流体阻力也越大。

（2）进出口形式。旋风收尘器进口形式有4种：1）气流外缘与收尘器筒体相切；2）入口外缘气体为渐开线形、对数螺旋线形；3）入口外壳类似三角形，下部与筒体相切，上部为螺旋面形；4）气流从轴向进入，在螺旋叶作用下旋转进入筒体。

（3）卸灰装置密封。卸灰装置具有卸灰和密封的双重功能，如果卸灰装置漏风而不能保持密封功能，必然因卸灰装置漏风导致空气回流。

旋风收尘器的选型原则：

（1）旋风收尘器净化气体量应与实际需要处理的含尘气体量一致。选择收尘器直径时应尽量小些，如果要求通过的风量较大，可采用若干个小直径的旋风收尘器并联为宜；如气量与多管旋风收尘器相符，以选多管收尘器为宜。

（2）旋风收尘器入口风速要保持18~23m/s。低于18m/s时，其收尘效率下降；高于23m/s时，收尘效率提高不明显，但阻力损失增加，耗电量增高很多。

（3）选择收尘器时，要根据工况考虑阻力损失及结构形式，尽可能使之动力消耗减少。

（4）旋风收尘器能捕集到的最小尘粒应等于或稍小于被处理气体的粉尘粒度。

（5）含尘气体温度很高时，要注意保温，收尘器的温度要高于露点温度，避免水分在收尘器内凝结。

（6）旋风收尘器的密闭要好，确保不漏风。

（7）当粉尘黏性较小时，最大允许含尘质量浓度与旋风筒直径有关，直径越大其允许含尘质量浓度也越大，见表6-2。

表6-2　旋风收尘器直径与允许含尘质量浓度的关系

旋风筒直径/mm	800	600	400	200	100	60	40
允许含尘质量浓度/g·m⁻³	400	300	200	150	60	40	20

B　多个旋风收尘器的组合与选用

通常，一个冶金过程的收尘要用多个旋风收尘器组合完成。多个旋风收尘器的组合有串联式、并联式和复联式等，如图6-15所示。

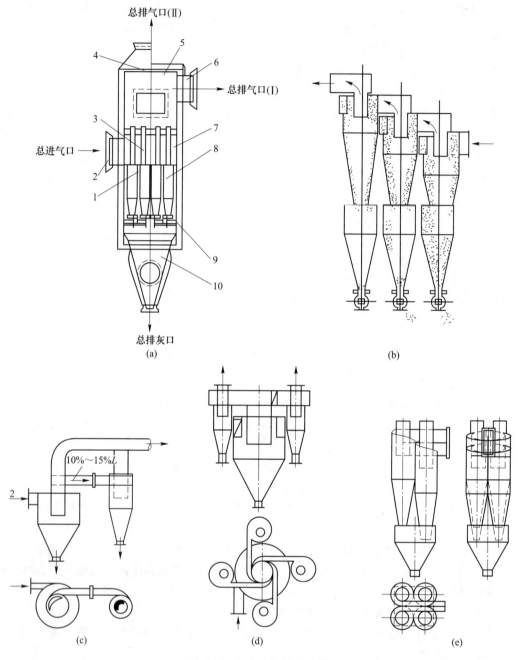

图 6-15　组合式旋风收尘器

（a）多管式旋风除尘器；（b）三段串联旋风除尘器；（c），（d）"母子"型串联旋风除尘器组；
（e）并联式旋风除尘器组

1—导流片；2—总进气管；3—气体分布室；4—总排气口（Ⅱ）；5—排气室；
6—总排气口（Ⅰ）；7—旋风体排气管；8—旋风体；9—旋风体排灰口；10—总灰斗

6.2.4.3　旋流分离器

利用离心场来实现悬浮液分离的设备叫作旋流分离器，又称水力旋流器。设备主体由圆筒和圆锥两部分构成，与图 6-14 所示旋风收尘器结构类似。悬浮液经入口管沿切向进入圆筒，中间部分液体向上流动，四周液体特别是靠近器壁液体向下流动，形成不对称的双环流。外侧环流在向下做螺旋形流动中，携带的固体颗粒受惯性离心力作用被甩向器壁，随下旋流降至锥底的出口，粗颗粒与部分液体（增浓液）由底部排出称为底流。清液或含有微细颗粒的液体在锥中心成为上升的内旋流，从顶部的中心管排出，称为溢流。在外层向下流动与内层向上流动的液流中间，存在着零速转变点。将各处速度为零的点连接起来可得到一个圆锥面，该面称作轴向零速包络面。水力旋流器很难把悬浮物中的固体颗粒与液体较为彻底分离，但可以把粗颗粒与细颗粒初步分开，叫作分级。

分级旋流分离器的直径通常为 120~300mm。对于筒体直径 $D=140$mm，单台最佳体积流量为 700L/min。更大的生产能力不是增加旋流分离器直径来实现，而是用多个水力旋流器组来实现。旋流分离器组的结构图 6-16 所示。在水力旋流器组中，当待分离的两相（或三相）固浆以一定压力从旋流器给料口进入旋流器内后，产生强烈的三维椭圆形强旋转剪切湍流运动。粗颗粒经旋流器在内部螺旋旋转从底流口排出，大部分细颗粒往上从溢流管排出，从而达到分离分级的目的。

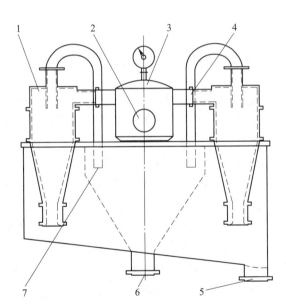

图 6-16　旋流分离器组的结构
1—旋流分离器；2—进料口；3—分配器；4—旋流分离器入口；
5—粗粒流；6—细粒流汇集口；7—细粒流出口

旋流分离器的分级效果如图 6-17 所示。图 6-17 中，旋流分离器的分级效率与底流、溢流颗粒直径之比及底流、溢流颗粒密度之比有关。底流、溢流颗粒直径之比越大，旋流分离器的分级效率越高；底流、溢流颗粒密度之比越大，旋流分离器的分级效率越高。底流、溢流颗粒密度之比小于 1 的情况下，旋流分离器的分级效率很低。例如，氢氧化铝晶种分解时，需要对晶种与成品氢氧化铝颗粒进行分离。用旋流分离器分级，底流、溢流都是氢氧化铝，颗粒密度一样，出旋流分离器的底流为小于 10μm 级，溢流为大于 40μm 级，

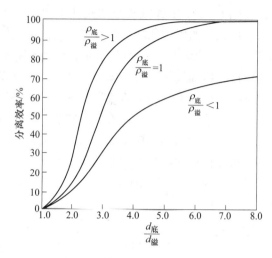

图 6-17　旋流分离器的分级效果

分级效率为94%。旋流分离器的分级效果还与入口流速、固浆浓度有关。固浆浓度对分级效果影响更大。

6.3　非均相的过滤分离设备

过滤是利用多孔性介质在其两侧施加压力差，推动非均相流体中的液体（或气体）透过介质，截留非均相流体中的固体粒子，进而使非均相流体分离的操作。例如袋式收尘器是一种利用有机或无机纤维过滤材料将含尘气体中的固体粉尘过滤分离出来的一种高效收尘设备。因过滤材料多做成袋形，所以又称为布袋收尘器。袋式收尘器适用于捕集非黏结、非纤维性的粉尘，处理初浓度为 $0.0001 \sim 200g/m^3$，粒径为 $0.1 \sim 200\mu m$。浓度太高（$>200g/m^3$）或粒径大于200μm 的粉尘最好先经旋风收尘器预收尘。

沉降操作往往需要很长时间，且无法将非均匀相中悬浮的固体颗粒完全分离干净。而过滤操作不但分离速度快，还可获得清净的液体（气体）和含液量很少的固相产品。与沉降分离相比，过滤操作可使非均相的分离更迅速、更彻底。在某些场合下，过滤是沉降的后继操作。因此，过滤是分离非均匀相物系的最普遍和最有效的单元操作。

6.3.1　过滤的基础

过滤的基本原理是，在压强差（或离心力）的作用下，使非均相流体通过多孔介质，使固相与流体相分离。

过滤操作采用的多孔物质称为过滤介质，所处理的非均相通过多孔通道的流体称为滤液（净气），被截留的固体物质称为滤饼（烟尘）。

6.3.1.1　过滤介质

过滤介质是滤饼的支承物，它应具有足够的机械强度和尽可能小的流动阻力；同时，还应具有相应的耐腐蚀性和耐热性。过滤介质可按其作用原理、介质材料和介质结构进行分类，主要有以下三类：

（1）织物介质（滤布）。包括由棉、毛、丝、麻等天然纤维及合成纤维制成的织物，以及由玻璃丝、金属丝等织成的网。这类介质能截留颗粒的最小直径为 $5 \sim 65\mu m$，在工业上应用最为广泛。

（2）堆积介质。由各种固体颗粒（细砂、木炭、石棉、硅藻土、无烟煤、瓦砾等）或非编织纤维等堆积而成，多用于深层过滤中。

（3）多孔固体介质。是具有很多微细孔道的固体材料，如多孔陶瓷、多孔塑料及多孔金属制成的管或板，能截拦 $1 \sim 3\mu m$ 的微细颗粒。

6.3.1.2　滤饼的性质

滤饼是由截留下的固体颗粒堆积而成的床层，随着操作的进行，滤饼厚度与流动阻力都会逐渐增加。在大多数情况下，过滤的阻力主要取决于滤饼的厚度及其特性。

颗粒如果是不易变形的坚硬固体（如硅藻土、石英砂、碳酸钙等），则当滤饼两侧的压强差增大时，颗粒形状和颗粒间空隙都不发生明显变化，单位厚度床层的流动阻力可视作恒定，这类滤饼称为不可压缩滤饼；如果滤饼是由某些类似氢氧化物的胶体物质构成，则当滤饼两侧的压强差增大时，颗粒的形状和颗粒间的空隙便会有明显的改变，单位厚度饼层的流动阻力随压强差加高而增大，这种滤饼称为可压缩滤饼。

为了减少可压缩滤饼的流动阻力，有时会将某种质地坚硬而能形成疏松饼层的另一种固体颗粒混入悬浮液或预涂于过滤介质上，以形成疏松饼层，使滤液得以畅流。这种只靠物理或机械作用来改变滤饼结构从而改善过滤过程的粒状物质称为助滤剂。由助滤剂构成的滤饼具有很大的孔隙率，能显著提高分散效果和过滤能力。

6.3.1.3　流体通过滤饼层的流动

在大多数过滤操作中，滤饼层厚度约为 $4 \sim 20mm$，滤饼的阻力远大于过滤介质的阻力，因此应着重研究流体通过滤饼层的流动。

滤饼是由固体颗粒堆积而成的颗粒床层，颗粒之间有空隙，这些空隙形成了流体流动的通道。但是由于构成滤饼层的颗粒形状各异而且尺寸通常很小，滤饼层中滤液通道不但细小曲折，而且互相交联，形成不规则的网状结构。因此在过滤时，流体在其中的流动是极其缓慢的爬流，无脱体现象发生。这样的流体阻力主要是由颗粒床层内固体颗粒的表面积大小决定的，颗粒形状并不重要。

对于颗粒层中不规则的通道，可简化成长度为 l 的一组平行细管。而细管的当量直径可由床层的孔隙率和颗粒的比表面积来计算。

流体在滤饼中的流动缓慢，属于滞流流型，因此，可以采用流体在圆管内滞流流动时的泊谡叶公式来描述滤液通过滤饼层的流速与压强降的关系：

$$u_1 \propto \frac{d_e^2(\Delta p_c)}{\mu L} \tag{6-34}$$

式中　u_1——过滤液在床层孔道中的流速，m/s；

　　　d_e——管道内径，m；

　　　L——管道长度，m；

　　　Δp_c——流体通过滤饼层的压强降，Pa；

　　　μ——流体的黏度，Pa·s。

流体通过滤饼床层的空床流速（表观流速），即单位时间内通过单位过滤面积的流体体积，称为过滤速度，用 u 表示。床层空隙中的滤液流速 u_1 等于平均流速 u 除以颗粒床层的孔隙率 ε，式（6-34）为：

$$u = \frac{\varepsilon^3}{5a^2(1-\varepsilon)^2}\frac{\Delta p_c}{\mu L} \tag{6-35}$$

式中　ε——颗粒床层的孔隙率，无量纲；

　　　a——颗粒的比表面积，m^{-1}。

6.3.1.4　非均相流体过滤设备的生产能力

过滤器生产能力体现为生产的速度及质量（过滤精度）。过滤设备的生产能力用单位时间内通过过滤介质的流体量来表达，也叫做过滤速率。它与过滤介质的面积有关：

$$Q = uA \tag{6-36}$$

式中　A——过滤介质的面积，m^2；

　　　Q——过滤速率（生产能力或处理量），m^3/h。

影响过滤速率的主要因素有滤浆的性质、过滤的推动力、过滤介质的性质和工艺上的要求等。滤浆中液相的黏度会影响过滤速度。滤浆中固体含量有的在 1% 以下，有的达 50% 以上。提高温度可以降低液体的黏度，从而可提高生产能力，故热料不应冷却后再过滤，但特意加热也是不经济的。

过滤介质的性质对过滤速度影响很大，并影响生产能力，而且影响到滤液的澄清程度和设备结构等。滤饼的结构特性决定了滤饼的可压缩性。

过滤推动力有重力、真空、加压及离心力等。过滤以重力作推动力时，过滤速度不快。利用真空作推动力则比重力强。加压过滤可以产生很高的压强差，不但可以提高过滤速度，而且对某些较难过滤的滤浆唯有加压过滤才能进行有效的处理。推动力的选择对过滤设备的结构有决定性的影响。

过滤精度用滤液中含固体的浓度表示（冶金中简称固含量），所谓固含量是指每升料浆中的固体总质量（单位为 g）。也有用以微米级颗粒计数的过滤效率来表示的。

过滤的计算涉及以下问题：（1）给定颗粒床层的孔隙率、颗粒的比表面积、流体通过滤饼层的压强降与生产能力，计算过滤面积，选择设备。（2）已知设备尺寸和有关参数，核算设备的生产能力，或已知设备尺寸和有关参数，规定了设备的生产能力，求操作压力。（3）已知设备尺寸和有关参数，求间歇式过滤操作（过滤与洗涤）的作业时间。

6.3.2　悬浮液的过滤设备

其按照操作方式可分为间歇式过滤机与连续式过滤机。间歇式过滤机：过滤、洗涤、干燥、卸料等阶段的操作在设备的同一部位，但在不同时间内依次进行，如板框压滤机、叶滤机等。连续式过滤机：上述的各个阶段在设备的不同部位同时进行，如转筒真空过滤机等。过滤设备还可按照过滤的推动力（压强差）的类别分为加压过滤机、真空过滤机和离心过滤机。下面分别进行简要介绍。

6.3.2.1　加压过滤机

加压过滤机（简称压滤机）根据操作方式的不同，可分为间歇式和连续式。间歇式加压过滤机的给料和排料是周期性进行的，一般分为给料过滤、滤饼洗涤、压榨脱水、卸料和冲洗滤布五个阶段。连续式压滤机的给料和排料同时进行，五个阶段在不同区段完成。

加压过滤机可按操作方式、过滤表面、滤饼卸料方式等进行分类：

根据结构形式，常用的加压过滤机有板框式压滤机、厢式过滤机、加压叶滤机、带式压滤机等。

A 板框式压滤机

板框压滤机的类型，根据出液方式可分为明流式和暗流式；根据板框的安装方式可分为卧式和立式；根据板框的压紧方式可分为手动螺旋压紧、机械（电动）螺旋压紧、液压压紧或自动操作；根据滤布安装方式可分为滤布固定式和滤布行走式；根据有无压榨过程可分为压榨式（滤室内装有弹性隔膜）和非压榨式（滤室内未装隔膜）。还可分为有吹气脱干和无吹气脱干两种。

卧式板框压滤机的结构如图 6-18 所示，主要由压紧装置、压紧板（头板）、滤框、滤板、滤布、止推板（尾板）以及分板装置及支架等组成。多块带凹凸纹路的滤板、中空的滤框以及滤布交替排列组装成滤室，并借助滤板和滤框两侧边的把手支撑在机架的横梁上；滤板、滤框之间覆设有四角开孔的滤布，空框与滤布围成容纳滤浆及滤饼的空间，通过压紧装置将装在横梁上的滤板和滤框压紧在头、尾板之间进行过滤。

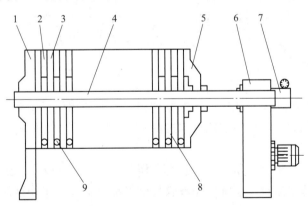

图 6-18 卧式板框压滤机的结构

1—止推板；2—滤框；3—滤板；4—横梁；5—压紧板；6—机座；7—油缸；8—滤布；9—滤液出口

滤板和滤框一般制成正方形，如图 6-19 所示。板和框的角端均开有圆孔，装合、压紧后即构成供滤浆、滤液或洗涤液流动的通道。滤板又分为过滤板与洗涤板两种。洗涤板左上角的圆孔内还开有与滤板两面相通的侧孔道，洗水可由此进入框内。为了便于区别，常在板、框外侧铸有小钮或其他标志，通常，过滤板为一钮，洗涤板为三钮，而框则为二

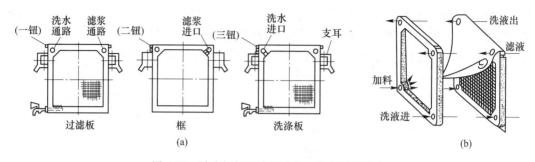

图 6-19   卧式板框压滤机滤板、滤框及其装合
(a) 明流式压滤机的板和框;(b) 暗流式压滤机的板和框

钮 [图 6-19(a)]。装合时即按钮数以 1-2-3-2-1-2-3-2…的顺序排列板与框。

滤液的排出方式有明流式与暗流式之分。若滤液经由每块滤板底侧的滤液阀流到压滤机下部的敞口槽内,则称为明流式,如图 6-19(a)所示。其滤液可见,当某个滤室的滤布破裂时,则滤液浑浊,可迅速发现问题并及时予以更换或关闭此处的滤液阀门。若在压滤机长度方向上滤液通道全部贯通,即滤液经由每块滤板和滤框组合成的通道,并接入末端的排液管道,则称为暗流式,如图 6-19(b)所示。因其滤液不可见,当某块滤布破裂时不易发现。但这一类型的排液方式密闭性好,适于滤液不宜暴露于空气中或可能有有害气体排出的料浆的过滤。

间歇式板框压滤机作业程序可概括为:进料—过滤—卸饼—洗涤—装合。

卧式板框压滤机的工作原理:过滤时,用泵将料浆送至滤板与滤框组合的通道中,料浆由滤框角端的暗孔进入框内,在压差作用下,滤液分别穿过两侧的滤布,经过紧邻滤板板面上的沟槽流至滤液出口排走。固相则被滤布截留在滤框中形成滤饼,待滤饼充满滤框后,过滤速度随之下降,即可停止过滤。若滤饼不需洗涤,可随即松开压紧装置将头板拉开,然后分板装置依次将滤板和滤框拉开,进行卸料。滤饼洗涤分明流洗涤和暗流洗涤两种方式。对于滤饼洗涤要求不高的压滤,一般采用暗流洗涤方式。立式板框压滤机可以实现过程全自动化控制。

B   厢式压滤机(滤布固定式自动厢式压滤机)

厢式压滤机与板框压滤机相比,工作原理相同,外表相似,但厢式压滤机的滤板和滤框功能合二为一,相邻两块滤板的凹面与过滤介质交替排列,经压紧后组成过滤室,结构如图 6-20 所示。

厢式压滤机由压紧板(头板)、固定板(尾板)、凹形滤板、主梁、压紧装置、滤板移动装置、滤布及滤布振打、清洗、滤液收集槽等部分组成。工作程序一般可概括为:过滤—洗涤滤饼—吹风干燥—卸除滤饼—压紧滤板的周期性操作。

其工作原理:如图 6-21 所示,先将装有滤布的凹形滤板压紧,滤板闭合形成过滤室,然后启动进料泵(或隔膜泵),使料浆由尾板上的进料口进入各个滤室,借泵产生的压力进行液固分离,滤液穿过滤布,经滤板上的排液沟槽流到滤板出液口排出机外;固相物料被滤布阻隔而留在滤室内形成滤饼。当过滤速度减小到一定数值时,停止泵送料浆进入滤室。根据需要,可对滤饼进行洗涤、吹风干燥。此后,主油缸启动,将压紧板拉回;然后位于横梁两侧的拉板装置将滤板一块接一块地依次拉开;因滤板间的滤布呈八字形张

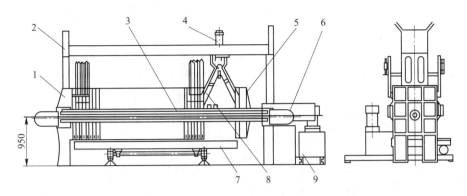

图 6-20 自动厢式压滤机
1—尾板组件；2—滤板；3—主梁及拉板装置；4—振动装置；5—头板组件；
6—压紧装置；7—滤液收集槽；8—滤布；9—液压系统

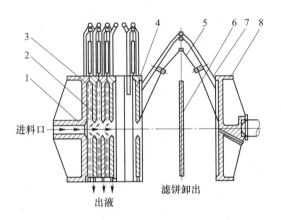

图 6-21 滤布固定式自动厢式压滤机工作原理
1—尾板；2—压榨膜（隔膜）；3—滤室；4—滤板；
5—滤布；6—滤饼；7—活动滤布吊架；8—头板

开（或抖动滤布），滤饼很容易靠自重自然下落。对于难剥离的滤饼，可借助滤布振打装置或人工辅助使滤饼迅速剥离卸除。滤饼完全卸除后，滤布清洗喷嘴射出高压水进行滤布清洗（或进行若干个工作循环后再清洗一次）。此后，主油缸启动，推动压紧板将全部滤板合在一起压紧。至此完成一个工作循环，接着再进行下一个工作循环。

C 卧式叶滤机（快开式）

叶滤机结构形式很多，按外形的不同可分为水平（卧式）和垂直（立式）叶滤机。

卧式叶滤机的结构如图 6-22 所示，其过滤面积达 $25m^2$，过滤压力 0.5MPa，滤叶间距 70~14mm，液压压力 2.5~4.0MPa。

其操作程序一般为：合拢头盖—锁紧—进料浆—加压过滤—排放余留料浆—进洗涤剂—洗涤—排放余留洗涤剂—进压缩空气—吹干滤饼—卸压—松锁—拉出头盖及框架—转动90°卸滤饼—清洗滤布。此类型的叶滤机适用于过滤含固量小于20%、沉降速度不大于 0.2mm/s 的不可压缩性细黏料浆。

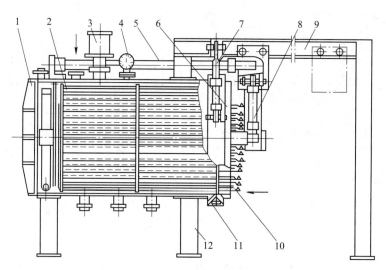

图 6-22　快开式水平加压叶滤机结构示意图

1—滤筒；2—滤叶；3—阻液排气阀；4—压力表；5—拉出油缸；6—头盖；

7—锁紧油缸；8—倒渣油缸；9—支架；10—视镜阀；11—快开机构；12—底座

D　全自动立式叶滤机

Pr101 型全自动立式叶滤机的结构如图 6-23 所示。该机由壳体、过滤元件、高位槽、卸压罐、气动阀门和自控系统组成。

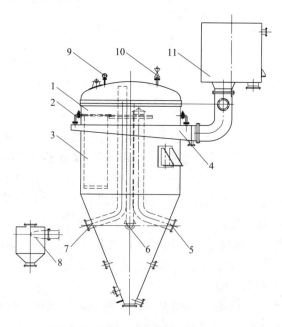

图 6-23　立式叶滤机结构

1—壳体；2—弯管组件；3—过滤元件；4—外部组管；5—料浆加入管；

6—溢流管；7—卸压管；8—卸压罐；9—压力表；10—安全阀；11—高位槽

全自动立式叶滤机工作全过程由计算机自动控制，包括以下五个阶段。

初次进料阶段：检修完成后灌入的液体。

滤布挂泥阶段：为避免不合格的（周期初始）浑浊液进入下一流程，必须进行再循环，即"挂泥"，也称"挂饼"操作。

正常过滤阶段：浆液过滤出合格清液的过程。

卸压反冲阶段：关闭进料阀延时几秒后打开卸压阀，然后再延时几秒后打开排泥阀，排出上一循环沉降浓缩于筒体锥底的滤饼。

液面调整及循环：关闭排泥阀，开启溢流阀，重新调整液位，调整完毕后关闭溢流阀和卸压阀，打开进料阀和回流阀，在机体内顶部重新建立气垫。

为保证一致的排泥浓度，需进行经验性的排泥浓度测定，以确定恰当的排泥液面。为保证合理的排泥浓度，需进行排泥浓度的测定，以确定恰当的排泥时间。根据物料的特性初次拟定工作周期，全自动叶滤机一个工作周期大概为3600s，工作时间安排如图6-24所示，具体时间可根据实际情况进行调整。

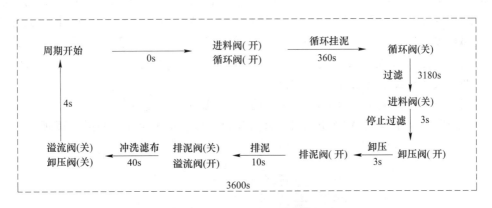

图6-24 全自动叶滤机的工作周期

立式叶滤机的卸渣和清洗在滤筒内进行，无需开盖或移动滤片，因而过滤作业周期短；由于密闭操作，不污染环境，滤布不外露，冲洗彻底，使用寿命可长达800h以上；工作周期长。

6.3.2.2 真空过滤机

真空过滤机理与加压过滤机理基本相同，不同之处是过滤面的两侧推动力。真空过滤机接触料浆一侧为大气压，而滤液一侧则与真空源相通，真空源是利用真空设备（真空泵或喷射泵）提供负压。所以真空过滤机的推动力就是两面的压力差，即真空度。常用的真空度为0.05~0.08MPa，也有超过0.09MPa的，因此真空过滤的推动力要比加压过滤小得多。在此压差作用下，悬浮液中的固体颗粒被截留在滤布表面形成滤饼，滤液被真空吸力抽走，从而达到过滤目的。

真空过滤机种类很多，在工业上应用也很广泛。真空过滤机可按操作方式、过滤表面、滤饼卸料方式等进行分类：

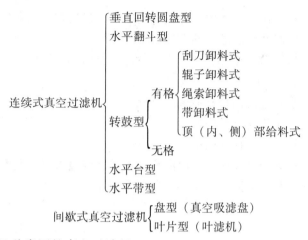

下面简要介绍几种常用的真空过滤机。

A   转鼓真空过滤机

转鼓真空过滤机也称转筒真空过滤机，是一种连续生产和机械化程度较高的过滤设备。转鼓真空过滤机的形式很多，分类方法也很多。按给料方式可分为顶部给料式、内部给料式和侧部给料式。按滤饼卸料方式可分为刮刀卸料式、折带卸料式、绳索卸料式和辊子卸料式。按滤布铺设在转鼓的内侧还是外侧可分为内滤式和外滤式。以下以侧部给料——外滤式转鼓真空过滤机为例进行介绍。

转鼓真空过滤机主要由过滤转鼓（滤筒）、料浆储槽、搅拌器、分配头、卸料装置、滤饼洗涤装置（喷水器）、铁丝缠绕装置及过滤机的传动系统组成，如图 6-25 所示。

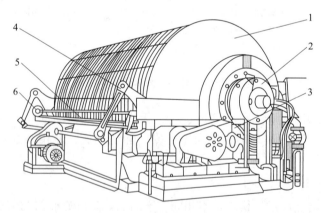

图 6-25 转鼓真空过滤机结构示意图

1—转鼓；2—分配头；3—传动系统；4—搅拌装置；5—料浆储槽；6—铁丝缠绕装置

设备的主体是一个回转的真空滤筒，滤筒的下部横卧在滤浆槽内，滤浆槽为一半圆形槽，两端有两对轴瓦支承着滤筒。滤筒两头均有空心轴，一端安装传动装置，带动过滤筒回转；另一端的空心轴装有分配头，分别与真空管路和压缩空气管路相连，前者用于过滤时吸取真空排出滤液或洗液，后者用于通入压缩空气吹脱滤饼。滤筒的表面覆盖一层多孔滤板（或塑料网格），滤板上覆盖滤布；滤筒沿径向分隔成若干互不相通的扇形格滤室，每格滤室都单独接有与分配头相通的滤液管。分配头由紧密贴合着的转动盘与固定盘构成，转动盘上有与滤液管数量相同的圆孔，它固定在空心轴上，随着筒体一起旋转；固定盘上有大小不等、形状不同的开孔，固定在分配头壳体上，壳体连接在真空管路及压缩空气小管上。滤筒转动时，凭借分配头的作用使这些孔道依次分别与真空管及压缩空气管相通，因而在回转一周的过程中每个扇形格表面即可顺序进行过滤、洗涤、吸干、吹松、卸饼等项操作。滤筒上部装有滤饼洗涤装置，用来洗涤滤饼（不需要洗涤可不装）。滤浆槽安装在基础上，槽内装有搅动料浆的往复摆动搅拌装置，以防止料浆沉淀。

过滤转鼓可分为以下各个区域，如图 6-26 所示。

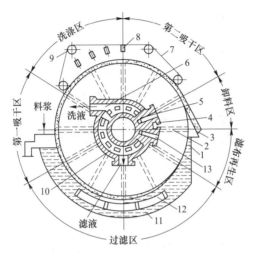

图 6-26 刮刀卸料式转鼓真空过滤机原理

1—转鼓；2—吸盘；3—刮刀；4—分配头；5，13—压缩空气管入口；

6，10—与真空源相同的管口；7—无端压榨带；8—洗涤喷嘴装置；9—导向辊；11—料浆槽；12—搅拌装置

过滤区：在此区内，浸于料浆中的过滤室室内为负压，滤液穿过滤布进入过滤室内并经分配头内的滤液管排出，在滤布上逐渐形成滤饼。

第一吸干区：在此区内，过滤室为负压，将剩余滤液进行进一步吸出，滤饼被吸干。

洗涤区：在此区内，洗涤装置将水喷洒在滤饼上，过滤室仍为负压，洗涤水穿过滤饼和滤布进入过滤室并经分配头内的洗液管排出。

第二吸干区：此时过滤室仍为负压，使滤饼中剩余洗涤水被吸干。如滤饼不需洗涤就不设洗涤区，则第一吸干区、洗涤区、第二吸干区均为吸干区。根据生产需要和滤饼的性质，可在洗涤区和第二吸干区装设无端压榨带，防止滤饼产生裂纹而吸入空气，降低真空度。由于滤饼对无端压榨带的摩擦作用，无端压榨带与转鼓呈相反方向运动。

卸料区：过滤室与压缩空气管路相通，滤饼被吹松和脱落，然后被伸向过滤表面的刮刀刮落或接取，刮刀卸料情况如图 6-27 所示。

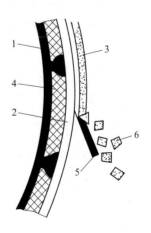

图 6-27 刮刀卸料情况

1—滤室；2—滤布；3—滤饼；

4—孔板；5—刮刀；6—卸除的滤饼

滤布再生区：根据需要和可能，在此区内进行滤布洗涤，使其具有新的过滤表面，以便进行下一个循环过程。

一般情况下，过滤区角度为 125°～135°，洗涤吸干区角度为 120°～170°，卸渣再生区角度为 40°～60°。转筒的过滤面积一般为 5～200m²，滤筒转速可在一定范围内调整，通常为 0.1～3r/min。滤饼厚度一般保持在 40mm 以内，转筒过滤机所得滤饼中液体含量很少低于 10%，通常为 30%左右。

转鼓真空过滤机系统由分配头分隔为过滤、洗涤、滤饼干燥、卸料及滤布洗涤等区域，这些区域的液体流动独自设置，整体物质流系统如图 6-28 所示。

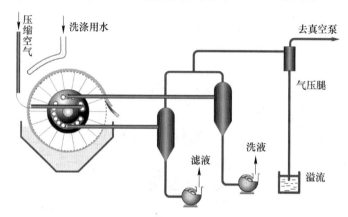

图 6-28   转鼓真空过滤机物质流系统

转鼓真空过滤机能连续自动操作，可节省人力，生产能力大，改变过滤机转速可以调节滤饼层的厚度，特别适宜于处理量大而容易过滤的料浆，对难于过滤的胶体物系或细微颗粒的悬浮物，若采用预涂助滤剂措施也比较方便。

B   圆盘真空过滤机

圆盘真空过滤机属于连续式过滤设备，是由数个过滤圆盘装在一根水平空心轴上构成的真空过滤机。其结构原理如图 6-29 所示。

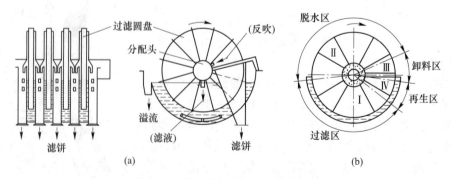

图 6-29   圆盘真空过滤机工作原理图
（a）示意图；（b）操作角度区域

每个圆盘都由 10～30 个彼此独立、互不相通的扇形滤叶组成，扇形滤叶的两侧为筛板或槽板，每个扇形滤叶单独套上滤布，即构成过滤圆盘的一个过滤室。各个圆盘等距地由长螺杆将其固定在旋转空心轴上。各圆盘部分地浸没在盛有待过滤的悬浮液的槽中。中空主轴有两层壁，内壁与外壁之间的环形空隙用径向筋板分割成 10~30 个（与每个过滤圆盘上的滤叶数同）独立的轴向通道，每个扇形滤叶设有排液管与中空主轴上的径向通道相连。各通道都通到轴的一个端面上，并与过滤机的分配头紧密结合。轴转动时，各通道顺次与分配头的各室连通，并经分配头周期性地与真空抽吸系统、反吹压气系统和冲洗水系统相通。在过滤段，滤液穿过滤布，进入轴上的各通道，然后经分配头自过滤机中抽出；固相颗粒被截留于滤布的表面，形成滤饼层；在脱液段，液体从滤饼中抽出，流经与滤液一样的路径从过滤机中排出；当轴旋转至卸料段，压缩空气经分配头和排液通道后进入过滤室（扇形滤叶室）进行反吹，帮助滤饼从滤布上脱开并用刮刀或锥形辊将其刮下。在再生段，空气进入过滤室，进行滤布的再生。因此，轴旋转一周每个滤叶即完成过滤、脱液、卸除滤饼及滤布再生等操作。

圆盘真空过滤机适用于粒子粗细不匀、数量不等、沉降速度不高的悬浮液，如应用于采矿、浮选、冶金工业、煤炭、水泥、污泥处理等的大规模生产。

圆盘真空过滤机的优点：在所有的连续式真空过滤机中，按单位过滤面积计，圆盘真空过滤机是价格最便宜的一种；过滤面积大，占地面积小；更换滤布快；一般用于处理量大、易过滤的物料。

C　平盘（转台）真空过滤机

平盘真空过滤机也称为转台真空过滤机，由水平旋转滤盘、中心分配头支承滚道、传动装置、螺旋卸料装置以及下料管、洗涤水管等装置组成，如图 6-30 所示。

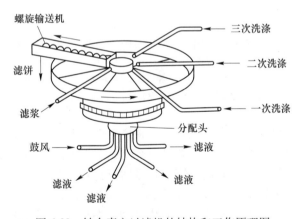

图 6-30　转台真空过滤机的结构和工作原理图

平盘真空过滤机在水平放置的主转盘上环形安置若干（一般为 18~20 个）扇形滤室，滤室上部配有滤板、滤网、滤布；滤室下部有出液管，与位于转盘中心的分配头连接。待过滤的料浆由上部加料斗连续加到滤室表面，经过滤后，滤液由下部的出液管流经分配头至气液分离器；滤饼经多次洗涤并吸干后由卸料螺旋输送出料。过滤机水平回转一周，滤盘的各个滤室通过中心分配头分别依次接通吹风系统、真空吸滤系统、真空洗滤吸滤系统和一定的隔离系统，完成加料—（反吹）—过滤—洗涤—吸干—出料等基本工艺过程。卸料后滤布上必然要留下厚约 3mm 的滤饼层，在加料位置用压缩空气反吹，由反吹空气将残留的滤饼吹入新加入的滤浆中。例如，成品氢氧化铝的洗涤过滤就是用转台真空过滤机。

D 带式真空过滤机

水平带式真空过滤机具有水平过滤面、上部加料和卸除滤饼方便等特点，是近年来发展最快的一种真空过滤设备。按其结构原理可分为固定室型、移动室型、滤带间歇移动型等三种类型，分别适用于不同的场合。

固定室型带式真空过滤机结构原理如图 6-31 所示。这种过滤机的真空室固定不动，真空室上装有一条环状橡胶脱液带作为支承带。脱液带上开有相当密的、成对设置的沟槽，沟槽中开有贯穿孔与真空室相通。脱液带在驱动辊带动下在真空室上滑动，并与之通过水形成运动密封。滤布贴覆在脱液带上同步运动，既作环状过滤带又作物料传送带，连续完成过滤、洗涤、吸干、卸料、清洗滤布等操作，并且母液与滤饼洗涤液可以分段收集。

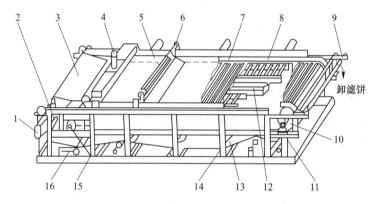

图 6-31 固定室型带式真空过滤机结构

1—滤布张紧装置；2—滤布脱水辊轮；3—滤布；4—加料浆口；5—滤饼洗涤水；6—洗水槽；
7—沟槽式胶带；8—周边胶带；9—卸滤饼辊轮；10—驱动辊；11—滤布洗涤装置；
12—真空室；13—反向支承辊轮；14—滤布辊轮；15—胶带张紧装置；16—纠偏装置

移动室型带式真空过滤机的工作原理：用整体可拆式的过滤盘作为真空室，滤布由驱动辊拖动连续运行。过滤行程开始时，滤盘在真空状态下与滤布同步运行；在非真空状态下，滤盘与滤布相对运行。物料通过料浆分布器均布在真空滤盘的过滤带上，滤布上的料浆在真空吸力的作用下进行抽滤，滤液穿过滤布进入真空滤盘并通过管道排走。当真空滤盘移动一定行程后，控制系统切断真空，真空滤盘在气缸的拖动下迅速返回到原始位置，滤布在驱动辊的拖动下继续运行，从而实现抽滤、滤饼洗涤、抽干等过程，滤饼在卸料处被刮刀装置卸除，滤布经清洗后获得再生，再经过一组支撑辊和纠偏装置重新进入过滤区；滤液在集液罐中随着滤盘返回时排出。

带式真空过滤机的工艺流程及操作步骤：

（1）进料。主要包括带变频装置的螺杆泵与电磁流量计（图 6-32 中的 A 区）。螺杆泵可根据滤液的液固浓度自动调速改变流量大小。

（2）脱水。进料送至图 6-32 中的 B 区，在该区进行液固过滤分离与固体洗涤。在真空作用下，液体穿过滤布，经过胶带的沟槽汇总，并进入过滤区对应的真空室，至 F 排液装置。固体颗粒被截留，形成滤饼。随着胶带的移动，滤饼依次进入洗涤区（多级）、吸干区。洗水经过泵 G 进行逆流过滤洗涤。经过切换阀 E 与排液装置 F 实现各级洗液的收集与逆流洗涤液的串联连接。

（3）卸饼。在机尾处，卸饼辊将滤饼卸出。卸除滤饼的滤布经过清洗后获得再生。洗净滤布经过一组支承辊与纠偏器 C，重新进入过滤区。

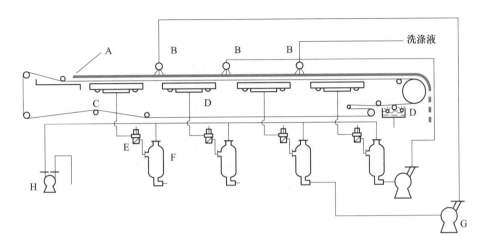

图 6-32　带式真空过滤机工艺流程
A—加料装置；B—洗涤装置；C—纠偏装置；D—抽滤装置；E—切换阀；
F—排液装置；G—返液泵；H—真空泵

6.3.2.3　离心过滤机

离心过滤机（简称离心机）是利用惯性离心力分离液态非均相混合物的机械。它与旋流分离器的主要区别在于离心力是由设备（转鼓）本身旋转产生的。由于离心机可以产生很大的离心力，故可用来分离用一般方法难于分离的悬浮液或乳浊液。离心式过滤机一般适用于悬浮液中固相含量较高、颗粒度范围大、液体黏度较大的物料分离。对于固相密度等于或低于液相密度，即飘浮型的悬浮液均可进行分离。工艺上要求获得含液量较少的滤饼或对滤饼需要进行洗涤时，或对晶浆进行过滤时，应首先考虑选择离心式过滤机。

根据分离方式，离心机可分为过滤式、沉降式和分离式三种基本类型。过滤式离心机在转鼓壁上开有均匀分布的孔，在鼓内壁上覆以滤布，悬浮液加入鼓内并随之旋转，液体受离心力作用被甩出而颗粒被截留在鼓内。

分离因数在 6.2.4 节中已述及，离心机也可按分离因数（$u_\mathrm{T}^2/(rg)$）的大小分为：

（1）常速离心机：$K_\mathrm{c} < 3000$（一般为 $600 \sim 1200$）；

（2）高速离心机：$K_\mathrm{c} = 3000 \sim 50000$；

（3）超高速离心机：$K_\mathrm{c} > 50000$。

在离心机内，由于离心力远远大于重力，所以重力的作用可以忽略不计。离心机种类很多，按操作方式、结构形式以及卸料方式分类如下：

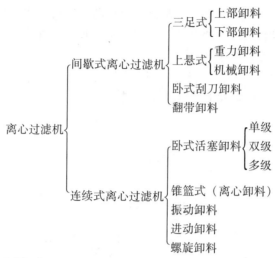

三足式离心机是间歇操作的立式离心机，在国内应用最广、制造数目较多。三足式过滤离心机的转鼓垂直支撑在三个装有缓冲弹簧的摆杆上，以减少因加料或其他原因引起的重心偏移和设备振动。三足式上部卸料过滤离心机如图 6-33 所示。

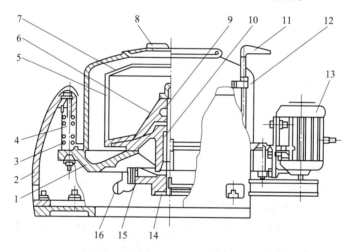

图 6-33   三足式上部卸料过滤离心机

1—底盘；2—支柱；3—缓冲弹簧；4—摆杆；5—转鼓体；6—转鼓底；7—拦液板；8—机盖；9—主轴；
10—轴承座；11—制动手柄；12—外壳；13—电机；14—三角皮带；15—制动轮；16—滤液出口

离心过滤过程包括加料、过滤、洗涤、甩干和卸除滤饼五个过程。间歇式过滤机每一周期均按顺序依次进行上述五个操作过程，连续式过滤机是将上述五个操作过程安排在过滤机的不同部位同时进行。

6.3.3   烟气的过滤设备

烟气的过滤设备叫作袋式收尘器。其突出优点就是收尘效率高，属高效收尘器，收尘效率一般大于 99%。袋式收尘器没有复杂的附属设备及技术要求，造价较低；与湿式收尘设备相比，粉尘的回收和利用较方便，不需要冬季防冻，对腐蚀性粉尘防腐要求较低。因此属于结构比较简单、运行费用相对较低的收尘设备。其范围应用占收尘器总量的60%~70%。袋式收尘器不适宜处理含有易潮解、黏性粉尘的气体。

6.3.3.1 袋式收尘的基础

袋式收尘的主要作用是当含尘气体通过滤袋时，粉尘被阻留在滤袋的表面，干净空气通过滤料间缝隙排走。

袋式收尘器依靠编织或毡织（压）的滤布作为过滤材料来达到分离含尘气体中粉尘的目的。它的工作机理是粉尘通过滤布时因产生的筛分、惯性、黏附、扩散和静电等作用而被捕集。

A 袋式收尘机理

（1）筛分作用。含尘气体通过滤布时，滤布纤维的孔隙或吸附在滤布表面粉尘间的空隙把大于空隙直径的粉尘分离下来，称为筛分作用。对于新滤布，由于纤维之间的空隙很大，这种效果不明显，收尘效率相对较低。只有在使用一定时间后，在滤布表面积存了一定厚度的粉尘层，筛分作用才较显著，收尘效率也更高。清灰后，由于在滤布表面及内部还残留一定量的粉尘，所以收尘效率介于以上两者之间。

（2）惯性作用。当含尘气体通过滤布纤维时，气流绕过纤维，而大于$1\mu m$的粉尘由于惯性作用仍保持直线运动撞击到纤维上而被捕集。粉尘颗粒直径越大，惯性作用也越大。过滤气速越高，惯性作用也越大。但气速太高，通过滤布的气量也增大，气流会从滤布薄弱处穿破，造成收尘效率降低；气速越高，穿破现象越严重，出口气体含尘浓度越大，收尘效率越低。

（3）扩散作用。当粉尘颗粒在$0.2\mu m$以下时，由于粉体极为细小而产生如气体分子热运动的布朗运动，增加了粉尘与滤布表面的接触机会，使粉尘被捕集。这种扩散作用与惯性作用相反，随着气速的降低而增大，随着粉尘粒径的减小而增强。

（4）黏附作用。当含尘气体接近滤布时，细小的粉尘仍随气流一起运动，若粉尘的半径大于粉尘中心到滤布边缘距离，则粉尘被滤布黏附而被捕集。滤布的空隙越小，这种黏附作用也越显著。

（5）静电作用。粉尘颗粒间相互撞击会放出电子产生静电，如果滤布是绝缘体则会被充电。当粉尘和滤布所带的电荷相反时，粉尘就被吸附在滤布上，从而提高收尘效率，但粉尘清除较难；反之，如果两者所带的电荷相同，则产生斥力，粉尘不能吸附在滤布上，使收尘效率下降。所以，静电作用可能改善也有可能妨碍收尘效率。为了保证收尘效率，必须根据粉尘的电荷性质来选择滤布。一般静电作用只有在粉尘粒径小于$1\mu m$以及过滤气速很低时才显示出来。

B 滤布

由于袋式收尘器的收尘是通过滤布来实现的，因此，滤布在袋式收尘器中扮演着重要角色，其特性直接影响设备收尘效率的高低，选择合适的滤料具有重要意义。用于袋式收尘器的滤布要求滤尘性能好（效率高、阻力小）、大容尘量、强度高、弹性良好，并能耐较高的温度和腐蚀，在粉尘的剥落性、造价等方面也有一定要求。

（1）滤布的布纹形式。用于袋式收尘器的布纹形式一般有四种：

1）平纹。采用平织法织成的滤布很致密，不易产生变形和拉伸，这种织物的收尘效率高，但透气性差、阻力大、难清灰、易堵塞。有色冶炼厂收尘用的棉织物或柞蚕丝织物大部分采用此种纹形。

2）斜纹。采用斜纹法织成的滤布表面呈斜纹状，这种纹形滤布的机械强度略低于平纹织布，受力后比较容易错位，耐磨性好，收尘效率和清灰效果都较好，压力损失介于平纹滤料和缎纹滤料之间，滤布堵塞少、处理风量大，综合性能较好，是滤布中最常用的一种。

3）缎纹。采用缎纹法织成的滤布，透气性能好、压力损失小、弹性好、织纹平坦、易于清灰、很少堵塞。但强度低于平纹和斜纹滤布，收尘效率较低。

4）毡。由纤维压制或针刺而成，其厚度常为2~3mm，较致密，收尘效率较好，适于脉冲清灰，易于清灰；但阻力较大，容尘量较小。

（2）滤布材。可用于制作滤料的纤维很多，主要分为天然纤维和化学纤维。

1）天然纤维滤布。常用于滤料的天然纤维有棉、蚕丝和羊毛。棉织物工作温度为70~85℃，过滤性能好，可用于无腐蚀性烟气收尘；柞蚕丝织物使用温度一般不超过90℃，透气性好，可用于低腐蚀酸性烟气；毛织物使用温度一般亦不超过90℃，可用于低腐蚀酸性烟气，滤尘效果最好，但价格较高。

2）化学纤维滤布。化学纤维可分为无机化学纤维和有机化学纤维。

有机化学纤维又分为人造纤维与合成纤维。其种类很多，这些纤维具有强度高、耐磨、耐热、吸水率低、能耐酸碱、耐霉和耐蛀等特性，可根据气体性质选择合适的材质。

用于袋式收尘器的无机化学纤维常见的有玻璃纤维。玻璃纤维滤布使用温度可达250℃以上。这种滤布原料广泛、价格低、耐湿性好，同时表面光滑、烟尘容易脱落，适用于反气流清灰；缺点是不耐磨、不耐折、不耐碱，不适于机械和压缩空气振打清灰。

3）金属纤维滤布。采用金属纤维（主要是不锈钢纤维）作成的滤布或毡用于高温烟气的过滤，耐温性能可达500~600℃以上，同时有良好的抗化学侵蚀性能，可达到与通常滤布相同的过滤性能，阻力小、清灰容易，还可防静电；但造价很高，只在特殊情况下使用。

6.3.3.2　袋式收尘器的结构和选用

袋式收尘器主要由支架、灰斗、中箱体、风道、滤袋、滤袋骨架、上箱体、清灰系统、进出风离线阀、进风支管、火花消除装置、短路阀、电控系统、压缩空气管道及梯子平台等部件组成。气箱式袋收尘器由以下各个部分所组成。

（1）壳体部分。包括清洁室（或气体净化箱、气箱）、过滤箱、分室隔板、检修门及壳体结构。清洁室内设有提升阀与花板、喷吹短管，过滤室内设有滤袋及其骨架。

（2）灰斗及卸灰机构。有灰斗和按不同系列、不同进口粉尘浓度分别设置的螺旋输送机、空气输送斜槽和刚性叶轮给料机（即卸料阀）。

（3）进出风箱体。包括进出风管路及中隔板，单排（或称单列）结构布置在壳体一侧，双排（或称双列）结构布置在壳体中间。进出风管路分别接于灰斗与清洁室上。

（4）脉冲清灰装置。包括脉冲阀、气包、提升阀用气缸及其电磁阀等。

（5）压缩空气管路及其减压装置、油水分离器、油雾器等。

（6）支柱及立式笼梯、栏杆。

关于袋式收尘器种类，工厂里有许多通俗分类，有内滤式、外滤式及联合过滤式的分类，有圆袋（圆筒形）、扁袋（平板形）的分类等。国家分类标准按清灰方式对袋式收尘器进行分类，分为机械清灰（人工拍打、高频振荡、机械振打等）、反吹清灰、反吹-振动联合清灰、脉冲喷吹清灰、声波清灰等不同类型的袋式收尘器。下面介绍两种典型的袋式收尘器。

A 逐排脉冲反吹清灰方式

以压缩空气为清灰动力，利用脉冲喷吹机构在瞬间内放出压缩空气，压缩空气压力 $3\sim7kg/cm^2$，诱导数倍的二次空气高速射入滤袋，使滤袋急剧鼓胀，依靠冲击振动和反向气流而清灰。逐排脉冲喷吹清灰是在同一个过滤室内对其中各排滤袋逐一分别进行喷吹清灰（即所谓在线清灰），而其他各排滤袋仍进行过滤的操作方式，容易产生粉尘的二次飞扬，不利于高浓度粉尘的收尘。图 6-34 所示为逐排脉冲反吹清灰收尘器的结构示意图。

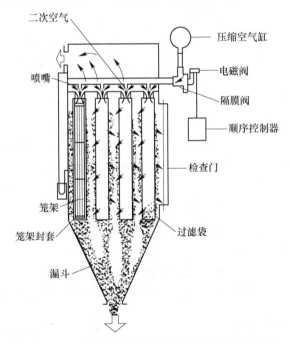

图 6-34 逐排脉冲反吹清灰收尘器的结构示意图

B 分室反吹清灰方式

此类袋式除尘器采用分室结构，由室顶脉冲阀控制对各室滤袋轮流进行分室停风脉冲清灰。清灰在一室停止过滤而其他室正常过滤的情况下进行，清下的粉尘即向下沉降于灰斗内，不会产生二次飞扬。适于过滤粉尘浓度大的气体，而且可不停机更换一个室的滤袋。图 6-35 所示为分室反吹清灰收尘器的结构示意图。

当过滤达到一定阻力值时（如 1770Pa），根据需要可以手动，也可以经过定态或定时清灰程序电控仪自动控制切断通过第一分室的气流，再开启电磁脉冲阀释放的高压压缩空气，对第一分室气箱内所有滤袋进行脉冲喷吹清灰（停风清灰），使每一个滤袋突然鼓胀，从而震落袋表积附的灰尘，使袋内外压差恢复到开始使用时状态；粉尘落入灰斗，随后程控仪按规定间隔时间恢复第一分室的过滤。再关闭第二室的过滤气流，开启第二分室的电磁脉冲阀释放高压压缩空气，对第二分室分箱内所有滤袋进行停风脉冲喷吹清灰；清除第

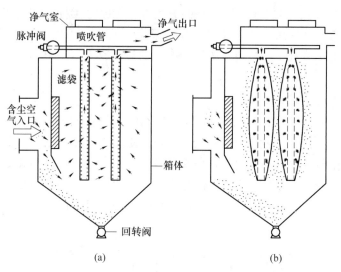

图 6-35　分室反吹清灰收尘器的结构示意图
（a）过滤状态；（b）清灰状态

二分室滤袋上的粉尘，之后程控仪恢复第二分室的过滤。此后按预先设定的电控程序对第三分室、第四分室……的滤袋进行停风喷吹清灰，直至所有分室清灰完毕，除尘器恢复正常过滤收尘。对滤袋停风及喷吹的时间、分室之间的间隔时间、清灰周期由程控仪进行控制，各时间均为可调。

6.4　静电分离设备

静电分离设备又称静电分离器，是非均相分离的基本方法。在冶金上，静电分离设备有两大运用：（1）含尘气体的固气分离；（2）废旧金属回收中的金属与非金属分选。

6.4.1　静电分离器的工作原理

用于固气分离的静电分离设备称为静电收尘器。静电收尘器的工作原理：由接地的板或管作收尘极（集尘极），在板与板中间或管中心安置张紧的放电极（电晕线），构成收尘工作电极。在收尘器的两极通以高压直流电，在两极间维持一个足以使气体电离的静电场。含尘气体进入收尘器并通过该电场时，产生大量的正负离子和电子并使粉尘荷电。荷电后的粉尘在电场力的作用下向集尘极运动，并在上面沉积，从而达到净化收尘的目的。静电收尘器的工作原理包括电晕、气体电离、粒子荷电、粒子的沉积、清灰等过程。

6.4.1.1　气体电离

空气在正常状态下是几乎不能导电的绝缘体，气体中不存在自发的离子，因此实际上没有电流通过。当气体分子获得能量时就可能使气体分子中的电子脱离而成为自由电子，这些电子成为输送电流的媒介，此时气体就具有导电的能力。使气体具有导电能力的过程称为气体的电离，如图 6-36 中曲线所示。

在 AB 阶段，气体导电仅借助于其中存在的少量自由电子或离子，电流较小。在此期

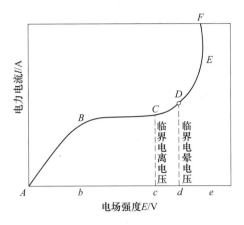

图 6-36　气体导电过程的曲线

间，由于电压小，带电体运动速度低，在与分子发生弹性碰撞后又相互弹开，故不能使中性分子发生电离。在 BC 阶段，电压虽升高到 C 但电流并不增加，这样的电流称为饱和电流。当电压高于 C 时，气体中的带电体已获得足以使发生碰撞的气体中性分子电离的能量，开始产生新的离子传送电流，故 C 点的电压就是气体开始电离的电压，通常称为临界电离电压。在 CD 阶段，使气体发生碰撞电离的只有阴离子，放电现象不发出声响。当电压继续升高到 D 时，较小的阳离子也因获得足够能量而与中性分子碰撞使之电离，气体电离加剧，在电场中连续不断生成大量的自由电子和阴阳离子。此时在电离区，可以在黑暗中观察到一连串淡蓝色的光点或光环，也会延伸成刷毛状，并伴随咝咝响声，这种光点或光环被称为电晕，此时通过气体的电流称为电晕电流，D 点的电压称为临界电晕电压。静电收尘就是利用两极间电晕放电工作的。当电压进一步升高到 E 点时，由于电晕范围扩大，使电极间产出剧烈的火花，甚至电弧，电极间介质产生电击穿现象，瞬间有大量电流通过，使两极短路，称为火花放电或弧光放电，E 点电压称为火花放电电压或弧光放电电压。弧光放电温度高，会损坏设备，在操作中必须避免这种现象，应经常使电场保持在电晕放电状态。

6.4.1.2　尘粒荷电

在静电收尘器的电场中，尘粒的荷电机理有两种：一种是电场中离子的吸附荷电，这种荷电机理通常称为电场荷电或碰撞荷电；另一种是由于离子扩散现象的荷电过程，通常这种荷电过程为扩散荷电。尘粒的荷电量与尘粒的粒径、电场强度和停留时间等因素有关，一般电场荷电更为重要。图 6-37 所示为离子扩散尘粒荷电及运动过程。

在电场作用下，当一个离子接近颗粒时，颗粒靠近离子的部位被感应生成相反的电荷，于是离子被吸附在颗粒上，使颗粒荷电。离子在电场中沿电力线移动，当尘粒未带电且介电常数 $1 \leqslant \varepsilon \leqslant \infty$ 时，将引起电力线的畸变，导致电力线向尘粒方向弯曲，从而使更多的离子被尘粒吸附，随着尘粒电荷增加电场的畸变减小，直至不能荷电，则尘粒的荷电达到饱和状态。为此，尘粒只能带上一定的电荷。该种荷电机理主要适用于粒径大于 $0.5\mu m$ 的粉尘。

对于粒径小于 $0.5\mu m$ 的粉尘荷电机理主要是扩散荷电。由于离子的无规则热运动，

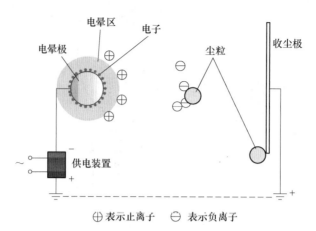

图 6-37　电收尘器的基本工作原理

通过气体扩散使离子与粉尘发生碰撞，然后黏附在其上，使粉尘荷电。

一般情况下，两种尘粒荷电机理是同时存在的，只不过对于不同粒径的粉尘，不同机理所起的主导作用不同而已。

6.4.1.3　荷电尘粒的运动

粉尘荷电以后，在电场的作用下，带有不同极性电荷的尘粒分别向极性相反的电极运动，并沉积在电极上。工业电收尘多采用负电晕，在电晕区内少量带正电荷的尘粒沉积在电晕电极上，绝大多数荷正电粒子在运动过程中会碰上电子成为带负电荷的粒子，从而改变运动方向，电晕外区的大量尘粒带负电荷，因而向收尘电极运动。

6.4.1.4　荷电尘粒放电

在静电收尘器中，除少部分粉尘在电晕电极上放电沉积下来，绝大部分粉尘颗粒带有与电晕极极性相同的电荷，在电场中趋向收尘电极，到达收尘电极后，颗粒上的电荷便与电极上的电荷中和，从而使粉尘恢复中性停留在收尘电极上，当电极振打时便落入灰斗。

6.4.2　静电收尘器的结构

静电收尘器通常包括收尘器机械本体和供电装置两部分，其中收尘器机械本体主要包括电晕电极装置、收尘电极装置、清灰装置、气流分布装置和收尘器外壳等。

无论哪种类型，其结构一般都是由图 6-38 所示几部分组成。

6.4.2.1　收尘电极装置

收尘电极是捕集粉尘的主要部件，其性能的好坏对收尘效率有较大影响。一般有两种形式：一种是管式收尘极，可以得到强度均匀的电场，但清灰困难，多用于湿式电收尘器，对无腐蚀性气体可用钢管，对有腐蚀性气体可用铅管或塑料管及玻璃钢管；另一种是板式收尘电极，为了降低粉尘二次飞扬，提高收尘效率，通常做成 C 形、CW 形、波形等形式的电极板，一般用普通碳素钢冷轧成型。

6.4.2.2　电晕电极装置

电晕极系统主要包括电晕线、电晕极框架、框架悬吊杆、支撑绝缘套管、电晕极振打装置等。电晕极为电收尘的放电极，电晕电极按电晕辉点状态分为有无固定电晕辉点状态

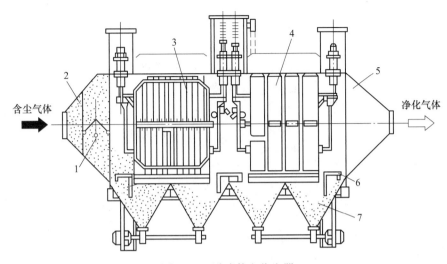

图 6-38　卧式静电收尘器

1—振打器；2—气流分布板；3—电晕电极；4—收尘电极；5—外壳；6—检修平台；7—灰斗

两种。无固定电晕辉点的电晕电极沿长度方向无突出的尖端，也称非芒刺电极，如圆形线、星形线、绞线、螺旋线等；有固定辉点的电晕电极沿长度方向有很多尖刺，属于点状放电，亦称为芒刺电晕线，如 RS 管状芒刺线、角钢芒刺线、波形芒刺线、锯齿线、鱼骨针线等。电晕电极一般接负极，因为负极比正极作电晕极的临界电离电压低，如图 6-39所示。

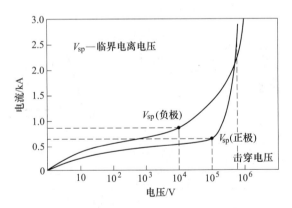

图 6-39　负极与正极作电晕极的临界电离电压

6.4.3　影响静电收尘性能的因素与使用的注意事项

影响静电收尘器性能的因素有许多，可大致归纳为三个方面：烟尘性质、设备状况和操作条件。各种因素的影响直接关系到电晕电流、粉尘比电阻、收尘器内的粉尘收集与二次飞扬三个环节，而最后结果表现为收尘效率的高低。它们之间的相互关系如图 6-40所示。

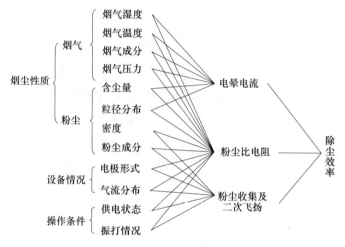

图 6-40　影响收尘器性能的主要因素及其相互关系

6.4.3.1　影响电除尘效果的因素

影响电除尘效果的因素：

（1）粉尘的比电阻。比电阻在 $10^4 \sim 10^{11}\Omega \cdot cm$ 之间的粉尘电除尘效果好。当粉尘比电阻小于 $10^4\Omega \cdot cm$ 时，粉尘释放负电荷的时间快，容易感应出与集尘极同性的正电荷，由于同性相斥而使粉尘形成沿极板表面跳动，降低除尘效率；当粉尘比电阻大于 $10^{11}\Omega \cdot cm$ 时，粉尘释放负电荷慢，粉尘层内形成较强的电场强度而使粉尘空隙中的空气电离，出现反电晕现象而使除尘效率下降。如图 6-41 所示。

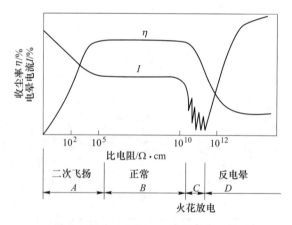

图 6-41　粉尘比电阻对电除尘效果的影响

影响比电阻的因素有烟气的温度和湿度，如图 6-42 所示。

氧化铝生产过程中，焙烧炉把氢氧化铝焙烧成氧化铝，化学反应产生气态水，即含氧化铝颗粒的气体湿度大（约 15%）。此时，氧化铝颗粒的比电阻约为 $10^{11}\Omega \cdot cm$，适合用电收尘。在铝电解过程中产出的烟气也含氧化铝，铝电解作业整个环境都要避免水气，故这种含氧化铝颗粒的气体由于比电阻太大（$>10^{13}\Omega \cdot cm$，见图 6-42），不能用电收尘来捕集，只能用布袋收尘。

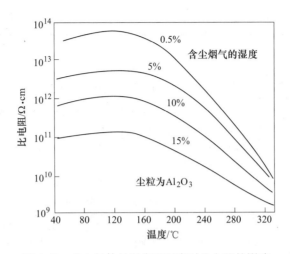

图 6-42 含尘气体的温度和湿度对比电阻的影响

（2）气体含尘浓度。粉尘浓度过高，粉尘阻挡离子运动，电晕电流降低，严重时为零，出现电晕闭塞，除尘效果急剧恶化。

（3）气流速度。随气流速度的增大，除尘效率降低，其原因是，风速增大，粉尘在除尘器内停留的时间缩短，荷电的机会降低，风速增大二次扬尘量也增大。

6.4.3.2　使用的注意事项

静电收尘器选用注意事项：

（1）静电收尘器是高效收尘设备，随收尘器效率的提高，设备造价也提高。

（2）静电收尘器适用于烟气温度低于 250℃ 的情况。

（3）要求烟气含尘浓度低于 $60g/m^3$，避免电晕闭塞。

（4）对粒径过小、密度又小的粉尘，要适当降低电场风速，否则易产生二次扬尘，影响收尘效率。

（5）要求捕集比电阻在 $10^4 \sim 5 \times 10^{10} \Omega \cdot cm$ 范围内的粉尘。

（6）静电收尘器的气流分布要求均匀，一般在收尘器入口处设 1~3 层气流分布板。

（7）电场风速一般在 0.4~1.5m/s 范围内，风速过大会造成二次扬尘，对比电阻、粒径和密度偏小的粉尘，也应选择较小风速。

静电收尘器的类型很多，分类也有多种方式，详细的分类与相应情况见表 6-3。

表 6-3　静电收尘器的分类及选用

分类	设备名称	主要特性	应用特点
按收尘器清灰方式分	干式静电收尘器	收下的烟尘为干燥状态	操作温度为 250~400℃ 或高于烟气露点 20~30℃； 可用机械振打、电磁振打和压缩空气振打等； 粉尘比电阻有一定范围
	湿式静电收尘器	收下的烟尘为泥浆状	一般烟气需先降温至 40~70℃，然后进入湿式静电收尘器； 烟气含硫等有腐蚀气体时，设备必须防腐蚀； 由于没有烟尘再飞扬现象，烟气流速可较大
	半湿式静电收尘器	收下粉尘为干燥态	构造比一般静电收尘器更严格； 适合高温烟气净化场合

分类	设备名称	主要特性	应用特点
按烟气流动方向分	立式静电收尘器	烟气在收尘器中的流动方向与地面垂直	占地面积小，但烟气分布不易均匀； 烟气出口设在顶部直接放空，可节省烟管
	卧式静电收尘器	烟气在收尘器中的流动方向与地面平行	可按生产需要适当增加电场数，烟气经气流分布板后比较均匀； 各电场可分别供电，避免电场间相互干扰，以提高收尘效率； 便于分别回收不同成分，不同粒级的烟尘分类富集； 设备高度相对低，便于安装和检修，但占地面积大
按收尘电极形式分	管式静电收尘器	收尘电极为圆管、蜂窝管	电晕电极和收尘电极间距等，电场强度比较均匀； 清灰较困难，不宜用作干式静电收尘器，一般用作湿式静电收尘器； 通常为立式静电收尘器
	板式电收尘器	收尘电极为板状，如网、槽形、鼓形等	通常为立式静电收尘器，电场强度不够均匀； 清灰较方便
按电晕极、收尘极配置分	单区静电收尘器	收尘电极和电晕电极布置在同一区域内	荷电和收尘过程的特性未充分发挥，收尘电场较强； 烟尘重返气流后可再次荷电，收尘效率高； 主要用于工业收尘
	双区静电收尘器	收尘电极和电晕电极布置在不同区域内	荷电和收尘分别在两个区域内进行，可缩短电场长度； 烟尘重返气流后无两次荷电机会，可捕集高比电阻烟尘； 主要用于空调空气净化
按极间距宽窄分类	常规极距静电收尘器	极距一般为200~325mm，供电电压45~66kV	安装、检修、清灰不方便； 离子风小，烟尘驱进速度低； 适用于烟尘比电阻为 $10^4 \sim 10^{10} \Omega \cdot cm$，使用比较成熟，实践经验丰富
	宽极距静电收尘器	极距一般为400~600mm，供电电压70~200kV	安装、检修、清灰不方便； 离子风大，烟尘驱进速度大； 适用于烟尘比电阻为 $10 \sim 10^{14} \Omega \cdot cm$

6.4.4 金属与非金属分选

静电分离器利用不同物品与塑料摩擦产生电荷的差异，在高压静电场的作用下，把导体物质与非导体物质进行分离，主要用于废旧电路板，各种药板、铝塑板、食品包装袋，铝塑管、铝箔等物料中金属与非金属成分的分离。静电分离设备是电路板回收装备的重要组成部分。静电分离器的工作原理如图 6-43 所示。

传送机把混合物颗粒送入静电分离器。导体颗粒受到随转辊运动的离心力和自身重力切向分力的作用。当物料经放置旋转着的鼓筒带至电晕电极（电极丝）和偏极（电极管）共同作用的高压电场中时，物料受到库仑力、离心力、重力的共同作用，导体颗粒以一定角度从转辊表面脱离。脱离后的导体颗粒受到重力、静电力和空气阻力的作用，沿一定的

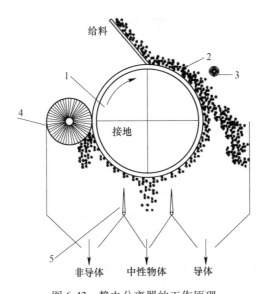

图 6-43　静电分离器的工作原理

1—接地鼓筒；2—电极丝（电晕极）；3—电极管；4—羊毛刷；5—分矿调节隔板

轨迹落入导体产物收集区。非导体材料受电后，由于其导电性能差，吸附在旋转辊筒表面，随着辊筒转到后面，最后由毛刷清除，落入非导体产物收集区。由于各种原因而无法正常进入导体或非导体产物收集区的颗粒则进入中间体收集区。

　　静电分离器有单辊、两辊、三辊、并列六辊与多辊等不同结构形式，可由实验确定适合具体分离场合的机型。不同的物料或同种物料不同粒度对电选机的喂料系统、排料系统及上料系统要求不同，电选机的内部结构有差异。水平两辊静电分离器的基本形式如图 6-44 所示。废塑料静电分选机由振动筛体、固定槽板、筛节、静电辊、吸风腔体、离心风机、沉降箱体、升降机构、振动电机、弹簧、机架一、机架二、机架三连接构成。机架一连接有升降机构、静电辊、吸风腔体，静电辊安装在吸风腔体下面，弹簧安装于机架三和振动筛体之间，振动筛体通过固定槽板与筛节连接，筛节上均布有圆形小孔，振动电机对称安装在振动筛体两侧。

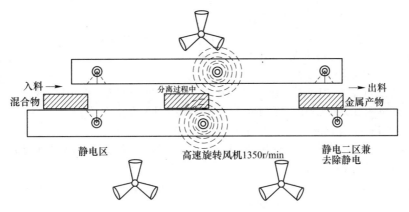

图 6-44　两辊静电分离器的基本形式示意图

习　题

6-1　单选题：

(1) 沉降液固分离的驱动力是（　　　）。

    A. 颗粒受到的浮力　　　　　　　　B. 颗粒受到的黏力

    C. 颗粒的重力　　　　　　　　　　D. 颗粒受到流体的曳力

(2) 在重力场中，固体颗粒的沉降速度与下列因素无关的是（　　　）。

    A. 粒子的形状　　　　　　　　　　B. 粒子几何尺寸

    C. 粒子密度与流体密度　　　　　　D. 流体的水平流速

(3) 在滞流沉降区，颗粒的沉降速度与颗粒的（　　　）成正比。

    A. d^1　　　　　B. d^2　　　　　　C. d^{-1}　　　　　　D. d^{-2}

(4) 自由沉降的意思是（　　　）。

    A. 颗粒在沉降过程中受到的流体阻力可忽略不计

    B. 颗粒开始的降落速度为零，没有附加一个初始速度

    C. 颗粒在降落的方向上只受重力作用，没有离心力等的作用

    D. 颗粒间不发生碰撞或接触的情况下的沉降过程

(5) 下列各项中不用于表示过滤推动力的是（　　　）。

    A. 液柱静压力　B. 浓度差　　　　C. 惯性离心力　　　D. 压力差

(6) 下列为间歇式操作设备的是（　　　）。

    A. 转筒真空过滤机　　　　　　　　B. 三足式离心机

    C. 平盘式真空过滤机　　　　　　　D. 立盘式真空过滤机

(7) 有一个两级收尘系统，收尘效率分别为80%和95%，用于处理起始含尘浓度为 8g/m³ 的粉尘，该系统的总效率为（　　　）。

    A. 80%　　　　B. 95%　　　　　C. 99%　　　　　D. 95.5%

(8) 下列不属于袋式除尘器清灰方式的是（　　　）。

    A. 机械振打除灰　　　　　　　　　B. 压缩空气振打除灰

    C. 反吹灰除灰　　　　　　　　　　D. 清洗除灰

(9) 静电本体包括阴极、阳极、槽型极板系统、（　　　）和壳体。

    A. 电源装置　　B. 振打装置　　　C. 集尘装置　　　D. 均流装置

(10) 评价旋风分离器性能的参数不包括（　　　）。

    A. 生产能力　　B. 分离因素　　　C. 分离效率　　　D. 压降

6-2　举例具体说明袋式收尘器的结构和使用注意事项。

6-3　简述电收尘器的工作原理及特点。

6-4　什么是间歇式沉降槽？什么是连续式沉降槽？为什么添加絮凝剂可加快沉降速度？

6-5　什么是可压缩性滤饼？如何改善滤饼的性质，以提高过滤速率？

6-6　计算直径为 1mm 的雨滴在空气（20℃）的自由沉降速度。

6-7　比度为 2650kg/m³ 的球形石英颗粒在20℃空气中自由沉降，计算服从斯托克斯公式的最大颗粒直径及服从牛顿公式的最小颗粒直径。

6-8　直径为 0.15mm，密度为 2300kg/m³ 的球形颗粒在20℃水中自由沉降，试计算颗粒由静止状态开始至速度达到99%沉降速度所需的时间和沉降的距离。

6-9　分析影响电收尘效果的因素。

6-10　说明氧化铝生产的烟气净化与铝电解烟气净化所用的方法（含原理）与设备。

7 蒸发、萃取与离子交换设备

水溶液中离子分离是现代冶金的一个重要操作过程，许多湿法冶金过程都需要该操作进行预处理或最后的精炼，通俗称作液体净化过程。例如铝冶金的氧化铝生产过程、铜电解液的净化过程。在冶金中，水溶液中离子分离涉及沉淀法、蒸发结晶法、萃取法与离子交换法。因此，水溶液中离子分离的设备主要包括蒸发结晶、萃取与离子交换的设备。

蒸发是借加热作用使溶液沸腾汽化并移出蒸汽，从而使溶液中溶质浓度提高的物理操作。蒸发结晶操作广泛应用于冶金、化工、制药、制糖、造纸等工业中的溶液中离子分离。被蒸发的溶液既可以是水溶液，也可以是其他溶剂的溶液，而冶金、化学工业中以蒸发水溶液为主，故本章只限于讨论水溶液的蒸发。

有机溶剂萃取常称为液-液萃取，是指用一种与水不互溶的具有萃取能力的有机溶剂（萃取剂 S）与被萃取的水溶液混合，经过充分搅拌后，由于两者相对密度不同，经过澄清而分为两层，一层是有机相（萃取相），另一层是水相（萃余相），在两相平衡时被萃取物质按一定的浓度比分配于两相中，从而达到分离、净化或富集的目的。在萃取操作中，可溶的组分称为被萃物或溶质，以 A 表示；不溶或难溶组分称为惰性组分，常以 B 表示，操作所用的萃取溶剂以 S 表示。若 B 与 S 不互溶，则均可称为载体。萃取后获得的水相（萃余相）组成为 B，获得的有机相（萃取相）组成为 A 和 S。工业上的萃取操作多数由三部分组成，即萃取、洗涤和反萃取。

离子交换法是水溶液中分离、提取很稀溶质的常用方法。对于 50mg/L 以下浓度的金属离子，用离子交换法有效。离子交换树脂同样可以合成出与萃取剂一样的官能团，离子交换反应也可以具有"萃取"一样的交换反应，还可以形成缔合、吸附的交换反应。因此，离子交换广泛用于溶液中稀浓度溶质的分离、提纯，离子交换设备在冶金中发挥越来越重要的作用。

7.1 水溶液中离子分离的基础

7.1.1 蒸发工程基础

蒸发与结晶是水溶液中离子分离最早采用的方法。加热被蒸发溶液所需的热量，可以通过间壁或直接接触的方法由热源供给。工业上应用最广泛的是用列管换热，用水蒸气加热被蒸发的液体。操作时，蒸汽作为热源提供热量，溶液本身亦产生蒸汽。为了区别，前者称为加热蒸汽（常为新鲜的饱和蒸汽），后者称为二次蒸汽。在操作中一般用冷凝方法将二次蒸汽不断地移出，否则蒸汽与沸腾溶液趋于平衡，将使蒸发过程无法进行。若将二次蒸汽直接冷凝，而不利用其冷凝热的操作称为单效蒸发。若将二次蒸汽引到下一蒸发器作为加热蒸汽，以利用其冷凝热，这种串联蒸发操作称为多效蒸发。

　　蒸发操作可以在常压、加压或减压下进行，工业上的蒸发操作经常在减压下进行，这种操作称为真空蒸发。真空操作有利于处理热敏性物料，且可利用低压强的蒸汽或废蒸汽作为热源，也可以提高传热总温度差。

　　图 7-1 所示为蒸发装置简图，蒸发器由蒸发室和加热室组成。加热室中装有许多加热管，加热蒸汽在加热管外流动，放出的热量使管内的溶液沸腾、蒸发。

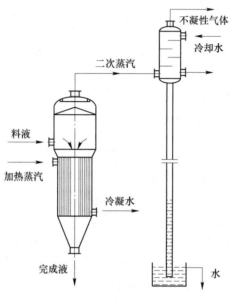

图 7-1　蒸发装置简图

　　蒸发过程的实质是传热壁面一侧的蒸汽冷凝与另一侧的溶液沸腾之间的传热过程，溶剂的汽化速率由传热速率控制，故蒸发属于热量传递过程，但又有别于一般传热过程，因为蒸发过程具有下述特点：

　　（1）传热性质。传热壁面一侧为加热蒸汽进行冷凝，另一侧为溶液进行沸腾，故属于壁面两侧流体均有相变化的恒温传热过程。

　　（2）溶液性质。有些溶液在蒸发过程中有晶体析出，易结垢和产生泡沫，高温下易分解或聚合；溶液的黏度在蒸发过程中逐渐增大，腐蚀性逐渐加强。

　　（3）溶液沸点的改变。含有不挥发溶质的溶液，其蒸气压比同温度下溶剂的（即纯水）低。换言之，在相同压强下，溶液的沸点高于纯水的沸点，故当加热蒸汽一定时，蒸发溶液的传热温度差要小于蒸发水的温度差。溶液浓度越高这种现象越显著。

　　（4）泡沫夹带。二次蒸汽中常夹带大量液沫，冷凝前必须设法除去，否则不但损失物料，而且会污染冷凝设备。

　　（5）能源利用。蒸发时产生大量二次蒸汽，如何利用它的潜热，是蒸发操作中要考虑的关键问题之一。

7.1.1.1　溶液的沸点

　　纯溶剂在任一温度下都具有一定的饱和蒸气压。当外界压强一定，纯溶剂的蒸气压等于外界压强时，液体沸腾。若不挥发性溶质溶于溶剂构成溶液，液面上溶剂的蒸汽分压必然会降低，所降低的量与溶质的摩尔分数有关。对于稀的非电解质溶液，可用拉乌尔定律描述：

$$p = (1 - x)P \tag{7-1}$$

式中 P——纯溶剂在该温度下的蒸汽压；

   x——溶质的摩尔分数；

   p——溶剂的蒸汽分压。

一般的电解质溶液不符合式（7-1），需要进行一些校正，可写为：

$$p = kP \tag{7-2}$$

式中，k 是溶质摩尔分数 x 的函数，由实验测得。

为了使溶液沸腾，必须使其蒸汽分压 p 等于 P 值，这样就要提高温度，所以溶液的沸点就比纯溶剂的要高，两者之差称为因溶液蒸气压下降而引起的沸点升高。例如，常压下 20%（质量百分数，若不特别指明，本章溶液的浓度都是指质量浓度）NaOH 水溶液的沸点为 108.5℃，而水的为 100℃，此时溶液沸点升高 8.5℃。

沸点升高现象对蒸发操作的有效温度差不利，例如用 120℃ 饱和水蒸气分别加热 20% NaOH 水溶液和纯水，并使之沸腾，有效温度差分别为：

20%NaOH 水溶液 $120-108.5 = 11.5℃$

纯水 $120-100 = 20℃$

由于有沸点升高现象，使相同条件下蒸发溶液时的有效温度差下降 8.5℃，下降的度数称为因溶液蒸气压下降而引起的温度差损失。

7.1.1.2   因溶液蒸气压下降而引起的温度差损失 Δ'

溶液的沸点升高主要与溶液本性、浓度及操作压强有关，一般由实验测定。常压下某些无机盐水溶液的沸点升高与浓度的关系如图 7-2 所示。有时蒸发操作在加压或减压下进行，因此必须求出各种浓度的溶液在不同压强下的沸点。

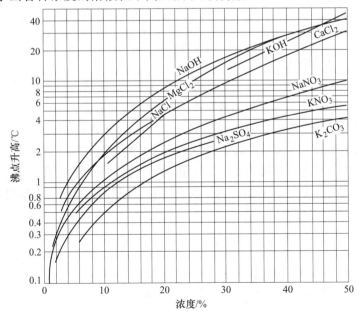

图 7-2   常压下某些无机盐水溶液的沸点升高与浓度的关系

任何压强下，溶液的沸点升高可由吉辛科近似公式求得：

$$\Delta' = f\Delta'_a \tag{7-3}$$

式中　Δ'——操作压强下由于溶液蒸气压下降而引起的沸点升高，℃；

　　　Δ'_a——常压下由于溶液蒸气压下降而引起的沸点升高（即温度差损失），℃；

　　　f——校正系数，无因次。其经验计算式为：

$$f = \frac{0.0162\,(T' + 273)^2}{r'}$$

式中　T'——操作压强下二次蒸汽的温度，℃；

　　　r'——操作压强下二次蒸汽的汽化热，kJ/kg。

溶液的沸点也可用杜林规则（Duhring's rule）计算，这个规则说明溶液的沸点与相同压强下标准溶液沸点之间呈线性关系。若以纯水在不同压强下的沸点为横坐标，一定浓度的某种溶液沸点为纵坐标，则只要知道溶液和水在两个不同压强下的沸点，在直角坐标图上标绘相对应的沸点值即可得到一条直线，称为杜林直线。用该线可以求得该溶液在其他压强下的沸点。用杜林直线群，可以查得不同浓度（例如 NaOH 水溶液）在不同压强下的沸点。

在杜林图上的任一直线上（即任一浓度），譬如任选 N 及 M 两点，该两点坐标值分别代表相应压强下溶液与水的沸点。设溶液沸点为 t'_A 及 t_A，水的沸点为 t'_w 及 t_w，则直线的斜率为：

$$k = \frac{t'_A - t_A}{t'_w - t_w} \tag{7-4}$$

式中　k——杜林直线的斜率，无因次；

　t_A，t_w——分别为压强 p_M 下溶液的沸点与纯水的沸点，℃；

　t'_A，t'_w——分别为压强 p_N 下溶液的沸点与纯水的沸点，℃。

当某压强下水的沸点 $t_w = 0$ 时，式（7-4）变为：

$$t_A = t'_A - kt'_w = y_m \tag{7-5}$$

式中　y_m——杜林直线的截距，℃。

不同浓度的杜林直线是不平行的，斜率 k 与截距 y_m 都是溶液质量浓度 x 的函数。利用式（7-4）及式（7-5）也可算出溶液在不同压强下的近似沸点。

7.1.1.3　因加热管内液柱静压强引起的温度差损失 Δ''

某些蒸发器的加热管内积有一定高度的液层，液层内各截面上的压强大于液体表面压强，因此液面下任一液层的溶液的沸点高于液面的沸点。液层内部沸点与表面沸点之差即为液柱静压强引起的温度差损失 Δ''。为了简便，计算时往往以液层中部的平均压强 p_m 及相应的沸点 t_{Am} 为准，中部的压强为：

$$p_m = p + \frac{\rho g l}{2} \tag{7-6}$$

式中　p_m——液层中部的平均压强，Pa；

　　　p——液面的压强，即二次蒸汽的压强，Pa；

　　　g——重力加速度，m/s²；

　　　ρ——液体密度，kg/s³；

l——液层深度，m。

为了简便，常根据平均压强 p_m 查出纯水的相应沸点 t_{pm}，故因静压强而引起的温度差损失为：

$$\Delta'' = t_{pm} - t_p' \tag{7-7}$$

式中 t_{pm}——与平均压强 p_m 相对应的纯水的沸点，℃；

t_p'——与二次蒸汽压强（即液体表面压强）p 相对应的水的沸点，℃。

7.1.1.4 由于管路流动阻力引起的温度差损失 Δ'''

多效蒸发中二次蒸汽由前效经管路送至下效作为加热蒸汽，因管道流动阻力使二次蒸汽的压强稍有降低，温度也相应下降，一般约降低1℃。例如，前效二次蒸汽离开液面时为96℃，经管路送到后效时降为95℃，致使后效的有效温度差损失1℃，这种损失即为因管路流动阻力而引起的温度差损失 Δ'''。Δ''' 的计算相当烦琐，一般根据经验取效间二次蒸汽温度下降1℃，末效或单效蒸发器至冷凝器间下降 $1\sim1.5$℃。

总的温度差损失为：

$$\sum \Delta = \Delta' + \Delta'' + \Delta''' \tag{7-8}$$

而传热有效温度差为理论温度差与温度差损失之差，即：

$$\Delta t_{有效} = \Delta t = (t - t_k) - (\Delta' + \Delta'' + \Delta''') = \Delta t_{理论} - \sum \Delta \tag{7-9}$$

溶液沸点为：

$$t = t_k + \sum \Delta = T_k + (\Delta' + \Delta'' + \Delta''') \tag{7-10}$$

式中 t_k——该效加热蒸汽的温度，℃；

T_k——末效冷凝器压强相当的饱和温度，℃；

t——溶液沸点，℃。

溶液的温度差损失不仅是计算沸点所必需的，而且对选择加热蒸汽的压强（或其他加热介质的种类和温度）也是很重要的。

7.1.1.5 蒸发器的评价指标——生产能力

蒸发器的生产能力用单位时间内蒸发的水分量，即蒸发量表示，其单位为 kJ/h，或 kg/s。蒸发器生产能力的大小取决于通过传热面的传热速率 Q，因此也可以用蒸发器的传热速率来衡量其生产能力。根据传热速率方程知，单效蒸发时的传热速率为：

$$Q = KA\Delta t$$

或

$$Q = KA(t - t_A) \tag{7-11}$$

式中 Q——单效蒸发时的传热速率，W；

K——总传热系数，W/(m^2·K)；

A——传热面积，m^2；

t——单效加热蒸汽的温度，℃；

t_A——溶液沸点，℃；

Δt——溶液沸腾时，加热蒸汽与溶液的温度差（即传热温度差），℃。

若蒸发器的热损失可忽略，且原料液在沸点下进入蒸发器，则由蒸发器的焓衡算可知，通过传热面传递的热量全部用于蒸发水分，这时蒸发器的生产能力和传递速率成比例。若原料液在低于沸点下进入蒸发器，则需要消耗部分热量将冷溶液加热至沸点，因而会降低蒸发器的生产能力。若原料液在高于其沸点下进入蒸发器，则由于部分原料液的过热自蒸发，使蒸发器的生产能力有所增加。

7.1.1.6　蒸发器的评价指标——生产强度

常采用生产强度 U 作为衡量蒸发器性能的标准。蒸发器的生产强度是指单位传热面积上单位时间内蒸发的水量，其单位为 $kg/(m^2 \cdot h)$，即：

$$U = \frac{W}{A}$$

式中　W——蒸发量，kg/h；

若为沸点进料且忽略蒸发器的热损失，则：

$$Q = Wr' = KA\Delta t$$

式中　r'——操作压强下二次蒸汽的汽化热，kJ/kg；

将以上两式整理得：

$$U = \frac{Q}{Ar'} = \frac{K\Delta t}{r'} \tag{7-12}$$

由式（7-12）可以看出，欲提高蒸发器的生产强度，必须设法提高蒸发器的总传热系数 K 和传热温度差 Δt。

传热温度差 Δt 主要取决于加热蒸汽和冷凝器中二次蒸汽的压强。加热蒸汽的压强越高，其饱和温度也越高，但是加热蒸汽压强常受工厂的供汽条件所限，一般为 $300 \sim 500kPa$。虽然提高冷凝器的真空度，使溶液的沸点降低，也可以加大温度差，但是这样不仅会增加真空泵的功率消耗，而且会因溶液的沸点降低，使黏度增高，导致沸腾传热系数下降，因此一般冷凝器中的绝对压强不低于 $10 \sim 20kPa$。另外，对非膜式蒸发器，为了控制沸腾操作局限于泡核沸腾区，也不宜采用过高的传热温度差。

蒸发器的评价指标还有能耗，即蒸发 1t 水所消耗的蒸汽量。

7.1.2　萃取工程基础

7.1.2.1　萃取的相关参数

A　分配比

分配比：当两相充分混合并达到萃取平衡时，被萃取物在有机相的总浓度和在水相中的总浓度之比称为分配比，以 D 表示：

$$D = \frac{C_o}{C_w} \tag{7-13}$$

式中　C_o——被萃物在有机相中的总浓度，g/L；

　　　C_w——被萃物在水相中的总浓度，g/L。

分配比 D 越大，表示被萃取物越容易被萃取到有机相中。

B　相平衡的表示方法

相平衡的表示方法：萃取体系常有三种组分，故可用三元相图来描述平衡关系。但是在实际操作中，常有两相不互溶或仅微溶，因此也可用直角坐标表示平衡关系。在一定温度下，被萃取物质在两相中的分配达到平衡时，以该物质在有机相中的浓度和它在水相中的浓度关系作图所得的曲线，称为萃取等温线，又称为萃取平衡线。

根据萃取等温曲线，可以计算出不同被萃物浓度时的分配比，确定萃取级数以及萃取剂的饱和容量。

C 萃取速率

被萃取物在单位时间内由水相转入到有机相的质量可用式（7-14）表示：

$$G = KF\Delta C \tag{7-14}$$

式中　G——萃取速率，$kg_{(被萃物)}/s$；

　　　F——水相与有机相的接触面积，m^2；

　　　ΔC——浓度差，即萃取传质推动力，$kg_{(被萃物)}/kg_{(惰液)}$或$kg_{(被萃物)}/kg_{(溶剂)}$；

　　　K——比例系数，即萃取传质系数，$kg_{(惰液)}/(m^2 \cdot s)$或$kg_{(溶剂)}/(m^2 \cdot s)$。

D 萃取的基本参数

萃取的相关基本参数有：

（1）相比 R。有机相体积 V_o（L 或 m^3）与水相体积 V_w（L 或 m^3）之比，即：

$$R = \frac{V_o}{V_w} \tag{7-15}$$

（2）萃取因数 e。萃取液中被萃物的量与萃余液中被萃物的量之比，即：

$$e = \frac{C_o V_o}{C_w V_w} = DR \tag{7-16}$$

（3）萃取率 q。被萃取物进入到有机相中的量与两相中被萃取物的总量的百分比，即：

$$q = \frac{C_o V_o}{C_o V_o + C_w V_w} \tag{7-17}$$

将式（7-13）、式（7-15）、式（7-16）代入式（7-17），整理可得：

$$q = \frac{e}{e + 1} \times 100\% \tag{7-18}$$

萃取效率和分配比存在一定关系，当分配比大于 10 时，才能获得较好的萃取效率。

（4）分离系数 $\beta_{A/B}$。若在同一体系中有两种溶质被萃物 A 和 B，它们的分配比分别为 D_A 和 D_B，则有：

$$\beta_{A/B} = \frac{D_A}{D_B} = \frac{C_{oA}/C_{wA}}{C_{oB}/C_{wB}} = \frac{\dfrac{C_{oA}}{C_{oB}}}{\dfrac{C_{wA}}{C_{wB}}} \tag{7-19}$$

7.1.2.2 萃取的基本单元

一个完整的萃取过程描述：加料（有机相与水相分别加入萃取反应器），混合（萃取过程），分相（有机相与水相分离）与反萃（纯化和回收）。所以，液-液萃取设备应包括三个部分：混合设备、分离设备和溶剂回收设备。

混合设备是真正进行萃取的设备，它要求料液与萃取剂充分混合形成乳浊液，欲分离的组分自料液转入萃取剂中。用于两液相混合的设备有混合罐、混合管、喷射萃取器及泵等。

分离设备是将萃取后形成的萃取相和萃余相进行分离的设备。分离可将混合与分离同时在一个设备内完成，也可以分开为两个单独的部分。其分离原理是重力分离或离心分离，离心分离的分离系数较高。

溶剂回收设备需要把萃取液中的被萃物与萃取溶剂分离并加以回收，通常叫做反萃。

7.1.2.3 萃取器的评价指标

萃取器的评价可以用其生产能力、理论级数（或级效率）与能耗来衡量。用这些指标来衡量萃取器的经济性。常见萃取器的评价指标见表7-1。

表 7-1　常见萃取器的评价指标

萃取设备	生产能力/$t \cdot m^{-2} \cdot h^{-1}$	理论级数（或级效率）
混合-澄清器	1.0~3.0	75%~95%
喷淋塔	15~75	约30%
填料塔	6~45	约30%
筛板塔	3~6	约30%
转盘塔	3~60	约30%
离心萃取器	4~95	3.5~12.5 级

萃取器的生产能力用设备的单位萃取面积每小时的处理量来表示。对于间歇式萃取设备，萃取面积就是水相与有机相静止时的接触面积；对于连续式萃取设备，萃取面积就是萃取器的工作区面积。

理论级数指各组分满足要求时需要串联的萃取设备的数目，或指单个设备萃取达到要求所操作的遍数。

一个级的萃取分离效果接近理论值的程度称为其级效率。在多级接触萃取设备中，实际萃取的每一级都偏离理论萃取平衡萃取率。可分别用 x 相（萃余液）或 y 相（萃取液）的浓度（以摩尔分数表示）来计算第 n 级的单级效率，又称莫弗里效率。

$$\eta_{Mx} = \frac{x_{n-1} - x_n}{x_{n-1} - x_n^o} \times 100\% \qquad (7-20a)$$

$$\eta_{My} = \frac{y_n - y_{n+1}}{y_n^o - y_{n+1}} \times 100\% \qquad (7-20b)$$

式中　　η_{Mx}，η_{My}——分别为以 x 相浓度和 y 相浓度来表示的第 n 级的单级效率；

x_n^o，y_n^o——萃取平衡时被萃物分别在有机相与水相中的总浓度，$kg_{(被萃物)}/m^3$；

x_{n-1}，x_n，y_n，y_{n+1}——被萃物进入与流出第 n 级时，分别在有机相与水相中的总浓度，$kg_{(被萃物)}/m^3$。

萃取设备的能耗，用萃取设备处理1t水溶液的能耗量来表示，单位为 kJ/t。通常萃取的能耗是蒸发的30%以下。离心萃取的功耗只有传统混合澄清式机型的10%~30%。

7.1.3　离子交换工程基础

离子交换法是基于固体离子交换剂在与电解质水溶液接触时，溶液中的某种离子与交换剂中的同性电荷离子发生离子交换作用，结果溶液中的离子进入交换剂，而交换剂中的离子转入溶液中。

7.1.3.1　离子交换的相关参数

离子交换的参数有：

（1）选择系数。以 A 型树脂交换溶液中的 B 离子的反应为例，其交换反应式为：

$$Z_B \overline{A} + Z_A B \Longleftrightarrow Z_A \overline{B} + Z_B A \tag{7-21}$$

为此交换反应达到动态平衡时，A 交换 B 的选择性系数 K_A^B 为：

$$K_A^B = \frac{[a_{\overline{B}}]^{Z_A} (a_A)^{Z_B}}{[a_{\overline{A}}]^{Z_B} (a_B)^{Z_A}} = \left(\frac{a_A}{a_{\overline{A}}}\right)^{Z_B} \Big/ \left(\frac{a_B}{a_{\overline{B}}}\right)^{Z_A} \tag{7-22}$$

式中　　　Z_A，Z_B——分别为水中 A、B 离子的价数；

$\overline{A}$，$\overline{B}$——树脂相上的离子；

a_A，a_B，$a_{\overline{A}}$，$a_{\overline{B}}$——分别为水中与树脂上 A、B 离子的活度。

显然，若 $K_A^B = 1$，则树脂对任一离子均无选择性；若 $K_A^B > 1$，树脂对 B 有选择性，数值越大，选择性越强；若 $K_A^B < 1$，树脂对 A 有选择性。选择性系数与化学平衡常数不同，除了与温度有关以外，还与离子性质、溶液组成及树脂的结构等因素有关。

（2）分配比。离子交换达到平衡时，离子在树脂相和溶液相的浓度比值称为分配比。对于反应（7-21），离子的分配比 D 为：

$$D = \frac{c_{\overline{B}}}{c_B} \tag{7-23}$$

（3）分离因数。当溶液中存在两种待分离的离子 A 和 B 时，常用分离因数来表示这两种离子的分离效果。分离因数在数值上等于相同条件下 A 和 B 离子的分配比的比值：

$$\beta_A^B = \frac{D_B}{D_A} = \frac{c_{\overline{B}}/c_B}{c_{\overline{A}}/c_A} \tag{7-24}$$

当 $\beta_A^B = 1$ 时，A 和 B 在树脂相的浓度比与溶液中的浓度相等，故无分离作用。β_A^B 与 1 相差越大，表示 A 与 B 越容易分离。

（4）离子交换等温线。当以 $x_{\overline{B}}$ 表示 B 在树脂相的摩尔分数，以 x_B 表示 B 在溶液相的摩尔分数时，$x_{\overline{B}}$ 与 x_B 之间的关系曲线称为离子交换等温线。如图 7-3 所示为不同 K_A^B 时的离子交换等温线。

根据式（7-23）和摩尔浓度的定义可推导出 $x_{\overline{B}}$ 与 x_B 之间的表达式：

$$x_{\overline{B}} = \frac{K_A^B x_B}{1 + (K_A^B - 1) x_B} \tag{7-25}$$

（1）当 $K_A^B = 1$ 时，$x_{\overline{B}} = x_B$，其等温线就是正方形的对角线，即 B 在两相中等量分配；

（2）当 $K_A^B > 1$ 时，$x_{\overline{B}} > x_B$，等温线呈凸状，说明 B 在树脂相中的分配大于在溶液中的分配，故称为有利 B 的交换平衡；

（3）当 $K_A^B < 1$ 时，$x_{\overline{B}} < x_B$，等温线呈凹状，说明 B 在树脂相中的分配小于在溶液中的分配，故称不利 B 的交换平衡。

7.1.3.2　离子交换的基本单元

离子交换属于多相反应，设溶液中的 B 离子与树脂中的 A 离子进行交换，则其交换过

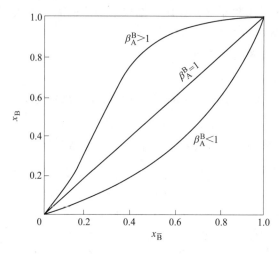

图 7-3 离子交换等温线

程一般经过如下步骤：

（1）溶液中 B 离子通过树脂颗粒周围的扩散层达到树脂的表面；

（2）达到树脂表面的 B 离子向树脂内部扩散；

（3）进入树脂颗粒中的 B 离子与树脂内部的 A 离子发生交换反应；

（4）被 B 离子取代出的 A 离子由树脂内部向树脂表面扩散；

（5）A 离子由树脂表面通过树脂颗粒周围的扩散层进入溶液。

以上 5 个步骤中，（1）和（5）的扩散为膜扩散（或称为外扩散），（2）和（4）的扩散为颗粒扩散（或称内扩散）。离子交换的交换反应速度非常快，故离子交换的速度取决于膜扩散速度或颗粒扩散速度。若溶液浓度较低（<0.03mol/L）则多为膜扩散控制，如浓度较高（>0.1mol/L）则多为颗粒扩散控制。

离子交换法通常有运动树脂床和固定树脂床两种操作方法。图 7-4 所示为典型的固定床离子交换装置，由离子交换柱、控制系统、各种液体储槽构成。

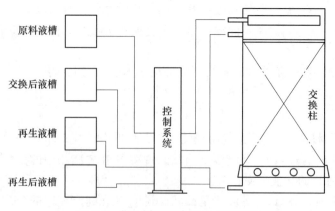

图 7-4 典型的固定床离子交换装置

离子交换的接触方式与吸附方式相同，因此常利用吸附塔的设计方式来设计吸附离子交换床柱，先利用实验室或模拟厂进行离子交换实验，以画出其贯穿曲线图。贯穿曲线以上的面积即为交换床柱所处理的离子或溶质的总量，当管柱的流出浓度等于进流浓度时，管穿曲线以上的面积即为管柱最大去除量。

7.1.3.3　固定床离子交换器间歇工作过程

树脂在未装进交换器之前，首先应进行筛选，再用 8%~10% 的某种（如 NaCl）溶液浸泡 20h，让树脂膨胀，用水冲洗树脂，自至出水不呈黄色为止。这个过程叫做树脂预处理。

现以树脂（RA）交换水中 B 为例来讨论，如图 7-5 所示。

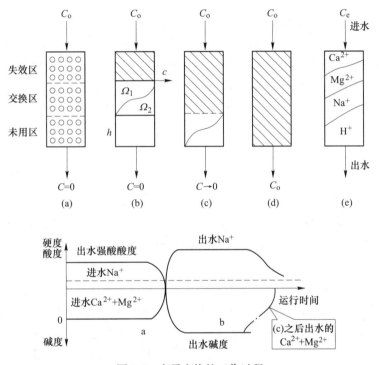

图 7-5　离子交换柱工作过程

A　交换

将离子交换树脂装于塔或罐内，以类似过滤的方式运行。交换时树脂层不动，则构成固定床操作。

当含 B 浓度为 C_o 的原水自上而下通过 RA 树脂层时，顶层树脂中 A 首先和 B 交换，达到交换平衡时，这层树脂被 B 饱和而失效。此后进入水中的 B 不再和失效树脂交换，交换作用移至下一树脂层。在交换区内，每个树脂颗粒均交换部分 B，因上层树脂接触的 B 浓度高，故树脂的交换量大于下层树脂。经过交换区，B 自 C_e 降至接近于 0。C_e 是与饱和树脂中 B 浓度呈平衡的液相 B 浓度，可视同 C_o。因流出交换区的水流中不含 B，故交换区以下的床层未发挥作用，是新鲜树脂。水质也不发生变化。继续运行时，失效区逐渐扩大，交换区向下移动，未用区逐渐缩小。当交换区下降到达树脂层底部时 [图 7-5 (c)]，出水中开始有 B 漏出，此时称为树脂层穿透。再继续运行，出水中 B 浓度迅速增加，直至

与进水 C_o 相同，此时全塔树脂饱和。

从交换开始到穿透为止，树脂所达到的交换容量称为工作交换容量，其值一般为树脂总交换容量的 60%～70%。

在床层穿透以前，树脂分别属于饱和区、交换区和未用区，真正工作的只有交换区内树脂。交换区的上端面处液相 B 浓度为 C_e，下端面处为 0。

如果同时测定各树脂层的液相 B 浓度，可得交换区内的浓度分布曲线［图7-5（b）］。

分布曲线也是交换区中树脂的负荷曲线。该曲线上面的面积 Ω_1 表示利用了的交换容量，而曲线下面的面积 Ω_2 则表示尚未利用的交换容量。Ω_1 与总面积（$\Omega_1+\Omega_2$）之比称为树脂的利用率。

交换区的厚度取决于所用的树脂、B 离子种类和浓度以及工作条件。单位时间内流入某一树脂层的离子数量称为离子供应速度 v_1。在进水浓度一定时，流速愈大，离子供应愈快。单位时间内交换的离子数量称为离子交换速度 v_2。对给定的树脂和 B，交换速度基本上是一个常数。当 $v_1<v_2$ 时，交换区的厚度小，树脂利用率高；当 $v_1>v_2$ 时，进入的 B 离子来不及交换就流过去了，故交换区厚度大，树脂利用率低。合适的水流速度与交换区厚度通常由实验确定。水流速度一般为 10～30m/h。

B 再生

在树脂失效后，必须再生才能再使用。通过树脂再生，一方面可恢复树脂的交换能力，另一方面可回收有用物质。化学再生是交换的逆过程。根据离子交换平衡式：$\overline{RA}+B \Longleftrightarrow \overline{RB}+A$，如果显著增加 A 离子浓度，在浓差作用下，大量 A 离子向树脂内扩散，而树脂内的 B 则向溶液扩散，反应向左进行，从而达到树脂再生的目的。

C 反洗

反洗是逆交换水流方向通入冲洗水和空气，以松动树脂层，清除杂物和破碎的树脂。由于交换剂被压实、污染等会影响正常工作，所以在运行若干周期后必须进行一次大反洗，大反洗的间隔周期可根据本厂的进水浊度、出水质量、运行压差和交换容量等情况而定，一般运行 10～20 周期进行一次，大反洗后交换剂层被打乱，为了恢复正常交换容量，在大反洗后的第一次再生时再生剂要比正常时增加 0.5～1.0 倍。

D 正洗

经反洗后，将再生剂以一定流速（4～8m/h）通过树脂层，再生一定时间（不小于30min），当再生液中 B 浓度低于某个规定值后，停止再生，通水正洗，正洗时水流方向与交换时水流方向相同。正洗的流速同运行流速，待出水水质符合要求时即关闭排污阀，打开出水阀投入运行。再生正洗的目的是清洗掉残留在树脂层中的废再生液和再生产物。有时再生后还需要对树脂做转型处理。

7.1.3.4 离子交换设备的评价指标

离子交换设备的评价可以用其生产能力、操作压力与能耗来衡量。用这些指标来衡量离子交换设备的经济性。

离子交换设备的生产能力也叫作设备处理量（t/h），与设备的截面积有关，所以通常用单位截面积的处理量（t/(m² · h)）来表示。生产能力的处理量可以用体积（m³/(m² · h)）。现在市面上有 0.2～70t/h 的设备产品。

离子交换设备进出口的全压差即为该设备的操作压力（也叫压强降），离子交换设备的操作压力直接影响设备的能量消耗，通常 0.6MPa 以下，操作温度为 40℃。

设备的能耗与压强降成比例，离子交换设备消耗的功率：

$$P = \frac{Q\Delta p}{9.8 \times 10^2 \times 3600\eta} \tag{7-26}$$

式中　P——所需功率，kW；

　　　Q——离子交换设备的处理量，m^3/h；

　　　Δp——离子交换设备的阻力，Pa；

　　　η——驱动离子交换设备的电动机传动效率，%。

离子交换设备的能耗由装机容量与所处理的吨液能量消耗来衡量。装机容量包括交换、再生、反洗与正洗过程的机械装机容量，通常为 $200 \sim 400 \text{kW} \cdot \text{h}$，吨液能量消耗为 $0.80 \sim 1.00 \text{kW} \cdot \text{h/t}$。

7.2　蒸发结晶设备

蒸发器是进行蒸发操作的设备，工业上采用的蒸发器因蒸发溶液的特点、条件不同而有所差异。若按加热的方式不同，可分为直接加热与间接加热蒸发器。直接加热蒸发器有喷雾蒸发器、浸没燃烧蒸发器等。间接加热蒸发器主要有夹套蒸发器和用水蒸气加热的多管蒸发器。本章重点介绍间接加热蒸发器。

蒸发器大致可分为循环式和膜式蒸发器两大类别，循环式又分为自然循环式和强制循环式蒸发器。所有蒸发器都由加热室和蒸发室（分离室）构成，蒸发室主要起汽液分离的作用。

蒸发过程往往伴随着结晶。结晶操作是从溶液或熔融物质中析出晶体状态的固体物质的工艺过程。结晶过程一般用于将溶解于溶液中的固体物质呈结晶状析出从而得到纯净的固体物质或利用结晶进行固液分离以达到净化液体的目的。

7.2.1　循环式（非膜式）蒸发器

这类蒸发器的特点是溶液在蒸发器内作连续的循环运动，以提高传热效果、缓和溶液结垢情况。由于引起循环运动的原因不同，可分为自然循环和强制循环两种类型。前者是由于溶液在加热室不同位置上的受热程度不同，产生密度差而引起循环运动；后者是依靠外加动力迫使溶液沿一个方向作循环流动。

7.2.1.1　中央循环管式（或标准式）蒸发器

图 7-6 所示为中央循环管式蒸发器，加热室内垂直安置着许多加热管束，管束中央有一根直径较粗的中央循环管。受到加热时，细管内单位体积溶液的受热面大于粗管，溶液汽化较多，因此细管内汽液混合物的密度比粗管内的小。这种密度差促使溶液作沿粗管下降而沿细管上升的连续自然循环运动。中央循环管也称为降液管，细管称为沸腾管或加热管。为了促使溶液有良好的循环，中央循环管截面积一般为加热管总截面积的 $40\% \sim 100\%$。管束高度为 $1 \sim 2m$。加热管直径在 $25 \sim 75mm$ 之间，长径比为 $20 \sim 40$。

中央循环管蒸发器具有溶液循环好、传热效率高等优点；同时由于结构紧凑、制造方便、操作可靠，故应用十分广泛，有"标准蒸发器"之称。但实际上由于结构的限制，循环速度一般在 $0.4 \sim 0.5 \text{m/s}$ 以下，总传热系数在 $600 \sim 2000 \text{W}/(\text{m}^2 \cdot \text{K})$；由于溶液不断循环，使加热管内的溶液始终接近完成液的浓度，因此溶液黏度大、沸点高。此外，这种蒸发器的加热室不易清洗。

中央循环管式蒸发器适用于处理结垢不严重、腐蚀性较小的溶液。

7.2.1.2 悬筐式蒸发器

悬筐式蒸发器的结构如图 7-7 所示，是中央循环管蒸发器的改进。其加热室像个悬筐，悬挂在器内。加热蒸汽由中央蒸汽管进入加热室。包围管束的外壳外壁面与蒸发器外壳内壁面间留有环隙通道，其作用与中央循环管类似，操作时溶液形成沿环隙通道下降、沿加热管上升的不断循环运动。一般环隙截面积约为沸腾管总截面积的 $1 \sim 1.5$ 倍，大于中央循环管式的中央循环管截面积与加热管总截面积之比，因此溶液循环速度较高，约在 $1 \sim 1.5 \text{m/s}$ 之间，总传热系数在 $600 \sim 3500 \text{W}/(\text{m}^2 \cdot \text{K})$。由于加热室可由顶部取出，便于清洗与更换，因而改善了加热管内的结垢情况，提高了传热速率。

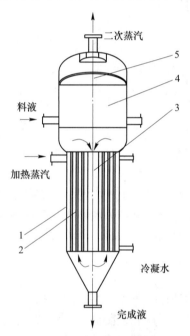

图 7-6 中央循环管式蒸发器

1—外壳；2—加热室；3—中央循环管；
4—蒸发室；5—除沫器

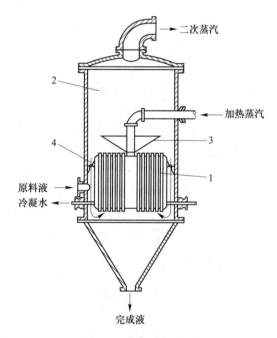

图 7-7 悬筐式蒸发器

1—加热室；2—蒸发室；3—挡板；4—外壳

悬筐蒸发器适用于蒸发结垢不严重和有晶体析出的溶液。缺点是设备耗材量大、占地面积大、加热管内的溶液滞留量大。

7.2.1.3 外热式循环蒸发器

图 7-8 所示为外热式蒸发器，这种蒸发器的加热室与循环管分开，在降低蒸发器总高度的同时可使加热管加长，其长径之比为 $50 \sim 100$。由于循环管内的溶液未受蒸汽加热，其密度较加热管内的大，因此形成溶液沿循环管下降-沿加热管上升的循环运动，循环速

度可达 1.5m/s，总传热系数在 1400~3500W/（m² · K），设备清洗较为方便。

7.2.1.4 列文蒸发器

图 7-9 所示为列文蒸发器的结构示意图。其特点是在加热室的上部增设一沸腾室。这样，加热室内的溶液由于受到这一段附加液柱的作用，只有上升到沸腾室时才能汽化。在沸腾室上方装有纵向隔板，其作用是防止气泡长大。此外，因循环管不被加热，使溶液循环的推动力较大。循环管的高度一般为 7~8m，其截面积约为加热管总截面积的200%~350%。因而循环管内的流动阻力较小，循环速度可高达 2~3m/s。列文蒸发器的优点是循环速度大，传热效果好，由于溶液在加热管中不沸腾，可以避免在加热管中析出晶体，故适用于处理有晶体析出或易结垢的溶液。其缺点是设备庞大，需要的厂房高；此外，由于液层静压力大，要求加热蒸汽的压力也较高。

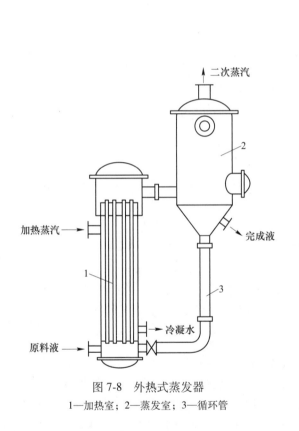

图 7-8　外热式蒸发器
1—加热室；2—蒸发室；3—循环管

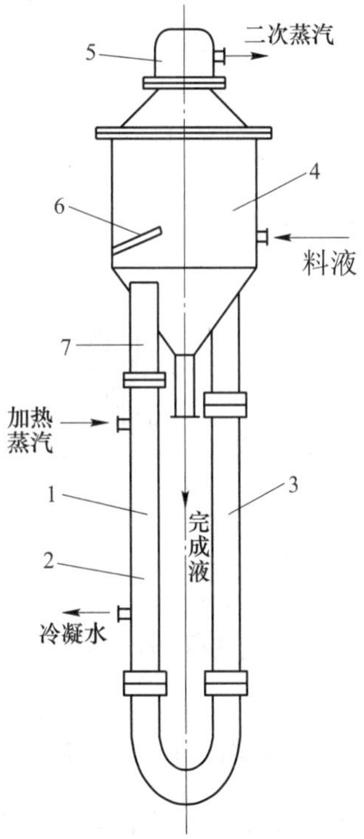

图 7-9　列文循环蒸发器
1—加热室；2—加热管；3—循环管；
4—蒸发室；5—除沫器；6—挡板；7—沸腾室

7.2.1.5 强制循环蒸发器

前述各种蒸发器都是由于加热室与循环管内溶液之间的密度差而产生溶液的自然循环运动，故均属于自然循环式蒸发器，它们共同的不足之处是溶液的循环速度较低，传热效果欠佳。

在处理黏度大、易结垢或易结晶的溶液时，为了提高溶液的放热系数，须加大其循环速度。为此可采用强制循环蒸发器。这种蒸发器内的溶液是依靠外加动力进行循环的，通常用泵来提供外力，迫使溶液沿一定方向通过加热管，其速度可达 1.5~3.5m/s，总传热系数为 1200~6000W/(m²·K)，设备的生产强度较大。适用于黏度大、易结垢、易结晶的溶液。

图 7-10 所示为强制循环蒸发器。加热室与蒸发室用下循环管与循环叶片 3 和上循环管 9 连接，被蒸发液在加热室与蒸发室中强制循环。加热蒸汽在蒸发室 5 的列管外侧冷凝，把热量传给被蒸发液，总传热系数大。由于循环速度大，生成的细小晶粒保持悬浮状态，故不易沉积于加热面而生垢。这种强制循环蒸发器的主要缺点在于动力消耗较大，通常为 0.4~0.8kW/m² 传热面，使其应用受到一定限制。

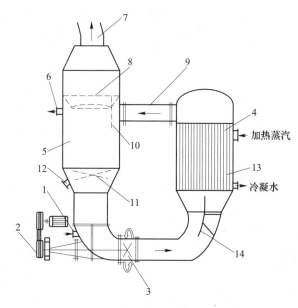

图 7-10　强制循环蒸发器

1—进料口；2—电机与调速器；3—下循环管（含叶片）；4—加热室；5—蒸发室；6—观察孔；7—二次蒸汽出口；8—折流挡板；9—上循环管；10—挡板；11—消涡十字挡板；12—出料口；13—加热列管；14—内导流板

7.2.2　膜式（单程式）蒸发器

循环式蒸发器的主要缺点是加热室内滞液量大，致使物料在高温下停留时间长，特别不适于处理热敏性物料。在膜式蒸发器内，溶液只通过加热室一次即可浓缩至所需要的浓度，停留时间仅为数秒或十余秒，适用于热敏性溶液的蒸发。根据液流方向的不同，膜式蒸发器可分为升膜式和降膜式。其中降膜式蒸发器根据加热面的形式不同又分为管式降膜和板式降膜。另外，根据成膜原因，膜式蒸发器也有多种形式。

7.2.2.1　升膜式蒸发器

升膜蒸发器的结构如图 7-11 所示，加热室由多根垂直的加热管组成，加热管直径为 25~50mm，其长径比为 100~150。原料液经预热达到沸点或接近沸点时，由加热室底部引入管内。在加热管内，溶液受热沸腾汽化，二次蒸汽带动溶液沿壁面边高速上升、呈膜状流动，边进行快速蒸发。在加热室顶部可达到所需的浓度，完成液由分离室底部排出。二次蒸汽在加热管内的速度不小于 10m/s，一般为 20~50m/s，减压下可高达 100~160m/s 或更高。上升的液膜在加热室的顶部汇集，流到加热室的顶部盘边的蒸发室，进行蒸发。二次蒸汽从蒸发室顶部的出口排出，完成液从底部出口排出。这种蒸发器适用于处理蒸发量较大的稀溶液以及热敏性或易生泡的溶液；不适用较浓溶液的蒸发，不适用于处理高黏度、有晶体析出或易结垢的溶液。

7.2.2.2 降膜式蒸发器

管式降膜蒸发器的结构与升膜蒸发器大致相同，只是原料液是经蒸发器顶部的分布器均匀地流入加热管内，如图 7-12 所示。从蒸发器的顶部经液体分布装置均匀分布后进入加热管中，在溶液自身的重力作用下，沿管内壁呈膜状向下流动。随着液膜的下降，部分料液被汽化，蒸出的二次蒸汽由于管顶有料液封住，所以只能随着液膜往管底排出，然后在分离器中分离。

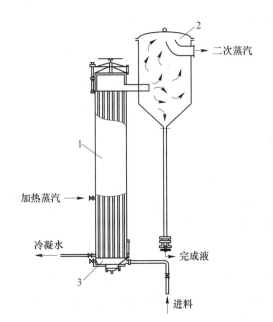

图 7-11 升膜式蒸发器

1—加热室；2—蒸发室；3—液体分布器

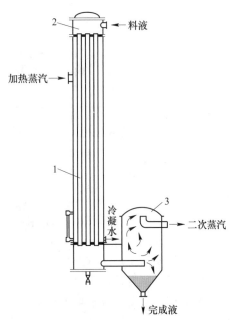

图 7-12 管式降膜式蒸发器

1—加热室；2—液体分布器；3—蒸发室

为了使溶液能在壁上均匀布膜，且防止二次蒸汽由加热管顶端直接窜出，加热管顶部必须设置加工良好的液体分布器。图 7-13 所示为四种最常用的液体分布器：图 7-13（a）的分布器为有螺旋形沟槽的圆柱体；图 7-13（b）的分布器下端为圆锥体，且底面为凹面，以防止沿锥体斜面下流的液体向中央聚集；图 7-13（c）的分布器是将管端周边加工成齿缝形；图 7-13（d）为旋液式分布器。

由于降膜式蒸发器中蒸发及液膜的运动方向都是由上向下，所以料液停留的时间比较短，受热影响小，因此可用来蒸发浓度较高的溶液，特别适用于热敏性物料，对于黏度较大（例如在 $0.05 \sim 0.45 \mathrm{Pa} \cdot \mathrm{s}$ 范围内）的物料也能适用。但因液膜在管内分布不易均匀，传热系数比升膜式蒸发器的较小，故不适用于易结晶或易结垢的物料。

板式降膜蒸发器的结构也与管式相似，只是将加热管束改为加热板片，它们的工作原理基本相同。在板式降膜蒸发器内，蒸发介质经布料器流出后，与该效的二次蒸汽逆流形成汽液两相直接对流换热，其对流传热系数可达 $5000 \sim 25000 \mathrm{W} /\left(\mathrm{m}^{2} \cdot \mathrm{K}\right)$，物料预热可在

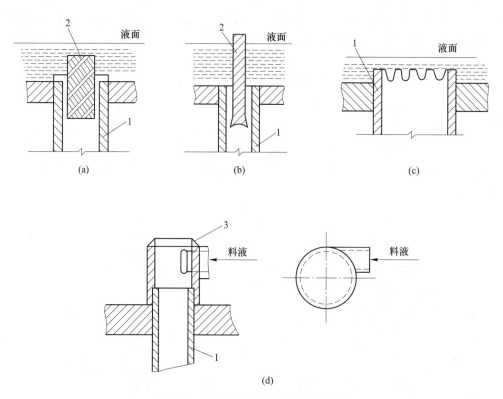

图 7-13　降膜式蒸发器的液体分布器
1—加热壁；2—导流管；3—旋液分配器

瞬间完成。长期的生产实践表明，管式降膜蒸发器内腔容易结垢且除垢困难，影响传热效率；而板式降膜蒸发器由于其加热元件均由板片构成，因而在加热过程中不易结垢，即使板片上有沉积物，受液体冲刷及热胀冷缩，结疤块也容易脱落。板式降膜蒸发器对加热板材质及制作工艺要求更高、更严格。

降膜蒸发器也适用于处理热敏性物料，但不适用于处理易结晶、易结垢或黏度特大的溶液。

7.2.2.3　刮板搅拌薄膜式蒸发器

刮板薄膜蒸发器是利用外加动力成膜的单程蒸发器，适用于高黏度、易结晶、易结垢或热敏性溶液的蒸发。缺点是结构复杂、动力消耗大（约为 $3kW/m^2$ 传热面），传热面积较小（一般为 $3\sim4m^2/台$），处理能力不大。

刮板搅拌薄膜蒸发器的结构如图 7-14 所示，加热管是一根垂直的空心圆管，圆管外有夹套，内通加热蒸汽。圆管内装有可以旋转的搅拌叶片，叶片边缘与管内壁的间隙为 $0.25\sim1.5mm$。原料液沿切线方向进入管内，由于受离心力、重力以及叶片的刮带作用，在管壁上形成旋转下降的薄膜，并不断地受热蒸发，完成液由底部排出。

7.2.3　直接加热蒸发器

在实际生产中，除上述循环型和单程型两大类间壁式传热的蒸发器外，有时还应用直接接触传热的蒸发器。如图 7-15 所示为浸没燃烧蒸发器，是一种直接加热的蒸发器。它是将一定比例的燃料气（通常是煤气或重油）与空气混合后燃烧，产生的高温烟气直接喷入被蒸发的溶液中。高温烟气与溶液直接接触，使得溶液迅速沸腾，而且气体对溶液产生强烈的搅拌和鼓泡作用，使水分迅速蒸发，蒸出的二次蒸汽与烟气一同由顶部排出。

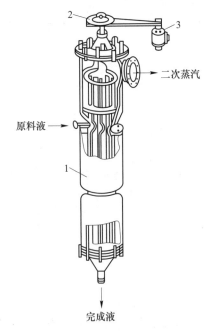

图 7-14 刮板搅拌薄膜蒸发器
1—加热室；2—搅拌轴；3—电动机

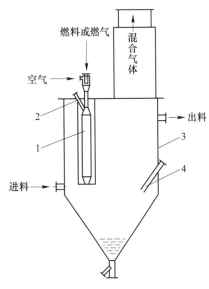

图 7-15 浸没燃烧蒸发器
1—燃烧室；2—点火管；3—外壳；4—测温管

通常这种蒸发器的燃烧室在溶液中的深度为 200~600mm，燃烧室内高温烟气的温度可达 1000℃以上，但由于气液直接接触时传热速率快，因而气体离开液面时只比溶液温度高出 2~4℃。燃烧室的喷嘴因在高温下使用，较易损坏，故应选用耐高温和耐腐蚀的材料制作，结构上应考虑便于更换。

浸没燃烧蒸发器的结构简单，不需要固定传热面，热利用率高，适用于易结垢、易结晶或有腐蚀性的溶液蒸发，但不适于处理不能被燃烧气污染及热敏性物料的蒸发，而且它的二次蒸汽也很难利用。目前广泛应用于废酸处理和硫酸铵盐溶液的蒸发中。

7.2.4　蒸发器的辅助装置

蒸发器的辅助装置主要包括除沫器、冷凝器和形成真空的装置，下面简单介绍一下各辅助装置。

7.2.4.1　除沫器

蒸发操作时，二次蒸汽中夹带大量的泡沫和液滴，虽然在分离室中进行了分离，但是为了防止产品损失或者二次蒸汽质量下降以及冷凝液体被污染，还需设法减少液沫的夹带，因此在蒸汽出口附近需设置除沫装置。除沫器的形式很多，图 7-16 所示的为经常采用的形式。图 7-16（a）~（d）可直接安装在蒸发器的顶部，后面几种安装在蒸发器的外部。

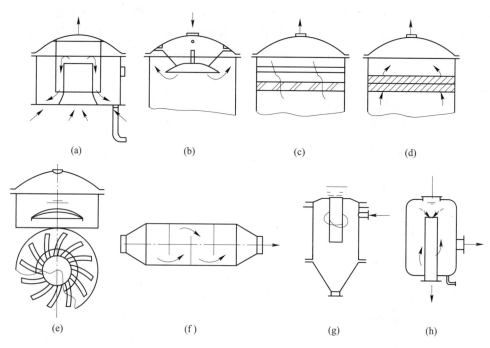

图 7-16　除沫器的主要形式

（a）折流式；（b）球式；（c）百叶窗式；（d）金属丝式；（e），（h）离心式；（f）冲击式；（g）旋风式

7.2.4.2　冷凝器和真空装置

在蒸发操作中，当二次蒸汽为有价值的产品需要加以回收或会严重污染冷却水时，应采用间壁式冷凝器。除此之外可采用汽、液直接接触的混合式冷凝器。间壁式和混合式冷凝器已在"传热"章中介绍，这里不再重述。

当蒸发器采用减压操作时，无论用哪一种冷凝器，均需要在冷凝器后安装真空装置。不断抽出冷凝液中的不凝性气体，以维持蒸发操作需要的真空度。常用的真空装置有喷射泵、往复式真空泵及水环式真空泵等。

7.2.5　结晶设备

固体物质从溶液中呈结晶状析出的过程即为结晶过程。蒸发产生结晶是水溶液中离子分离的最后方法，结晶分离技术排放的废物少，是一种可持续发展的分离方法。

液-固相平衡是结晶分离技术的基础。液-固相平衡的最简单表达就是溶解度，即根据物质在水溶液中的溶解度不同，一些离子结晶析出，而另一些离子不结晶，从而实现水溶液中离子分离。处理电解铝生产过程产生的固体废弃物（废槽衬）时，就要用到氟化物从水溶液里析出的分离技术。氟化盐的溶解度如图 7-17 所示。

由图 7-17 可见，冰晶石优先从水溶液中结晶析出。

溶质从溶液中结晶出来要经历两个步骤：一是要产生称为晶核的微观晶粒作为结晶的核心；二是晶核要继续长大成为宏观的晶粒。无论是使晶核能够产生或使之能够长大，都必须要有浓度差作为推动力，这种浓度差称为溶液的过饱和度。形成晶核的过程称为成核过程，晶核长大的过程称为晶体成长过程。由于过饱和度的大小直接影响着晶核形成和晶

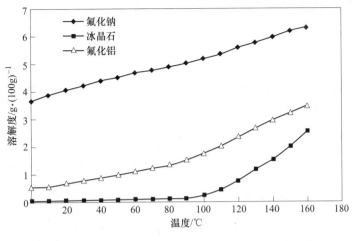

图 7-17 氟化盐的溶解度

体成长过程的快慢，而这两个过程的快慢又影响着结晶产品的粒度及粒度分布，因此，过饱和度是结晶过程中一个极其重要的参数。

7.2.5.1 结晶的方法

在溶液中建立适当的过饱和度并加以控制，是结晶过程的首要问题。因此工业上常把溶液中产生过饱和度的方式作为结晶方法与结晶器分类的依据。依此分类法，可将结晶方法分为两大类。

(1) 不移除溶剂的结晶。溶液的过饱和是通过冷却获得的，也称为冷却结晶法。适用具有正溶解度特性且溶解度随温度下降而显著降低的物质结晶，如硝酸钠（钾）、硫酸镍等。所用设备称为冷却结晶器，有水冷却式、冷冻盐水冷却式结晶器等。

(2) 移除部分溶剂的结晶。溶液的过饱和是通过在常压或减压下蒸发部分溶剂后浓缩获得的，这类方法既适用于具有正溶解度特性且溶解度随温度下降而变化不大的物质的结晶，如硫酸铜等；也适用于负溶解度特性的物质的结晶。所用设备有蒸发式、真空式和汽化式结晶器等。

真空式结晶法（器）是使溶剂在真空下闪急蒸发而绝热冷却，其实质是同时采取冷却与去除一部分溶剂的方法，以形成过饱和溶液，所以是上述两种方法的综合。

结晶设备还可以根据控制方式不同分为自然的（无搅拌的）或搅拌的；根据操作方法不同分为间歇式的和连续式；根据冷却剂的不同分为空气冷却式、水冷式、冷冻盐水冷却式；此外还有母液循环式和晶浆循环式（前者是将晶体留在结晶区，只使母液循环；后者则使晶体和母液一起循环）等。

7.2.5.2 搅拌冷却式结晶器（不移除溶剂）

机械搅拌冷却式结晶器为圆柱形容器，器内装有机械搅拌装置，其结构如图 7-18 所示。溶液借蛇管冷却，管内通以冷却介质（冷水、冷冻盐水等），结晶产品由器底的卸料口卸出。在蛇管上不可避免地会有晶体积结而影响传热效率，须时常予以清除，但决不能造成壁面刮伤，否则壁上的刮痕将很容易变成成核中心。此外，此种结晶器也有作成夹套式的，但要注意结晶槽内壁应尽可能地平整光滑，以减少晶体在壁上析出，便于清除其上的积结物；同时还可在搅拌桨叶上安装耙子或金属刷。表面光滑的不锈钢、搪瓷、玻璃钢等是制造这类结晶器的良好材料。

搅拌器的作用不仅是能加速传热，使溶液中各处浓度和温度比较均匀，而且能促进晶核的产生，可形成颗粒比较小而粒度均匀的晶体。此外，细小晶粒因搅拌作用而在溶液中悬浮，有较多机会得以均匀地生长且不致聚结为晶簇，最终获得颗粒较细而粒度均匀的结晶产品。搅拌器常用形式有两种，即桨式和涡轮式。桨式搅拌器的转速一般控制在 $20 \sim 80 \mathrm{r/min}$，叶端线速度在 $1.5 \sim 3 \mathrm{m/s}$ 的范围内比较合适。当料液层较高时，为使搅拌均匀，常装有几层桨叶，而且相邻层桨叶常呈 $90°$ 交叉安装。如在 Al_2O_3 的生产中，从 $NaAlO_2$ 溶液中析出 $Al(OH)_3$ 的结晶槽（种分槽）尺寸为 $\phi 14 \mathrm{m} \times 32 \mathrm{m}$，器内装有 4 层搅拌桨叶，以满足晶浆的均匀搅拌。搅拌器叶端线速度为 $3 \sim 8 \mathrm{m/s}$。

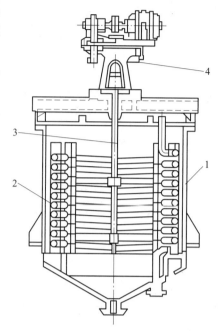

图 7-18　搅拌冷却式结晶器
1—结晶槽；2—蛇管；
3—搅拌器；4—转动装置

这种结晶器由于受到冷却介质的限制，不易根据工艺要求选定最适宜的结晶温度。当存在过高的局部过饱和度时，会使过剩的溶质在器壁上沉积出来，因此冷却表面与溶液间的温度差以不超过 $10℃$ 为好。此外，其还不同程度地存在着结晶效率低、过程不易控制等问题。这种结晶器的操作既可以是间歇的，也可以是连续的。

7.2.5.3　奥斯陆（OSLO）冷却式结晶器

奥斯陆（OSLO）冷却式结晶器主要用于需要控制晶粒大小而产量又较大的结晶生产，结构如图 7-19 所示。其基本原理是使过饱和溶液在结晶器中自下而上不断循环的过程中，与悬浮在其中的小晶粒不断接触，使晶粒得以长大，达到一定粒度要求后的晶体受重力作用而沉于容器底部，再从底部输出。

操作时，少量热的浓缩溶液（约占液体循环量的 $0.5\% \sim 2\%$）从进料口 1 加入，与从结晶器上部来的饱和溶液汇合，由循环泵 3 提供动力，使溶液经循环管 2 进入冷却器 4。溶液被冷却后变为过饱和。在冷却过程中，为了使结晶过程能稳定运行，溶液与冷却剂之间的平均温差一般不超过 $2℃$，以防止溶液生成较大的过饱和度而在冷却器内形成晶核。从冷却器出来的过饱和溶液经由中央管 5 进入结晶器的底部，再由此向上流动并与众多的悬浮晶粒接触。在此进行结晶并消除溶液的过饱和。而所需的晶核一部分是在晶床内自发形成，另一部分则是由于晶体相互摩擦破碎而形成。这些晶核随母液循环，长大到所需尺寸时便在沉化床内留下，最终产品连续地或间断地从结晶器底部的出料口 7 排出。此外，飘浮在溶液表面附近的过量细晶进入倾析器 8 内，分离后的溶液通过循环管和冷却器后被送回结晶系统。因此控制溶液的循环速度可以使小晶粒悬浮，而规定尺寸的大晶粒则沉降。

这种结晶器适用于溶质的溶解度随温度的降低而明显下降的物料的结晶。

7.2.5.4　蒸发式结晶器

常见的单效式、多效式和强制循环式蒸发器都可用作结晶器。

蒸发式结晶器内溶液的过饱和是通过溶液在常压或减压下的加热蒸发或冷却获得的，整个过程应保持恒压状态。奥斯陆蒸发式结晶器如图 7-20 所示。

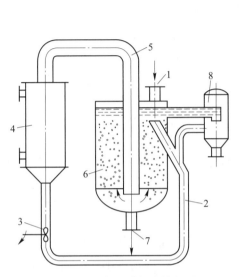

图 7-19　奥斯陆冷却式结晶器

1—进料口；2—循环管；3—循环泵；4—冷却器；
5—中央管；6—结晶器；7—出料口；8—倾析器

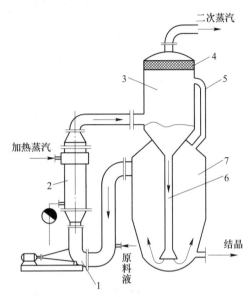

图 7-20　奥斯陆蒸发式结晶器

1—循环泵；2—加热器；3—蒸发室；4—捕沫器；
5—通气管；6—中央管；7—结晶成长段

液料从加料管加入，与从结晶器主体内溢出来的饱和溶液相汇合后，流经用蒸汽加热的加热器，加热后的溶液被泵送入结晶器上部的闪蒸器。由于循环泵的作用，溶液在进入闪急蒸发器室之前本身已具有足够的静液压头（即沸点有所升高），因此不致过早地汽化。经闪蒸后产生的蒸汽由管排出。闪蒸后的过饱和溶液经管下流至结晶器主体的底部，然后折流向上，穿过支持在筛板上正在成长的晶粒，当与这些晶粒接触时，解除了过饱和而变为饱和溶液，此饱和溶液再同加入的料液汇合后一起循环。长成的晶粒从排出口连续地或间断地排出。

这种结晶器属母液循环式，既可以单独操作，也可以把多个结晶器串联起来像通用多效蒸发器那样进行操作。

7.2.5.5　真空式结晶器

真空式结晶器是一种在减压下进行结晶操作的设备。其操作原理是，将已被加热的饱和溶液加入结晶器中，结晶器是用绝热材料保温的密闭容器，器内维持真空状态并与外界隔热。于是加入的溶液必然要闪急蒸发，绝热冷却到与器内压强相应的平衡温度。由于溶剂的绝热蒸发和溶液的汽化冷却同时作用，溶液产生过饱和，从而产生结晶。

真空式结晶器如图 7-21 所示。溶液通过绝热蒸发而冷却，不需要传热面，器内也无运动部件，因此结构简单，避免了在传热面上发生腐蚀及晶体积结而影响传热之弊端。

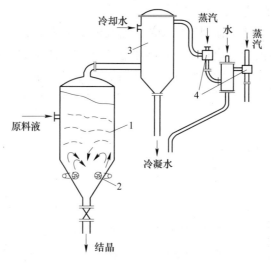

图 7-21　真空式结晶器

1—结晶室；2—搅拌器；3—直接水冷凝器；4—二级蒸汽喷射真空泵

7.2.5.6　导流筒结晶器（DTB 结晶器）

DTB（draft tube baffle）型结晶器可分为蒸发结晶器、强制循环蒸发结晶器、连续冷却结晶器等。DTB 蒸发结晶器结构如图 7-22 所示。其工作原理：采用导流筒加挡板和专用的搅拌桨，器下部接有淘析柱，整套机组用自动化 PLC 控制物料温度、流速、搅拌速度等，结晶过程中灵活控制溶液的过饱和度、物料温度，使其均匀一致。搅拌转速和冷却面

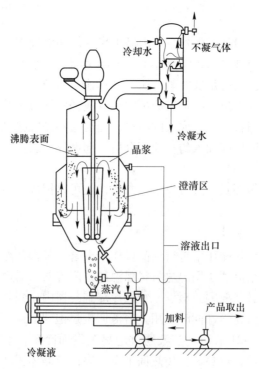

图 7-22　DTB 蒸发结晶器

积是影响产品晶粒大小和外观形态的决定性因素，DTB 结晶器易实现系统自动控制。

操作时热饱和料液连续加到循环管下部，与循环管内夹带有小晶体的母液混合后泵送至加热器。加热后的溶液在导流筒底部附近流入结晶器，并由缓慢转动的螺旋桨沿导流筒送至液面。溶液在液面蒸发冷却，达到过饱和状态，其中部分溶质在悬浮的颗粒表面沉积，使晶体长大。在环形挡板外围还设有一个沉降区。溶液从进料口连续加入，晶体与一部分母液用卸料泵从出料口连续排出。用泵迫使溶液沿循环管循环，以促进溶液的均匀混合，维持有利的结晶条件，同时控制晶核的数量和成长速度，以便获得所需尺寸的晶体。采用蒸汽喷射泵来产生和维持器内的真空度。

DTB 连续结晶器应用范围：双氰胺结晶、硫酸铜结晶、七水硫酸锌结晶、十水硫酸钠结晶等。

7.2.5.7 焊锡连续结晶机

昆明工学院与云锡公司发明的焊锡连续结晶机如图 7-23 所示。它把焊锡十余次分步结晶的设备集成在一个设备里。

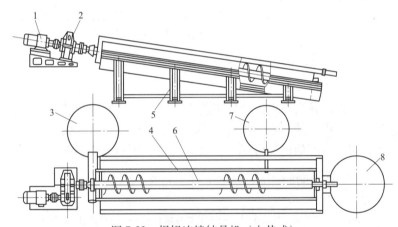

图 7-23 焊锡连续结晶机（电热式）

1—电磁调速电机；2—减速器；3—精锡锅；4—溜槽；5 机架；6—螺旋轴；7 原料锅；8—焊锡锅

电热连续结晶机是一种通过结晶实现锡、铅分离的机械装置。主要工艺是利用上升晶粒和下降液体的锡、铅成分差及温度差进行液、固相间的热与质交换的原理，多次分步结晶，实现锡、铅分离。

7.3 萃 取 设 备

7.3.1 萃取设备分类及选型

7.3.1.1 萃取设备的分类

目前，在工业上应用的萃取设备有多种，它们可以按不同方法分类。按液流接触方式可分为逐级接触式和连续接触式，前者的典型设备是混合澄清器（简称混澄器），而萃取塔大多属于后一类（表 7-2）；按照相分散动力可分为重力式、机械搅拌式、机械振动式、脉冲式和离心式等。

表 7-2 两类萃取设备的优缺点和应用范围

设备类别		优点	缺点	应用范围
混澄器		级效率高；处理能力大；操作弹性好，流比变化较大时仍可稳定操作；放大设计比较可靠	溶剂滞留量大；设备占地面积大；操作费用较大；不适用于所需理论级数较大的体系	湿法冶金、石油化工
有外能输入的萃取塔	脉冲筛板塔	处理能力大；理论级当量高度低，容积效率高，塔内无运动部件，工作可靠	难处理密度差小的体系；不能适应高流比操作；处理乳化体系有困难；放大设计不可靠	湿法冶金、石油化工、制药工业、核工业
	往复振动筛板塔	处理量大，结构简单；操作弹性好，能处理含悬浮固体的液体		
	转盘塔	处理量较大；效率较高；结构较简单；制造、操作和维修费较低		
离心萃取器		设备体积小；传质效率高；溶剂滞留量小；适于处理两相密度差很小的体系；接触时间短，适于非平衡操作	结构复杂，难以加工；制造成本和维修费用均高于其他萃取器	制药工业、石油工业、核工业

7.3.1.2 萃取设备的选型

萃取设备多种多样，各有特点，萃取工艺千变万化，任何一台或任何一类萃取器都无法适用所有的工艺并取得最佳效果。因此，萃取设备的选型要考虑的因素很多，除技术和经济之外，还务必确保生产的稳妥可靠。一般的选型步骤如图 7-24 所示。

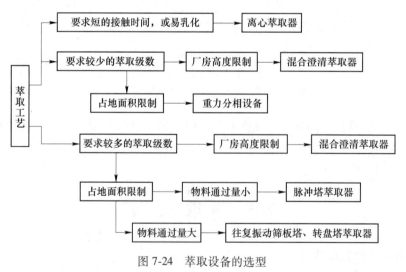

图 7-24 萃取设备的选型

如果所要求的理论级数为 3~4 级，那么任一类萃取器都可选用；当需要较多的级数时，如稀土金属的分离，级数常多达 30~40 级，有时甚至近百级，则选用脉冲筛板塔、机械搅拌塔或离心萃取器更为合理。而两相接触时间长，通常选用混澄器为宜；如果接触时间短，特别是非平衡操作，就只能选用离心萃取器。

7.3.2 混合澄清萃取器

7.3.2.1 混合-分离独立的萃取器

前面所述，一个液-液萃取设备应包括混合设备、分离设备和溶剂回收设备三个部分。这三部分分别在独自容器中进行萃取。分离多采用重力沉降分离器，也可用分离因数较高的离心机。用重力沉降分离时，混合-分离独立的萃取器如图 7-25 所示。

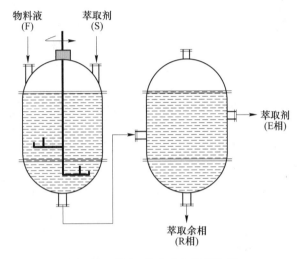

图 7-25　混合-分离独立的萃取器

图 7-25 中，左边的容器进行混合，完成萃取的混合流，从底部出口经过管道流到右边的分离室，在重力作用下澄清，萃取相从最右边出口流出，萃余相从分离室的底部排出。

混合通常在搅拌罐中进行，也可将料液与萃取剂在管道内以很高速度混合，称为管道萃取；也有利用喷射泵进行涡流混合，称为喷射萃取。混合罐的结构类似于带机械搅拌的密闭式反应罐。料液在罐内的平均混合停留时间约 1~2min。由于搅拌器的作用，罐内几乎处于全混流状态，使罐内两液相的平均浓度与出口浓度近似相等。为了加大罐内两相间的传质推动力，罐内可用两层或多层搅拌桨的搅拌器。

7.3.2.2 简单箱式混合澄清萃取器的结构

混合澄清萃取器是指在一个容器内采用机械搅拌混合，在另一个容器内靠重力自然澄清的萃取装置，也称萃取箱或混合-澄清槽。简单说它由混合室和澄清室组成。在分批次间歇操作中，混合萃取室和澄清室可以是同一个设备。混合时开动槽中的搅拌器，混合操作完成后停止搅拌，料液靠本身的密度差分层，澄清后可分别排放出萃取相与萃余相。

工业上常用多级连续操作的混合澄清装置。该萃取设备是工业上最早采用的一种混澄器，从外观上看，它是个矩形箱体。其内用隔板分成若干个进行混合和澄清的小室，即混合室和澄清室。每一级由一个混合室和一个澄清室构成，图 7-26 所示为一台四级的混澄器。

混澄器操作过程两相的流向如图 7-27 所示，就设备整体而言，两相流动是逆流，在

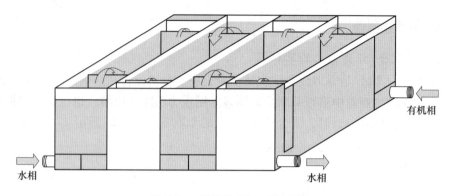

图 7-26　简单箱式混合澄清器

任一级中则是并流。有机相由 $n-1$ 级澄清室通过有机相溢流口进入 n 级混合室，水相由 $n+1$ 级澄清室底部入口进入前室，借搅拌器的抽吸作用进入 n 级混合室，两相在混合室内搅拌混合，进行萃取。混合相在搅拌离心力作用下，经混合相流通口进入澄清室中澄清；然后两相分别流入相邻的两级。

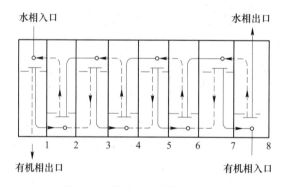

图 7-27　混合-澄清槽两相流向

7.3.3　萃取塔

在萃取设备中，为了使两相密切接触，其中一相充满设备中的主要空间，并呈连续流动，称为连续相；另一相以液滴的形式分散在连续相中，称为分散相。必须使液滴有一个适当的大小。因为液滴的尺寸不仅关系到相际接触面积，而且影响传质系数和塔的流通量。另一方面，连续萃取设备运行又要避免液泛。液泛是指萃取过程中两相速度达到某一极限值时，一相会因阻力增大而被另一相夹带，由其本身出口处流出塔外，这种两相相互夹带的现象叫作液泛。

液滴的分散可以通过以下几个途径实现：（1）借助喷嘴或孔板，如喷洒塔和筛孔塔。（2）借助塔内的填料，如填料塔。（3）借助外加能量，如转盘塔、振动塔、脉动塔、离心萃取器等。

较小的液滴，固然相际接触面积较大，有利于传质；但是过小的液滴，其内循环消失，液滴的行为趋于固体球，传质系数下降，对传质不利。所以，液滴尺寸对传质的影响必须同时考虑这两方面的因素。

萃取塔内连续相所允许的极限速度称为泛点速度。它与液滴的运动速度有关。而液滴的运动速度与液滴的尺寸有关。一般较大的液滴，其泛点速度较高，萃取塔允许有较大的流通量；相反，较小的液滴，其泛点速度较低，萃取塔允许的流通量也较低。

萃取塔内脉冲频率与振幅之积代表着向萃取体系输入的能量。从图7-28可见，单位萃取体积流获得的能量小，不能产生连续相与液滴的均匀流，发生脉冲不足的液泛；单位萃取体积流获得的能量过大，也不能产生连续相与液滴的均匀流，发生过脉冲的液泛。

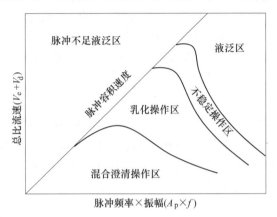

图 7-28　萃取塔内两相流混合状态示意图

7.3.3.1　脉冲萃取塔

脉冲萃取塔常见的有脉冲填料塔和脉冲筛板塔。在长期的脉冲作用下，脉冲填料塔往往发生填料的有序性排列转正现象，造成沟流，致使塔效率降低，而且填料塔的清洗也极不方便。脉冲的传递有五种方式，如图7-29所示。

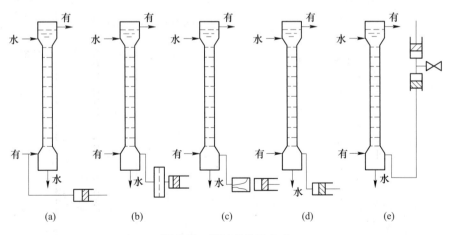

图 7-29　脉冲的传递方式

（a）脉冲加料型；（b）隔膜型；（c）风箱型；（d）活塞型；（e）空气垫型

采用耐腐蚀、高强度的四氯乙烯塑料制成的波纹管作风箱传递脉冲，频率和振幅可调范围大，是较好的脉冲传递方式。湿法冶金最常用的是隔膜式脉冲发生器，如图7-29（b）所示。

脉冲筛板塔塔身结构简单，易于清洗，还可用于稀薄的矿浆萃取。脉冲筛板塔常用参数如下：筛孔孔径 3～4mm，孔隙自由度 23%～26%，筛板间距 50mm，脉冲频率 60～120r/min，脉冲振幅 10～30mm。脉冲运动由往复式脉冲泵产生，一般采用正弦波型。

7.3.3.2　往复振动筛板塔

这种塔也称为内脉冲萃取塔，它的脉冲运动是由塔顶的机械装置带动塔内筛板作往复运动的（图 7-30）。两液相在往复运动的筛孔切割下混合进行萃取。根据已有的实验数据，推荐该塔的有关参数如下：筛板开孔率 55%～60%；筛孔孔径 14mm；筛板振幅 12.5～25mm，常取 18mm；筛板往复频率 10～400/min，常取 150/min；板间距 25～200mm，常取 50mm；理论级当量高度 76～250mm；总通量 20～73L/(cm^2·h)；容积效率 130～400L/h，平均为 250L/h。

7.3.3.3　转盘塔

转盘塔是由荷兰皇家壳牌公司研制成功的。其结构如图 7-31 所示。塔体内沿垂直方向等距离地安装了若干固定圆环（即定环），将塔分成许多隔室，其作用在于减少轴向混合，并使从转盘上甩向塔壁的液体返回，在每个隔室内形成循环。塔的中心转轴上装有与隔室数目相等的若干转盘。转盘直径小于定环内径，并位于相邻两定环之间，即隔室的中

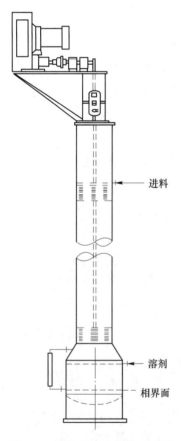

图 7-30　往复振动筛板塔示意图

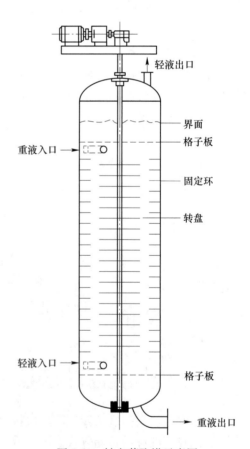

图 7-31　转盘萃取塔示意图

间,其作用是借快速旋转的剪切力使两相获得良好的分散。在定环与转盘之间有一个自由空间,这一自由空间不仅能提高萃取效率、增加通量,而且便于塔的安装维修。塔的两端是澄清区,它们同板段区可用格栅相隔。格栅可抑制流体的湍动,改善澄清效果。澄清段的体积应保证两相有足够的停留时间,以便得到良好的分离。下澄清段还可增设一段填料层,减少出口水相中的有机夹带。这种塔的内阻力小、生产能力大,理论级当量高度通常在 0.3~0.5m。

7.3.4 离心萃取器

离心萃取器的形式多种多样,但操作原理大致相同,即利用离心力、搅拌剪切力或转鼓与外壳的环隙之间的摩擦力进行两相混合,并利用离心力使两相澄清分离。由于离心加速度大于重力加速度,离心力远大于重力,所以离心萃取器能在短短几秒的停留时间内保证两相充分混合、迅速分离。

目前在核燃料后处理工业中各种形式的离心萃取器都有所应用,而在稀有金属分离中多应用单台单级圆筒式离心萃取器。

7.3.4.1 圆筒式离心萃取器的特点

圆筒式离心萃取器的转鼓直径较小、转速较低、结构简单、便于制造,无需特殊加工。多级逆流操作可由单级串联而成,级数不受限制。此外,不同规格的转鼓,其处理量可由 1~100L/s,适于多种萃取体系。转鼓是上悬式,浸在液体中的转动件没有动密封的问题。液体通道的截面积较大、处理量大,而且适于处理含有一定量固体颗粒的料液。

7.3.4.2 圆筒式离心萃取器的结构

如图 7-32 所示为 BXP 型离心萃取器。

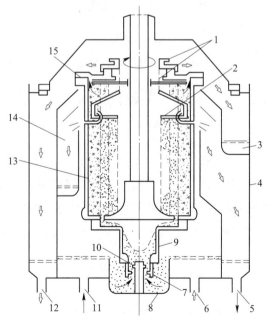

图 7-32 大型圆筒式 BXP 型离心萃取器

1—重相堰;2—轻相堰;3—重相集液室;4—方槽(外壳);5—轻相出口;6—重相入口;7—旋转桨叶;8—固定槽;9—旋转槽;10—固定叶片;11—轻相入口;12—重相出口;13—转鼓;14—轻相集液室;15—重相挡板

操作时，两液体同时进入方槽底部，溢流流入固定槽后被旋转浆叶和固定叶片吸入旋转槽。在此，靠转动部件和固定部件之间的速度差作用进行输液和混合。混合液经旋转槽的出口进入转鼓。转鼓里的径向叶片带动混合液同步旋转。在离心力作用下，两相澄清分离。澄清后的两相分别经各自的堰区和集液室，最后从方槽底部的出口排出。

7.3.4.3　波式离心萃取器

波式离心萃取器为卧式离心萃取器，其结构如图 7-33 所示。

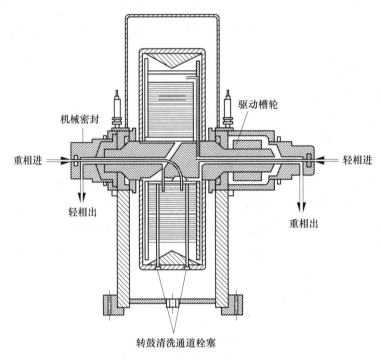

图 7-33　波式离心萃取器示意图

波式离心萃取器的优点：处理量大、效率较高、提供较多理论级、结构紧凑、占地面积小、应用广泛；缺点：能耗大、结构复杂、设备及维修费用高。适用于要求接触时间短、物流滞留量低、易乳化、难分相的物系。

对于连续相为轻相，相界面在塔底，停车时首先关闭重相进出口阀，然后再关闭轻相进出口阀，让轻重两相在塔中静置分层。分层后打开塔顶旁路阀，塔内接通大气，然后慢慢打开重相出口阀，让重相排出塔外。当相界面下移至塔底旁路阀的高度处，关闭重相出口阀，打开旁路阀，让轻相流出塔外。

7.4　离子交换设备

工业离子交换设备主要有固定床、移动床和流化床。目前使用最广泛的是固定床，包括单床、多床、复合床和混合床。

移动床设备包括交换柱和再生柱两个主要部分。工作时，定期从交换柱排出部分失效的树脂，送到再生柱进行再生，同时补充等量的新鲜树脂参与工作。它是一种连续式的交换设备，整个交换树脂在间断移动中完成交换与再生。移动床和流化床与固定床相比，具有交换速度快、生产能力大和效率高的优点。

7.4.1 树脂固定床离子交换设备

固定床离子交换器工作时，床层固定不移动，液体上下流过床层。固定床有单层床、双层床和混合层床。单层床中只装一种树脂，既可以单独使用，也可以串联使用；双层床是在一个柱床中装有两种同性不同型的树脂，因密度不同而分为两层；混合层床是把阴离子交换树脂、阳离子交换树脂混合装在一个床层内使用。

离子交换柱床的有效容积（装载树脂量）一般为 $3 \sim 10\text{m}^3$，直径 $2.3 \sim 3.3\text{m}$，高 $3.3 \sim 4\text{m}$，树脂床的高度 $0.6 \sim 2\text{m}$。柱长度和柱直径之比（L/D）大约为 $10 \sim 30$。

固定床离子交换器包括筒体、进水装置、排水装置、再生液分布装置及体外有关管道和阀门，如图 7-34 所示。

筒体：固定床一般为立式圆柱形压力容器，大多用金属制成，内壁需配防腐材料，如衬胶。小直径的交换器也可用塑料或有机玻璃制造。筒体上的附件有进、出水管，排气管，树脂装卸口，视镜，人孔等，均根据工艺操作的需要布置。

底部排水装置：其作用是收集出水和分配反洗水。应保证水流分布均匀和不漏树脂。常用的有多孔板排水帽式和石英砂垫层式两种。前者均匀性好，但结构复杂，一般用于中小型交换器；后者要求石英砂中 SiO_2 含量在 99% 以上，使用前用 $10\% \sim 20\%$ HCl 浸泡 $12 \sim 14\text{h}$，以免在运行中释放杂质。砂的级配和层高根据交换器直径有一定要求，应达到既能均匀集水，也不会在反洗时浮动的目的。在砂层和排水口间设穹形穿孔支撑板。

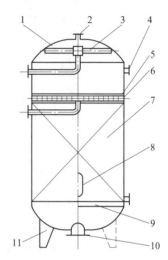

图 7-34 逆流再生固定床的结构
1—壳体；2—排气管；3—上布水装置；
4—交换剂装卸口；5—压脂层；
6—中排液管；7—离子交换层；8—视镜；
9—下布水装置；10—出水管；11—底脚

在较大内径的顺流再生固定床中，树脂层面以上 $150 \sim 200\text{mm}$ 处设有再生液分布装置，常用的有辐射型、圆环型、母管支管型等几种。对小直径固定床，再生液通过上部进水装置分布，不另设再生液分布装置。

在逆流再生固定床中，再生液自底部排水装置进入，不需设再生液分布装置，但需在树脂层面设一中排液装置，用来排放再生液；在反洗时，兼作反洗水进水分配管。中排装置的设计应保证再生液分配均匀，树脂层不扰动、不流失。常用的有母管支管式和支管式两种。前者适用于大中型交换器，后者适用于 $\phi600$ 以下的固定床，支管 $1 \sim 3$ 根。上述两种支管上有细缝或开孔外包滤网。

7.4.2 树脂移动床离子交换设备

移动床离子交换设备是针对固定床设备的特点，充分发挥其优势，克服其不足而提出的一种新型设备。其构思既保留了固定床操作的高效率，简化了柱数、阀门与管线，又将吸附、冲洗与洗脱等步骤分别进行。

　　Higgins 环形移动床设备是一种颇具特色的连续离子交换设备。Higgins 离子交换设备结构如图 7-35 所示，分为三部分，左上端为吸附段，左下端为解吸段，右边立管为循环树脂用的储存室，这些部分之间由阀门隔开。在设备中，树脂在吸附段和解吸段向上运动，与吸附液或解吸剂呈逆流接触。该设备采用树脂泵（往复泵）迫使树脂按时移动，所有阀门和往复泵的开启和闭合都采取自动控制。

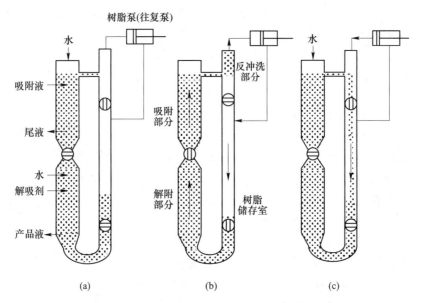

图 7-35　Higgins 离子交换设备及工作过程简图
（a）通液操作；（b）树脂移动操作；（c）树脂下落和通液操作

　　Higgins 离子交换设备操作按三步进行：

　　（1）通液交换操作［图 7-35（a）］。此时往复泵不运动，树脂不移动；洗水、吸附液和解吸剂分别通入，持续几分钟。

　　（2）树脂上移操作［图 7-35（b）］。此时洗水、吸附液和解吸剂停止通入；往复泵向吸入方向移动，迫使右边立管中的树脂压入左边解吸段的下端；同时，解吸段上端经过解吸—洗涤后的树脂压入吸附段下端，吸附段上端经过水洗后的饱和树脂送到右边立管的上端；整个过程约 3~5s。

　　（3）树脂下落并恢复通液［图 7-35（c）］。此时往复泵回压，使右边立管上端的树脂下落至储存室中；同时，洗水、吸附液和解吸剂恢复通入。

　　由于树脂上移操作（同时停止通液）时间很短，每次移动的树脂量较少，因此整个操作接近连续。

7.4.3　树脂流化床离子交换设备

　　在塔式离子交换设备中，一般采用吸附液从塔底进入、树脂依靠重力由上而下的逆流运动方式。当吸附液的流速超过临界速度时，树脂就从密实床转变为流化床，均匀分布在溶液（或矿浆）中，这就是流化床离子交换设备，常被称为 CIX 装置。穿流板式连续逆流离子交换是一种典型的流化床离子交换设备，如图 7-36 所示。

穿流板式连续逆流离子交换设备使用多孔板（筛板）把塔截成一系列的隔室，孔的大小和开孔率由所处理的料液（溶液或矿浆）决定，料液通过孔板向上运动时的线速度（12~48L/s）高于在隔室内的线速度，使隔室内的树脂流化，并防止树脂进入下层隔室。料液周期性地瞬间中断，使树脂依靠重力进入下层隔室，并排出塔外。穿流板式连续逆流离子交换设备既可用于吸附，也可用于解吸。

穿流板式连续逆流离子交换设备的塔顶有一个扩大部分，可以降低料液的线速度，避免树脂被料液带出。塔底可以增加一个树脂洗涤段，减少吸附料液的损失。

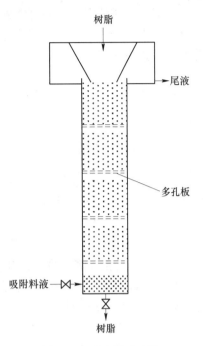

图 7-36　穿流板式连续
逆流离子交换器示意

7.4.4　树脂搅拌床离子交换设备

树脂搅拌床连续移动的离子交换设备一般都为槽式设备，采用多槽串联的方式，在槽内树脂与料液依靠搅拌作用均匀混合，形成搅拌床，进行离子交换过程。在槽内或槽外通过筛分系统使树脂与料液（溶液或矿浆）分离，在各槽之间逆流输送，形成逆流离子交换系统。

这类设备的种类繁多，主要有采用各种筛分和排料方式的帕丘卡（Pachuca）吸附塔、Infilco 型接触器和混合筛分系统。Infilco 型接触器的结构如图 7-37 所示。Infilco 型接触器分为搅拌室和分离室两部分，树脂与矿浆一起通过中心管并经过分配器流入搅拌室的底部，采用从搅拌室底部的多孔隔板进入的压缩空气，使树脂与矿浆在搅拌室内均匀混合，进行离子交换反应；溢流的树脂与矿浆进入环形的分离室，在分离室中由于没有搅拌作

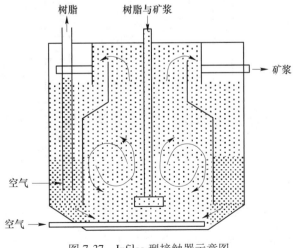

图 7-37　Infilco 型接触器示意图

用，树脂与矿浆依靠密度差自然分离，密度大的树脂沉降在分离室的底部，借助空气提升器转移到上一个接触器；密度小的矿浆从分离室上部的出料管流入下一个接触器，形成树脂与矿浆逆流运动。

7.5　蒸发、萃取与离子交换的多级组合

7.5.1　多效蒸发器组

前已述及，在单效蒸发器中每蒸发 1kg 的水要消耗比 1kg 多一些的加热蒸汽，故大规模工业生产中，蒸发大量的水分时必然消耗大量的加热蒸汽。为了减少加热蒸汽消耗量，可采用多效蒸发操作，这是工业上最为常见的蒸发操作。

由于在每一效蒸发中，二次蒸汽的温度和压强总是比加热蒸汽的低，因此多效蒸发时要求后效的操作压强和溶液的沸点均较前效的低，这样就可将前效的二次蒸汽作为后效的加热介质引入，即后效的加热室成为前效二次蒸汽的冷凝器，仅第一效需要消耗新蒸汽，这就是多效蒸发的操作原理。这样把几个蒸发器串联组合起来，可依次称为第一效、第二效……第 n 效蒸发器。理论上串联的效数越多，经济性越好。但实际上传热要有足够的温度差，也就是在前一效二次蒸汽的温度与后一效被加热的溶液沸点之间要有足够的温度差（二次蒸汽温度可看作蒸发室压强下的饱和蒸汽温度），以保证足够的传热速率。通常要求此温度差在 10℃以上，回收利用蒸汽所得经济效益才可弥补增加蒸发设备所花费的投资。

在加热蒸汽压强与冷凝器操作压强已定的情况下，传热的有效温度差取决于温度差损失。每一效都有各种温度差损失，多效蒸发的温度差损失总和大于单效蒸发器的温度差损失（图 7-38），图 7-38 中阴影部分为温度差损失，空白部分为有效温度差。显然，随着效数的增加，有效温度差变小，其结果是传热推动力变小，传热面积增加。另外，单效与多效蒸发量相同时，即生产能力相近，但多效蒸发的生产强度却降低了。因此节省蒸汽与增加投资之间存在最优化选择，要根据具体情况分析才能确定效数以多少为佳。

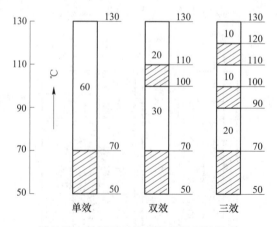

图 7-38　单效至三效蒸发器温度差损失

一般多效蒸发装置的末效或后几效总是在真空下操作。由于各效（末效除外）的二次

蒸汽都作为下一效蒸发器的加热蒸汽，故提高了新蒸汽的利用率，即提高了经济效益。假若单效蒸发或多效蒸发装置中所蒸发的水量相等，则前者需要的新蒸汽量远大于后者。例如，当原料液在沸点下进入蒸发器，并忽略热损失、各种温度差损失以及不同压强下汽化热的差别时，则理论上，单效的 $D/W \approx 1$，双效的 $D/W \approx 1/2$，三效的 $D/W \approx 1/3$，…，n 效的 $D/W \approx 1/n$。若考虑实际上存在的各种温度差损失和蒸发器的热损失等，则多效蒸发时便达不到上述的经济性。实际经验见表 7-3。

表 7-3 多效蒸发的经济性比较（单位蒸汽消耗量）

效数	单效	双效	三效	四效	五效
$(D/W)_{理论}$	1.0	0.5	0.33	0.25	0.20
$(D/W)_{min}$	1.1	0.57	0.4	0.3	0.27

表中最小的 $(D/W)_{min}$ 值表示实际的最小单位蒸汽消耗量。由表 7-3 可见，随着效数的增加，经济性下降。故生产实际采用三至五效的最多。

多效蒸发操作按加料方式的不同，可以有四种不同的流程：并流（或顺流）法、逆流法、错流法和平流法。下面以三个蒸发器组成的三效蒸发为例分别说明。

7.5.1.1 并流（顺流）加料法的蒸发器组

标准蒸发器并流加料的三效蒸发装置流程如图 7-39 所示。溶液和蒸汽的流向相同，即都由第一效顺序流至末效，故称为并流加料法。新蒸汽通入第一效加热室，蒸发出的二次蒸汽进入第二效的加热室作为加热蒸汽，第二效的二次蒸汽又进入第三效的加热室作为加热蒸汽，第三效（末效）的二次蒸汽则送至冷凝器全部冷凝。原料液进入第一效，浓缩后由底部排出，依次流过后面各效时即被连续不断地浓缩，完成液由末效底部取出。

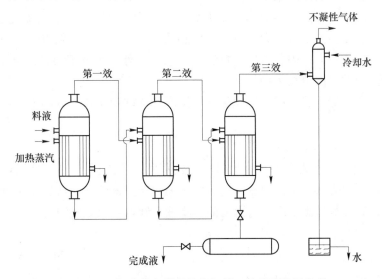

图 7-39 标准蒸发器的并流加料三效蒸发装置流程

7.5.1.2 逆流加料法的蒸发器组

图 7-40 所示为逆流加料的三效强制循环蒸发装置流程，原料液由末效（Ⅲ效）进入，

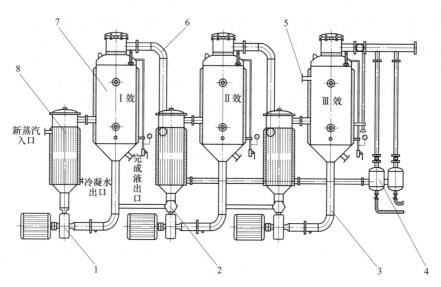

图 7-40 外加热强制循环蒸发器的逆流加料三效蒸发装置流程
1—循环泵；2—循环与逆流转换器；3—下管循环管；4—冷凝室；
5—料液入口；6—上循环管；7—蒸发室；8—加热室

用泵依次输送至前效，完成液由 I 效蒸发室底部排出。加热蒸汽的流向则是由 I 效通入新蒸汽，第一效蒸发室产生的二次蒸汽经过上循环管至 II 效加热室，顺序至末效。因蒸汽和溶液的流动方向相反，故称为逆流加料法。溶液在蒸发室与加热室间用泵强制循环，第 II 效、第 III 效的泵出口处有转换器，在循环与逆流间切换与分配。冷凝室 4 产生的是二次蒸汽的冷凝水，与新蒸汽的冷凝水不同。

　　逆流加料法的主要优点：溶液的浓度沿着流动方向不断提高，同时温度也逐渐上升，因此各效溶液的黏度相差不致太大，各效的传热系数也大致相同。缺点是：效间的溶液需用泵输送，能量消耗较大；因各效的进料温度（末效除外）均低于沸点，与并流加料法相比较，各效所产生的二次蒸汽量均匀。

　　一般来说，逆流加料法宜用于处理黏度随温度和浓度变化较大的溶液，而不宜用于处理热敏性的溶液。

7.5.1.3 平流加料法的蒸发器组

　　图 7-41 所示为标准蒸发器的平流加料法三效蒸发装置流程，原料液分别加入各效中，完成液也分别自各效排出，蒸汽的流向仍是由第一效流至末效。此法适用于处理在蒸发操作进行的同时伴有结晶析出的溶液。因为晶体不便于在效与效之间输送。

7.5.1.4 错流（混流）加料法的蒸发器组

　　多效蒸发装置除以上 3 种流程外，生产中还可根据具体情况采用上述基本流程的变型。例如，氧化铝生产中 Al(OH)₃ 结晶母液的蒸发有时采用并流和逆流相结合的流程，称为错流法。标准蒸发器的错流加料三效蒸发装置流程如图 7-42 所示，加热蒸汽自第一效加入并依次流向以后各效；料液在第二效加入，然后流入第三效，料液在第三效蒸发完成后用泵送入第一效，最后的完成液从第一效排出。根据错流蒸发流程中并流和逆流的不同组合，可采用 II→III→I 流程或 III→I→II 流程等。

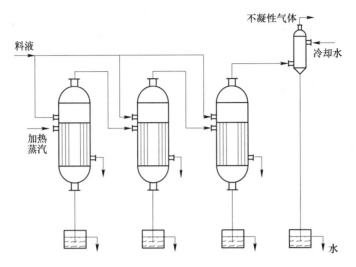

图 7-41 标准蒸发器的平流加料三效蒸发装置流程

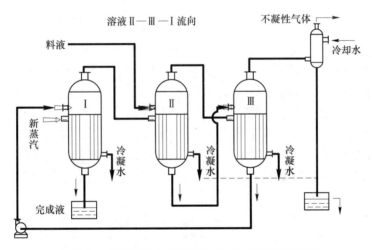

图 7-42 标准蒸发器的错流加料三效蒸发装置流程

此外，在多效蒸发中，有时并不是将每一效产生的二次蒸汽全部引入后一效作为加热蒸汽用，而是将其中一部分引出用于预热原料液或用于其他与蒸发操作无关的传热过程。引出的蒸汽称为额外蒸汽。但末效的二次蒸汽因其压强较低，一般不再引出作为它用，而是全部送入冷凝器。

7.5.1.5 多级闪急蒸发器组

A 闪急蒸发器的工作原理

闪急蒸发是使在加压状态下被加热的液体进入减压空间，呈过沸腾状态，发生大量汽化，或热的液体引入低于它饱和压强的蒸发室内，使其自然蒸发。

在闪急蒸发器中，不需要加热，所以蒸发室几乎不产生结垢。产生的二次蒸汽可以用于加热别的溶液，利用其含有的热量，降低能耗。

B 闪急蒸器组

图 7-43 所示为氧化铝生产所用的 6 级单套管预热-4 级压煮器预热-6 级新蒸汽加热-10 级闪蒸的流程。

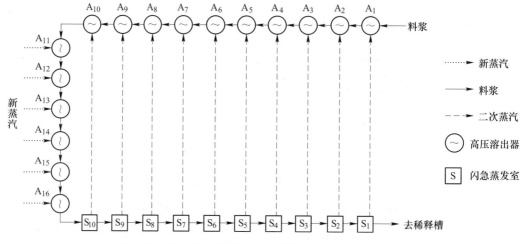

图 7-43 氧化铝生产所用 10 级预热-10 级闪蒸器组示意图

用间接加热的高压连续溶出设备进行氧化铝溶出。原矿浆泵经前面 6 级单套管预热器（$A_1 \sim A_6$）和 4 级压煮器（$A_7 \sim A_{10}$）预热时，采用闪急蒸发器的二次蒸汽将料浆加热到 220℃；后面的 6 级压煮器（$A_{11} \sim A_{16}$）用 6.2MPa 的新蒸汽加热到 260℃ 的溶出温度。从最后一个溶出器流出来的已溶出完毕的料浆，依次通过 10 级（个）闪急蒸发器进行减压蒸发、降温冷却，产生的二次蒸汽分别在 4 级压煮器（$A_{10} \sim A_7$）和 6 级单套管预热器（$A_6 \sim A_1$）的加热管上放热冷凝，生成的冷凝水排入其下部的冷凝水罐。每个冷凝水罐既是回收高压溶出器的冷凝水罐，又是更高温度的冷凝水自蒸发器。10 级闪蒸器内的温度和压力见表 7-4。

表 7-4 10 级闪蒸器内的温度和压力

闪蒸级	10	9	8	7	6	5	4	3	2	1
压力/MPa	2.43	1.6	1.43	1.22	1.03	0.86	0.69	0.46	0.33	0.15
温度/℃	230	211	197	191	180	176	170	160	150	136

7.5.1.6 节约蒸发过程能量消耗的方法

蒸发过程通常用蒸汽作为热源，节约蒸发过程能量消耗就是降低蒸发过程所需加热蒸汽的消耗。降低蒸汽消耗的途径：多效蒸发、冷凝水自蒸发、蒸汽再压缩和热泵等。

（1）多效蒸发。如前所述，在蒸发操作过程中，一般采用具有一定压强的加热蒸汽来加热水溶液而使之蒸发。蒸发产生的二次蒸汽的压强与温度虽较原加热蒸汽略低，但所含的热量却仍相当高，多效蒸发将前一效产生的二次蒸汽引入下一效加以利用，可大大减少加热蒸汽的消耗。

（2）冷凝水自蒸发。蒸发生产过程中的冷凝水还含有热量，利用图 7-44 所示的自蒸发器，当高温水通过节流阀进入蒸发室时，其蕴含的能量重新分配，其中大部分水把热量传给少量水，获得热量的这部分水把获得的热量吸收转变成汽化潜热，自身汽化成二次蒸汽。二次蒸汽可以进一步用来加热。如 7.5.1.5 节所述，利用冷凝水自蒸发器的工作原理，溶液经过多级闪急蒸发，消耗少量热能就完成蒸发任务。

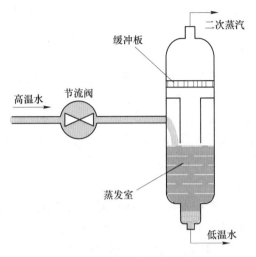

图 7-44　冷凝水自蒸发器

（3）蒸汽再压缩。蒸发过程中产生的低温、低压二次蒸汽，用压缩机增压。受到压缩，一部分二次蒸汽就会冷凝成水，放出的热量使其他二次蒸汽的温度升高，获得高温、高压的蒸汽，供蒸发用。蒸汽再压缩器也叫作热泵，其结构如图 7-45 所示。其工作原理是将蒸发器产生的二次蒸汽通过压缩机的绝热压缩，提高压强及饱和温度，再送回蒸发器的加热室中用作加热蒸汽。用作热泵的压缩机可以是鼓风机、罗茨风机和喷射泵等。

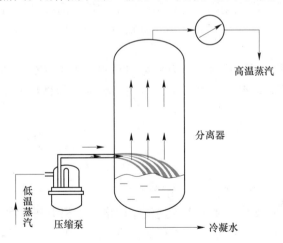

图 7-45　蒸汽再压缩器

（4）充分利用低温热源热量，提高入口原液温度。被蒸发的溶液进入蒸发室之前，尽量用低温热源加热，将其温度提高。如氧化铝生产过程中，分解母液的温度为 35℃，可以用 95℃ 的精液来加热至 70℃，同时使精液的温度降低至后续分解所需温度。

7.5.2 多级萃取器组

水相和有机相仅接触一次，往往达不到较完全的分离。在实际生产中，常常把若干个萃取器串联，组成串级萃取，即多级萃取组，使两相多次接触而提高分离效果。串级萃取按有机相与水相流动方式的不同可分为错流萃取、逆流萃取、分馏萃取和回流萃取几种。

7.5.2.1 错流萃取器组

错流萃取器组就是把 n 个萃取器串联起来，料液自第一级加入，最后一级流出；每级加入新鲜的萃取剂 S。萃余相 R_1 引入第二个萃取器，又与新鲜溶剂 S 接触而再次进行萃取。依次进行，经过 n 级萃取器，直到最后一级。由于各级均加入了新鲜溶剂，萃取的传质推动力大，故能用较小的级数获得较好的效果，当 $\beta_{A/B}$ 很大时可得纯 B，但 B 的回收率低，有机相消耗大，故工业上很少用。

7.5.2.2 逆流萃取器组

工业上用得最多的是逆流萃取器组。多级逆流萃取就是把有机相与水相分别从 n 个串联萃取器的两端加入，两相逆流而行，如图 7-46 所示。在每一个萃取器中两相经过充分接触和澄清分离的过程，然后分别进入相邻的两个萃取器。

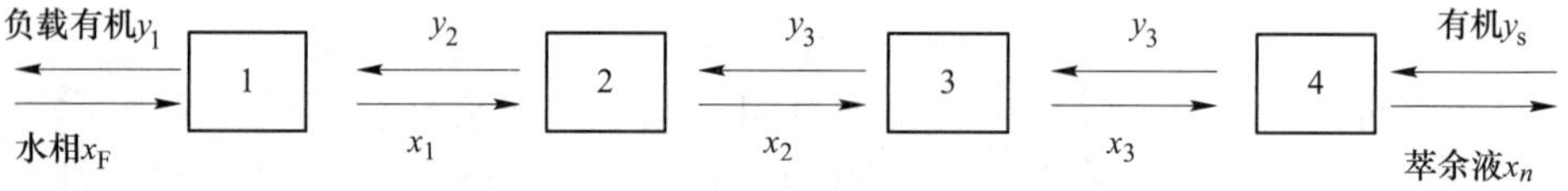

图 7-46 逆流萃取示意图

在图 7-46 中，水相（料液）进入端是料液浓度最高的水相与游离萃取剂浓度最低的有机相相遇，而在有机相进入端则是游离萃取剂浓度最高的有机相与被萃物浓度最低的水相接触，从而使有机萃取剂得到充分利用，特别适合于分配比较小和分离系数接近于 1 的物质的萃取分离。

逆流萃取时，假设经过萃取过程后有机相与水相的体积不变，二者完全不互溶，则第 n 级逆流萃取时，对萃取过程中任意第 $n-1$ 级进行溶质 A 的物料衡算为：

$$y_s V_o + x_F V_a = y_1 V_o + x_n V_a \tag{7-27}$$

整理后，

$$(y_1 - y_s)V_o = (x_F - x_n)V_a$$

$$y_1 = y_s + \frac{1}{R}(x_F - x_n) \tag{7-28}$$

式中　R——有机相与水相的相比，均无量纲；

x_F，x_{n-1}——分别为原料液及经过 $n-1$ 级逆流萃取出口水相中被萃物质 A 的浓度，g/L；

y_s，y_n——分别为原有机相及经过 $n-1$ 级逆流萃取进口机相中被萃物质 A 的浓度，g/L。

式（7-28）为逆流萃取的操作线方程，斜率为 $\frac{1}{R}$。

多级逆流萃取的理论级数 n 也可以用作图法求得。由于 $y_n = y_s + \frac{1}{R\rho_o}(x_{n-1} - x_F)$ 是一条斜率为 $\frac{1}{R\rho_o}$ 的直线，凡流入同一级的水相和流入同一级的有机相中被萃组分的浓度状态点都在此直线上，故这条直线即为操作线，如图 7-47 所示。

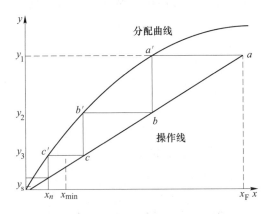

图 7-47　图解法求逆流萃取级数

x_n—最终萃余相组成；x_{min}—生产指标；x_F—原料液组成

将萃取分配曲线和操作线绘于同一坐标系中，在 x 轴上 x_F 点作垂线，与操作线交于 a 点，过 a 点作 x 轴的平行线，交分配曲线于 a' 点，并对应 y 轴上的 y_1 点为第一级萃取有机相中溶质 A 的含量。过 a' 点作 x 轴的垂直线交操作线于 b 点，b 点对应 x 轴上的值为第 1 级萃取后萃余液中溶质 A 的含量，过 b 点作 x 轴的平行线与分配曲线交于 b' 点，b' 点对应 y 轴上和 x 轴上的值分别为第 1 级萃取后有机相中、萃余液中溶质 A 的含量。依此重复阶梯作图，当第 n 级萃取后萃余液中溶质 A 的含量小于生产指标 x_{min} 时的阶梯数为多级逆流萃取的理论级数 n。

如果图 7-45 中完全不互溶体系萃取分配线近似在直线的范围内，即分配比 D 为一定值，多级逆流萃取的理论级数 n 可以推导出计算公式，在此省略。

7.5.2.3　分流萃取器组

在多级逆流萃取器组中，含待分离组分 A 与 B 的水相料液（F）由串级萃取器的中间某级流入，不含待分离组分的洗涤液（W）和有机相（S）分别由串级萃取器的两端流入串级萃取器组，载有组分 B 的有机相从一端流出，载有组分 A 的水相从另一端流出，这样的萃取器组叫作分流萃取器组。也就是萃取段与洗涤段连通的逆流萃取器组，如图 7-48 所示。

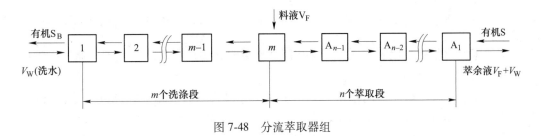

图 7-48　分流萃取器组

分流萃取器组在分离系数不大的条件下可同时获得纯的易萃组分 A 和纯的难萃组分 B 两种产品，收率很高，在实际生产中应用最广。

多级逆流萃取器组萃取器选用的原则：当两液体的密度差很小（可至 $10kg/m^3$）或界面张力甚小而易乳化或黏度很大时，选用离心萃取器。当需要的理论级数不超过 2~3 级时，各种萃取设备均可满足要求；当需要的理论级数较多（如超过 4~5 级）时，可选用筛板塔；当需要的理论级数超过 10 级时，可选用外加能量的萃取设备，如混合澄清器、脉冲塔、往复筛板塔、转盘塔等。

7.5.3　多级离子交换器组

固定床离子交换器内树脂不能边饱和边再生，因树脂层厚度比交换区厚度大得多，故树脂和容器利用率都很低；树脂层的交换能力使用不当，上层的饱和程度高，下层低，而且生产不连续，再生和冲洗时必须停止交换，为了克服上述缺陷，发展了连续式离子交换设备，包括移动床和流动床。

图 7-49 所示为三塔式移动床系统，由交换塔、再生塔和清洗塔组成。运行时，原水由交换塔下部配水系统流入塔内，向上快速流动，把整个树脂层承托起来并与之交换离子。经过一段时间以后，当出水离子开始穿透时，立即停止进水，并由塔下排水。排水时树脂层下降（称为落床），由塔底排出部分已饱和的树脂，同时浮球阀自动打开，放入等量已再生好的树脂。注意避免塔内树脂混层。每次落床时间很短（约 2min），之后又重新进水，托起树脂层，关闭浮球阀。失效树脂由水流输送至再生塔。再生塔的结构及运行与交换塔大体相同。

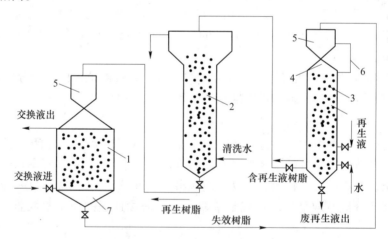

图 7-49　三塔式移动床

1—交换塔；2—清洗塔；3—再生塔；4—浮球阀；5—储树脂斗；6—滤通管；7—排树脂部分

移动床的树脂用量比固定床少，在相同产水量时，为后者的 1/3~1/2，但树脂磨损率大；能连续生产，自动化程度高。

移动床操作有一段床时间停留，并不全是连续过程。若让饱和树脂连续流出交换塔，由塔顶连续补充再生好的树脂，同时连续产水，则构成流动床处理系统。流动床内树脂和水流方向与移动床相同，树脂循环可用压力输送或重力输送。为了防止交换塔内树脂混层，通常设置 2~3 块多孔隔板，将流化树脂层分成几个区，也起均匀配水作用。

习　题

7-1　单选题：

（1）进行水溶液中萃取分离 A、B 组元操作时，应使用（　　　）。

A. 分配系数 k_A > 1　B. 分配系数 k_A < 1　C. 选择性系数 β > 1　D. 选择性系数 $\beta \leqslant 1$

（2）用 N984 或 Lix 系列萃取剂湿法提取铜时，优先选用萃取设备是（　　　）。

A. 脉冲筛板塔　B. 转盘塔　　　C. 离心萃取器　　　D. 混合澄清器

（3）采用多级逆流萃取与单级萃取比较，如果溶剂比、萃取浓度均相同，则多级逆流萃取可使萃余分数（　　　）。

A. 增大　　　　　　　　　B. 减少

C. 基本不变　　　　　　　D. 有变化，但变化趋势不确定

（4）以下不属于固定床离子交换柱工作区的是（　　　）。

A. 失效区　　　B. 未用区　　　C. 交换区　　　D. 再生区

（5）离子交换树脂在离子交换器内工作时，一个作业周期必须经过（　　　）。

A. 交换、反洗、再生、正洗、洗净　B. 交换、穿透失效、反洗、再交换

C. 交换、穿透失效、反冲、再生　　D. 交换、穿透失效、反冲、再交换

（6）将再生剂通过树脂层，发生再生反应。下列哪一个为逆流再生示意图？（　　　）

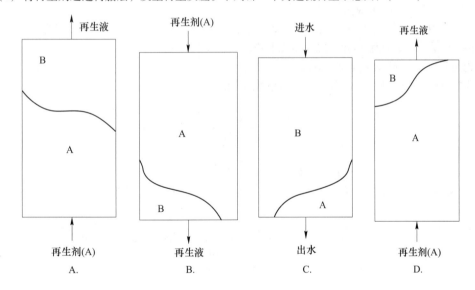

（7）由于制造方便、操作可靠，下面哪一蒸发器被称为"标准蒸发器"？（　　　）

A. 中央循环管式蒸发器　　　　B. 悬筐式蒸发器

C. 列文式蒸发器　　　　　　　D. 强制循环蒸发器

（8）下列说法正确的是（　　　）。

A. 流体蒸发时温度降低，它要从周围的物体吸收热量，因此可以用液体蒸发给另外的流体致冷

B. 在液体表面进行的汽化现象叫沸腾，在液体内部和表面同时进行的汽化现象叫蒸发

C. 蒸发器的液泛指的是在蒸发器中由于各种原因造成液相堆积超过其所处空间范围

D. MVR 蒸发器是一种用高温与高压汽蒸技术为能源产生蒸发的设备

（9）下列说法正确的是（　　　）。

A. 多级闪急蒸发的工作原理与多效蒸发的相同

B. 在多级闪蒸系统中，热能重复利用，且蒸汽与料液逆流换热，可最大限度回收热量

C. 在多效蒸发系统中，热能重复利用，蒸汽与不提供动力的料液逆流换热，可最大限度回收热量

D. 纯多效蒸发系统和纯多级闪蒸系统中都有传热温度差损失

（10）结晶的推动力是（　　）。

　　A. 料液的温度　B. 料液的浓度　　　C. 料液的过饱和度　D. 料液的压强差

（11）冶金工厂中，硫酸铜溶液结晶通常由（　　）连续蒸发结晶。

　　A. 多效蒸发与 DTB 结晶器组　　　B. FC 型蒸发结晶器

　　C. MVR 蒸发器　　　　　　　　　　D. OSLO 型结晶器

7-2　何谓萃取塔操作的液泛？分析影响其萃取的操作因素。

7-3　简述混澄器的结构，分析影响其萃取的操作因素。

7-4　离心萃取器有什么特点？在什么情况下可以用离心萃取器？

7-5　简述固定床离子交换器的结构和特点。

7-6　简述移动床离子交换设备的结构和工作原理。

7-7　用 5%煤油溶剂，按相比 $R=2.5$ 萃取分离钍铀，已知料液成分 U_3O_8 为 10g/L，ThO_2 为 170g/L，D 为 2，求欲使残液中 U_3O_8 达到 $5×10^3$ g/L，逆流萃取的理论级数为多少。

7-8　有 3 台强制外循环蒸发器和 1 台水冷器，按逆流作业方式组成三效蒸发器组。请按蒸汽、料液、冷凝水走向分别用连线将各设备连接起来，用文字对连线作简要说明。

7-9　提高蒸发器生产强度的途径有哪些？

7-10　在单效中央循环管蒸发器内，将 10%NaOH 水溶液浓缩到 25%，分离室内绝对压强为 20kPa，试求因溶液蒸气压下降而引起的沸点升高及相应的沸点。

7-11　论述节约蒸发过程能量消耗的方法。

7-12　比较奥斯陆（OSLO）结晶器与 DTB 结晶器的工作原理及特点。

8 电化学冶金设备

电解是从矿石中提取有色金属的主要方法，是大多数有色金属生产的必要工序。水溶液电解冶金按过程的目的及特点可分为电解沉积（简称为电积）和电解精炼（简称为电解）。电解沉积采用不溶性阳极，用经过浸出、净化的电解液作为电解质，在直流电的作用下待沉积的金属离子在阴极上还原析出，制得纯金属；电解精炼用炼制的粗金属作为阳极，用该金属的盐水溶液作为电解质，进行电解，达到分离粗金属中杂质和提纯金属的目的。

按照电解过程中使用的介质不同，可分为水溶液电解冶金和熔盐电解冶金。电解精炼是火法冶金工艺提取高纯度有色金属的最后工序。电解沉积即是以电化学方法使溶液中金属离子在阴极还原析出，是湿法冶金的最后工序；熔盐电解是获得活泼金属的最后工序。

8.1 电化学冶金工程基础

电解、电积与熔盐电解是冶金的基本过程。当电流通过电极与溶液界面时，将发生一系列的变化，称为电极过程。金属电极过程包括金属阴极过程与金属的阳极溶解和钝化。

（1）金属阴极过程。如果仅从电化学热力学考虑，只要 H^+ 发生足够的阴极极化，任何金属离子都可能发生阴极还原。金属电解沉积与电解精炼的基本过程是金属离子的阴极还原。这一过程不仅决定产物的质量（金属沉积物的纯度、结构和性质），而且影响生产的技术经济指标。

（2）金属电结晶过程。电解极板表面反应包括离子在阴极的还原（属电化学过程）和结晶过程（称为电结晶）。电结晶可由两种方式进行：一种是放电后的金属原子长入基体的晶格，即原有的未完成的晶面继续生长；另一种是新晶核的形成及长大。由于电极表面的状态及电位分布不同，在存在完整晶面及超电压较高时可能形成新晶核，而在晶面不完整以及超电压较低时，则多发生前一种电结晶。

电结晶也需要一种"过饱和度"，即"超电压"才能产生晶核。

在电解沉积和电解精炼金属时，电结晶的沉积量大、时间长，电流效率和电能消耗成为过程的主要技术经济指标；同时也要求电结晶平整致密，不产生枝晶和海绵状沉积物。

（3）金属阳极过程。电解冶金中涉及可溶阳极与不溶阳极。与阴极过程相比，阳极过程的产物可能具有多种形态，包括多价金属离子、金属氧化物、氢氧化物、盐类或气体等。这些阳极产物常不稳定，可能相互转化。涉及多电子反应的阳极过程往往失去最后一个电子的步骤速度最慢，因此容易造成中间价态离子的积累，引起副反应，如化学氧化和其他歧化反应。

8.1.1 水溶液电解工程基础

由于水溶液中电解存在待沉积的金属离子、氢离子和杂质离子参与反应，因此金属离子与氢离子存在共析的可能，特别是在酸性水溶液中；此外，待沉积的金属离子与杂质离子也存在共析的可能。电解沉积时它们来自浸出和净化后的电解液，而电解精炼时则来自待精炼的可溶性金属阳极（含杂质的粗金属），电解冶金的目的正是去除和分离这些杂质，因此应力求减少或避免它们在阴极共析。

大多数有色金属都可通过水溶液电解的方法加以提取或提纯。金属离子水溶液电解的可能性规律见图8-1。

	I A	II B	III B	IV B	V B	VI B	VII B	VIII			I B	II B	III A	IV A	V A	VI A	VII A	0
三	Na	Mg												Al	Si	P	S	Cl	Ar
四	K	Ca	Sc	Ti	V	Cr	Mn	Fe	Co	Ni	Cu	Zn	Ga	Ge	As	Se	Br	Kr
五	Rb	Sr	Y	Zr	Nb	Mo	Tc	Ru	Rh	Pb	Ag	Cd	In	Sn	Sb	Te	I	Xe
六	Cs	Ba	La	Hf	Ta	W	Re	Os	Ir	Pt	Au	Hg	Tl	Pb	Bi	Po	At	Rn

水溶液中可能电沉积出来　　氰化物溶液中可以电沉积出来

图 8-1 水溶液中金属配合离子电解的可能性规律

水溶液电解冶金的优点：（1）具有较高的选择性，自多种金属盐混合物溶液中能够分离出纯的金属，用于金属提纯、精炼、多金属的综合利用；而且对环境的污染较小，生产也较易连续化和自动化。（2）控制电解条件，可以制得不同聚集状态的金属，如粉状金属、致密晶粒、海绵状金属、金属箔等。水溶液电解冶金还可用于制造金属粉末，如在水溶液中电解制取 Cu、Ni、Fe、Ag、Sn、Pb、Cr、Mn 等的金属粉末，在熔融盐中电解制取 Ti、Zr、Te、Nb、Be 等金属粉末。（3）可以制备金属间合金、金属镀膜和金属膜，如 $NiSn$、Al_3Ni、$AuSn$、$MuBi$、$PtBe$ 等。

8.1.1.1 电解精炼的电极过程

水溶液电解的电化学特性主要取决于电极过程的本性。在水溶液电解（电积）冶金过程中，常常涉及气体的电极过程，最为重要的是氢在阴极还原的电极过程和氧在阳极氧化的电极过程。

A 氢在阴极析出

在浓差极化影响可以忽略的条件下，氢在阴极析出的超电压与电流密度成近似对数关系：

$$\eta = a + b\lg i \tag{8-1}$$

式（8-1）为塔菲尔（Tafel）公式。式中，b 的值大致相同，一般在 $100 \sim 140 mV$；a 值表示在电流密度 $i = 1A/cm^2$ 时的 η 值，它与电极材料、电极表面状态、温度以及溶液组成等有关。对于析氢反应，可根据 a 值的大小将常见的电极材料分为三类：

（1）高超电压金属（$a = 1 \sim 1.5V$），主要包括 Pb、Cd、Hg、Tl、Zn、Be、Sn、Al 等；

（2）中等超电压金属（$a = 0.5 \sim 0.7V$），主要包括 Fe、Co、Ni、Cu、W、Au 等；

（3）低超电压金属（$a = 0.1 \sim 0.3V$），主要包括铂族金属，如 Pt、Pd 等。

工业电积材料的选择，在那些需要促进 H_2 析出的场合，应选用第（3）类金属做电极材料；在那些需要抑制 H_2 析出的场合，应选择第（1）类金属做电极材料。例如，Zn 电积提取过程中，应采用高超电压的 Al 板做阴极材料，以抑制氢析出，提高电流效率。表 8-1 是 25℃时不同电流密度下，氢在锌和铝上的超电压。从表 8-1 可见，氢在锌和铝上的超电压很大，改变了氢离子、锌离子在其上的实际析出电位顺序，故能用硫酸锌水溶液电积获得金属锌。

表 8-1 25℃时不同电流密度下，氢在锌和铝上的超电压

电极材料	电流密度/A·cm^{-2}				
	30	100	500	1000	2000
氢在铝上的超电压/V	0.745	0.826	0.968	1.066	1.176
氢在锌上的超电压/V	0.726	0.746	0.926	1.064	1.161

B　氧在阳极析出

与氢的电极过程相比，氧在阳极析出的电极过程更加复杂，反应的可逆性低，而且超电压较高。其塔菲尔方程的 b 值约为 120mV，a 与各种复杂因素有关。因此，氧的超电压随电流密度、电极材料、电极表面状态、温度、电解质以及溶剂性质和浓度等不同而改变。由于析氧电位很高，在电解冶金中为了使析氧反应进行，避免阳极电极材料的溶解，应选用一些低超电压的贵金属或处于钝化状态下的金属作阳极材料，如在锌和铜电解沉积时（H_2SO_4 介质）选用 Pb 或 Pb-Ag 合金作阳极材料。尽管如此，电极表面仍可能形成各种氧化膜，如 Pb 电极上形成 PbO_2 薄膜，表面状态也不断变化，反应历程变得更为复杂。

金属正常溶解时，阳极极化增大，电流密度提高。但有时会出现当电位增加到一定数值后，电流密度突然急剧减小，这种情况称为金属的钝化。

C　水溶液电解的阴、阳极组合方式

电解槽按电极的连接方式可分为单极式和复极式两类电解槽。单极式电解槽中同极性的电极与直流电源并联连接，电极两面的极性相同，即同时为阳极或同时为阴极。复极式电解槽两端的电极分别与直流电源的正负极相连，成为阳极或阴极。电流通过串联的电极流过电解槽时，中间各电极的一面为阳极，另一面为阴极，因此具有双极性。当电极总面积相同时，复极式电解槽的电流较小，电压较高，所需直流电源的投资比单极式省。复极式一般采用压滤机结构形式，比较紧凑；但易漏电和短路，槽结构和操作管理比单极式复杂。

8.1.1.2　有色重金属电解精炼的简介

A　铜电解

铜电解精炼时的电化学体系是阳极为粗铜，阴极为纯铜，电解液主要含有 $CuSO_4$ 和 H_2SO_4，电解精炼时的总反应为：Cu（粗）——→Cu（纯）。

在铜电解精炼时，电极电位较铜负的杂质可在阳极共溶，但不能在阴极与铜一同析出；而电极电位较铜正的杂质因不能在阳极共溶，只能进入阳极泥，当然也就失去了在阴极共析的可能性。这正是金属电解精炼的电化学原理。最危险的杂质是电位与铜接近的杂质，它们既可能在阳极共溶，又可能在阴极共析，因此它们在溶液中的浓度应加以控制，

即通过定期地对电解液进行净化处理，来降低这些离子在溶液中的浓度。

　　B　铅电解

以硅氟酸和硅氟酸铅混合溶液作电解液的柏兹法铅电解精炼技术。硅氟酸对铅的溶解度大，导电率较高，稳定性也较好，价格相对较低，是其在铅电解精炼中得到应用的主要原因。在铋和锡的电解精炼中也采用硅氟酸型电解液。铅电解精炼时的电化学体系是阳极为粗铅，阴极为纯铅，电解液主要含有 $PbSiF_6$ 和 H_2SiF_6。电解精炼的总反应为：Pb（粗）$\longrightarrow$ Pb（纯）。

与铜电解相似，粗铅阳极中含有多种杂质，按其在电解过程中的行为也分为三类，可以参阅《铅冶金》。其中最难用电解除去的杂质是标准电位与铅接近的元素 Sn。从理论上讲，它能同铅一起溶入电解液。然而，实际上锡并不完全溶解，而是有一部分会留在阳极泥中。与铅一道进入电解液的杂质锡，由于其析出电位与铅接近，故能与铅一起在阴极上析出。如果电解液含锡过高，则必然导致阴极铅含锡过高。

　　C　锌电解沉积

锌电积电解液的主要成分为 $ZnSO_4$、H_2SO_4 和 H_2O，并含有微量杂质金属 Cu、Cd、Co 等的硫酸盐。$ZnSO_4$、H_2SO_4 在水溶液体系中呈离子状态存在。当通直流电于溶液中时，正离子移向阴极，负离子移向阳极，并分别在阴、阳极上放电。

工业生产大多采用 Pb-Ag 合金（也添加 Ca、Sr 等元素）不溶阳极作为锌电解沉积的阳极，电解时阳极上的主要反应是析 O_2。

在工业生产条件下，设电解液中含 Zn^{2+} 55g/L，H_2SO_4 120g/L，密度 1.25kg/L（相应活度 $a_{Zn^{2+}} = 0.0421$，$a_{H^+} = 0.142$），电解液温度 40℃，电流密度 500A/m²。实际 $\varphi_{Zn^{2+}/Zn} = -0.83V$，$\varphi_{H^+/H_2} = -1.16V$，由于氢气超电压的存在，使氢的析出电位比锌偏负，故锌得以优先于氢析出，从而可保证锌电解沉积的顺利进行。

由于锌的析出电位较低，因此电解液中微量杂质的存在都会改变电极和溶液界面的结构，直接影响析出锌结晶状态。钴、镍、砷、锑、锗等杂质能在阴极析出，加速氢离子放电和锌反溶，形成各种形态的"烧板"。因此，锌电解沉积要求尽量除去电解液中的杂质。

8.1.1.3　水溶液电解精炼的要素

电解精炼是指利用不同元素的阳极溶解或阴极析出难易程度的差异提取纯金属的技术。一个完整的电解精炼必然包括的工艺要素如下：

（1）电解液。电解液是由酸及所电解金属盐组成的水溶液。例如铜电解液是由硫酸、硫酸铜组成的水溶液。组成是：Cu^{2+}：40～50g/L，H_2SO_4：150～180g/L。电解液需要循环。

（2）阳极板。符合一定物理规格和化学品位要求的原料极板。物理规格要求包括耳部饱满、板薄厚均匀、适当、无飞边、无毛刺、无夹渣等。

（3）阴极。阴极就是经加工（即拍平、压纹、铆耳、穿铜棒）制作而成的极板。始极片要求表面光滑、结晶致密、各处厚薄均匀，具有一定的硬度，板面无缺陷，通常要求始极片比阳极板长 25～30mm。

（4）添加剂。在电解过程中，添加剂所起的作用是抑制粒子生长，使电析面光滑、结晶致密。国内通用的有胶、硫脲、盐酸等。

一个完整电解精炼的设备要素如下：

（1）电解槽系统。电解槽系统包括电解槽本体、电解液循环、导电与排列等系统。电解槽是电解车间的主体设备，是长方形槽子，内装阳极板和阴极，阴、阳极交替吊挂，槽内有排液出口和排泥出口等。

（2）阴极制作机组。该机组的功能是制作电解槽上的阴极与准备。例如，从钛母板上把铜剥离下来，经压纹、铆耳（穿棒）拍平加工后制作成阴极，然后把阴极排距，以备吊车吊至电解槽。

（3）阳极加工机组。该机组的功能是对从火法精炼出来的阳极板进行加工，达到电解工艺所要求的标准。该机组各工序为阳极板面压平、洗耳、压耳、阳极板排距等。

（4）电解产品洗涤机组。以铜电解为例，该机组的作用是把出槽后的电铜洗涤、烘干，抽出导电棒，将电铜堆垛、打包、称重。

（5）残极机组。该机组的作用是把出槽后的残极洗涤、堆垛、打包、称重等，然后把打包的残极送往火法精炼重熔。

8.1.2 熔盐电解的工程基础

凡是在水溶液中实际析出电位比氢的实际析出电位更负的金属，就不能在水溶液中电解，必须用熔盐电解。一些重要的工业金属，如碱金属锂、钠、钾，碱土金属铍、镁、钙以及产量极大的铝，都不能从水溶液中阴极还原析出，只能通过熔盐电解法进行生产。此外，一些在水溶液中难以生产的金属，如钛、锆、钽、铌、钨、钼、钒等也采用熔盐电解法进行生产，只是数量较少。熔盐电解也用于非金属的生产，其中最重要的是氟；另有一些非金属，如硼、硅等，也可通过熔盐电解法制取。

建立在电解质水溶液体系的电化学基础理论一般也可用于熔盐体系。但是熔盐电化学又另有一些特点。第一，由于不可能像水溶液一样，找到一种通用的溶剂，因此难以建立一个通用的电位序，各种熔盐在不同的溶剂中可能具有不同的电位序，即具有不同的氧化还原趋势。第二，由于熔盐的温度高，温度变化的区间大，因此电极电位的变化范围也大得多，甚至可能导致相互位置的变化，因此导致熔盐电极过程在热力学及动力学方面都另具特点。第三，熔盐中电极电位的测量也比较困难，缺少通用的参比电极，因而不易确定共同的电极电位标度，所得的数据也较难比较。如850℃时，在 Na_2AlF_6 溶剂中金属的电位序为 Al、Mn、Cr、Nb、W、Fe、Co、Mo、Ni、Cu、Ag。第四，温度同样影响分解电压的大小，影响电极过程。第五，熔盐电解可在很高的电流密度下进行，达到 $10^5 A/m^2$，远高于水溶液电解的电流密度（$200 \sim 500 A/m^2$），高温还对电化学反应器的材料及结构提出了特殊要求。

8.1.2.1 熔盐电解体系

在熔融盐电解质中进行的电解过程称为熔盐电解。用于熔盐电解的电解质有以下几种体系：以氯化物为主要电解质成分的熔盐电解体系（稀土熔盐电解的氯化物体系如图8-2所示），以氟化物为主要电解质成分的熔盐电解体系，以氧化物为主要电解质成分的熔盐电解体系，以氟化物、氯化物混合熔盐为电解质的熔盐电解体系。

以冰晶石-氧化铝熔体为基础，再加入少量 AlF_3、MgF_2、CaF_2、LiF 等添加剂形成了比较复杂的电解质体系。我国预焙槽用的电解质接近低分子比型。采用低分子比型电解

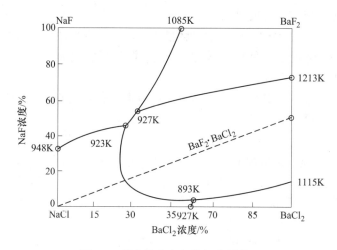

图 8-2　稀土熔盐电解的氯化物体系

质，要求与电解槽的点式下料及比较完善的自动控制系统相配套，即保持半连续下料，保持电解质中较低的 Al_2O_3 浓度，此时，这种电解质才好"操作"。

低温电解质是指熔化温度低于 800~900℃ 的炼铝电解质，它是铝电解行业长期追求的目标。

8.1.2.2　熔盐电解的电极过程

A　阴极过程

阴极上的主要过程是金属的析出。在熔盐电解中，金属产品以液态形式存在是较为理想的，这不仅有利于电解质与金属的分离，而且对提高阴极电流密度和浇铸都是有利的。在制取高熔点金属时，此时成功与否的关键取决于阴极产品的形态，希望得到致密而完整的产品。为了避免阴极产品为固态金属，有时把另一低熔点、稳定的金属作为阴极，在阴极上直接生产合金，例如以铝为阴极生产 Al-Ti 合金。某些液态金属化学性质非常活泼，在与其相对应的盐中有较大的溶解度，以致在电解中发生明显的二次反应，减少了电流效率，这时也可以采用一个惰性金属为阴极。

一般认为，在 970~1010℃，阴极电流密度为 0.4~0.7A/cm² 的情况下，阴极过电压为 50~100mV。当阴极金属进入熔盐之后，熔体迅速变暗，这是阴极过程的副作用。阴极过程的另一个副作用是钠的析出。

B　熔盐电解的阳极过程

稀土熔盐电解时，阳极过程主要有两种：一是氯离子放电和氯气的析出，这主要包括镁电解、钙电解、锂电解等的阳极过程；二是氧离子放电生成氧气或二氧化碳。

铝电解的阳极过程是十分复杂的。阳极过程对于铝电解生产中的顺畅与否关系密切，在生产中常把阳极比作电解槽的"心脏"。阳极的原生产物为何，要依阳极材料而定。当采用炭阳极时，原生产物主要为 CO_2；采用惰性阳极时，原生产物为 O_2。

熔盐电解中的过电压主要由阳极产生。在铝电解中，阳极过电压高达 0.4~0.5V。在电解 NaCl（NaCl-CaCl₂ 熔体）时，氯气在阳极上的过电压为 0.2V。阳极产物是气体。气泡在逸出过程中对电解质形成强烈的搅拌，对电解质各成分的均匀是有利的。阳极表面生成的气泡不但增加了电极表面的电阻，而且也增加了没有被气泡覆盖部分的电流密度，于是就增加了阳极的过电压。

在阳极的电流-电压关系图上，随着电流的增加，电压达到一个最大值，而后电压降低，这个高峰的电流密度就是临界电流密度。该处表示出现了阳极效应。在许多熔盐电解中，都存在"阳极效应"现象。这种现象在铝电解中最为典型，一度曾作为一种加工制度。

阳极效应可以认为是一种堵塞效应。当阳极效应发生时，在阳极与电解质之间产生一气体薄膜，此薄膜阻碍电流的通过。而工业电解槽又相当于一个恒电流源，所以对于发生阳极效应的那台电解槽，槽电压必将骤然升高，而电流只略有下降。

电解中由于种种原因，氧化铝浓度减小到0.5%~1%时，氟离子开始在阳极表面放电，生成碳氟和碳氧氟等中间化合物，使得电解质对炭阳极的湿润性更差，气泡更难脱离电极表面，甚至可能在阳极底掌发展为一层"气膜"，使电极导电面积减小，真实电流密度大大提高，阳极电位和槽电压骤升，可从几伏增至几十伏，阳极附近出现电弧光和嗶啪声，发生阳极效应。发生阳极效应之后就要及时熄灭阳极效应。

从阳极效应的发生机理可知，熄灭效应时，要尽快恢复阳极导电面积，消除阳极表面存在的气体膜，改善电解质同阳极的湿润性能。因此熄灭的方法有：

（1）加入新鲜氧化铝后，插入阳极效应棒，后者急速干馏而放出大量气体，强烈搅拌电解质，排除阳极上的气膜，可很快熄灭阳极效应。

（2）用大扒刮除阳极底部的气膜也能很快熄灭阳极效应。

（3）下降阳极，接触铝液，瞬间短路，借助大电流通过电极，排除气膜（应尽量少用）。

（4）摆动阳极。此举的目的也是消除气膜，扩大阳极导电面积，达到消除效应的目的。

（5）氮气的性质比较稳定，在铝电解条件下不与铝及电解质反应，铝电解生产中也用氮气来灭阳极效应。将氮气通过预热后，用钢管从中缝通入阳极底掌。氮气流搅动电解质，破坏底掌的气膜，帮助气体逸出，改善电解质对炭阳极的湿润性，从而达到熄灭阳极效应的目的。

阳极效应与熄灭阳极效应是熔盐电解电极过程的一大特点。

C　熔盐电解的阴、阳极组合方式

按不同的原则，可把电解阴、阳极组合方式分为不同类型。熔盐电解中常见的阴、阳极组合方式有9种，如图8-3所示。

把阴极与阳极组合起来就构成了熔盐电解槽的基本单元。按电极结构划分，可分为单极电解槽和多极电解槽；按电极性质划分，可分为活性电极电解槽和惰性电极电解槽；从阴极产品的形貌来看，可分为固体阴极电解槽和液体阴极电解槽（液体阴极电解槽可分为上浮阴极电解槽和下沉阴极电解槽，上浮阴极电解槽又可分为有隔板电解槽和无隔板电解槽等）。（1）平行下插式电解槽，如图8-3（a）、（b）、（d）所示。（2）液体阴极下沉式电解槽，如图8-3（c）所示为金属密度小于电解质的电解槽，图8-3（i）也是下沉式阴极电解槽（为金属密度大于电解质的电解槽）。（3）液体阴极上浮式电解槽，如图8-3（e）所示，镁电解、锂电解时采用。（4）固体电解质隔板式电解槽，如图8-3（f）所示。（5）

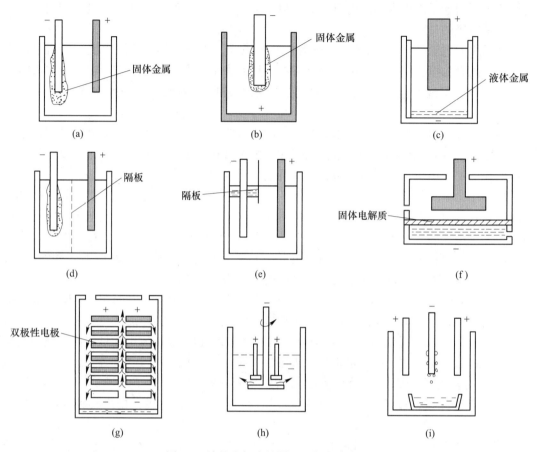

图 8-3　熔盐电解中的阴、阳极组合方式

旋转阴极电解槽，如图 8-3（h）所示。（6）双极电解槽，变"平面反应"为"立体反应"，如图 8-3（g）所示的 6 室电解槽，这样 1 台电解槽就相当于 6 台单室的电解槽。

8.1.2.3　熔盐电解的要素

一个熔盐电解过程包含电解质（熔盐）、原料（溶质）和电解槽结构三方面。一个完整熔盐电解的设备要素如下：

（1）熔盐电解槽系统。熔盐电解槽系统包括电解槽本体、上料系统、槽集气、导电与排列等系统。熔盐电解槽是电解车间的主体设备。铝电解槽的侧壁绝缘依靠"底部保温侧部散热"使电解质凝结而绝缘，并配合一个特殊的启动工艺形成的一个"人工伸腿"。

（2）烟气净化系统。电解铝烟气收集、净化与排放。包括电解槽集气、吸附反应、气固分离、氧化铝输送与机械排风五部分。

（3）阳极组装系统。将电解使用后的残极，清除电解质，残极压机、铸铁环压机、导杆检测、导杆校直，修理，导杆清刷、涂石墨和回转浇铸站，生产出合格的阳极。

（4）电解供电系统。一次采用双母线运行，厂用动力变压器带在Ⅰ组母线，整流机组带在Ⅱ组母线上，220kV 进线带与一段母线，通过母联断路器合闸带二段母线。

（5）铸造系统。以铝为例，由电解槽生产出来的铝液称为原铝液。原铝液经过铝液净化处理，再调配成分，由浇注机铸成各种不同品位和形状的铝锭，然后经过检验和打捆，再过秤入库。

8.1.3 电化学冶金设备的评价指标

电化学冶金设备产出的就是目标金属，因此，衡量电化学冶金设备的第一个评价指标就是阴极产品的质量。

8.1.3.1 阴极产品的质量

以铜为例，阴极铜的品质要求：铜精矿由电解精炼法或电解沉积法生产得到阴极铜。按国标 GB/T 467—2010《阴极铜》的规定，阴极铜按化学成分分为 A 级阴极铜（Cu-CATH-1）和 1 号标准铜（Cu-CATH-2）和 2 号标准铜（Cu-CATH-3）三个牌号。阴极铜化学成分的分析按 GB/T 5121、YS/T 464 的规定进行，仲裁分析方法为 GB/T 5121。表面质量用目视检测。

现行生产的所有电解过程，阴极产品的质量由电解的工艺技术把控，皆能够实现。阳极铜符合行业标准（YS/T 1083）。

8.1.3.2 电流效率

电流效率是电解生产最重要的技术经济指标之一，电流效率是单位时间电解产出金属的质量与按法拉第定律计算的理论产出量之比，即：

$$C_E = \frac{W_{实际}}{kIt} \tag{8-2}$$

式中　$W_{实际}$——电解产出铝的质量，kg；

　　　　I——电流强度，A；

　　　　t——时间，h；

　　　　k——金属的电化当量，kg/(kA·h)。Al 的电化当量为 0.3356kg/(kA·h)。

8.1.3.3 电耗与电能效率

在检验生产过程时，用生产过程的理论值和现行生产的实际值来表示电耗。

用化学方法将一种材料转变为另一种材料时，其理论最低的能源需求是基于制造这个产品的净化学反应。在炼铝（惰性阳极）的情况下，是由氧化铝制得金属铝（$2Al_2O_3 \Longrightarrow 4Al+3O_2$），其理论最低能耗是 9.03kW·h/t-Al。目前工业铝电解都采用碳阳极，总的理论最低能耗为 6.16kW·h/kg-Al。维持在这个最低值，反应非常缓慢，近乎平衡。

在实际生产当中，有产品不断排出，实际生产的能耗取决于这个过程的周边范围、参数数目、采样技术、测定准确度和数据精度。实际最低能耗为该项目采用了先进技术的最优设计值。美国曾规划至 2020 年电解铝的实际最低能耗为 11000kW·h/t-Al。

实际最低能耗：以所述过程采用了最好的技术和最好的管理进行各项单元操作情况下的综合能耗。

隐性能耗：是在线能耗（对现有企业内的作业进行实际测定）和发电、运输、生产燃料和原材物料所需能耗的总和。

生产任何一种产品它的全面的能源需求和环境影响，须包括生产所用的原始物料的能耗及其对环境影响。例如生产 1kg 铝，其原材物料的生产需要耗能 8.2kW·h，约占原铝生产总能耗的 28%。电解铝综合能源单耗是工艺能源单耗加上应分摊的间接能源消耗（压缩空气、燃气和铸造工序所消耗的电，压缩空气、燃气、重油、柴油、蒸汽、水及电解工序、铸造工序的动力、照明等）。

$$E_z = E_g + \frac{E_f}{P_{Al}}$$ (8-3)

式中　E_z，E_g——分别为综合能源单耗与辅助工序单耗，kW·h/t-Al；

E_f——铝电解的非直接电耗，kW·h；

P_{Al}——铝产量，t-Al。

电能效率等于实际生产的能耗与理论最低能耗之比，用百分数表示。直流电能消耗简称直流电耗。一般可用每单位产量（kg 或 t）所消耗的直流电能表示，即：

$$\eta_{电能} = \frac{E_z}{W_{理}} \times 100\%$$ (8-4)

式中　$W_{理}$——理论耗电量，kW·h/t-Al；

$\eta_{电能}$——电能效率，%。

8.1.3.4　电解槽的容量

电解槽的容量也叫作系列电流强度，就是通入一个电解槽的总电流强度（kA）。每一个电解系列都有额定的电压、额定电流强度，与之对应有一定金属的产量。额定电流强度一经确定，就应尽可能保持恒定。电解槽生产的技术参数是以电解槽的类型、电解容量和操作人员的技术水平确定。

水溶液电解也一样，额定电流强度下产出一定的金属产量，电解必须配备足够的电解容量及功率。

8.2　水溶液电解和电积的设备

8.2.1　铜电解精炼过程及设备

铜的生产中，约有 80%的铜是采用硫化物矿石，经火法熔炼和精炼后获得的阳极铜熔体铸成所需形状和尺寸的粗铜阳极板，再利用电解精炼进一步除去杂质获得纯铜。电解精炼常常是火法冶金过程的最后精炼工序。

8.2.1.1　铜电解精炼的方法

铜的电解精炼，根据所使用极板的不同，通常可有三种方法：常规电解精炼法、永久性阴极板法和薄形阳极板法。

A　常规电解精炼法

该法是自 19 世纪末用于生产以来应用最广的一种方法。常规铜电解精炼的主要操作包括阳极加工、始极片的生产和制作、装槽（向电解槽内装入阳极板和阴极板）、灌液、通电电解、出槽（取出阴极和残阳极）并对其进行处理等。

在实际生产中，首先是在种板槽中用火法精炼产出的阳极铜作为阳极，用钛母板（现在普遍采用钛母板)作为阴极,通以一定电流密度的直流电,使阳极的铜发生电化学溶解,并在钛母板上析出 0.5~1.0mm 厚度的纯铜薄片,称为种板。将其从母板上剥离下来后,经过整平、压纹,再与导电棒、吊耳装配成阴极板(又称始极片),即可作为生产槽所用的阴极,因而称为阴极板。然后,将粗铜阳极板和纯铜阴极板相间地装入盛有电解液(硫酸铜和硫酸水溶液)的电解槽内,通入直流电进行电解精炼。在电流的作用下,铜在阳极上溶解并迁移至阴极进行电沉积,待沉积到一定质量时,将其取出,作为电解铜成品(即阴极铜)。在电解槽的空位上,重新装入新阴极板,使生产连续进行。

当阳极板溶解到一定程度时,成为残阳极,简称残极。将其取出,并在其位置上装入新阳极,使生产继续进行。通常一块阳极可生产 2~3 块电解铜,即阳极板的使用周期为阴极板的 2~3 倍。阴极周期太长,则金属沉积太重,处理短路时劳动强度太大;如阴极板周期太短,则阴极板交替次数多,工作繁重。目前多数工厂的阴极周期为 7~10d。

电解液需要定期定量经过净化系统,以除去电解液中不断升高的铜离子,并脱除过高的杂质镍、砷、锑和铋等。

目前常规电解精炼法已被其他自动化程度高的方法所取代。

B 永久性阴极电解精炼法

美国的麦特柯(Metco)工厂率先采用这种方法,随后澳大利亚 ISA 公司的汤斯威尔铜精炼厂改进并完善了这种方法,故又称为 ISA 法(1978 年),我国最早引进该技术的是江铜贵溪冶炼厂;此外,还有加拿大鹰桥公司的永久不锈钢阴极电解 KIDD 法(1986年)(我国铜陵的金隆公司采用的就是此工艺),以及奥托昆普公司的永久不锈钢阴极电解 OT 法(或 OK 法)(我国的山东阳谷祥光铜业公司采用的就是此工艺)。

ISA、KIDD、OT 主要是阴极板和阴极剥片机组有差别,阴极板的区别主要是导电棒形式不同。ISA 采用 304L 不锈钢棒,截面为中空长方形(或截面为工字钢形),两端封闭,再镀厚 3.0mm 的铜层,镀层覆盖全部焊缝,并延至阴极板面 55mm 处,电阻率最低;不锈钢边沿开启小孔,并涂高分子胶,包边条与板面由胶黏附,并在开孔处用卡子卡住。KIDD 采用实心纯铜棒,铜棒部分用不锈钢套牢牢裹住,强度高;不锈钢板与铜棒用铜焊料焊接;不锈钢套和铜焊缝间的缝隙用密封胶密封;绝缘边由聚丙烯材料经压铸而成,并进行热处理;然后加工成两边开槽形状,一边卡住不锈钢板,另一边套入聚丙烯棒增加夹紧力,夹边条与不锈钢之间粘一层胶带。OT 阴极板导电棒装置是内部为实心铜棒,外部为不锈钢,导电棒两头下部露出铜,使之与槽间导电棒接触,吊耳与板面之间用激光焊接,防腐蚀能力强。奥图泰采用槽面双触点导电排,每两个槽中间有一个无线发射装置,可以发射槽电压、短路、温度、电流等信息到控制中心。OT 不锈钢边沿开启小孔,包边条与板面采用机械方法黏附,熔塑挤压。

不锈钢阴极板由不锈钢母板、导电棒和绝缘边三部分组成,如图 8-4 所示。不锈钢阴极板的厚度一般为 3~3.75mm。不锈钢阴极板可以反复使用,放入电解槽前也不需要加隔离剂、不需要矫直等。它在电解槽中受到阴极保护作用,不会发生腐蚀,实践证明其使用寿命可达 15a 以上。

不锈钢阴极不易变聚丙烯形、垂直度好,生产中不易发生短路,槽面检查的工作量减少、极距缩短、电流密度增大,不会发生吊耳腐蚀现象。用通常重量的阳极板,阳极板使用周期 21d,阴极板使用周期 7d,即阳极板周期为阴极板周期的 3 倍。阴极的两面各剥离下一块铜，产出的电铜产品厚度为 5~8mm。

ISA 剥片采用传统机械技术，KIDD 剥片采用机器人系统，OT 剥片采用传统机械技术。

从投资方面看，永久性阴极板电解法需要增加不锈钢板以及电解铜剥离机组的费用。由于省去了阴极板制备系统，增加的投资可以由阴极板制作的费用来抵消。

永久性阴极板铜电解精炼法的操作包括阳极加工、装槽（向电解槽内装入阳极板和永久性阴极板）、灌液、通电电解、出槽（取出阴、阳极）、清洗阴极并剥下成品电解铜并对其进行处理等。由于永久性阴极板可反复使用，故其操作前的准备工序大为简化。

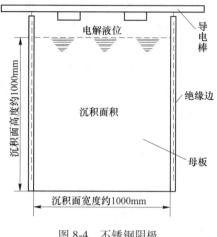

图 8-4　不锈钢阴极

C　薄形阳极电解精炼法

英国 BICC 公司首先采用哈兹列特连铸型机铸成薄形阳极板。20 世纪 70 年代，日本三菱公司小名滨冶炼厂使用大电解槽进行薄形阳极板电解精炼法的生产，故这种方法又称大电解槽电解精炼法。

薄形阳极板法与常规电解法的唯一区别是使用的阳极板的浇铸方法不同。前者采用哈兹列特双带式连铸机，将阳极铜熔液连续地铸成板材（类似钢铁工业），经冲剪机冲切成所需形状和尺寸的阳极板。由于薄形阳极板的厚度通常约为 20mm，仅为一般浇铸机浇铸的阳极板的厚度的一半左右，故其使用周期与阴极板相同。这样，电解槽内铜的积存量减少（达 30%），槽内物料周转加快。

减薄阳极板厚度，相应极距也缩短，因此，提高了生产力，但其残极率高。

该法作业过程与常规法相比，除需有阳极板浇铸工序外，其他基本相同。

8.2.1.2　铜电解精炼的设备与极板作业

A　电解槽

电解槽是电解车间的主要设备之一。电解槽为长方形的槽子，槽内附设有供液管、出液管或出液斗以及出液斗的液面调节器等。槽体底部常做成由一端向另一端或由两端向中央倾斜，倾斜度大约 3°，最低处开设排泥孔，较高处有清槽用的放液孔。放液孔、排泥孔配有耐酸陶瓷或嵌有橡胶圈的硬铅制成的塞子，防止漏液。

图 8-5 所示为电解槽示意图。电解槽的槽体有多种材质，但现在普遍采用钢筋混凝土槽体结构。钢筋混凝土电解槽，槽壁和槽底一般厚度为 80~100mm，为了承受电极的重量，槽壁可以做得较厚，为 100~120mm。由于槽内电解液含硫酸 160~230g/L，温度 55~65℃，具有很强的腐蚀性，因此电解槽必须进行妥当的防腐处理。

电解槽的大小和数量直接影响车间的电解铜产量。电解槽的宽度一般为 0.9~1.4m，深度为 1.2~1.6 m，长度则视各工厂的产量而定，在 3.0~6.0m 之间。电解槽中，阴极边缘与槽侧壁应保持 70~100mm 空隙，以便电解液均匀流动（循环），并防止极板触碰槽壁；电极下缘至槽底应有 200~400mm 空间，以便储存阳极泥。

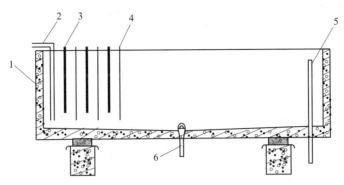

图 8-5　电解槽示意图

1—电解槽外壁；2—供液管；3—阳极；4—阴极；5—出液管；6—排泥管

B　铜阳极板的要求

电解工艺对装槽阳极板的要求主要是三方面：化学成分、物理规格以及物理外观和垂直度。图 8-6 所示为常用的铜阳极示意图。

铜电解精炼的阳极板，在前期的火法精炼中应尽可能除去有害杂质，如 As、Sb、Bi、Fe 等，维持主金属 Cu 含量在 99.0%~99.7% 之间。

阳极的大小取决于工厂规模及生产条件。现代铜电解厂多采用大阳极板，长 1000~3000mm、宽 800~1000mm，质量 320~360kg/块，板面厚度均匀，阳极周期约 20d，不仅劳动生产率提高，而

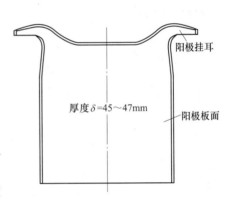

图 8-6　常用铜阳极示意图

且可节省辅助生产设备及土建投资费用，获得明显的经济效益。

阳极的浇铸，现代化的工厂普遍采用自动定量浇铸装置。它由中间包、浇铸包、称量装置、浇铸机和取板机组成，可保证每块阳极铜板具有比较固定的规格尺寸和重量，使阳极铜板在电解精炼过程中均匀溶解，降低残极率，从而减少残极重熔的能耗，并改善电解生产指标。

C　铜阳极板准备的内容

铜阳极板准备工序主要是将从阳极板堆场运来的阳极板垛（一般每垛 10~15 块）进行分片；对阳极板板面及挂耳进行适当处理，以及按工艺要求的间距（80~120mm）排列好，以备专用吊车将整槽阳极板吊运装槽。

（1）挂耳处理。包括挂耳变形处理、底面拔模斜度处理以及导电接触面处理。变形处理就是把发生变形的阳极板矫正。挂耳的变形通常有三种：垂直弯曲、水平弯曲和水平扭转。现代化工厂可通过阳极准备机组的压平装置进行一部分矫正。阳极板有一定拔模斜度的斜平面，这种斜面使阳极板在电解槽内的垂直位置发生偏斜，矫正的方法是垫锲块或用铣刀削去多余部分。由于阳极板在堆场储存一段时间后，其表面会产生氧化层，装槽前最好对挂耳的导电接触面进行处理，以改善导电性能，降低接触电压降。最简单的处理方法是在酸洗槽内浸泡或人工洗刷。

现代化工厂可通过阳极准备机组对挂耳采用机械化矫耳,并由耳部铣削机构将阳极挂耳底部铣削成平面,保证阳极板装槽后的垂直悬挂;同时,铣削后挂耳底部暴露出新鲜铜面,可使接触面积增大、接触电压降低。

(2)板面处理。影响阳极板面平整的因素一方面是浇铸工序对极板冷却不充分,顶板、取板的方式不合适等,使板面产生弯曲;另一方面是由于冶炼质量、浇铸设备运行的稳定性等,使极板表面产生毛翅、荡边及鼓泡等缺陷。因此,为了保证极板质量,当板面弯曲和局部凸出 5~10mm 时,还应进行板面平整处理。

在现代化阳极作业线上,设置卧式或立式压力机对板面进行多点平整或整体平整。多点平整是用若干个液压缸按多个分布点压平整,主要解决板的弯曲变形。整体平整是用一个液压缸,推动一块与阳极板板面尺寸相适应的压力板进行整体平整;整体平整不但可解决极板的弯曲变形,且可将板面的鼓泡、毛翅等压平。缺点是需要很大的压力且受力条件复杂。

阳极板经过阳极整形机组挑选、压板、铣耳、排距,与后面叙述的永久不锈钢阴极机组排距后,用具有同时吊装阴、阳极的专用吊车装入电解槽内。

D　铜阳极板准备机组

阳极板准备可按工艺要求选用不同功能组合的机组,常见的有阳极板排列机组、阳极板矫耳—排列机组、阳极板平整—矫耳—排列机组以及阳极板的平整—矫耳—铣耳—排列机组等。

图 8-7 所示为国内某厂的一台铜阳极板的平整—矫耳—铣耳—排列机组的布置图。

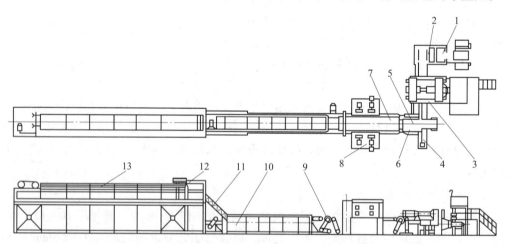

图 8-7　阳极板的平整—矫耳—铣耳—排列机组的布置图
1—搬入输送机;2—移载台车;3—压力机;4—步进式输送机;5—调整输送机;6—1 号圆盘移载机;
7—配列输送机;8—切削机;9—2 号圆盘移载机;10—中间储备输送机;
11—倾斜式输送机;12—转换装置;13—排列输送机

该机组在平面呈 L 形布置,立面为双层布置。其工作原理是:升降台接受叉车运来的阳极板,进行左右矫正后卸载到链式搬入输送机 1 上;搬入输送机 1,将阳极板送到端部的分片位置,由顶板装置及移载台车 2 将阳极板逐块移到步进式输送机 4 的横梁上,送入整形区,对阳极板板面及挂耳进行整形;整形后的阳极板由步进式输送机 4 运到出口端,由出口移载机送到调整输送机 5 上，经 1 号圆盘移载机 6 送入配列输送机 7，按 600mm 间距排列，每 3 块为一组，送入挂耳铣削区；提升装置将 3 块阳极板提取、夹紧，切削机 8 铣削挂耳底面；然后重新下放到配列输送机 7 上，运至端部，由 2 号圆盘移载机 9 送入中间储备输送机 10，再由倾斜式输送机 11 送往排列输送机 13，按 105mm 的间距排列整齐，以待吊车按每槽阳极板数（如 51 块/槽）一起吊运装槽。该机组处理的阳极板规格为：1000mm×960mm×45mm；挂耳厚度为 40mm，每块阳极质量为 350kg。机组生产能力为 300pcs/h。

E 铜阴极板的准备（永久性阴极电解精炼法）

a 电解工艺对装槽阴极板的要求

对装槽阴极板的主要要求是：提供高机械强度和尺寸准确性；良好的种板和吊架杆平直度，实现高电流密度；在高电流密度下，相同的工厂占地面积可实现更高的产量；阴极维护间隔期 4 年。

艾萨不锈钢阴极的结构如图 8-8 所示。材料为 316L 不锈钢，厚度 3.25mm，表面光洁度 2B。从吊棒中心线到板底部两角分别为 2.5mm 的阴极板垂直度。采用实心铜芯外包全长度不锈钢（316L）外套制作导电棒。采用聚乙烯强力挤压成型，采用螺钉固定或销钉包合。

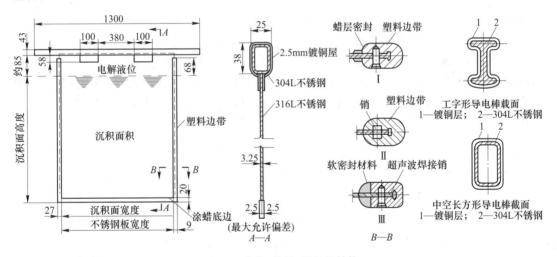

图 8-8 艾萨不锈钢阴极的结构

KIDD 与 OT 不锈钢阴极的结构如图 8-9 所示。永久性不锈钢阴极由 316L 不锈钢板制造，极板厚度 3.25mm，表面光洁度 2B，从吊棒中心线到板底部两角为 5.5mm 的阴极板垂直度，阴极板底边开有 90°的 V 形槽，剥下两片单独铜板，剥下两片铜板呈 W 形相连。KIDD 不锈钢阴极的夹条采用聚丙烯材料经压铸而成，并热处理包边条，胀紧条锁紧。

b 铜阴极机组

不锈钢永久阴极电解工艺的关键技术是阴极（剥离）机组。ISA 法和 KIDD 法最大的区别在于阴极板的结构和使用不同的剥片机组。两种不锈钢阴极结构上的差异使他们用于电解精炼时的情况也不尽相同。

ISA 法阴极（剥离）机组的功能如图 8-10 所示。与传统法的直线阴极剥离机组不同，

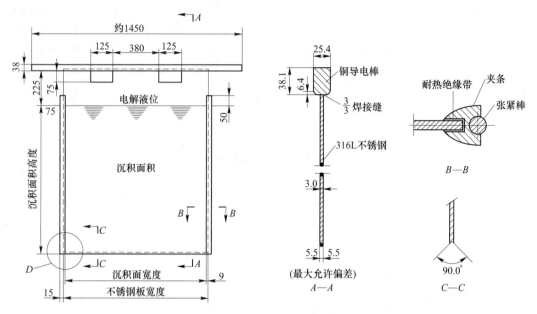

图 8-9　KIDD 不锈钢阴极的结构

艾萨法阴极剥离机组（涂蜡工艺）：从电解槽出来的阴极（铜）用吊车运输至机组进入链，机组接收、传递、热水洗涤，进入锤击区，气锤使铜板与不锈钢阴极板裂开，机械手剥离铜片；分离出的不锈钢阴极板沿运输链至极板检验，剔除不合格品，送维修；合格不锈钢阴极板进入下一道工序，涂边蜡与涂底蜡，再排距，由吊车把不锈钢阴极排板送至电解槽；分离出的铜片从另一个运输链送往产品分支传送，经取样、压纹、堆垛打捆、斤检后送往入库。

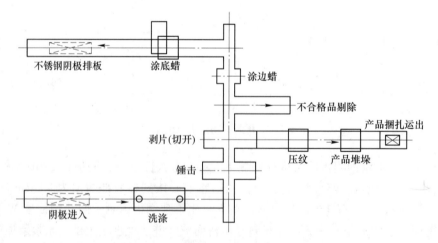

图 8-10　ISA 法阴极（剥离）机组的功能示意

　　阴极板的两侧垂直边采用聚氯乙烯挤压件包边绝缘。包边绝缘挤压件用单一硬聚氯乙烯材料时，在每次装入电解槽前需在接缝处喷涂熔融的高温蜡进一步密封，防止包边缝隙内析出电铜。当挤压件采用软硬聚氯乙烯复合材料时，由于挤压件具有较好的弹性而密封性好，可以不必喷涂高温蜡。但后者的使用寿命不如前者。ISA 公司一直在考虑取消涂蜡，并于 1999 年推出了无蜡技术，改变了阴极板底部结构，并在阴极剥片机组上增加了将铜从底部拉开的功能，使阴极铜仍为单块产品。

KIDD 法阴极（剥离）机组的功能如图 8-11 所示。从电解槽出来的阴极（铜）用吊车运输至机组进入链，由多功能赛尔（圆圈形）机组接收、传递、热水洗涤，进入锤击区，气锤使铜板与不锈钢阴极板裂开，机械手剥离铜片；分离出的不锈钢阴极板沿运输链至极板检验，剔除不合格品，送维修；合格不锈钢阴极板折回到电解槽方向，排距，由吊车把不锈钢阴极排板送至电解槽；分离出的铜片从另一个运输链送往产品分支传送，经取样、压纹、堆垛打捆、斤检后送往入库。

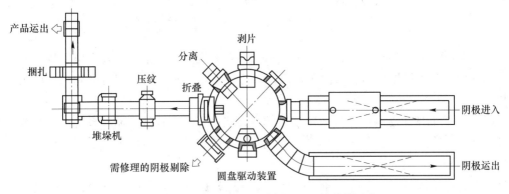

图 8-11　KIDD 法阴极（剥离）机组的功能示意

F　传统电解的阴极铜处理

在传统电解中，当阴极板上沉积的电铜达到一定重量时，则需要进行电解铜出槽作业，并进行洗涤、导电棒抽出、电铜堆垛、捆扎及称量等处理。其中充分的洗涤是必需的，特别是对极板与吊耳装配间隙（吊耳的夹缝部位）更需仔细清。

传统电解车间采用的洗涤、堆垛机组如图 8-12 所示。吊车从电解槽中吊出整槽（如 50 块/槽）电铜，沿导向喇叭口装到受板输送机 1 上，向前输送并逐块转入洗涤槽 3 上，极板间距为 105mm，拉开至 300mm 以便喷淋装置 2 对其进行喷淋洗涤，再由移载及集中装置 5 按每堆 20 块集中后，一起送入抽棒装置 6，由推棒器和夹送辊配合动作，同时抽出 20 根导电棒，20 块电铜由倾转装置 7 使之横倒，落在下方的输出输送机 8 上，经设在输出输送机中部的称量装置 9 称量后运至端部由叉车运走，或在端部进行捆扎后运出。

G　残阳极板处理

电解精炼中，阳极板因电化溶解而变得很薄，不能再进行电解时就需将残剩阳极板（简称残极）从电解槽内吊起，换上新的阳极板，以维持连续生产。残极取出后必须洗净附酸和阳极泥方可返回火法冶炼，浇铸成新的阳极板继续回到电解精炼。铜电解的残极处理机组与铅电解的一样，下一节叙述。

H　电解液循环

电解液的循环，对溶液起到搅拌作用，并将热量和添加剂传递到电解槽中。电解液循环方法按电解槽排列布置不同可分为单级循环和多级循环。现在几乎用单级循环。

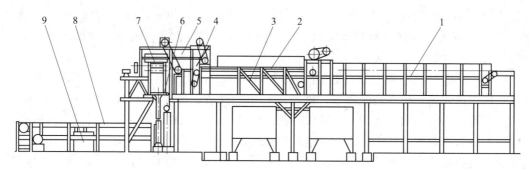

图 8-12　电铜洗涤—集中抽棒—堆垛—称量机组

1—受板输送机；2—洗涤输送机；3—洗涤槽；4—导电棒推出装置；5—移载装置；
6—抽棒装置；7—倾转装置；8—输出输送机；9—称量装置

（1）单级循环。电解液由高位槽分别流经布置在同一个水平面的每个电解槽后，汇集流回循环槽。采用该循环方法的优点是操作和管理比较方便、阴极铜质量均匀，应用非常广泛。

（2）多级循环。电解槽布置成阶梯式的串级式循环。电解液自循环系统高位槽流经分液管（沟）进入位置最高的电解槽，然后流入其后位置较低的电解槽，最后从位置最低的电解槽流出和进入集液管（沟）。

现在，电解液循环与电解液净化的某些过程集成在一个设备中。例如，一种高纯铜生产用电解液循环装置如图 8-13 所示，包括壳体、第一过滤结构和第二过滤结构。壳体的外侧固定有控制开关，其底端设有循环用输送结构。第一过滤结构位于壳体的上部，对电解液中的颗粒状物质进行过滤。第二过滤结构位于循环用输送结构和第一过滤结构底隔板之间，设有活性炭层，活性炭的粒径大于出液孔的半径。第二过滤结构中的活性炭层可以对电解液中的悬浮物和一些重金属离子进行吸附。

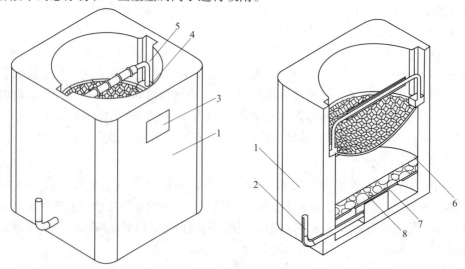

图 8-13　电解液循环与液净化集成机组

1—壳体；2—循环用输送结构（含泵、输送管道）；3—控制开关；4—第一过滤结构（含过滤筛）；
5—U 形把手（橡胶外套）；6—第二过滤布；7—第二过滤结构；8—活性炭层

8.2.1.3 铜电解车间的电路连接

铜电解车间内，电解槽按行列组合配置在一个操作平面上（距地面 3.3~4.5m 高度），构成供电回路，一般按双列配置，每车间配置 4 列。

现在绝大多数都采用复联法，即每个电解槽内的全部阳极并列相联（并联），全部阴极也并列相联；而各电解槽之间的电路串联相接。电解槽的电流强度等于通过槽内各同名电极电流的总和，而槽电压等于槽内任何一对电极之间的电压降。图 8-14 所示为复联法的电解槽联接以及槽内电极排列示意图。

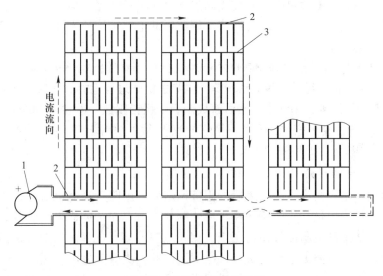

图 8-14 复联法联接示意图

1—电源（硅整流）；2—槽边导电排；3—槽间导电板

图 8-15（a）所示为具有对称挂耳的阳极板在电解槽内的悬挂情况（大型阳极板常用）；图 8-15（b）所示为具有长短挂耳的阳极板在电解槽内的悬挂情况（小型阳极板多用）。

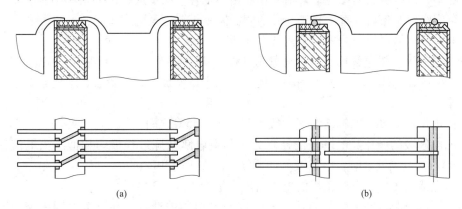

(a) (b)

图 8-15 阳极板在电解槽内的悬挂情况

（a）对称挂耳阳极板在电解槽内排列；（b）长短挂耳阳极板在电解槽内排列

如图 8-14 所示，电解槽中交替地悬挂着阳极板（粗线表示）和阴极板（细线表示）。一个槽的阴极板与下一个相邻槽的阳极板不直接接触。分配到每一个电解槽的总电流通过放置在电解槽一侧壁上的公共母线即槽间导电板分配到阳极板，再通过电解液、阴极板将电流输送到另一侧壁上的槽间导电板上。阳极板的一个挂耳放置在呈正极的导电板上，另一个挂耳放置在另一侧的绝缘板上；阴极板导电棒的一端放置在呈现负极的导电板上，另一端放置在另一侧的绝缘板上。因此，同一条槽间导电板既是一个电解槽的正极配电板，又是相邻电解槽的负极汇流板。

8.2.2 铅电解精炼过程及设备

铅经火法精炼后，虽然也能得到纯度高达 99.995% 的精铅，但由于电解精炼能使铋及贵金属富集于阳极泥中，有利于综合回收，因此铅的电解精炼技术在我国、日本和加拿大等国家获得广泛的应用。

由于铅的电化当量比较大，标准电极电位又较负，给粗铅电解精炼创造了有利的条件。电解精炼前，粗铅通常要经过初步火法精炼，以除去电解过程不能除去或对电解过程有害的杂质，同时调整粗铅中砷、锑含量，然后铸成阳极。粗铅阳极一般含 Pb 96%~99%，杂质含量为 1%~4%。与火法精炼相比，铅电解精炼的流程简单、中间产物少，铅的产品质量和回收率都比较高，阴极铅含 Pb>99.99%。

8.2.2.1 铅电解精炼的工艺过程

铅的电解精炼是将初步火法精炼后的阳极铅熔体，用圆盘浇铸机铸成的阳极板作为阳极，将电解所得精铅熔化后用带铸法在水冷式制片滚筒上连续铸成带状薄片，经剪切、穿棒、压合等工序加工制成阴极板作为阴极，相间地装入盛有电解液的电解槽内，通入直流电进行电解精炼。铅自阳极上被溶解进入电解液，并在阴极上放电析出。当阴极上沉积的铅达到一定质量时，将其取出，沉积的铅即为成品电铅；同时，在槽内的空位上装入新的阴极板。阳极板被溶解到一定程度时成为残极，将其取出，回炉熔炼，并在电解槽的空位上装入新的阳极板，使生产继续进行。阳极板的周期一般为阴极板的 1~2 倍。

显然，铅电解精炼的作业过程与铜的常规电解精炼法相似。但因铅较软易变形，因此，铅的阴、阳极板制作要与电解精炼作业密切配合，同步进行，即铅的阳极板和阴极板在熔炼车间浇铸制备后，直接将排列好的阴、阳极板转运至电解车间，吊装入槽。

铅电解精炼需要控制的主要工艺条件如下：

（1）电解液。铅电解厂用含总硅氟酸 150~160g/L、Pb^{2+} 70~130g/L 的电解液。游离 H_2SiF_6 浓度波动在 70~100g/L 范围内，还要加入少量添加剂，如骨胶、木质素黄酸钠以及 β-萘酚等。

（2）电解液温度。电解液温度一般控制在 30~45℃ 之间。

（3）电解液的循环。电解液的循环方式与铜电解精炼过程极为相似。当电流密度在 120~220A/m² 范围波动时，电解液循环速度相应在 15~30L/min。

（4）电流密度。铅电解精炼的电流密度一般为 140~230A/m²。

（5）同名极距。同名极距通常在 80~120mm 范围内选取。在电解过程中缩短同名极距可提高单槽产量，降低槽电压，但极距过小会使短路增多，电流效率下降。

（6）阴、阳极周期。为了减少短路和提高电流效率，阴极周期不宜过长，一般为 2~6d。

采用一次电解，阳极周期与阴极周期相同。若采用二次电解，阳极周期为阴极周期的

2倍。大型工厂多采用二次电解。

8.2.2.2　铅电解精炼的设备与极板作业

A　电解槽

铅电解槽与前述的铜电解槽以及后面将要介绍的锌电解槽在结构、材质、防腐内衬等方面都很相似，电解液的进出方式也相似。电解槽的防腐衬里过去多为烙沥青，现在则为衬5mm厚的软聚氯乙烯塑料。电解槽槽体结构有整体式和单体式两种。整体式是将一系列电解槽槽体浇灌成一个整体。目前铅电解槽大多为钢筋混凝土单个预制，壁厚80mm，长度为2~3.8m，槽子宽度为700~1000mm，槽子总深度为1000~1400mm。

电解车间的电路连接与铜电解相同。铅电解槽的电路一般采用复联，即电解槽内的阴阳极为并联，槽与槽之间为串联。槽边导电板用若干紫铜片压延板组成，槽间导电棒多用紫铜制成，断面有实心圆、实心圆缺、矩形和正三角形多种。

B　起重装置

电解车间内的桥式起重机用于阴、阳极板出装槽、设备安装和检修。桥式起重机的台数与车间配置、生产规模、电解槽数、极板周期和操作制度等有关。根据实际选用适合产品。阴、阳极板出装槽用起吊框架勾住极板吊起，落下退吊，如图8-16所示。

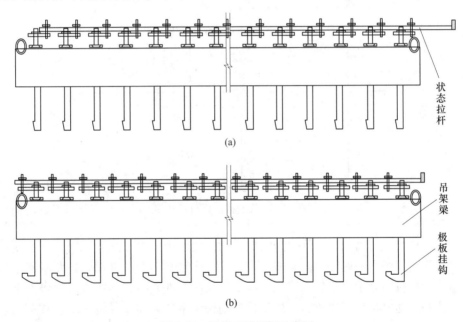

图8-16　极板起吊框架示意图
(a) 退吊钩状态；(b) 起吊状态

C　电解液高位槽、集液槽与电解液循环

电解液高位槽用来调整进入电解槽溶液的压力和对进入电解槽的溶液加热，通常也在电解液高位槽补加电解的添加剂。电解液高位槽的容积为电解液总量的4%~8%。

集液槽有循环槽和地下套槽。循环槽置于一个大的地下套槽中，这样既可以及时发现循环槽的滴漏，检修时又可以作电解液的短期储存使用。循环槽和地下套槽的容积分别为电解液总量的 8%~10%。

电解液循环管道用工程塑料管，输送泵用 PW 型系列泵或氟塑料泵。大多厂家采用卧式离心泵。

D　阴极板洗槽和残极洗槽

从电解槽出来的阴极沉积板在阴极板洗槽中用水洗涤，回收阴极板带出的电解液。阴极板洗槽的尺寸与电解槽的相同，也可以深度略深，一个电解槽系列通常设 2~4 个阴极板洗槽。一个电解槽系列通常设 2 个残极洗槽，一个用来收集残极，另一个用来洗涤残极，并设置洗涮机。

E　残极洗刷机

残极洗刷机有卧式与立式两种。多数工厂用立式残极洗刷机，如图 8-17 所示。

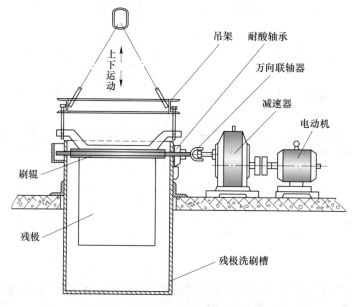

图 8-17　立式残极洗刷机示意图

立式残极洗刷机是由电动机通过减速器带动齿轮箱中一组工作轴旋转，在洗刷槽上部等距离排列安装一组水平刷辊，其轴线与齿轮箱工作轴相对应，并用万向联轴器连接。刷辊中心距等于同极中心距，刷辊数量比阳极板数量多。洗刷时，起重机吊架将一槽残极插入刷辊间，并开动电机使刷辊旋转，用吊钩使残极沿垂直方向作往复移动，直至洗刷干净为止。

F　铅阳极的准备

大中型铅厂通常采用阳极板浇铸联动线制作铅阳极。联动线包括浇铸锅、铅泵、定量浇铸包、圆盘铸模机、平板排板机、液压传动和微机控制系统等。铅阳极圆盘浇铸系统如图 8-18 所示。

圆盘浇铸系统主要由以下一些部分组成：计量机械（包括一个中间包、两个浇铸包）、浇铸圆盘（包括圆盘驱动系统）、喷淋冷却系统、废阳极提起装置、阳极板提取机和冷却水槽、喷涂系统、液压系统、气动系统、电子控制系统等。

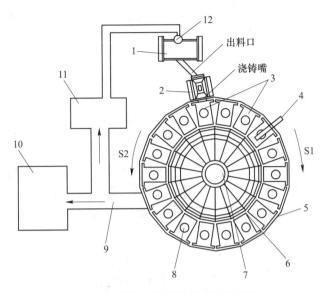

图 8-18 铅阳极圆盘浇铸系统示意图

1—熔料炉；2—定量浇铸器；3—浇铸模；4—喷淋冷却器；5 —圆盘镶嵌边；6—浇铸机圆盘；
7—驱动器；8—顶推气缸；9—下料机构；10—阳极板排距；11—不合格品；12—投料口

熔料炉上方设有一投料口，下方设有一出料口。该出料口与定量浇铸机相连接，该定量浇铸机设有一浇铸嘴，该浇铸嘴与圆盘浇铸机相连接。该圆盘浇铸机包括圆盘以及镶嵌于该圆盘上数个浇铸模，该浇铸模的底端中心处均安装有顶推气缸。驱动器置于圆盘浇铸机的中心位置。圆盘浇铸机一旁安装有喷淋冷却器，另一旁安装有下料机构。

G 阴极的准备

阴极始极片一般由含 Pb>99.99% 的电铅制成。始极片的尺寸主要取决于生产规模、电流密度及其他工艺条件。阴极板尺寸一般比阳极板大（比阳极板长 20~40mm、宽 40~60mm），每片质量为 8~20kg。

阴极板最简单的制作方法是模板浇铸。始极片铸模板为厚约 25mm 的矩形钢板，两侧焊上高 30mm 的凸缘。模板的内宽与始极片宽一致，长度比阴极长 300~400mm，以便折叠和包卷导电棒。模板顶端设一半圆形盛铅液的翻斗，从熔铅锅内将铅液舀入盛铅液的翻斗，倾动翻斗，铅液沿斜板全宽向下流动并迅速凝固成一张薄铅片，长、宽与模板内部尺寸相等。薄片形成后，将导电棒放在支架上，剖开上部，弯折过来包住导电棒并拍合，然后从斜板上撕下整张薄铅片，放到平直架上进行刮口和压紧。板面平直后即成铅阴极板。

铅电解的阴极导电棒由钢芯和铜导电层两种材料复合制成。复合电解阴极导电棒的截面有方形、圆形、长方形。钢芯采用低碳钢制作，钢芯有方形、圆形、长方形。

把上述步骤集成在自动机组完成，就是始极片制作的联动线机组。图 8-19 所示为铅始极片制作联动线机组的生产过程简图。

始极阴极片制作联动线机组用微机控制，依靠液压和机械传动，通过光电信号无触点控制可完成始极片自动化生产过程。机组由铅液供给系统、薄片连续铸片装置、导电棒供给装置、铅阴极板装配装置、排板装置等组成。

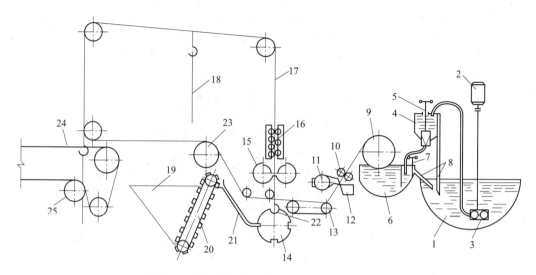

图 8-19　始极阴极片制作联动线机组的生产过程

1—熔铅锅；2—电动机；3—铅泵；4—高位调量斗；5—调节塞杆；6—储铅池；7—闸板；8—回液管；
9—粘片滚筒；10—牵引辊；11—剪切机刀辊；12—剪切机刀座；13—胶带输送机；14—喂棒盘；
15—压合机；16—矫直机；17—输送机；18—铅片；19—储棒斗；20—上棒输送机；21—排棒滑道；
22—提升链钩；23—主动链轮；24—排板机；25—排板机主动链轮

H　阴极铅的拔棒机与抛光机

铅电解阴极导电棒拔棒机包括电铅片输送主体箱、位于主体箱内的输送链条、位于输送链条上方的洗涤残酸机构和铅片位置纠正机构、位于输送链条末端的铅片翻板接收机构、位于铅片翻板接收机构后的带输送轨道的拔棒平台，在拔棒平台上设置有拔棒压片固定机构，在拔棒平台的末端设置有横向拔棒机构，在拔棒机构旁设置有铅片输出机构，在拔棒机构的拔棒方向对应设置有铜棒夹棒回收机构。

铅电解导电棒的抛光机组运行步骤：第一步，导电棒自动输送到位，控制导电棒按规律移动；第二步，将砂斗内的砂丸通过压缩空气负压吸入沙管，转送到喷枪，进行气砂按比例混合；第三步，混合后的砂丸通过多方位配置的喷枪喷嘴，高速喷射到规律移动的导电棒全表面，进行抛光；第四步，抛光结束，自动吹净导电棒表面粉尘后，导电棒传送到排列机；第五步，自动回收砂丸，分离处理进行砂丸再生、除尘。

8.2.3　锌电解沉积过程及设备

世界锌产量中80%以上是以湿法生产的。锌的电解沉积是湿法炼锌的最后一个工序，是从含有硫酸的硫酸锌水溶液中电解沉积纯金属锌的过程。锌精矿焙烧、浸出、净化作业的好坏，都将在电解过程中明显地显示出来。

8.2.3.1　锌电解沉积过程

目前国外许多工厂倾向采用低电流密度（300~400A/m²）、大阴极1.6~3.4m²，以适应机械化、自动化作业及降低电耗。我国大多数工厂采用低电流密度的上限和中电流密度的下限，为450~550A/m²。

锌电积一般以酸性硫酸锌水溶液作为电解液。随着电解过程的进行，电解液中的含锌量不断减少，硫酸含量不断增加。为了保持电积条件的稳定，当溶液含锌达 45~60g/L、H_2SO_4 135~170 g/L 时，则作为废电解液，抽出一部分返回浸出工序作为溶剂，另一部分仍留在电解系统中循环使用，同时相应地加入净化了的中性硫酸锌溶液（新液）以补充所消耗的锌量，维持电解液中一定的含锌量及 H_2SO_4 浓度，并稳定电解系统中溶液的体积。电解 24~48h 后，将沉积在阴极铝板两面上的厚度为 2~4mm 的成品电锌剥下，经熔铸即得一定规格尺寸的产品锌锭。

符合要求的阴极铝板重新装入电解槽内，必要时对阴极板进行修整处理，如板面清刷、平整，处理导电头、上绝缘套等。阳极板一直放在槽内，但在电解沉积过程中阳极板上的阳极泥层会逐渐增厚，致使阳极接触短路的可能性增大。因此，要定期清刷阳极板上的阳极泥，一般 7~10d 清刷一次。清刷工作是在出槽时取走阴极后，在两块相邻阳极板间用刷子上下刷动即可刷落阳极泥。

8.2.3.2 锌电解沉积的极板准备和处理

锌电解沉积的电解槽与铜电解生产极为相似，在此不再赘述。

A 阳极准备

阳极由阳极板、导电棒及导电头组成。阳极板大多采用含 Ag 的 Pb-Ag(-Ca-Sr) 合金压延制成，比铸造阳极强度大、寿命长。按其表面形状有平板与花纹之分，花纹阳极板虽然表面积大、电流密度小、重量轻，但强度差，不便于清理阳极泥，故现在大多数工厂采用压延的铅银合金平板作为阳极板。阳极制作过程如下：

熔化：将电铅或旧的阳极板熔化、掺银，调整合金成分。

铸造：将铅银合金铸成厚度为 25~50mm 的铸坯。

压延：在压延机上将铸坯轧制成厚度约为 6mm 的铅银合金板。

裁剪：将铅银合金板按阳极板规格裁剪。

装配：先将铜质导电棒进行酸洗、包锡（热镀）、铸铅，然后与铅银合金板焊接装配成阳极，如图 8-20 所示。

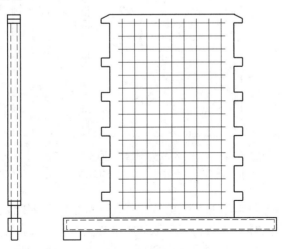

图 8-20 铅银合金阳极

阳极板尺寸由阴极尺寸而定，一般为长 900~1000mm，宽 620~720mm，厚 5~6mm，每块质量为 50~70kg。使用寿命 1.5~2 年。

为了减少极板变形弯曲、改善绝缘，应在阳极板边缘装绝缘套。多采用硬聚氯乙烯、聚乙烯等制成绝缘套，套在阳极两边，如图 8-21 所示。

B　阴极准备

阴极由阴极板、导电棒及铜导电头（或导电片）组成。阴极板用压延纯铝板（Al 含量>99.5%）制成，要求表面光滑平直，以保证析出锌致密平整。阴板导电棒用铝或硬铝加工，铝板与导电棒焊接或浇铸成一体。导电头一般用厚为 5~6mm 的紫铜板做成，用螺钉或焊接或包覆连接的方法与导电棒结合为一体。根据阴、阳极连接的方式不同，导电头的形状也不相同。图 8-22 所示为阴极示意图。

阴极要比阳极宽 30~40mm，一般尺寸为：长 1020~1520mm、宽 600~900mm、厚 4~6mm，每块质量为 10~12kg。为了防止阴、阳极短路及析出锌包住阴极周边造成剥

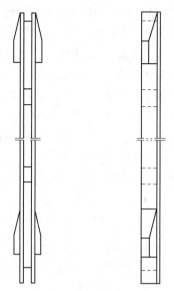

图 8-21　阳极绝缘条

锌困难，阴极的两边缘粘压有聚乙烯塑料条，可使用 3~4 个月不脱落。也可将一个聚氯乙烯的支架固定在电解槽内，使其刚好能夹住阴极边缘，起到同样的绝缘作用，如图 8-23 所示。后者对机械化剥离锌片有利。

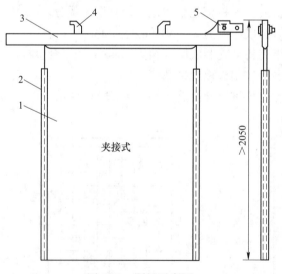

图 8-22　阴极示意图

1—阴极铝板；2—聚乙烯绝缘边；3—导电棒；4—吊环；5—导电片

锌电解车间的配置与供电情况与铜电解相似，一般也以双列配置。每个电解槽内交错装有阴、阳极，依靠阳极导电头与相邻一槽的阴极导电头采用夹接法（或采用搭接法通过槽间导电板）来实现导电。列与列之间设置导电板，将前一列的最末槽与后一列的首槽相接。因此，槽与槽之间为串联，槽内各极板之间为并联。

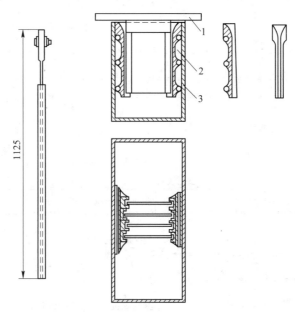

图 8-23　阴极插入绝缘支架槽内的示意图

1—阴极板；2—聚氯乙烯绝缘支架；3—电解槽内衬

8.2.3.3　锌片剥离

沉积在铝板上的阴极锌用剥锌机进行锌与阴极板分离。随着锌电积采用大阴极（2.6m²）或超大阴极（3.2m²），必须有相适应的吊车运输系统及机械剥锌自动化系统。

剥离机组最基本的功能是将电解沉积在阴极板上的成品电锌剥离下来。由于出槽的阴极板上有酸液，因此剥离前需清洗干净，剥离下来的成品锌要堆垛和输出；对剥离后的阴极母板要进行处理，排板，吊装入槽，重复使用；对损坏的母板需进行更换。一台完善的剥离机组应能较好地完成上述诸项作业。

截至目前，已有 4 种不同类型的剥锌机用于生产，其简单工作原理如下：

（1）马格拉港铰接刀片式剥锌机。将阴极侧边小塑料条拉开，横刀起皮，竖刀剥锌。

（2）比利时巴伦两刀式剥锌机。剥锌刀将阴极片铲开，随后刀片夹紧，将阴极向上抽出。

（3）日本三井式剥锌机。先用锤敲松阴极锌片，随后用可移式剥锌刀垂直下刀将铝板两侧的锌同时剥离。

（4）日本东邦式剥锌机。使用这种装置时，阴极的侧边塑料条固定在电解槽里，阴极抽出后，剥锌刀即可插入阴极侧面露出的棱边，随着两刀水平下移，完成剥锌过程。

锌片剥离装置的类型通常有如下几种：

（1）机械铲刀式单片两步锌片剥离机组。该机组设计生产能力为 300 块/h。

（2）机械铲刀式多板两步剥离机组。适用于图 8-22 中具有可旋式绝缘边的阴极板锌片剥离。

（3）自动剥锌机组。其结构如图 8-24 所示，生产能力大，剥片成功率达 99.5% 以上，阴极板无需每次装槽前进行刷板（但对电解液杂质含量控制较严），简化了阴极板的处理。

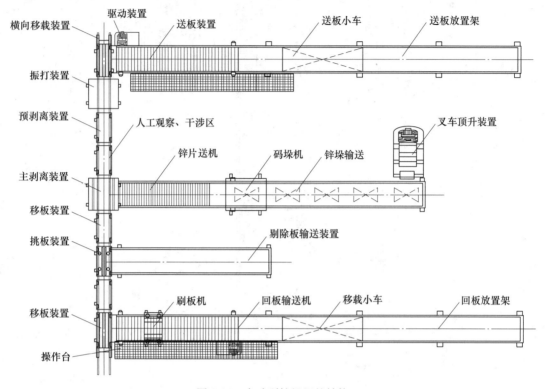

图 8-24　自动剥锌机组的结构

2013 年起，"优瑞科"在吸收国外先进技术的基础上，研发了自动化控制程、远程监控及故障诊断系统等关键技术，首创仿生结构分离刀及针对薄板、粘板、烧板等国产工艺状况的预开口功能等，成功研制出国内首套集清洗、分离、打包堆垛为一体的电解机器人自动化生产线，并实现技术升级换代（在图 8-24 所示的自动剥锌机组基础上加仿生结构）。

8.3　熔盐电解设备

由于高温熔盐的腐蚀性很强，因此选定装置的制造材料很重要。熔盐电解槽用钢板制作，内衬碳质材料，用散热冷却电解质，靠近槽壁处有一定厚度的熔盐结成"冻结层"，此冻结层可以保护槽壁，所以，能否顺利形成冻结层是熔盐电解技术的关键。

8.3.1　熔盐电解槽的结构

根据所电解金属的不同，熔盐电解设备也不同。以下就熔盐电解最重要的生产——铝的电解作简要的介绍。

8.3.1.1　工业上典型的熔盐电解槽

工业上典型的熔盐电解槽有以下几种。

A　稀土熔盐电解槽

熔盐电解法可以生产混合和单一稀土金属。其可分为两种电解质体系：一是稀土氯化物电解质（即RECl-KCl），二是稀土氧化物电解质（即 REO-REF$_3$）。前者为二元电解质，后者为三元电解质（增加 BaF$_2$或 LiF）。以氯化物稀土熔盐为电解质、稀土氧化物为原料的电解槽结构如图 8-25 所示。

B　活泼轻金属的熔盐电解槽

元素周期表中第 1 主族、第 2 主族元素的性质很活泼，相对密度小，这类轻金属的电解槽如图 8-26、图8-27所示。

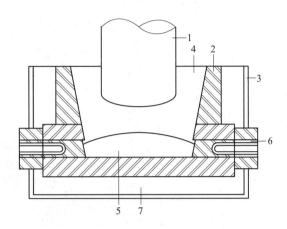

图 8-25　氯化物稀土熔盐电解槽结构简图
1—石墨阳极；2—耐火砖槽体；3—铁外壳；4—电解质；
5—稀土金属；6—铁阴极；7—保温材料

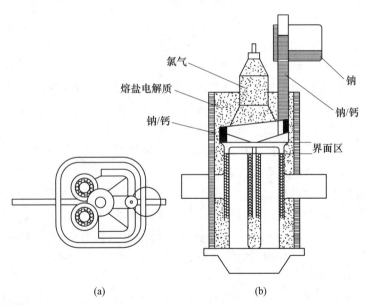

图 8-26　钠电解槽示意图
（a）顶视图；（b）正视图

熔盐电解的能耗很高，其能量平衡及节能具有重大的经济效益。这当然也和熔盐电解在高温下进行关系密切。能用水溶液电解获得金属的，就不用熔盐电解。

8.3.1.2　工业铝电解槽

冰晶石-氧化铝熔盐电解炼铝方法自 1888 年用于工业生产以来，随着铝电解生产技术的不断发展以及能源成本的不断上涨和环境保护要求的日趋严格，电解槽的结构和容量也发生了重大变化，并不断地向大型化、自动化发展，其中最为明显的是阳极结构的变化。

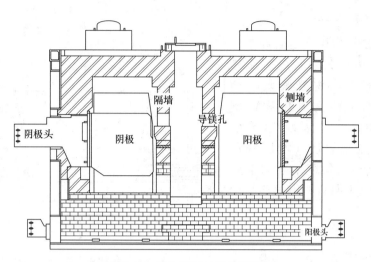

图 8-27　镁电解槽的结构简图

其阳极结构的改进顺序大致是：小型预焙阳极→侧部导电自焙阳极→上部导电自焙阳极→大型不连续及连续预焙阳极→中间下料预焙阳极。

我国 2000 年取消自焙阳极电解槽、小型预焙阳极电解槽。现代铝工业已基本采用容量在 200kA 以上的大型预焙阳极铝电解槽（预焙槽）。因此本章主要以大型预焙槽为例来讨论电解槽的结构。

预焙阳极电解槽是先把阳极糊用成型机（振动或挤压）制成块状，预先在焙烧炉中焙烧好，再与铝导杆、钢爪等构件组装成阳极组（或叫阳极块）；然后直接挂在电解槽的阳极母线上来进行生产，这样的铝电解槽简称预焙槽。

工业铝电解槽通常分为阴极结构、上部结构、母线结构和电气绝缘四大部分。各类槽工艺制度不同，各部分结构也有较大差异。

预焙阳极电解槽分为边部加工（下料）预焙阳极电解槽和大型中间下料预焙阳极电解槽，后者为目前铝电解生产电解槽的主流，其结构如图 8-28 所示。

中间下料预焙阳极电解槽采用点式下料器，每台电解槽有 3~6 个打壳下料装置，定期向槽中加料。它是一种具有较高电流效率、能耗低、产量高、劳动生产率高的槽型。这类电解槽的主要特点表现在如下几方面：

（1）采用大面多点进电方式，阴极母线采用非对称性母线配置，以抵消相邻列电解槽的磁场影响。

（2）采用窄加工面技术、单围栏槽壳和双阳极大阳极炭块六钢爪结构，一方面可以节省电解槽的材料用量、降低投资，同时还能提高相应的生产指标。

（3）氧化铝输送系统采用全密闭的浓相和超浓相输送技术，该系统结构简单、能耗低、无污染。

（4）采用干法净化技术用氧化铝吸附含氟烟气，往大气排出的烟气应达到国家环保排放标准。因此，现在国内外新建电解槽都采用中间点式下料预焙阳极电解槽。

中间下料预焙阳极电解槽的直流电从架在电解槽上部的阳极母线通过阳极棒或铝导杆导入阳极，经过电解质进入阴极（槽底），从阴极棒汇集到阴极母线，再送到下一台电解

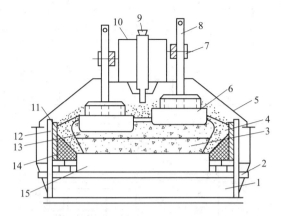

图 8-28　中部加工预焙阳极电解槽

1—槽底砖内衬；2—阴极钢棒；3—铝液；4—边部伸腿（炉帮）；5—集气罩；6—阳极炭块；7—阳极母线；
8—阳极导杆；9—打壳下料装置；10—支承钢架；11—边部炭块；12—槽壳；
13—电解质；14—边部扎糊（人造伸腿）；15—阴极炭块

槽的阳极上，所以电解车间的电解槽是串联的。串联的槽数随车间规模从几十台到几百台不等，以至铝电解车间有时长达 1000m 以上。

8.3.2　工业铝电解槽的结构

工业铝电解槽通常分为阴极结构、上部结构、母线结构和电气绝缘四大部分。各种槽型的基本结构形式虽大体相类似，但由于电流强度和工艺制度的不同，各部分结构也有较大差异。

8.3.2.1　阴极结构

阴极结构指电解槽槽体部分，它由槽壳、内衬砌体构成。

A　槽壳

槽壳为内衬砌体外部的钢壳和加固结构，它不仅是盛装内衬砌体的容器，而且还起着支承电解槽、克服内衬材料在高温下产生的热应力和化学应力、约束槽壳不发生变形的作用。大型预焙槽采用刚性极大的摇篮式槽壳。所谓摇篮式结构，就是用 40a 工字钢焊成若干组"凵"形的约束架，即摇篮架，紧紧地卡住槽体，最外侧的两组与槽体焊成一体，其余用螺栓与槽壳第二层围板连接成一体，摇篮式结构如图 8-29 所示。

B　内衬

电解槽内衬材料常见有四类：碳质内衬材料、耐火材料、保温材料、黏结材料。内衬结构如图 8-30 所示。钢壳内底部铺砌保温砖和耐火砖绝热，耐火砖上部铺以炭块，炭块中间插入一钢棒（叫阴极棒），钢棒伸出钢制外壳，并与阴极母线连接。钢壳的侧部也衬以炭块，以防冰晶石-氧化铝熔融体的侵蚀。

8.3.2.2　上部结构

上部结构指槽体之上的金属结构部分，统称上部结构。可分为承重桁架、阳极提升装置、打壳下料装置、阳极母线和阳极组、集气和排烟装置。

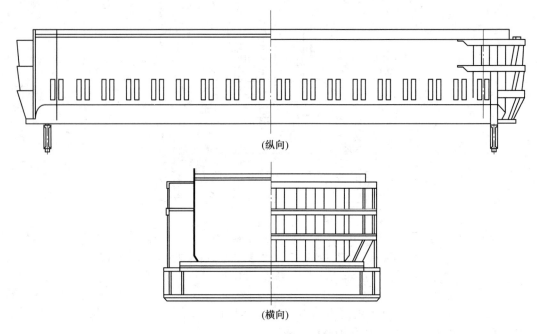

(纵向)

(横向)

图 8-29　大型预焙铝电解槽槽壳结构

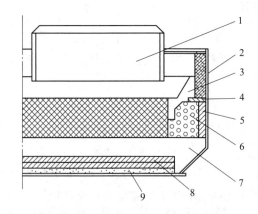

图 8-30　电解槽内衬结构图

1—阳极；2—碳化硅；3—扎糊；4—耐火砖；5—保温砖；

6—高强浇注料；7—干式防渗料；8—保温砖；9—硅酸钙板

A　承重桁架

如图 8-31 所示，承重桁架采用钢制的实腹板梁和门形立柱，板梁由角钢及钢板焊接而成，门形立柱由钢板制成门字形，下部用铰链连接在槽壳上。门形立柱起着支承上部结构全部重量的作用。

B　阳极提升装置

阳极升降装置有两种方式，一是采用蜗轮蜗杆螺旋起重器阳极升降机构，二是采用滚珠丝杠三角板阳极升降装置。

蜗轮蜗杆螺旋起重器阳极提升装置由螺旋起重机、减速机、传动机构和电机组成。其

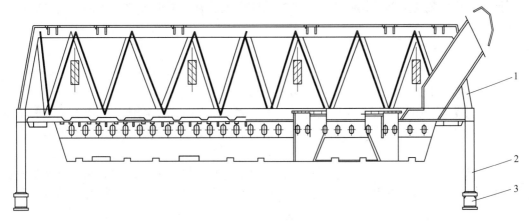

图 8-31　承重桁架示意图
1—桁架；2—门形立柱；3—铰接点

工作原理：整个装置由 4 个（或 8 个）螺旋起重机与阳极大母线相连，由传动轴带动起重机，传动轴与减速箱齿轮通过联轴节相连，减速箱由电机带动。当电机转动时便通过传动机构带动螺旋起重机升降阳极大母线，固定在大母线上的阳极随之升降。变速机构可以安装在阳极端部或中部，如图 8-32 所示。

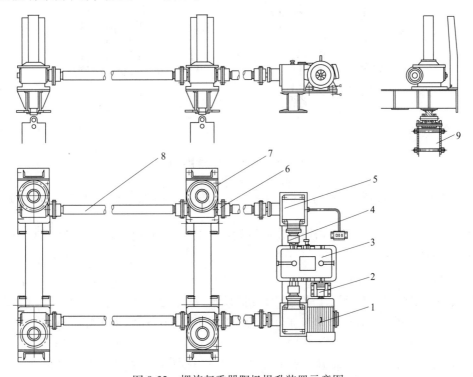

图 8-32　螺旋起重器阳极提升装置示意图
1—电机；2—联轴节；3—减速箱；4—齿条联轴节；5—换向器；
6—联轴节；7—螺旋起重机；8—传动轴；9—阳极大母线悬挂架

提升装置安装在上部结构的桁架上，在门式架上装有与电机转动相关的回转计，可以精确显示阳极母线的行程位置。

C　自动打壳下料装置

该装置由打壳和下料系统组成，如图 8-33 所示。一般从电解槽烟道端起安置 4~6 套打壳下料装置，出铝端设一个打壳出铝装置，出铝锤头不设下料装置。

打壳装置是为加料而打开壳面用的，它由打壳气缸和打击头组成。打击头为一长方形钢锤头，通过锤头杆与气缸活塞相连。当气缸充气活塞运动时，便带动锤头上下运动打击熔池表面的结壳。

下料装置由槽上料箱、下料器组成。料箱上部与槽上风动溜槽或原料输送管相通；筒式下料器安装在料箱的下侧部。筒式定容下料器由一个气缸带动一个在钢筒中的透气钢丝活塞及一个密封钢筒下端的钟罩组成。钟罩与透气活塞将钢筒的下部隔成一个定容空间，定容空间的上端开有充料口。

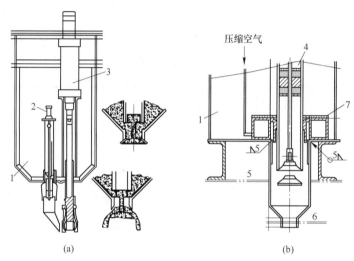

图 8-33　自动打壳下料装置

(a) 正视图；(b) 侧视图

1—氧化铝料箱；2—下料气缸；3—打壳气缸；4—筒式定容下料器；5—罩板下沿；6—下料筒上沿；7—透气

整个打壳下料系统由槽控箱控制，并按设定好的程序由计算机通过电磁阀控制完成自动打壳下料作业。

D　阳极组及阳极母线

炭素阳极组如图 8-34 所示。炭素阳极组由焙烧好的炭素阳极块 1、钢爪 3、铝-钢爆炸焊板 4 和方形或矩形的铝导杆 5 四部分组装而成。铝导杆为铝-钢爆炸焊连接，钢爪与炭块用磷铁环 2 浇注连接，为防止此接点处的氧化导致钢爪与炭块间接触电压增高，许多工厂采用炭素制造的具有两半轴瓦形态的炭环，炭环与钢爪间的缝隙用阳极糊填满。

阳极大母线既承担导电又起着承担阳极重量的作用。电解槽有两条阳极大母线，其两端和中间进电点用铝板重叠焊接在一起，形成一个母线框，悬挂在阳极升降机构的丝杆（吊杆）上。阳极母线依靠卡具吊起阳极组，并通过卡具使阳极导杆与其通过摩擦力与卡具接触在一起。进线端立柱母线与一侧阳极大母线通过软铝带焊接在一起。

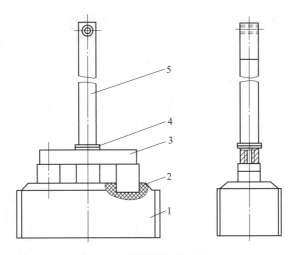

图 8-34 炭素阳极组示意图

1—炭素阳极块；2—磷铁环；3—钢爪；4—爆炸焊过渡板；5—铝导杆

阳极炭块有单块组和双块组之分。阳极炭块组常有单组三爪头、四爪头。

E 集气和排烟装置

电解槽上部结构的顶板和槽周边若干铝合金槽盖板构成集气烟罩，且侧部全密封槽罩上部焊接有挂板，电解槽顶部设置有顶部挡烟板，且挂板与顶部挡烟板的外侧连接，槽顶板与铝导杆之间用石棉布密封，电解槽产生的烟气由上部结构下方的集气箱汇集到支烟管，再进入墙外主烟管送到净化系统。如图 8-35 所示。

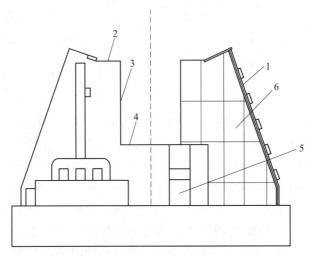

图 8-35 集气烟罩的结构

1—侧部全密封槽罩；2—顶部挡烟板；3—内侧通过侧板；

4—上部挡烟板；5—端头槽罩；6—端头密封板

8.3.2.3 母线的结构和配置

整流后的直流电通过铝母线引入电解槽上，槽与槽之间通过铝母线串联而成，所以电解槽有阳极母线、阴极母线、立柱母线和软带母线；槽与槽之间、厂房与厂房之间还有连接母线。阳极母线属于上部结构中的一部分，阴极母线是指从阴极钢棒头到下一台立柱母线的一段，它排布在槽壳周围或底部。阳极母线与阴极母线之间通过连接母线、立柱母线和软母线连接，这样将电解槽一个一个地串联起来，构成一个系列。

铝母线有压延母线和铸造母线两种，为了降低母线电流密度、减少母线电压降、降低造价，大容量电解槽均采用大截面的铸造铝母线，只在软带和少数异型连接处采用压延铝板焊接。

在大型电解槽中，母线不仅承担导电，还承担阳极重量，其产生的磁场是影响槽内铝液稳定的重要因素，并直接影响着工艺条件和生产指标的好坏。电解槽四周的母线的电流产生强大的磁场，磁场产生电磁力导致熔体的流动、铝液隆起以及铝液-电解质界面波动，严重时冲刷炉帮，危及侧部炭块。现在大型预焙槽多采用大面四点或六点进电。利用相邻立柱产生的磁场相反、叠加相抵的原理，阴极母线采用非对称性母线配置以抵消相邻电解槽磁场影响，立柱母线配置如图 8-36 所示。

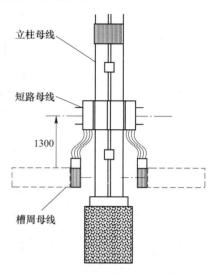

图 8-36　立柱母线配置示意图

8.3.2.4　电气绝缘

电解槽正常工作时，直流电依次经阳极母线—阳极炭块—电解质—铝液—阴极炭块—阴极母线—下一槽阳极母线。在电解槽系列上，系列电压达数百伏至上千伏，一旦发生短路接地，易出现人身伤亡和设备事故；而且电解用直流电，槽上电气设备用交流电，若直流窜入交流系统，会引起设备事故。因此，在电解槽上多个部位设置绝缘物是保证设备和人身安全的重要措施，也是防止直流电旁路电解反应的方法。

8.3.3　铝电解槽的作业

铝电解槽作为炼铝的主要设备，运行过程中需要人工结合专用设备进行操作。电解槽的主要操作有定时加料、槽电压调整、阳极更换、效应熄灭、出铝、抬升母线、铝水平及电解质水平测量、边部加料作业、捞炭渣和停槽等作业。其中有些操作是维持生产连续进行所必须有的，并在随后的一段时间内对整个电解槽的热平衡、电流分布以及磁场分布产生一定的影响；而有些操作，如电压调整、效应熄灭、边部加料作业等，是为了消除系统内产生的不平衡以及外界干扰导致的不平衡而进行的作业；有的是正常大修或处理突发事件时进行的操作，如停槽作业。计算机控制的大型预焙槽的定时加料、槽电压调整及出铝时下降电压都由计算机自动完成；效应熄灭也可由计算机实现，但成功率有限，仍需人工监视和辅助来完成；换阳极、出铝、抬母线、铝水平及电解质测量和停槽等作业则必须依赖于人工配合多功能天车来完成。

以下主要叙述更换阳极、出铝、效应熄灭和抬母线作业。

8.3.3.1　阳极更换作业

每块阳极使用一定天数后就需要进行更换，重新装上新阳极，此过程为阳极更换，更换下的残阳极称为残极。阳极更换周期由阳极高度与阳极消耗速度决定。阳极消耗速度与阳极电流密度、电流效率和阳极假密度有关。阳极消耗速度可由经验公式（8-5）计算：

$$h_c = \frac{8.054 d_{阳} \eta W_e}{d_c} \times 10^{-3} \tag{8-5}$$

式中　h_c——阳极消耗速度，cm/d；

　　　$d_{阳}$——阳极电流密度，A/cm^2；

　　　η——电流效率，%；

　　　W_e——阳极净消耗量，kg/t；

　　　d_c——阳极假密度，g/cm^3。

阳极更换必须交叉进行。残极提出后必须把掉入槽内的电解质结壳块快速捞出，再将新阳极吊入，定位、卡紧。

残极量应越小越好。残极运至阳极处理工段，经破碎后送到炭素厂并回收磷生铁，阳极导杆用钢刷打光或喷砂处理后返回阳极浇铸车间重新利用。

8.3.3.2　出铝作业

电解产出的铝液积存于炉膛底部，须定期抽取出来，送往铸造车间生产成产品。大型电解槽每天出一次铝。大多使用高压喷射式真空抬包（图8-37）进行出铝操作。由于真空抬包中的一部分空气被抽出而变为负压，在槽铝液面上大气压力作用下，把铝液压入真空抬包中，随后用专用运输车送往铸造车间。

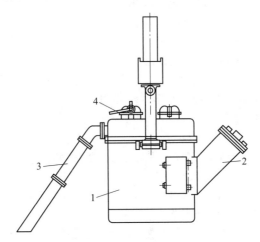

图 8-37　喷射式真空抬包

1—抬包体；2—出渣口；3—铝液进出口；4—压缩空气进口

8.3.3.3　阳极效应熄灭作业

大型中心下料预焙槽人工熄灭效应采用插入木棒的方法。在效应加工完成后，电解质中的氧化铝浓度达到正常范围内，电解质对阳极表面的湿润性变好，再用木棒插入高温电解质中燃烧，使产生的气泡挤走阳极底面上的滞气层，使阳极重新净化，恢复正常工作。

8.3.3.4　抬母线作业

阳极导杆固定在电解槽阳极大母线上，随着阳极不断消耗，母线位置不断下移。当母线接近上部结构中的密封盖板时必须进行抬母线作业。两次抬母线作业之间的时间称为抬母线周期，周期长短与阳极消耗速度和母线有效行程有关。抬母线周期用式（8-6）计算：

$$T = \frac{S_{效}}{h_c} \tag{8-6}$$

式中 T——抬母线周期，d；

     $S_{效}$——母线有效行程，mm。

大型预焙槽一般抬母线周期为 15~20d。

抬母线作业使用专门的母线提升机，由多功能天车配合作业。母线提升机为一框架结构，上面装有与电解槽阳极数目相对应的夹具，按槽上阳极位置排成两行，每边安装一个滑动扳手。操作时，用天车卷扬机吊起母线提升机支撑在槽上部横梁上，夹具锁紧阳极导杆并固定位置；操纵提升机上的滑动扳手，松开阳极卡具，借助母线与导杆之间的摩擦导电；按下槽控箱的阳极提升按钮，母线上升，阳极不动；当母线上升到要求位置时停止，将阳极卡具拧紧，松开提升机夹具，由天车吊出框架，完成一台槽的抬母线作业。

习 题

8-1 单选题：

(1) 铝电解槽的基本组成包括（   ）。

     A. 阳极装置、阴极装置、槽罩与绝缘物四部分

     B. 打壳装置、阴极、槽罩与绝缘物四部分

     C. 提升框架、阴极、槽罩与绝缘物四部分

     D. 氧化铝浓相输送、阴极、槽罩与绝缘物

(2) 关于铝电解槽的绝缘，叙述正确的是（   ）。

     A. 绝缘物的部位就是阴极母线、阴极母线接触处

     B. 阻止直流窜入交流回路

     C. 保护设备，避免引起设备事故

     D. 是保证设备和人身安全的需要，也是防止直流电旁路电解反应的需要

(3) 铝电解用多功能天车的主要功能是（   ）。

     A. 出铝、抬阳极横梁、打壳、换阳极

     B. 出铝、阳极升降、打壳、换阴极

     C. 出铝、抬阳极横梁、打壳、灭阳极效应

     D. 出铝、阳极升降、打壳并下料、捞碳渣

(4) 铜常规电解精炼的主要操作包括（   ）。

     A. 阳极加工、始极片的生产和制作、装槽、灌液、通电电解、出槽并对其进行处理

     B. 整形、吊耳的供给、导电棒的供给、导电棒的穿入、吊耳与种板的铆接装配及排列

     C. 进行洗涤、导电棒抽出、电铜堆垛、捆扎及称量等处理

     D. 极板洗涤、堆垛、称量、输送等

(5) 在铜电解精炼工序中，需要制备种板的精炼方法是（   ）。

     A. 艾萨法   B. 常规电解精炼法

     C. Kidd 法   D. 永久不锈钢阴极电解 OK 法

(6) 铜电解槽底部通常做成倾斜度约为 3° 的斜面，是为了（   ）。

A. 提高电解槽内的容量　　　　　B. 便于阴极板出槽

C. 便于残极出槽　　　　　　　　D. 便于阳极泥出槽

（7）锌片剥离装置的类型通常有如下几种：（　　　）。

A. 机械铲刀式单片一步锌片剥离机组

B. 机械铲刀式多板两步剥离机组

C. 锤击单板两步剥离机组

D. 锤击式多板两步剥离机组

（8）铅电解精炼与铜电解精炼相似，近年来最大改进在于（　　　）。

A. 铅电解精炼用瓦楞压制机组打捆

B. 铅电解精炼用永久不锈钢阴极电解

C. 铅电解精炼用圆盘浇注机浇注阳极

D. 铅电解精炼用立式模板浇注阳极

（9）熔盐电解主要不是用于下述哪个金属的生产？（　　　）

A. Na　　　　　B. Mg　　　　　C. Al　　　　　D. Pb

（10）关于在硫酸锌溶液电解沉积生产金属锌过程中不溶阳极的阐述正确的是（　　　）。

A. 在硫酸溶液中采用铝或银基合金作阳极

B. 铅银阳极上的二氧化铅导电性差

C. 铅阳极的稳定性较差，含 0.019mol 分数银的铅银合金比较稳定

D. 氧在覆盖着二氧化铅的铅阳极上的超电位很大

8-2　请说明电解沉积与电解精炼的共同与不同。

8-3　简述现代铝电解用于输送氧化铝的技术与特点。

8-4　电解过程中槽电压受哪些因素影响，哪些措施可以降低槽电压？

8-5　铜、铅、锌电解/电积的阳极板和阴极板是怎样制成的？

8-6　简述铜、铅、锌电解/电积作业。

8-7　熔盐电解槽的结构有什么形式？它们各自有什么特征？

8-8　叙述现代铝电解的结构。

8-9　简述阳极炭块组的制作过程。

8-10　简述现代铝电解的作业。

8-11　综述电解、电积和熔盐电解的特点和实用性。

9 干燥与焙烧设备

在人类的生产和生活中经常遇到需要把某一种湿物料除去湿分的情况。借助热使固体物料中的水分汽化，随之被气流带走而脱除水分的过程称为干燥。固体含水物料即为被干燥物料，气体称为干燥介质。干燥过程的本质为被除去的湿分从固相转移到气相中，这种方法能够较较彻底地除去物料中的湿分，但能耗较大。

干燥的目的：（1）物料经过干燥后，不仅易于包装、运输，更重要的是产品在干燥情况下更稳定，不易破坏，便于储存。（2）物料经过干燥后达到下一道工序对固体含水量的要求。

在干燥过程中，不产生化学反应，物料呈散状固体，水分要从固体内部扩散到表面，从表面借热能汽化而至气相中，因此，干燥既是传热过程，又是传质过程。

冶金过程中的原料、半产品和产品基本都需要干燥。有些干燥操作不是一个单独的作业过程，而是在焙烧、煅烧或熔炼过程中伴随进行。例如铁精矿烧结，氢氧化铝煅烧制取氧化铝，七水硫酸锌制取硫酸锌等。干燥是冶金过程的一个重要环节。

焙烧是在低于物料熔化温度下完成某种化学反应的过程，为炉料准备的组成部分。焙烧过程绝大部分物料始终以固体状态存在，因此焙烧的温度以保证物料不明显熔化为上限。焙烧在冶炼流程中常常是一个炉料准备工序，但有时也可作为一个富集、脱杂、金属粉末制备或精炼过程。焙烧和烧结焙烧设备是实现这些冶金过程的重要保证，与其他设备截然不同。因此，焙烧和烧结焙烧设备也是冶金必不可少的。

冶金中的许多干燥设备与焙烧设备相同，焙烧过程也都包含干燥过程，本章学习干燥与焙烧设备。

9.1 干燥工程基础

9.1.1 湿空气的状态参数

9.1.1.1 湿空气的湿度

在干燥过程中，湿空气中水蒸气的质量是不断变化的，而其中干空气仅作为湿和热的载体，其质量是不变的。因此，以干空气的质量作为空气湿度的计算基准。

（1）空气的湿度 H。是指单位质量干空气所含水蒸气的质量，单位为 kg/kg，表示为：

$$H = \frac{\text{水蒸气质量}}{\text{干空气质量}} = \frac{n_v M_v}{n_G M_G} = \frac{M_v p_v}{M_G (p - p_v)} \tag{9-1a}$$

式中　n_v——水蒸气的物质的量，mol；

　　　n_G——干空气的物质的量，mol；

　　　M_v——水蒸气摩尔质量，kg/mol；

M_G——空气摩尔质量，kg/mol；

p——湿空气总压，kPa；

p_v——水蒸气分压，kPa；

H——空气的湿度，kg$_水$/kg$_{干空气}$。

因为 $M_v = 18$，$M_G = 29$，故式（9-1a）可写为：

$$H = \frac{18}{29} \frac{p_v}{p - p_v} = 0.622 \frac{p_v}{p - p_v} \tag{9-1b}$$

（2）饱和湿度 H_s。当湿空气和水处于平衡状态时，水蒸气的分压等于同温度下饱和空气中水蒸气分压 p_s，这时空气的湿度称为饱和湿度 H_s，表示为：

$$H_s = \frac{n_v}{n_G} \frac{M_v}{M_G} = 0.622 \frac{p_s}{p - p_s} = 0.622 \frac{p_s}{p - p_s} \tag{9-2}$$

由式（9-2）可知，系统的饱和湿度是总压和温度的函数，当总压一定时，仅是空气温度的函数，故 H_s 作为温度函数可表示在湿度图上。当 $p_s = p$，即在液体沸点时，H_s 变为无限大。

（3）湿度百分数 H_p。它是在相同温度和总压下，空气的湿度和饱和湿度的比值，即：

$$H_p = \frac{H}{H_s} \times 100\% = \frac{p_v}{p_s} \frac{p - p_s}{p - p_v} \times 100\% \tag{9-3}$$

（4）相对湿度 H_R。通常又称为相对湿度百分数，它为水蒸气的分压与同温度下水的饱和蒸气压之比，即：

$$H_R = \frac{p_v}{p_s} \times 100\% \tag{9-4}$$

当温度达到液体沸点时，$p_v = p_s$，则 $H_R = 1$，说明此时空气已被水蒸气饱和；当温度低时，也就是 $p_s \ll p$，相对湿度 H_R 接近于湿度百分数 H_p。H_R 可以确定空气能不能继续容纳水分。H_R 越小，空气中的湿含量距离饱和状态愈远。

9.1.1.2 湿空气的比热焓及湿比热容

（1）湿空气的比热焓 h。其是单位质量干空气的比热焓和带有的水蒸气的比热焓之和。湿空气的比热焓表示为：

$$h = c_G t + H(c_V t + r_0) \tag{9-5a}$$

式中 c_G——干空气的比热容，其值为 1.00kJ/（kg·℃）；

c_V——水蒸气的比热容，其值为 1.93kJ/（kg·℃）；

r_0——水蒸气在 0℃时的潜热，为 2492kJ/kg；

h——湿空气的比热焓，kJ/kg。

水蒸气的比热焓 h 为：

$$h = (1.00 + 1.93H)t + 2492H \text{ kJ/kg} \tag{9-5b}$$

由式（9-5b）可知，温度越高，湿度越大，则比热焓 h 越大。

（2）湿比热容 c_H。在等压下将单位质量的干空气及其所含的水蒸气提高单位温度差所需的热量，表示为：

$$c_H = c_G + c_V H = 1.00 + 1.93H \tag{9-5c}$$

式中　c_H——湿比热容，kJ/（kg·℃）。

9.1.1.3　湿空气的温度

（1）干球温度 t。用一般温度计测得的湿空气的温度称为干球温度，干球温度为空气的真实温度，一般所说的空气温度是指干球温度。

（2）露点温度 t_D。保持湿空气的湿度不变使其冷却，达到饱和状态凝结出露水时的温度即为露点温度。

（3）绝热饱和温度 t_s。在绝热的情况下，若气体和液体长时间接触，使两相传热、传质趋于平衡，最终气体被饱和，气液两相所达到的同一温度即为绝热饱和温度。

（4）湿球温度 t_w。使测温仪器的感温部分处于润湿状态时所测的温度称为湿球温度。

对于某一定干球温度的湿空气，其相对湿度越低，湿球温度值也越低；饱和湿空气的湿球温度与干球温度相等。应该指出，绝热饱和温度 t_s 和湿球温度 t_w 在数值上近似相等，只在空气-水系统是这样的，而对其他系统，湿球温度远高于绝热饱和温度。

9.1.1.4　湿空气的绝热饱和比热焓 h_s

湿空气的比热焓 h 近似地等于湿空气在对应的绝热饱和情况下的比热焓 h_s。

9.1.1.5　湿空气的比体积 v

指 1kg 干空气和其所带有的水蒸气占有的容积，单位为 m³/kg。

9.1.1.6　湿空气的 H-h 图及 H-t 图

干燥过程的计算，可采用湿空气的温度-湿度图（图9-1）和比热焓-湿度图（图9-2）查

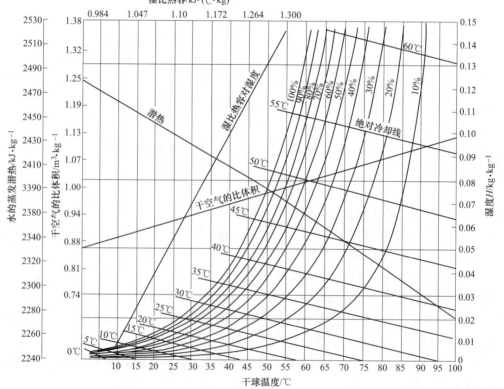

图 9-1　湿空气的温度-湿度图

值计算法。每个图都是在特定的压强下（即 100kPa）作出的，以干球温度 t 为横坐标，湿度 H 为纵坐标作图，图中有九种曲线。

各种曲线的意义如下：

（1）等干球温度（t）线。在图 9-1 及图 9-2 中，与纵坐标平行的直线，其读数标在图底边的横坐标上。

（2）等湿度线 H。在图 9-1 及图 9-2 中，与横坐标平行的直线，其读数标在图右边的纵坐标上。

（3）等比热焓（h）线。即等绝热饱和比热焓（h）线。在图 9-2 中，倾斜的虚线，其读数标在斜轴上，从式（9-5a）可知，h 是湿空气的 t 与其 H 的函数，$h=f(t, H)$。

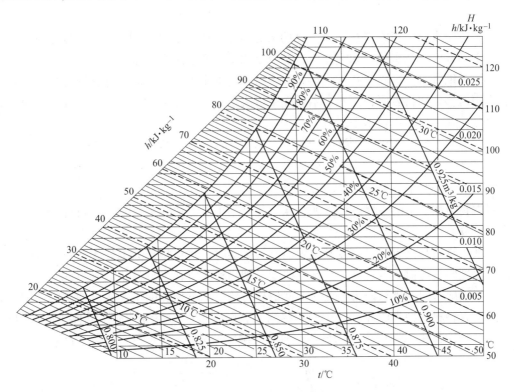

图 9-2　湿空气的比热焓-湿度图

（4）等相对湿度（H_R）线。即图 9-1、图 9-2 中标有百分数的凸线或凹线，图中 $H_R=100\%$ 的曲线称为饱和湿度线，此时空气完全被水汽所饱和；$H_R>100\%$ 的区域为过饱和区，此时湿空气成雾状；$H_R<100\%$ 的区域为不饱和区域，该区域有利于干燥过程。

（5）等湿球温度（t_w）线。对空气-水系统来说，称为绝热冷却线，在图 9-2 中为倾斜的细线，与等比热焓（h）线靠近。

（6）湿比热容（c_H）线。在图 9-1 中，它的读数在图上方的横坐标上。湿比热容仅随温度而变，而湿比热容-湿度线为一直线。

（7）蒸发潜热线。在图 9-1 中为一近似直线，其读数在图左方的纵坐标上。

（8）干空气比体积（v）线。在图 9-1 中为一直线，其读数在图左方的纵坐标上。

（9）饱和比体积（v_s）线。对于饱和空气，其湿度 $H=H_s$，则饱和空气的比体积为：

$$v_s = (0.773 + 1.244H_s)\left(1 + \frac{t}{273}\right) \tag{9-6}$$

9.1.2 湿物料的性质

在干燥过程中，水分从固体物料内部向表面移动，再从物料表面向干燥介质中汽化。用空气作干燥介质时，干燥速率不仅取决于空气的性质，也取决于物料中所含水分的状态。

9.1.2.1 水分与物料的结合方式

（1）化学结合水。指与离子或结晶体的分子化合的水分，这种水分用干燥的方法不能除去。

（2）吸附水分。指附着在物料表面的水分，其性质和纯水相同，在任何温度下，其蒸汽压等于同温度下纯水的饱和蒸汽压，是极易用干燥方法除去的水分。

（3）毛细管水分。指多孔性物料孔隙中所含有的水分。干燥时，这种水分受毛细管的吸收作用而移到物料表面，因此，干燥速率取决于物料中孔隙的大小。大孔隙中的水分跟吸附水分一样，极易干燥除去。

（4）溶胀水分。指渗入到物料细胞壁内的水分，它是物料组成的一部分，因此物料的体积相应增大。例如使用过程中或废的离子交换树脂所含水分。

9.1.2.2 平衡水分和自由水分

根据物料在一定的干燥条件下所含水分能否用干燥方法除去来划分，可分为平衡水分和自由水分。

当某一物料与具有一定温度及湿度的空气接触时，物料将排除水分（或吸收水分）而保持其湿度为一定值，若空气的情况不改变，则物料中所含水分量永远维持此定值，并不因与空气接触时间的延长而再有变化。此值称为该情况下物料的平衡水分或平衡湿度。平衡水分随着物料的种类而异。对于同一物料，又因所接触的空气性质不同而不同。图9-3所示为某些物料在20℃时平衡水分与空气相对湿度的关系。

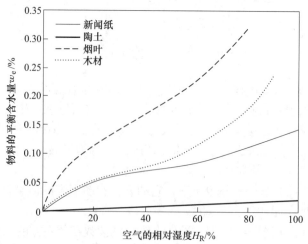

图9-3　某些物料在20℃时的平衡水分与空气相对湿度的关系

平衡水分是物料在一定的干燥条件下，能够用干燥方法除去所含水分的极限值。而在干燥操作中所能除去的水分，是物料中所含的大于平衡水分的水分，称这部分水分为自由水分。物料所含的总水分为自由水分与平衡水分之和，在干燥过程中可以除去的水分仅为自由水分。

9.1.2.3 结合水与非结合水

固体中存留的水分依据固、液间相互作用的强弱，简单地分为结合水分和非结合水分。结合水分包括湿物料中存在于细胞壁内的和毛细管内的水分，固、液间结合力较强；非结合水分包括湿物料表面上附着水分和大孔隙中的水分，结合力较弱。

综上所述，平衡水分和自由水分、结合水分和非结合水分是两种概念不同的区分方法。非结合水分是干燥中容易除去的水分，而结合水分较难除去；是结合水还是非结合水仅取决于固体物料本身的性质，与空气状态无关。自由水分是在干燥中可以除去的水分，而平衡水分是不能除去的。自由水分和平衡水分的划分除与物料有关外，还取决于空气的状态。几种水分的关系可表示如下：

$$物料中的水分\begin{cases}自由水分\begin{cases}非结合水分——首先除去的水分\\能除去的结合水分\end{cases}\\平衡水分——不能除去的结合水分\end{cases}$$

9.1.2.4 湿物料中水分含量

湿物料中的水分含量有两种表示方法。

（1）湿基含水量（w）。以湿物料为基准计算的水的质量分数（$kg_水/kg_{湿物料}$）或百分数。

$$w = \frac{湿物料中水分的质量}{湿物料中干物料的质量} \times 100\% \qquad (9-7)$$

（2）干基含水量（X）。以绝干物料为基准计算湿物料中水的含水量（$kg_水/kg_{绝干料}$）。

$$X = \frac{湿物料中水分的质量}{湿物料中绝干物料质量} \qquad (9-8)$$

二者的关系：

$$w = \frac{X}{1+X} \times 100\% \qquad (9-9)$$

9.1.3 干燥特性

从本质上看干燥过程是一个传热、传质过程。干燥过程得以进行的条件是湿物料表面的水蒸气分压超过热气体（以下或称干燥介质）中的水蒸气分压，湿物料表面的水蒸气基于压差向干燥介质中扩散，湿物料内部的水再继续向表面扩散而被汽化。

9.1.3.1 干燥的特性曲线

如前所述，在干燥过程中，水分在湿物料表面的汽化与物体内部水分的迁移是同时进行的。所以干燥速率的大小取决于这两个步骤。在大多数情况下，干燥速率由试验测得。

干燥特性曲线如图9-4所示。整个干燥过程分为预热、恒速、降速和平衡四个阶段。

（1）预热阶段。温度很低的湿物料与热气体开始接触后，物料和水分温度升到水分汽

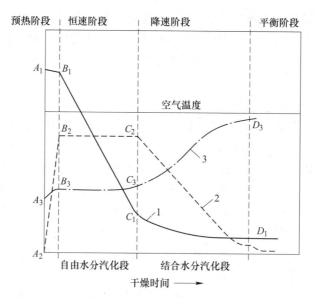

图 9-4　干燥特性曲线图

1—物料含水量曲线；2—干燥速度曲线；3—物料温度曲线

化温度的阶段。预热阶段的时间很短，继而进入恒（等）速阶段。

（2）恒速阶段。只要热气体的性质（温度、湿度、水蒸气分压等）不变，它传给湿物料的热量等于物料表面水分汽化所需要的热量，则物料表面温度将恒定（B_3C_3 线段）；只要物料表面有充足的水分，汽化速度就恒定，只要物料内部有足够的水分向外扩散，干燥速率也必定恒定（B_2C_2），物料含水量则迅速等速下降（B_1C_1）。

物料表面的传热速率表示为：

$$R_c = \frac{\mathrm{d}Q}{A\mathrm{d}\tau} = \frac{C_w\mathrm{d}W}{A\mathrm{d}\tau} = \alpha(t - t') \tag{9-10}$$

式中　R_c——物料表面的传热速率，$J/(m^2 \cdot h)$；

　　　Q—— 热气体传给物料的热量，J；

　　　C_w——t℃时水的汽化潜热（质量能），J；

　　　α——热气体和物料表面的传热系数，$J/(m^2 \cdot h \cdot ℃)$；

　　t, t'—— 分别为热气体和湿物料表面的温度，℃；

　　　W—— 水分汽化量，kg；

　　　τ—— 干燥时间，h；

　　　A—— 传热面积，m^2。

当 t 和 t' 为定值，α 亦为定值时，传热速率 R_c 为恒值，干燥速率也恒定。

提高热气体的温度和传热能力以及降低其中的水蒸气含量均有助于提高恒速阶段的干燥速率和缩短干燥时间。

（3）降速阶段。随着干燥的进行，当物料内部的水分不足以补充物料表面的汽化水分后，干燥速度逐渐降低，物料表面将有一部分呈干燥状态，物料温度逐渐升高（C_3D_3），热量向内部传递，很可能使蒸发面移向内部，水汽由内部向外流动，流动阻力越来越大，故干燥速率降低甚速。潮湿物料表面逐渐减少，当物料表面刚出现干燥状态时，称物料的含水量为第一临界含水量 w_{k1}，当外表面全部呈干燥状态时称物料的含水量为第二临界含水量 w_{k2}，实际上当恒速阶段一结束即达到第一临界含水量（通常称为临界含水），此含水量与物料性质密切有关。

（4）平衡阶段。当物料含水量达到在该干燥条件下的平衡水分 w_p 时，物料的含水量和干燥速率都不再变化，干燥过程终了。

9.1.3.2 干燥速率

湿物料中水分向表面的扩散速率和表面水分的汽化速率决定了该物料的干燥速率，可以用单位干燥面积在单位时间内汽化湿物料的水分质量表示：

$$u = \frac{\mathrm{d}m}{F\mathrm{d}\tau} = \frac{\mathrm{d}G_g X}{F\mathrm{d}\tau} \tag{9-11}$$

式中　u——干燥速率，$kg/(m^2 \cdot h)$；

$\quad\quad m$——汽化水分质量，kg；

$\quad\quad F$——干燥面积，m^2；

$\quad\quad \tau$——干燥时间，h；

$\quad\quad X$——湿物料的干基含水量；

$\quad\quad G_g$——湿物料质量，kg。

干燥速率取决于干燥介质的性质、干燥条件和操作以及物料含水的特性。当湿物料和有一定温度和湿度的干燥介质接触时，必放出或析出水分。当干燥介质的状态（温度、湿度等）不变时，物料中水分便会维持一定值。此值为该物料在一定干燥介质状态下的平衡水分，也是在该状态下该物料可以干燥的限度。在该干燥介质状态下，只有物料中超出平衡水分的那部分水分才能脱除。由于四周环境的空气均有一定的温度和湿度，所以物料都只能干燥到和周围空气相应的平衡水分值。

影响干燥速率的因素有物料的自身性质、物料的含水特性、干燥条件、干燥的操作水平和临界湿度。

（1）物料的性质与形状。湿物料的物理结构、化学组成、形状和大小、物料层的厚薄、温度、含水率及水分的结合方式等都会影响干燥速率。

（2）干燥介质的温度与湿度。介质的温度越高，湿度越低，干燥速率越大，温度与相对湿度相比，温度是主导因素。

（3）干燥介质的流速和流向。在干燥开始阶段提高气流速度，可加速物料表面的水分汽化蒸发，干燥速度也随之增大；而当干燥进入内部水分汽化阶段，则影响不大。

（4）干燥器的结构。以上各因素都和干燥器的结构有关，许多新型的干燥器就是针对某些因素设计的。

9.1.3.3 恒定干燥条件下的干燥时间

在恒定干燥条件下，物料从最初含水量 X_1 干燥至最终含水量 X_2 所需要的时间 τ 可根据相同情况下的干燥速率曲线求取。

（1）恒速干燥阶段的干燥时间。设恒速干燥阶段的干燥速率为 $u_{恒}$，由式（9-11）可得：

$$d\tau = \frac{G_g dX}{Fu_{恒}}$$ (9-12)

积分得恒速干燥时间 τ_1：

$$\tau_1 = \frac{G_g}{Fu_{恒}}(X_1 - X_C)$$ (9-13)

式中，X_1、X_C 分别为湿物料开始时的干基含水量和临界干基含水量。

（2）降速干燥阶段的干燥时间。降速干燥阶段中，物料的干燥速率随物料含水量的减少而降低。干燥速率随湿度变化曲线（R–X 线）如图 9-5 所示。

干燥速率随湿度变化曲线（R–X 线）表达图中，物料的含水量从临界含水量 X_C 降至 X_2 所需的时间用图解积分法求得。在特定情况下用近似计算法求得。例如在降速干燥阶段中干燥速率与干燥物料中的自由水分含量（X–X_C）成正比时，由式（9-11）积分可得降速干燥时间 τ_2：

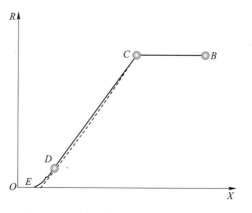

图 9-5　干燥速率 R 与湿物料开始时的
干基含水量 X 的变化曲线

$$\tau_2 = \frac{G_g(X_C - X_e)}{Fu_{恒}}\ln\frac{X_C - X_e}{X_2 - X_e}$$ (9-14)

式中，X_2、X_e、X_C 分别为物料干燥终结时的干基含水量、平衡干基含水量和临界干基含水量。

如果一个干燥过程既包含恒速干燥阶段，又包含降速干燥阶段，干燥时间就要分段分别用式（9-13）、式（9-14）计算，加和。

9.1.4　干燥设备的评价指标

9.1.4.1　干燥程度

干燥程度用湿物料的初始湿度与干燥至终水分来衡量。湿物料的初始湿度越高，干燥的负荷就越重；干燥至终水分越低，干燥就越难达到。

很多干燥设备进行一段干燥都能将初始湿度为 10%~15% 的湿物料干燥至终水分确保 0.5% 以下。但冶金物料的初始湿度波动大，有时超过 15%，许多干燥设备进行一段干燥不能确保 0.5% 以下，需要多段干燥。

9.1.4.2　干燥设备的生产能力

冶金的干燥往往是连续过程，湿物料连续进入与流出干燥设备，衡量干燥设备的生产能力既可以用单位时间处理湿物料的量来表达，也可以用设备单位时间除去水分的蒸发量来表达，后者称为产强度 U。

干燥器的生产强度是指单位传热面积上单位时间内蒸发的水量，其单位为 kg/（m² · h），即：

$$U = \frac{Q}{Ar'}\eta_{热} = \frac{K\Delta t}{r'}\eta_{热} \tag{9-15}$$

式中　U——蒸发量，kg/h；

　　　r'——操作压强下二次蒸汽的汽化热，kJ/kg。

9.1.4.3　干燥设备的热效率

干燥过程中热量的有效利用率是决定过程经济性的重要方面。为了确定干燥过程中热量的有效利用率，通过以下分析，将干燥过程消耗的总热量分解为四个方面。

（1）水分 q_{mw} 由入口温度 $t_入$ 加热并汽化，至气态温度 t_2 后随气流离开干燥系统所需的热量：

$$Q_1 = q_{mw}(2490 + 1.28t_2 + 4.187t_入)\ kJ \tag{9-16}$$

（2）干燥的产品（质量为 q_{mp}）从温度 t_{p1} 加热至离开加热器的温度 t_{p2} 所需的热量：

$$Q_2 = q_{mp}c_{mp}(t_{p2} - t_{p1})\ kJ \tag{9-17}$$

式中，c_{mp} 为产品的比热容，kJ/(kg·℃)。

（3）将湿度为 H_0 的新鲜空气（质量为 q_{mL}）温度由 t_0 加热至 t_2 所需热量：

$$Q_3 = q_{mL}(1.01 + 1.88H_0)(t_2 - t_0)\ kJ \tag{9-18}$$

（4）干燥系统损失的热量 Q_L。

干燥系统中加入的总热量消耗于上面所述的四个方面。其中 Q_1 是直接用于干燥的，Q_2 是达到规定含水量所不可避免的。因此，干燥过程的热效率（$\eta_{热}$）定义为：

$$\eta_{热} = \frac{Q_1 + Q_2}{Q_1 + Q_2 + Q_3 + Q_L} \tag{9-19}$$

提高热效率可以从提高预入口空气热温度、降低废气出口温度、做好保温减少热损失这三方面着手。

9.2　焙烧与烧结工程基础

焙烧泛指固体物料在高温不发生熔融的条件下进行的反应过程。冶金中把广义的焙烧又分为焙烧（roasting）、煅烧（calcinating）和烧结（sintering），其含义如下。

焙烧：矿石、精矿在低于熔点的高温下与空气、氯气、氢气等气体或添加剂起反应，改变其化学组成与物理性质的过程。

煅烧：将固体物料在低于熔点的温度下加热分解，除去二氧化碳、水分或三氧化硫等挥发性物质的过程。

烧结：固体矿物粉配加助熔剂、燃料和其他必要反应剂，并添加适当水分，在炉料熔点温度（或炉料软化点温度）发生化学反应，生成一定量的液相，冷却后使颗粒产生黏结成块的过程。

通常矿石焙烧之后接湿法冶金过程，煅烧产出冶金产品或半产品；矿石烧结之后接火法冶金过程。在冶金中，煅烧的设备主体与焙烧的相同。

9.2.1 焙烧与烧结技术

9.2.1.1 焙烧技术

焙烧技术有固定床、移动床、流态化和飘悬焙烧技术。

固定床焙烧的炉料平铺在炉膛上，炉气仅与炉料表面接触，故气-固界面接触有限，质、热传递很弱，因而生产率低、劳动强度大、烟气浓度低，不便回收利用；但烟尘率低。多膛炉焙烧基本属固定床焙烧。固定床焙烧只在特殊情况下使用，如氧化锌尘脱氯、氟，高砷铜精矿脱砷焙烧等。

移动床焙烧因炉料靠重力或机械作用，在焙烧时缓慢移动，且炉气与炉料做逆（顺）流或垂直的相对运动，故气-固间接触较好。常用的设备有烧结机、竖炉和回转窑等。

流态化焙烧又叫假液化床焙烧或沸腾焙烧。固体粉（粒）料在自料层底部鼓入的空气或其他气体均匀向上的作用下，料层变成流态化状，故气-固间相对运动很剧烈，热、质传递迅速，整个流化床层内温度和浓度梯度很小。有时为了强化过程又不致过分地增加烟尘率，精矿粉料常先经制粒后再加入炉内，故称制粒流态化焙烧。

飘悬焙烧因炉料飘悬在炉中，气-固间相对运动虽不及流态化焙烧剧烈，但气-固间热、质传递仍然很迅速，并且固体粒子间几乎不直接接触，所以允许采用更高的焙烧温度，以及允许在飘悬炉内存在一定的温度梯度和炉料的浓度梯度。

实现焙烧的设备统称为焙烧炉，主要有多膛焙烧炉、回转窑、流态化焙烧炉、飘悬焙烧炉、烧结机和竖式焙烧炉等。

9.2.1.2 烧结技术

烧结技术起初是为了处理矿山、冶金、化工厂的废弃物（如富矿粉、高炉炉尘、轧钢皮、均热炉渣、硫酸渣等）以便回收利用。矿粉的生成量随着矿石的开采量增大而大量增加。开采出来的粉矿（0~8mm）和精矿粉都必须经过造块后方可用于冶炼。目前最大的烧结机为 $600m^2$（苏联），机冷带式烧结机为 $700m^2$（巴西）。我国已建成并投产 $400m^2$ 以上的特大型烧结机。

铁矿粉烧结是最重要的造块技术之一。由于开采时产生大量铁矿粉，特别是贫铁矿富选，促进了铁精矿粉的生产发展，使铁矿粉烧结成为块的造块作业。其物料的处理量约占钢铁联合企业的第二位（仅次于炼铁生产），能耗仅次于炼铁及轧钢而居第三位，成为现代钢铁工业中重要的生产工序。

烧结具有如下重要意义：

（1）通过烧结可为高炉提供化学成分稳定、粒度均匀、还原性好、冶金性能高的优质烧结矿，为高炉优质、高产、低耗、长寿创造了良好的条件；

（2）可去除有害杂质，如硫、锌等；

（3）可利用工业生产的废弃物，如高炉炉尘、轧钢皮、硫酸渣、钢渣等；

（4）可回收有色金属和稀有、稀土金属。

按使用的烧结设备和供风方式的不同，烧结技术可分为如图9-6所示的各种技术。

铁矿烧结广泛采用带式抽风烧结机。其生产率高、原料适应性强、机械化程度高、劳动条件好，便于大型化、自动化，世界上90%以上的烧结（铁）矿由它产出。铅锌烧结

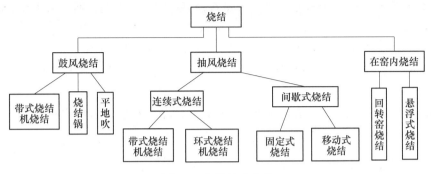

图 9-6　烧结技术分类

广泛采用带式鼓风烧结机。

铁矿烧结主要包括配料、一次混合、二次混合、布料、烧结、热破碎、热筛分、冷却、多级筛分、成品和返矿处理工序。

无混匀料场时，烧结技术一般包括原燃料接受、储存及熔剂、燃料的准备、配料、混合、布料、点火烧结、热矿破碎、热矿筛分及冷却、冷矿筛分及冷矿破碎、铺底料、成品烧结矿的储存及运出、返矿储存等工艺环节；有混匀料场时，原燃料的接受、储存放在料场，有时筛分熔剂、燃料的准备也放在料场。是否设置热矿筛，应根据具体情况或试验结果，经技术经济比较后确定。机上冷却工艺不包括热矿破碎和热矿筛分。

9.2.1.3　球团烧结技术

球团烧结焙烧有竖炉焙烧、带式焙烧机焙烧和链箅机-回转窑法焙烧三种技术。带式焙烧机从外形上看和烧结机十分相似，但在设备结构上存在很大的区别。

球团烧结焙烧一般包括原料准备、配料、混合、造球、干燥和焙烧、冷却、成品和返矿处理等工序。球团矿的生产流程中配料、混合与成球的方法一致，将混合好的原料经造球机制成 10~25mm 的球状（生球）。造球有圆筒造球机工艺和圆盘造球机工艺，如图 9-7 所示。

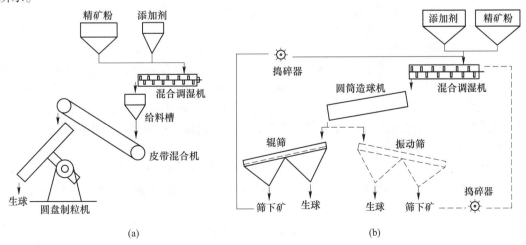

(a) (b)

图 9-7　造球工艺流程

（a）圆盘造球机工艺；（b）圆筒造球机工艺

由图 9-7（a）可见，圆盘造球机技术没有筛分过程，因为圆盘造球机内生成的球和未成球的料一同由圆盘从下往上操起、下落，成球才能从盘面下端溢流出来，即成球与分离粉矿在一个设备中完成。由图 9-7（b）可见，圆筒造球机需要筛分机把成球与碎粉分离，筛分出来的碎粉料经过捣碎机粉碎后返回混合调湿机。筛分有振动筛分和辊筛分，现在通常用辊筛分。

造球机产出的生球经过一条集料皮带机输送至烧结机料仓，由辊式布料器均匀供给台车或由皮带布料器均匀供给竖炉。

9.2.2　流态化技术基础

现代冶金中大量使用颗粒或粉末状的固体物料作为原料。这些散状固体物料在加工、储存、输送过程中与气体和液体物料相比有诸多不便之处。流态化是使散料层具有某种流体的特性的技术。

9.2.2.1　临界流化速度

固体散料的流态化技术是把固体散料悬浮于运动的流体之中，使颗粒与颗粒之间脱离接触，从而消除颗粒间的内摩擦现象，以达到固体流态化。随着作用于颗粒群的流体流速的逐步增加，流态化从散式流态化，历经鼓泡流态化、湍动流态化（以上三者可统称为传统流态化）、快速流态化最终进入流化稀相输送状态。

固定床中流体流速和压差关系可用经典的 Ergun 公式表达：

$$\frac{\Delta p}{H} = 150 \frac{(1-\varepsilon)^2}{\varepsilon^3} \frac{\mu u}{d_v^2} + 1.75 \frac{(1-\varepsilon)}{\varepsilon^3} \frac{\rho_f u^2}{d_v} \qquad (9\text{-}20)$$

式中　Δp ——具有 H 高度的床层上下两端的压降，Pa；

ε ——床层孔隙率；

d_v ——单一粒径颗粒等体积当量直径，m，对非均匀粒径颗粒可用等比表面积平均当量直径 $\overline{d_p}$ 来代替；

u ——流体的表观速度，由总流量除以床层的截面积得到，m/s；

μ ——流体黏度，Pa·s；

ρ_f ——流体密度，kg/m^3。

根据式（9-20），随着流体速度的不断增大，当 u 达到某一临界值以后，压降 Δp 与流速 u 之间不再遵从 Ergun 公式，而是在达到最大值 Δp_{max} 之后略有降低，然后趋于某一定值，即床层静压。此时床层处于由固定床向流化床转变的临界状态，相应的流体速度为临界流化速度 u_{mf}。此后床层压降几乎保持不变，并不随流体速度的进一步提高而显著变化。如果缓慢降低流体速度则床层逐步回复到固定床，如图 9-8 中实线所示。

不是任何尺寸的固体颗粒均能被流化。一般适合流化的颗粒尺寸是在 30μm~3mm 之间。对于 30μm 以下的超细颗粒，要在比较精确控制气流速度的条件下才可以被流化，离开流化床后的气固分离成本高。总之，形成固体流态化需满足以下几个基本条件：

（1）有一个合适的容器作床体，底部有一个流体的分布器；

（2）有大小适中的足够量的颗粒来形成床层；

（3）有连续供应的流体（气体或液体）充当流化介质；

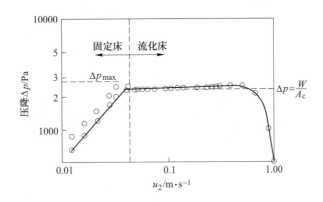

图 9-8　均匀粒度沙粒床层的压降与气速的关系

（4）流体的流速大于起始流化速度，但不超过颗粒的带出速度。

9.2.2.2　流化床的基本特征

传统固体流态化具有以下基本特征：

（1）流化床层具有许多流体的性质。流化颗粒的流动性，使得从流化床中卸出和向流化床内加入颗粒物料成为可能，并可以在两个流化床之间大量循环。

（2）通过流化床层的流体压降等于单位截面积上所含有的颗粒和流体的总质量：

$$\Delta p = \left[\rho_{p}(1 - \varepsilon) + \rho_{f}\varepsilon\right]gh \tag{9-21}$$

式中　ρ_{p}，ρ_{f}——分别为颗粒与流体的密度，kg/m^3；

　　　　h——床层高度，m。

（3）由于可采用细粉颗粒，并在悬浮状态下与流体接触，流固两相界面积大（可高达 $3280 \sim 16400 m^2/m^3$），有利于非均相反应的进行，因此单位体积设备的生产强度要低于流化床高于固定床。

（4）由于颗粒在床内混合激烈，使颗粒在全床内的温度和浓度均匀一致，故床层与内浸换热表面间的传热系数高达到 $200 \sim 400 W/(m^2 \cdot K)$，如图 9-9 所示。全床热容量大、热稳定性高，这些都有利于强放热反应的等温操作。

（5）流态化技术连续作业，操作弹性范围宽，单位设备生产能力大，符合现代化大生产的需要。

9.2.2.3　流化床的形式

流化床有很多形式，图 9-10 所示为一种典型的流化床反应器。一个典型的气固密相流化床由床体（容器与固体颗粒层）、气体分布器及风机、换热器和床内构件等若干部分组成。图 9-10 中其他元件是否出现取决于具体的应用需要。如果用流化床进行造粒或干燥操作，必然要有螺旋加料器或液体喷嘴。

按气固流化形态，流化床有气固稀相流化床、密相流化床两种基本形式；按多个流化床室的组合，流化床有卧式多室床、竖式多层床与循环流化床三种形式。实际生产中一个床内往往有多种流化形态，循环流化床中有气固稀相流化流动和密相流化流动。

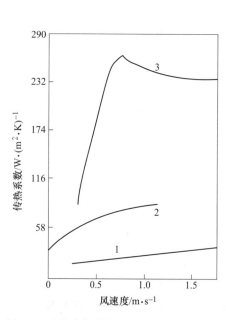

图 9-9　流化床与其他过程的传热系数比较

1—间壁传热；2—固定床；3—流化床

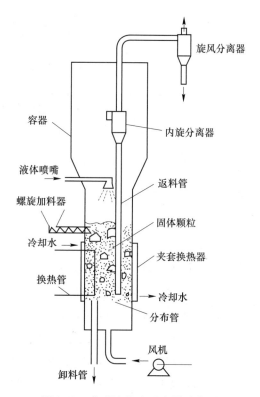

图 9-10　典型流化床反应器示意图

A　循环流化床

根据工艺要求，工业应用的循环流化床具有不同的形式。总体而言，循环流化床由提升管、气固分离器、伴床及颗粒循环控制设备等部分构成。气、固两相在提升管内可以并流向上、并流向下或逆流运动。

图 9-11 所示为两种常见的循环流化床系统。流化气体从提升管底部引入后，携带由伴床而来的颗粒向上流动。在提升管顶部，通常装有气固分离装置（如旋风分离器），颗粒在这里被分离后，返回伴床并向下流动，通过颗粒循环控制装置后重新进入提升管。在实际工业应用中，提升管主要用作化学反应器，而伴床通常可用作调节颗粒流率的储藏设备、热交换器或催化剂再生器，如图 9-11（a）、（b）所示。操作中还需从底部向伴床中充入少量气体，以保持颗粒在伴床中的流动性。

有效地控制和调节颗粒循环速率是实现循环流化床稳定操作的关键。常见的颗粒循环控制方式有机械式（如滑阀、蝶阀、螺旋加料器等），以及非机械式（如 L 阀、J 阀、V 阀、双气源阀等）。颗粒循环控制设备的另一个重要作用是防止气体从提升管向伴床倒窜。

B　卧式多室流化床

卧式多室流化床就是把 2 个或多个流化床水平叠加而成。硫化锌精矿在 600℃以上温度焙烧时，矿中的 ZnO 与 Fe_2O_3 反应形成铁酸锌。为避免铁酸锌在焙烧中生成，采用双室卧式流化床焙烧，如图 9-12 所示。

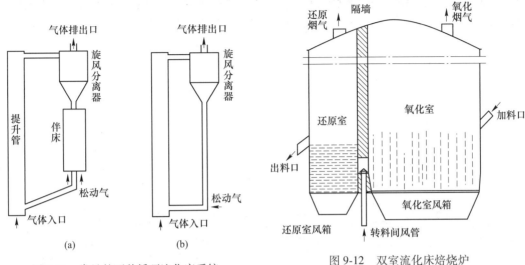

图 9-11 常见的两种循环流化床系统

（a）有伴床的循环流化床；（b）立管式循环流化床

图 9-12 双室流化床焙烧炉

C 竖式多室流化床

竖式多室流化床就是把两个或多个流化床垂直叠加而成，如图 9-13 所示。国外采用竖式多层流态化煅烧炉，直接喷入燃料油煅烧。在多层流化床中将空气与燃料油由底部加入，与从床顶加入的物料呈逆流接触，将煅烧炉自上而下分为物料预热段、燃烧室与空气预热段。这种安排有利于热量的综合利用。

9.2.2.4 稀相流化床

冶金中一个典型的气固稀相流化床就是气态悬浮焙烧（GSC），如图 9-14 所示。

该焙烧炉由丹麦史密斯公司最早建造，用于氢氧化铝焙烧。氢氧化铝经螺旋输送机送到文丘里干燥器中，与旋风预热器 P02 出来的大约 350~400℃ 烟气相混合传热，脱去大部分附着水后进入 P01 旋风预热器

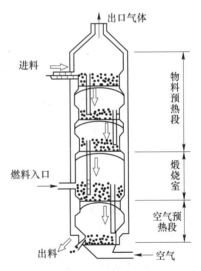

图 9-13 竖式多室流化床焙烧炉

进行预热、分离。P01 分离出的氢氧化铝和来自热分离旋风筒（P03）的热气体（1000~1200℃）充分混合进行载流预热并带入 P02，氢氧化铝物料被加热至 320~360℃，脱除大部分结晶水。C01 旋风分离出来的风（600~800℃）从焙烧炉 P04 底部的中心管进入，从旋风预热器 P02 出来的氢氧化铝沿着锥部的切线方向进入焙烧炉，以便使物料、燃料与燃烧空气充分混合，在 V08、V19 两个燃烧器的作用下，温度约为 1050~1200℃，物料通过时间约为 1.4s，高温下脱除剩余的结晶水，完成晶型转变。焙烧后的氧化铝在热气流的带动下进入热分离旋风筒 P03 中分离，由 P03 底部出来的物料被一次冷却系统 C02 旋风分离出来的风带入 C01 中冷却，C03 旋风分离出来的风把 C01 出来的料带入 C02 中冷却，同样，C04 旋风分离出来的风把 C02 出来的料带入 C03 冷却，而由 C03 分离出的料则被 A03

进风口的风带入 C04 中，氧化铝经 C01、C02、C03、C04 四级旋风的冷却后，温度变为 180℃左右，在 C02 入口处装有燃烧器 T12，作为初次冷态烘炉用。

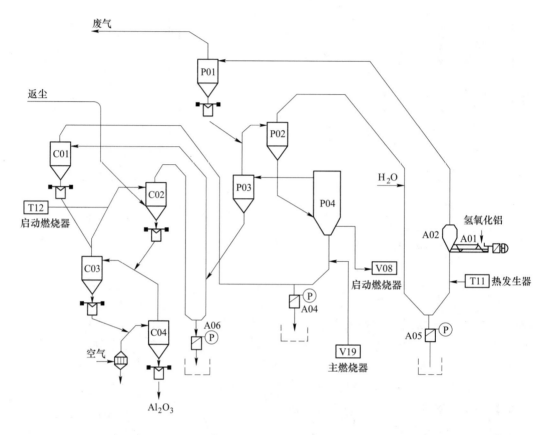

图 9-14　气态悬浮焙烧炉结构

A01—给料螺旋；A02—文丘里干燥器；P01，P02—干燥、预热旋风筒；A04～A06—放料筒；
P03，P04—气态悬浮焙烧主要反应炉；C01～C04—冷却旋风筒；T11—热发生器；
T12，V08—启动燃烧器；V19—主燃烧器

气态悬浮焙烧炉的特点：主反应炉结构简单。焙烧炉与旋风收尘器直接相连，炉内无气体分布板，物料在悬浮状态于数秒内完成焙烧，旋风筒内收下成品立即进入冷却系统。系统阻力降较小，焙烧温度略高，通常为 1150～1200℃。除流态化冷却机外，干燥、脱水预热、焙烧和四级旋风冷却各段全为稀相载流换热。开停车简单、清理工作量少。干燥段中的热发生器（T11），可及时补充因水分波动引起的干燥热量不足，维持整个系统的热平衡。

9.2.3　焙烧与烧结设备的评价指标

9.2.3.1　脱硫率

焙烧的脱硫率指焙烧过程中脱除的硫占原料中硫的百分率，等于原料中含硫量减去产物焙烧料中的含硫量，再与原料中含硫量的比值百分率。

$$脱硫率 = \frac{原料中含硫量 - 焙烧料中含硫量}{原料中含硫量} \times 100\% \tag{9-22}$$

锌精矿流态化焙烧脱硫率一般均在 90% 以上, 铁矿石焙烧脱硫率一般均在 80% ~ 90%。

9.2.3.2 焙烧的生产能力

设备的性能用设备的生产能力与生产率来表示。焙烧的生产能力有单位面积上的生产能力与单台设备的生产能力。

单台设备的生产能力指单位时间 (如 1h、一昼夜) 内出产的合格焙烧料的数量。

单位面积上的生产能力叫作该设备的单位生产率。例如流化床的单位生产能力为 624t/d, 生产率为 2.98t/(m² · d)。

设备的能源生产率: 以投入能源量作为总投入计算的生产率, 如多少 $t/(kW \cdot h)$ (电)。

9.2.3.3 焙烧设备的利用系数与设备作业率

每台焙烧设备 (如烧结机) 每平方米有效抽风面积 (m²) 每小时 (h) 的生产量 (t) 称为烧结机利用系数, 单位为 $t/(m^2 \cdot h)$:

$$利用系数 = \frac{台时产量}{有效抽风面积} \tag{9-23}$$

利用系数是衡量烧结机生产效率的指标, 它与烧结机有效面积的大小无关。

作业率是设备工作状况的一种表示方法, 以运转时间占设备日历台时的百分数表示:

$$设备作业率 = \frac{运转台时}{日历台时} \times 100\% \tag{9-24}$$

日历台时是个常数, 每台烧结机一天的日历台时即为 24 台时。设备完好, 设备运转台时越接近日历台时, 设备作业率是衡量设备良好状况的指标。

9.2.3.4 烧结块的强度

烧结块的强度用转鼓指数与筛分指数来衡量。国际标准 (ISO) 规定: 测定方法是把试样放在一专门的设备内进行滚动撞击, 经过一定时间的试验后, 对试样进行筛分, 以某粒级的筛上物量和筛下物量来衡量它们的抗冲击和摩擦的能力。以大于 6.3mm 粒级的质量分数作为转鼓指数, 以小于 0.5mm 粒级的质量分数作为抗磨指数。

$$转鼓指数 = \frac{检测粒度(\geqslant 5mm)的质量}{试样的质量} \times 100\% \tag{9-25}$$

$$筛分指数 = \frac{检测粒度(< 5mm)的质量}{试样的质量} \times 100\% \tag{9-26}$$

9.2.3.5 热能利用率

焙烧设备的热能利用率与干燥的热能利用率计算相似, 焙烧设备的热能利用率 ($\eta_{热}$) 定义为:

$$\eta_{热} = \frac{Q_1 + Q_2}{Q_1 + Q_2 - Q_3 + Q_L} \tag{9-27}$$

式中 Q_1, Q_2——分别是气流与焙烧的产品离开焙烧系统所需热量, kJ/kg;

Q_3，Q_L——分别是焙烧反应热与焙烧系统损失的热量，kJ/kg。

焙烧、烧结厂也用原材料消耗定额来考核焙烧、烧结过程。通常用焙烧、烧结 1t 原料所消耗的能量来表示。例如，氢氧化铝焙烧的单位产品热耗：<3.14MJ/kg·Al_2O_3。

9.3 干 燥 设 备

由于欲干燥的物料传质迥异，对干燥要求不同，生产规模有小有大，所以实用的干燥设备十分繁杂且不易分类。干燥器（机）的一个分类明细如图 9-15 所示。

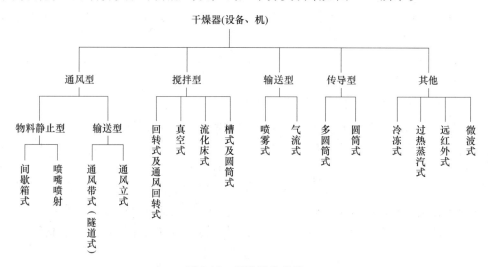

图 9-15 干燥设备分类

物料越细，干燥越困难。除因其表面积大，表面吸附水多，又难以脱干外，还因其自身结块严重，难以碎开，或者是在干燥后板结，更难以粉碎恢复成粉末状，所以干燥设备的发展在很大程度上是与粉体的生产和发展有关。

9.3.1 通风型干燥器

图 9-16 所示为一种连续通风带式干燥器。热干燥介质连续透过多孔输送带（编织网带或孔板链带），对输送带上的湿物料进行干燥。这种干燥器的通道总长可达 50m，由若干小干燥室组成。采用并流式，可适用于不同热敏性物料。最高允许进气温度为 400℃。干燥设备在单位时间内 1m³ 干燥体积所能蒸发的水的质量 kg/(m³·h) 称为汽化强度，输送型通风干燥设备的汽化强度约为 50kg/(m³·h)，热效率为 50%~70%。设备构造简单，操作、维护方便，应用广泛；但不适合冶金中物流量大、有腐蚀性的场合。

9.3.2 蒸汽干燥机

在其他条件相同时，干燥介质的比热容越大，对流换热系数越大，干燥介质与被干物料的温度差越大，干燥的温度驱动动力越大，则换热量也越大。

传统的观点认为，在热风干燥中，随着干燥介质中含湿量的增大干燥速度下降。然而研究者发现过热蒸汽干燥却不都是这样。高于"逆转点"时过热蒸汽干燥速度比热风要

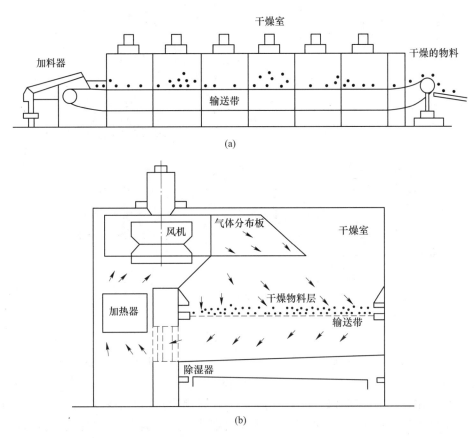

图 9-16 连续通道式干燥器

(a) 正视图示意；(b) 断面图示意

快，低于"逆转点"时则正好相反。干燥器的干燥速度与温度的关系如图 9-17 所示。

蒸汽回转干燥机，主体是略带倾斜并能回转的筒体，在筒体内设有换热管路，管内通入水的蒸汽。干燥机还包括动力系统（电机、减速机、联轴器、大小齿轮等）、支撑系统（托轮、止推轮）、润滑系统、进出料系统、蒸汽加热系统和载气系统、凝液系统。蒸汽回转干燥机的结构如图 9-18 所示。蒸汽干燥机的热效率为 84%~88%。

蒸汽回转干燥机的工作原理：湿物料进入筒体的一端后，在重力作用下物料由高端

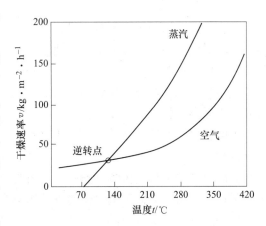

图 9-17 干燥器的干燥速度与温度的关系

进低端出，移动过程中与换热管束进行热交换从而完成干燥。在出料罩内设有蒸汽分配室，蒸汽分配室与蒸汽进口连接，出料罩底部设有出料口，顶部设有排气口；在筒体内设有环管式加热装置，该装置与蒸汽分配室内的分支管道连通；同时在蒸汽分配室内还设有排液装置，蒸汽进口处设有旋转接头，旋转接头与筒体间设有单面机械密封。过热蒸汽由

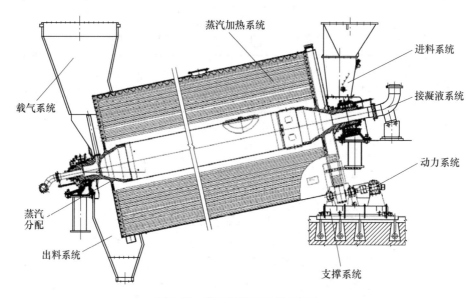

图 9-18　蒸汽回转干燥机的结构

进汽管路输入干燥机，并经过中心抽上的汽口充满机体。干燥管内蒸汽冷凝释放热量，传给湿物料，湿物料中的水分获得热量，汽化蒸发。干燥后物料由另一端出料口排出，干燥后产生的废气经排气口、引风机、除尘设备后排出，夹带的粉尘会被除尘设备收集净化。冷却后的冷凝水在压力和机体转动的作用下，经过排出口流出。湿物料（含湿率在 10%~15%）由干燥机进料螺旋送入干燥机内，干燥机列管中通入蒸汽，物料经过列管后为干燥的物料（精矿含水<0.3%），经旋转阀送入风送系统。

9.3.3　真空干燥机

大多数常压密闭干燥器都可能在真空下运行。采用中空轴可增加传热面积。这种干燥器能在较低温度下得到较高的干燥速度，故热量利用率高，也可加入惰性气体。真空干燥设备除适用于泥糊状、膏状物料的干燥外，尤其适用于维生素、抗菌素等热敏性物料以及在空气中易氧化、燃烧、爆炸的物料的干燥。常用的真空干燥设备有真空箱式干燥器、带式真空干燥器、耙式真空干燥器。

真空耙式干燥器的结构如图 9-19 所示，也叫作圆筒搅拌型真空干燥器，由筒体和双层夹套构成，筒内有回转搅拌耙齿，回转于空轴上，转速 3~8r/min。其主要部件有壳体、耙齿、出料装置、加料装置、粉碎棒、密封装置、搅拌轴和传动装置。欲干燥的膏状物料由加料口加入后，向筒体夹套内通入低压蒸汽。物料一方面被蒸汽间接加热，另一方面被耙齿搅动、拌匀，蒸发出的水蒸气由蒸汽口用真空泵抽出（中经捕集器、冷凝器等）。

其工作原理：被干燥物料从壳体上方正中间加入，在不断正反转动的耙齿的搅拌下，物料轴向来回走动，与壳体内壁接触的表面不断更新，受到蒸汽的间接加热，耙齿的均匀搅拌、粉碎棒的粉碎使物料表面水分更有利的排出，气化的水分经干式除尘器、湿式除尘器、冷凝器，从真空泵出口处放空。

真空耙式干燥器具有结构简单、操作方便、使用周期长、性能稳定可靠、蒸汽耗量

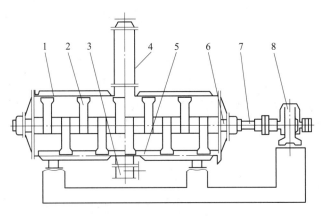

图 9-19　真空耙式干燥器

1—壳体；2—耙齿；3—出料装置；4—加料装置；5—粉碎棒；6—密封装置；7—搅拌轴；8—传动装置

小、适用性能强、产品质量好的特点，特别适用于不耐高温、易燃、调温下易氧化的膏状物料的干燥，该机经用户长期使用证明是一款良好的干燥设备。

间歇式真空干燥设备一般由密闭干燥室、冷凝器和真空泵三部分组成。间歇操作的箱式真空干燥器如图9-20所示。

9.3.4　输送型干燥机

输送型干燥机最典型的是载流干燥和喷雾干燥器。图9-21所示为一种典型的载流干燥（输送型干燥）系统——气流式干燥机。其干燥主体是一根直立圆筒（也有为数根圆筒的）。由图9-21可见，由燃烧炉出来的热介质（热烟道气）高速（通常为20~40m/s）进入筒底的粉碎设备，将由给料设备送到粉碎设备中的湿物料全部悬浮，湿物料在圆筒中被干燥，而后被输送到气-固分离及卸料设施内。这种干燥设备构造简单、造价低，易于建造和维修，干燥效果也很好，设备的

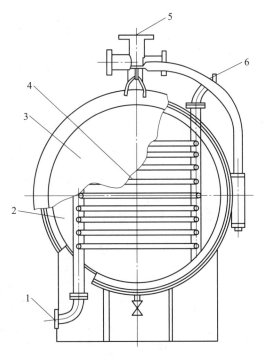

图 9-20　箱式真空干燥器

1—冷凝水出口；2—外壳；3—盖；4—空心加热板；
5—真空接口；6—蒸汽进口

汽化强度大，但能耗较大，要求干燥筒长度大。为克服这些缺点发展出了采用交替缩小和放大直径的脉冲管代替直筒管。（1）倒锥式。采用直径上大下小的倒锥干燥筒，使气流速度自下而上逐渐减小，将被干燥物料按粒度大小悬浮于筒的不同高度。（2）多级式。将2~3级气流干燥筒串联，可降低干燥筒总高度。（3）旋流式。利用旋风分离器作为干燥器，气流夹带着物料以切线方向进入旋风干燥器，颗粒在惯性离心力的作用下悬浮于旋转气流中被迅速干燥。

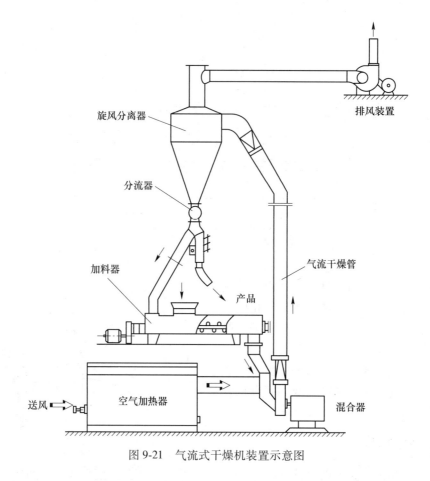

图 9-21　气流式干燥机装置示意图

图 9-22 所示为另一种典型的载流干燥（输送型干燥）系统，即喷雾干燥器。原料液

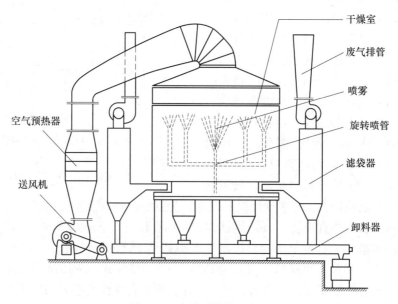

图 9-22　喷雾干燥器示意图

以一定压力由喷嘴喷出，形成雾化液，液滴直径一般为 $100\sim200\mu m$，表面积非常大，遇到热气流可在 $20\sim40s$ 内完成干燥过程。液滴水分多的阶段即恒速干燥阶段，液滴温度仅接近于热气流的湿球温度，故适于干燥热敏性物料，喷雾干燥可处理湿含量为 $40\%\sim90\%$ 的溶液或悬浮液，对某些料液可不经浓缩、过滤，虽然可能不太经济，但为了形成雾化条件，即使对高浓度原料还需加水稀释，这种干燥器应用广泛，可以处理多种物料的悬浮液、溶液、乳浊液及含水的糊状料。

喷雾干燥器的主要部件是雾化器，有气流、旋转、压力三种类型，如图9-23所示。以气流型最常用，压力型最省动力，旋转型的普适性最大。

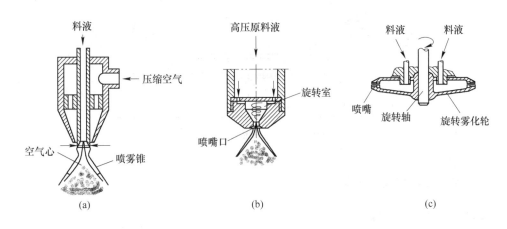

图 9-23　雾化器示意图
(a) 气流式雾化器；(b) 压力式雾化器；(c) 离心雾化器

按液滴和气流的混合方式可将干燥器分为并流、逆流和混合流三种类型。用不同的雾化器和不同的混合方式可组成多种形式的喷雾干燥器。这种组合干燥器的产品有良好的分散性，大多数不需要再粉碎和筛选，而且由于是密闭操作，故不易污染环境，并适合大规模生产。

9.3.5　热传导干燥机

图9-24所示为一种常见的传导型圆筒干燥机。两圆筒向相反方向旋转，其上部设有原料液储槽。热介质通过位于圆筒中心部位的旋转接管加入和排出。圆筒上面附着的原料液膜厚度由调节两圆筒间的间隙来控制，一般为 $0.1\sim0.4mm$。加入加料器的原料液在圆筒上部直接蒸发浓缩，以薄片状黏附在圆筒下部的表面上，干燥在圆筒旋转一周内完成，总计时间约 $10\sim15s$。传热效率非常高，可达 $80\%\sim90\%$，上部罩斗用于吸走干燥时产生的热蒸汽。

这种干燥机适合处理重金属溶液、有机或无机盐溶液和泥浆状物料以及活性污泥等，既可连续地直接将这些料浆干燥成粉末或片状干燥物，也适用于食品、药品的干燥处理。

基于这种干燥机的结构及产品特点，也称它们为薄膜干燥机（器）。

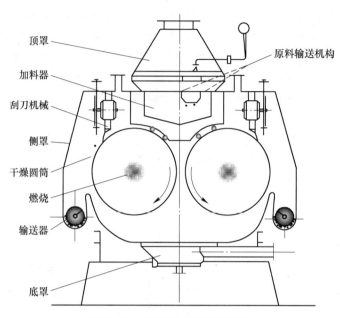

图 9-24   传导型双圆筒干燥器

标注：顶罩、加料器、刮刀机械、侧罩、干燥圆筒、燃烧、输送器、底罩、原料输送机构

9.3.6   微波干燥器与红外干燥器

9.3.6.1   微波干燥器

将需要干燥的物料置于高频电场内，借助于高频电场的交变作用而使物料加热，以达到干燥物料的目的，这种干燥器称为高频干燥器。电场的频率在 300MHz 的称高频加热，在 300MHz~300GHz 之间的称超高频加热，也称微波加热。微波通常指频率从 3×10^{8} ~ 3×10^{11} Hz 的电磁波。在微波波段中又划分为四个分波段，见表 9-1。

表 9-1   微波的分波段划分

波段名称	波长范围	频率范围
分米波	1m~10cm	300MHz~3GHz
厘米波	10~1cm	3~30GHz
毫米波	1cm~1mm	30~300GHz
亚毫米波	1~0.01mm	300~3000GHz

根据电磁波在真空中的传播速度 c 与频率 f、波长 λ 之间的关系：$c = f\lambda$，相对于 3×10^{8} ~ 3×10^{11} Hz 微波频率范围的微波波长范围为 1m~1mm 左右。由此可见，微波的频率很高、波长很短。考虑到微波器件和设备的标准化，以及避免使用频率太大造成对雷达和微波通信的干扰，目前微波加热采用的常用频率为 0.915GHz 和 2.45GHz，对应的波长分别为 0.330m 和 0.122m。

微波加热的简要原理如图 9-25 所示。电池通过一个换向开关与电容器的极板连接，极板之间放一杯水。当开关合上时，两极间产生的电场作用使杯中的水分子带正电的氢端趋向电容器的负极，并使带负电的氧端趋向正极，这就使水分子按电场方向规则地排列。如转向开关打向相反方向，水分子的排列也跟着转向。如不断地快速转换开关方向，则外加电场方向也迅速变换，导致水分子的方向也不断变化摆动，又因分子本身的热运动和相邻分子之间的相互作用，使水分子随电场变化摆动的规则受到阻碍和破坏，分子处于杂乱运动的条件下，产出了类似于摩擦的效应，加剧了热能的产生，使水的温度迅速升高。在电容器的极板间，放的不是水，而是湿物料，在相同条件下湿物料也产生热量，使湿物料中的水汽化。微波加热就是通过微波发生器使极性分子摆动，在物料内部产生热。

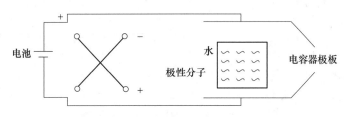

图 9-25　微波加热原理示意图

微波加热设备主要由微波发生器、波导、微波能应用器、物料输送系统和控制系统等几个部分组成。微波发生器的主要作用是产生设备所需要的微波能量。波导则是一段具有特定尺寸的矩形或圆形截面的微波传输线，保证将微波发生器产生的微波能量送到微波能应用器中。微波能应用器是实现物料与微波场相互作用的空间，微波能量在此转化成热能、化学能等，来实现对物料的各种处理。控制系统是用来调节微波加热设备各种运行参数的装置，保证设备的输出功率、输送速度。其可以根据规定的最佳工艺规范，方便、灵活地调整控制。

综上所述，微波发生器、微波传输和波导系统、微波能应用器是微波加热设备中的重要组成部分。

9.3.6.2　红外线干燥器

红外线加热干燥利用红外线辐射源发出的红外线（$0.72 \sim 1000\mu m$）投射到被干燥物料，使温度升高，溶剂汽化。红外线介于可见光和微波之间，红外线是波长范围在 $0.4 \sim 1000\mu m$ 的波，一般把 $5.6 \sim 1000\mu m$ 之间的红外线称为远红外线，而把 $0.4 \sim 5.6\mu m$ 的称为近红外线。红外线被物体吸收后能生热，这是因为物质分子能吸收一定波长的红外线能量，产生共振现象，引起分子原子的振动和转动而使物质变热。物体吸收红外线越多，就越容易变热，达到加热干燥的目的。

红外线发射器分电能、热能两种。红外线干燥使用的辐射源中有红外线干燥灯泡、红外线石英管型灯泡、非金属发热体、煤气燃烧器等，如图9-26所示。

这些辐射器的辐射能在波长方面各有不同的特点。用电能的如灯泡和发射板，用热能的如金属发射板或陶瓷发射板。

红外线加热干燥的特点：（1）热辐射率高，热损失小，节约能源；（2）设备尺寸小，容易进行操作控制；（3）建设费用低，制造简便；（4）加热速度快，传热效率高；（5）有一定的穿透能力；（6）产品质量好。

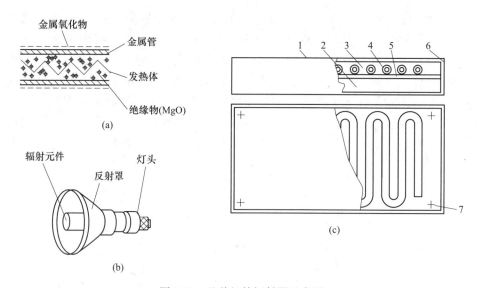

图 9-26 　几种红外辐射器示意图

（a）管式远红外辐射器；（b）灯式辐射器；（c）碳化硅板远红外辐射器

1—远红外辐射层；2—绝热填料层；3—碳化硅板或石英砂板；4—电阻线；5—石棉板；6—外壳；7—安装孔

9.4 　兼具干燥与焙烧功能的设备

9.4.1 　回转窑

　　回转窑既可以用于干燥，也用于焙烧与烧结，或同一个设备中既干燥又焙烧。回转窑为稍微倾斜的卧式圆筒形炉，炉料一边装入，一边从旋转的炉壁落下，一边搅拌焙烧，最后从出料端排除。

　　用于干燥的回转窑叫作回转圆筒干燥机。图 9-27 所示为一个直接传热并流式搅拌型

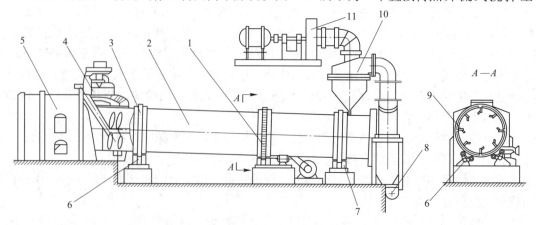

图 9-27 　直接传热并流式回转干燥机

1—齿轮；2—转筒；3—滚圈；4—加料器；5—炉；6—托轮；7—挡轮；8—闸门；

9—抄板；10—旋风收尘器；11—排气

回转圆筒干燥机。回转圆筒的 L/D 约为 5，转速 2~6r/min，筒体倾斜安装倾角 1°~5°。筒内设有翻动和抬散物料的搅拌抄板，抄板的形式很多，如图 9-28 所示，对黏性和较湿的物料适于用升举式抄板；颗粒细而易引起粉末飞扬的物料适宜用分格式。物料在筒体内的充填率一般小于 0.25。焙烧与烧结的回转窑一般不设置抄板。

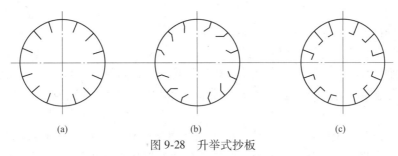

(a)　　　　　　　　(b)　　　　　　　　(c)

图 9-28　升举式抄板

（a）180°升举式；（b）135°升举式；（c）90°升举式

回转窑由筒体、滚圈、支承装置、传动装置、头、尾罩、燃烧器、热交换器及喂料设备等部分组成，现分述如下。

（1）筒体与窑衬。筒体由钢板卷成，内砌筑耐火材料，称为窑衬，用以保护筒体和减少热损失。

（2）滚圈。筒体、衬砖和物料等所有回转部分的重量通过滚圈传到支承装置上，滚圈重达几十吨，是回转窑最重要的部件。

（3）支承装置。由一对托轮轴承组和一个大底座组成。一对托轮支承着滚圈，容许筒体自由滚动。支承装置的套数称为窑的档数，一般有 2~7 档，其中一档或几档支承装置上带有挡轮，称为带挡轮的支承装置。挡轮的作用是限制或控制窑的回转部分的轴向位置，如图 9-29 所示。

（4）传动装置。筒体的回转是通过传动装置实现的。传动末级齿圈用弹簧板安装在筒体上。为了安全和检修的需要，较大型的回转窑还设有使窑以极低转速转动的辅助传动装置，如图 9-30 所示。

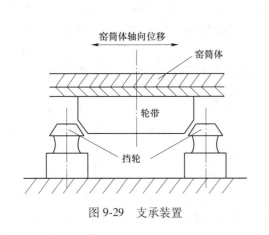

图 9-29　支承装置

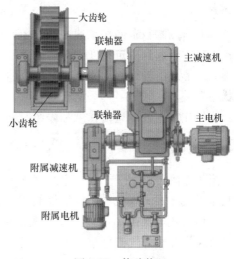

图 9-30　传动装置

（5）窑头罩与窑尾罩。窑头罩是连接窑热端与流程中下道工序（如冷却机）的中间体。燃烧器及燃烧所需空气经过窑头罩入窑。窑头罩内砌有耐火材料，在固定的窑头罩回转的筒体之间有密封装置，称为窑头密封。窑尾罩是连接窑冷端与物料预处理设备以及烟气处理设备的中间体，其内砌有耐火材料。在固定的窑尾罩与回转的筒体间有窑尾密封装置。

（6）燃烧器。回转窑的燃烧器多数从筒体热端插入，通过火焰辐射与对流传热将物料加热到足够高的温度，使其完成物理和化学变化，燃烧器有喷煤管、油喷嘴、煤气喷嘴等，因燃料种类而异。外加热窑是在筒体外砌燃烧室，通过筒体对物料间接加热。

（7）热交换器。为增强对物料的传热效果，筒体内设有各种换热器，如链条、格板式热交换器等。

（8）喂料设备。根据物料入窑形态的不同选用喂料设备。干的物料或块料，由螺旋给料器喂入或经溜管流入窑内；含水分40%左右的生料浆用喂料机挤进溜槽，流入窑内或用喷枪喷入窑内；呈滤饼形态的含水稠密料浆，如 $Al(OH)_3$，可用板式饲料机喂入窑内。

各类窑的常用转速见表9-2。

表9-2　回转窑常用转速

窑　名　称	转速/r·min⁻¹	窑　名　称	转速/r·min⁻¹
铅锌挥发窑	0.60~0.92	氧化铝焙烧窑	1.71~2.74
氧化焙烧窑	0.7~1.00	炭素窑	1.10~2.10
镍锍焙烧窑	0.50~1.30	黄镁矿渣球团焙烧窑	0.50~1.30
氧化铝熟料窑	1.83~3.00	耐火材料煅烧窑	0.30~1.70

回转窑的主要操作参数：

（1）转速。窑体转动起到翻动和输送物料的作用，提高转速有助于强化窑内气流对物料的传热。回转窑的转速（窑体每分钟转动的周数）与窑内物料活性表面、物料停留时间、物料轴向移动速度、物料混合程度、窑内换热器结构以及窑内的填充系数等都有密切的关系。

（2）窑内物料轴向移动速度和停留时间。物料在窑内移动的基本规律是，随窑转动的回转物料被带起到一定高度，然后滑落下来。由于窑是倾斜的，滑落的物料同时就沿轴向前移动，形成沿轴线移动速度。窑内物料的轴向移动速度与很多因素有关，特别是与物料的状态有关。

物料在窑内各带运动速度和停留时间不同导致物料在窑内各带的物理化学变化不同。

9.4.2　流化床

流化床既可以用于干燥，也既用于焙烧，或在同一个设备中既干燥又焙烧。用于干燥的叫作流化床式干燥机，用作焙烧的叫作流化床焙烧炉。

流化床式干燥机（器）工作原理：将粉粒状、膏状（乃至悬浮液和溶液）等流动性物料放在多孔板等气流分布板上，由其下部送入有相当速度的干燥介质。流化床干燥器的干燥速度很快，流化床内温度均匀且易控制调节，时间也较易选定，故可得到水分极低的干燥物料。流化床干燥设备的基本结构大致有两种类型：单层与多层。单层圆筒流化床干燥机如图 9-31 所示。

　　流化床焙烧炉是流态化焙烧的主体设备。目前锌精矿的焙烧都用流化床焙烧炉。各地的锌精矿粒度基本一致，水分含量差异大，因此锌精矿进炉前必须经配料，控制入炉水分小于 9%。水分较高时应预先干燥。

　　流化床焙烧炉按床断面形状可分为圆形（或椭圆形）、矩形。圆形断面的炉子，炉体结构强度较大，材料较省，散热较小，空气分布较均匀，因此得到广泛应用。当炉床面积较小而又要求物料进出口间有较大距离的时候，可采用矩形或椭圆形断面。流态化焙烧炉按炉膛形状又可分为扩大型（鲁奇型）和直筒型（道尔型）两种。为提高操作气流速度，减小烟尘率和延长烟尘在炉膛内的停留时间，目前新建焙烧炉多采用扩大型（鲁奇型）炉，如图 9-32 所示。如图 9-33 所示为前室加料直筒型流态化焙烧炉。

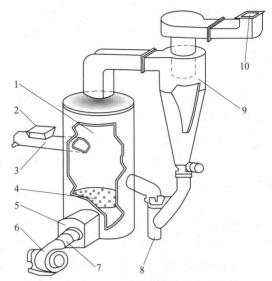

图 9-31　单层圆筒流化床干燥机
1—料室；2—湿物料；3—进料器；4—分布板；
5—加热器；6—鼓风机；7—空气入口；8—干物料；
9—旋风分离器；10—空气出口

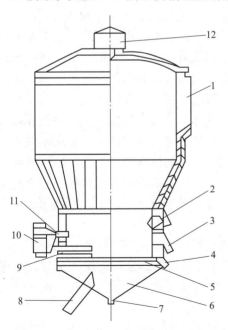

图 9-32　扩大型（鲁奇型）流态化焙烧炉结构
1—排气道；2—烧油嘴；3—焙砂溢流口；4—底卸料口；
5—空气分布板；6—风箱；7—风箱排放口；8—进风管；
9—冷却管；10—高速皮带；11—加料孔；12—安全罩

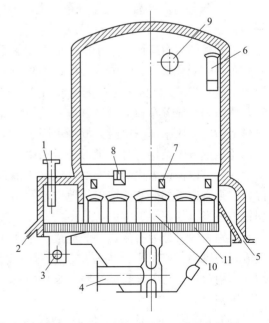

图 9-33　前室加料直筒型流态化焙烧炉
1—加料孔；2—事故排出口；3—前室进风口；4—炉底进风口；
5—焙砂溢流口；6—排烟口；7—点火孔；8—操作门；
9—开炉用排烟口；10—汽化冷却水套安装口；11—空气分布板

9.4.2.1　流化床的主要部件与功能

流化床（干燥与焙烧）的主要组成部分：壳体与炉墙、气体分布装置、加料口（包括前室）、内部构件、换热装置、烟气出口（气固分离装置）和固体颗粒的装卸装置（排料口）等。

（1）流化床的壳体与炉墙。最常见的流化床的壳体（整个外壳）是一圆柱形容器，下部有一圆锥形底，体身上部为一气固分离扩大空间，其直径比床身大许多。在圆筒形容器与圆锥形底之间有一气体分布板（多孔板）。

炉墙包括自由空域和扩大段。炉内气固浓相界面以上的区域称为自由空域或自由空间。由于气泡逸出床面时的弹射作用和夹带作用，一些颗粒会离开浓相床层进入自由空域。一部分自由空域内的颗粒在重力作用下返回浓相床，而另一部分较细小的颗粒则最终被气流带出流化床。扩大段位于流化床上部，其直径大于流化床主体的直径，并通过一锥形段与主体相联。扩大段可以显著降低气流的速度，从而有助于自由空域内的颗粒通过沉降作用返回浓相，减少颗粒带出及降低自由空域内的颗粒浓度。对于流化床化学反应器来说，较低的自由空域颗粒浓度对于减少不利的副反应往往是至关重要的。流态化焙烧炉扩大部分炉腹角一般为 $4° \sim 15°$，当灰尘有黏性时最好小于 $10°$。

炉内气固浓相界面以下、炉底以上的区域称为流化床。流化床内的温度分布可分为3个区域：（1）距下料口 1000mm 左右，为预热带，其温度为 1050℃。由于是投料的区域，矿料湿，水分大量蒸发吸收热量。（2）在炉内中央较大一片区域为反应带，该区域温度较为均匀，约 1150℃。（3）离出料口 1000mm 左右为降温带。该区域温度较中心区略低。

（2）气体分布装置。气体分布器也叫炉底或炉床，常见的分布板结构为多孔板。由钢制多孔底板、风帽和耐火材料组成。为了使气体分布均匀和不使床内颗粒下落至锥形体部分，多孔板的自由截面积小于空塔截面积的 50%，即开孔率 50%。开孔率大，压降小，气体分布差；开孔率小，气体分布好，但阻力大，动力消耗大。分布器压降大于整个床层压降的 10% ~ 30%。该区域习惯上被称为"分布器控制区"或"分布板区"。

风帽和气体分布板为焙烧炉重要的组成部分。气体分布板一般由风帽、花板和耐火材料衬垫构成。风帽周围由耐火混凝土固定。空气能否均匀进入沸腾层主要取决于风帽的排列及风帽本身的结构。对于圆形炉子来说，以采用同心圆的排列较为合适，如图 9-34（a）所示，它可以保证靠边墙的一圈风帽也能得到均匀的排列。如用正方形排列或等边三角形排列，则靠边墙部分有些空出的地方不便于安排风帽。对于长方形炉子，则采用正方形排列较为适当，如图 9-34（c）所示。

风帽大致可分为直流式、侧流式、密孔式和填充式四种。锌精矿流态化焙烧广泛应用侧流式的风帽，如图 9-35 所示。从风帽的侧孔喷出的空气紧贴分布板进入床层，对床层搅动作用较好，孔眼不易被堵塞，不易漏料。风帽下面是风箱，让鼓风机送来的风均匀分配到风帽。

（3）内部构件。内部构件的重要作用是破碎大气泡和减少近混。内部构件的主要形式有挡网、挡板、填充物、分散板等。

（4）换热装置。为了维持流化床内的温度分布，需要把冶金反应释放出来的多余热量排出。流化床的换热可通过外夹套或床内换热器进行。当用床内换热器时，除应考虑一般换热器要求外，还必须考虑到对床内物料流动的影响。即换热器的形式和安装方式应当尽量有利

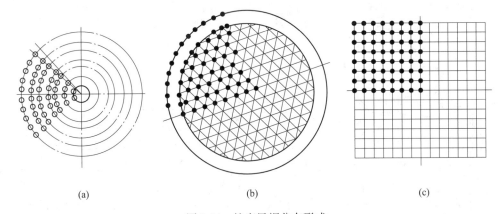

图 9-34　炉底风帽分布形式

（a）同心圆排列；（b）等边三角形排列；（c）正方形排列

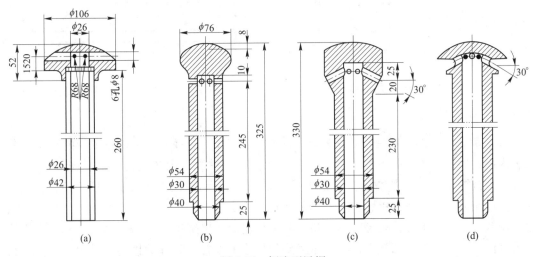

图 9-35　侧流型风帽

（a）内设阻力板风帽；（b）平孔风帽；（c），（d）斜孔风帽

于流体的正常流动。干燥时用列管换热，放在距设备中心 2/5 半径处换热效果较好。焙烧炉的排热有直接喷水法和间壁换热法。多数厂家用间壁换热法，在流化床的侧墙上布置水套。水套的作用是带走流态化层的余热，增加处理能力。水套有箱式水套和管式水套两种。箱式水套埋在侧墙内，管式水套插入硫化层中。箱式水套的结构如图 9-36 所示。

（5）流态化焙烧炉的加料装置。流化床焙烧炉有干式加料和浆式加料两种，现普遍采用干式加料。干式加料又有抛料机散式加料和前室管点式加料两种。早期设计的沸腾炉很多都有前室。前室易堵塞，风帽"戴帽"，严重时造成停炉。因此，目前已很少采用。国外大的沸腾炉多用抛料机进料，而国内则常用皮带式抛料机或圆盘加料机。在水分达标的情况下，首推皮带抛料机进料，它具有进料均匀、易调节的优点；但在水分较高而且不稳定的情况下，则用圆盘较为合适，圆盘的适应性较皮带强，10 % 左右的水分也能维持正常生产。锌精矿流态化焙烧的抛料机如图 9-37 所示。抛料机就是一台带速 18m/s 的皮带输送机，还有相应的抛料部件。

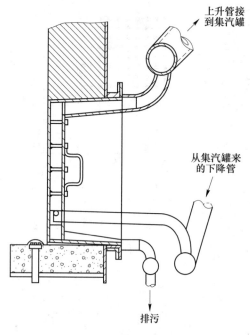

图 9-36　汽化冷却水套

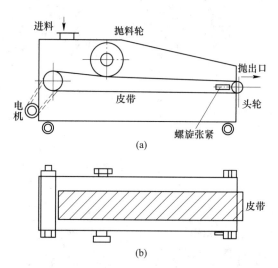

图 9-37　锌精矿流态化焙烧的抛料机
(a) 正视图；(b) 俯视图

（6）流化床炉的排料装置。常用以下三种形式：1）重力法。靠颗粒本身的重量使颗粒装入或流出，设备最简单，适于小规模生产。2）机械法。用螺旋输送机、皮带加料机、斗式提升机等。此法不受物料湿度及粒度等的限制，但需专门的机械。3）气流输送法。此法输送能力大、设备简单，但对输送的物料有一定要求，也较常用。

排料口设在炉下部，有溢流排料口和底流排料口。焙烧炉产出的焙砂，一部分由溢流放出口排出，一部分随烟气带出，少量大颗粒焙砂由设置于底部的排料口排出。溢流排料口的高度即为流态化层的高度，焙烧矿由此排出。底流排料装置虽然排出量少，但它却防止了大颗粒的沉积，通过连续和间断地排出块状物，有效地延长了炉期。底流排料装置如图 9-38 所示。抽板排料装置的结构复杂、操作烦琐，物料积累在底排料区，易形成黏结。目前抽板排料装置取消了底排料区和抽板阀，改为从底部侧墙设置倾斜排料管排料，或用钟罩阀排料装置。

（7）流化床炉的炉顶排烟装置。由于炉上部直径较大，采用架顶斜面砖砌筑的拱顶结构是不宜的。按鲁奇炉的生产实践，拱顶采用较大块的砖环砌，砖的断面为阶梯状，环与环咬合在一起。拱顶中央有锥形砖锁口，防止膨胀或收缩造成的松动。拱顶砖和墙砖材质相同，均采用高质黏土耐火砖。拱顶砖如图 9-39 所示。顶部排烟口在侧部。

（8）流化床焙烧炉的旋风分离器和料腿装置。该装置实现气与固分离。常用以下三种形式：1）自由沉降式；2）旋风分离式；3）过滤器式。在这三种形式中，最常用的是旋风分离器，通常将几个旋风分离器串联使用，两级和三级旋风在工业上比较常见。外旋风分离器的料腿是位于流化床床体之外的一根管道，料腿底部可以与床体相连以返回所分离的颗粒；内旋风分离器的料腿直接向下伸入床中，其末端既可以浸入浓相床中，也可以悬置

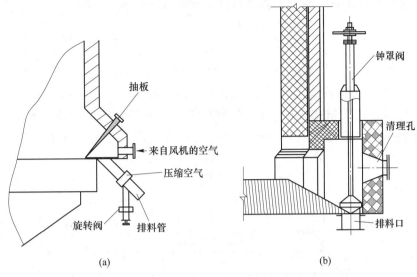

图 9-38 锌精矿流化床焙烧炉的底流排料装置
（a）抽板排料装置；（b）钟罩阀排料装置

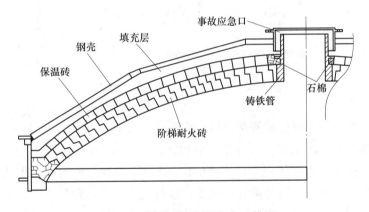

图 9-39 拱顶砖和事故应急口装置

在自由空域中。旋风分离器成功操作的一个重要因素是料腿中不能有向上"倒窜"的气流，只能有向下流动的固体颗粒。因此，在料腿的末端一般设有特殊的反窜气装置。

（9）流化床焙烧炉的炉气冷却装置。炉气出口设在炉顶或侧面，烟气从此进入冷却器或余热锅炉。

烟气冷却通常有夹套水冷和余热锅炉两种。夹套水冷的设备简单、热能利用率低，少用。余热锅炉于1980年后用于锌精矿焙烧系统。锌烟尘黏度大、易黏结，所以用水平单通道锅炉，大空腔、水冷壁、先辐射后对流的结构。对流室由过热管束和蒸发管束组成。对流室与辐射段间设有扫渣管以防止大量的高温尘进入过热段和对流段，清灰方式为机械振打。为便于清灰和受热膨胀，锅炉采用悬吊式支撑。

（10）流化床焙烧炉的焙砂冷却装置。焙砂冷却主要有三种方式：一是外淋式或浸没式冷却圆筒；二是沸腾冷却；三是高效冷却转筒。通常用高效冷却转筒。其效率高、冷却效果好，当进料温度1100℃时排料温度可以到常温，而且热水可利用。

9.4.2.2 振动流化床干燥器

冶金工厂常用振动流化床干燥器。图9-40所示为其中一种振动流化床干燥机的简图。通过振动可使物料更充分均匀地分散于气流中。其结果是减少传热、传质的阻力，减少滞留带和颗粒的聚积，提高干燥速度，大大缩短了干燥时间。例如，将振动流化床干燥器用于湿分较大的精矿，湿精矿在流化段仅停留12s，总的停留时间仅70~80s，可将含水14%~26%的湿精矿干燥为含水0.2%~0.4%的干精矿，宽1m、长13m的这种干燥器的处理量可达7.6t/h。

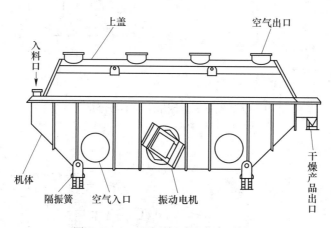

图9-40 ZLG系列振动流化床干燥器

黏性大、含水量高的泥糊状物料难以在干燥介质流中分散和流态化。在干燥器底部放入一些惰性载体（例如石英砂，氧化铝、氧化锆的小球，颗粒盐等），当它们在一定流速的气流作用下流化时，就会将湿物料黏附在其表面，继而使之成为一层干燥的外壳。由于惰性载体互相碰撞摩擦，又会使干外壳脱落，被介质流带走，而载体自身又与新的湿物料接触，再形成干外壳，如此循环，使细的湿黏物料也可在流化床干燥机中得到充分的干燥。

9.5 焙烧与烧结设备

矿石烧结是火法熔炼之前的预处理过程。铁冶炼过程和铅锌共生矿熔炼入炉矿石都需要块料，选矿厂送来冶炼厂的是粉矿。把粉矿制成入炉需要的块料有精矿烧结和球团烧结焙烧两种方法。矿粉在一定的高温作用下，部分颗粒表面发生软化和熔化，产生一定量的液相，并与其他未熔矿石颗粒作用，冷却后，液相将矿粉颗粒黏结成块，这个过程称为烧结，所得矿块叫烧结矿。球团烧结焙烧就是把细磨铁精矿粉或其他含铁粉料，添加少量添加剂混合后，在加水润湿的条件下，通过造球机滚动成球，再经过干燥焙烧，固结成为具有一定强度和冶金性能的球形含铁原料的过程。

焙烧的设备除了有上述回转窑与流化床外，还有多膛焙烧炉、氯化焙烧等。烧结的设备有烧结机、竖式焙烧炉和链箅机-回转窑等，以烧结机为主。现用的烧结机多为步进式烧结机和带式烧结机。竖式焙烧（烧结）炉的规格以炉口的面积来表示。目前最大竖炉断面积为 $2.5 \times 6.5 m^2$（约 $16m^2$）。链箅机-回转窑焙烧（烧结）由链箅机、回转窑和冷却机组合成。

9.5.1 多膛焙烧炉

多膛焙烧炉通常为间隔多层炉膛、多层炉床结构。炉内壁衬以耐火砖。在中心轴上连结着旋转的耙臂随轴转动，转动耙臂采用空气冷却。物料由顶部加入，并依次耙向每层炉盘外缘或内缘相间的开孔，由上一层降落至下一层，经干燥、焙烧后从最底层排出。炉气在炉内向着与物料相反的方向流动，直到干燥预热最上层的物料后逸出。与其他焙烧炉相比，多膛焙烧炉出炉烟气温度低、散热能力强；缺点是温度难以控制、焙烧时间长、生产能力小。对于依次进行不同焙烧反应的焙烧，此种炉子倒是很方便。

多膛焙烧炉如图 9-41 所示，一般设有 8~12 层炉床。

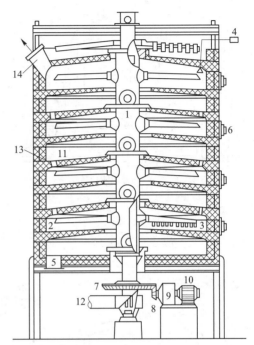

图 9-41　多膛焙烧炉结构
1—中央主轴；2—耙臂；3—耙齿；4—给料口；6—操作门；
7—大齿轮；8—齿轮；9—减速机；10—马达；11—炉床；
12—冷风入口；13—炉壁；14—炉气出口

9.5.2 烧结机

带式烧结机是钢铁工业的主要烧结设备，它的产量占世界烧结矿的99%。具有机械化程度高、工作连续、生产率高和劳动条件好等优点。冶金用的带式烧结机有抽风带式烧结机与鼓风烧结机，其系统如图 9-42 与图 9-43 所示。

抽风烧结布料至出料的工作过程：（1）铺底料装置；（2）混合料布料系统；（3）煤气点火系统；（4）烧结主机。鼓风烧结布料至出料的工作过程：（1）台车经一次布料后进入高温点火器，经过点火器后一次所布的料全部燃烧达到点火目的。（2）二次布料器给台车自动布料，台车继续运行进入鼓风段，由风的作用使已点燃的料层向上燃烧而引燃二次布的料层。当台车将达到尾部时，台车所布料全部燃烧完。（3）在整个燃烧过程中，矿粉经过高温（1200℃左右）产生化学反应并局部熔化，在温度变化过程中凝结，形成块状，达到烧结目的。

抽风带式烧结机的燃烧从上往下进行，从料层中抽出的废气经台车下的风箱至集气总管和除尘装置，由抽风机排向烟囱。鼓风烧结机的燃烧从下往上进行，从料层中抽出的废气经台车上的集气罩汇集，至总管和除尘装置，由抽风机排向制酸系统。

由图 9-42、图 9-43 可见，鼓风带式烧结机共由 8 个系统组成：供料系统、布料系统、

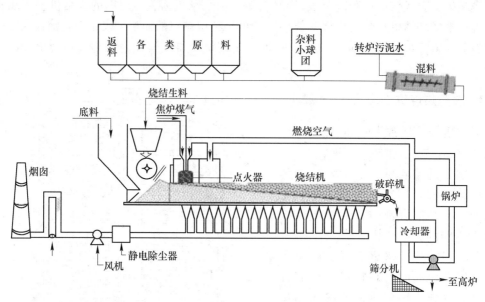

图 9-42　抽风带式烧结机系统示意图

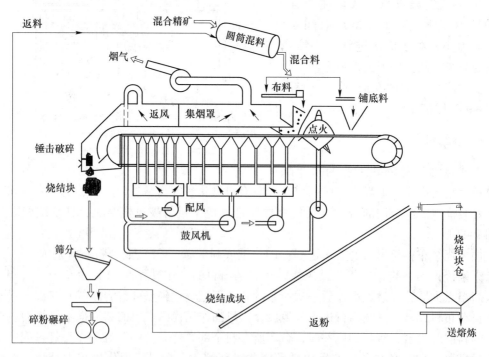

图 9-43　鼓风烧结机系统示意图

点火系统、主机系统、抽风系统、鼓风系统、防尘除尘系统、出料系统。抽风烧结机是由铺设在钢结构上的封闭轨道和在轨道上连续运动的一系列烧结台车组成，抽风带式烧结机主要包括传动装置（头轮与尾轮）、台车、点火器、预热炉、布料器、给料机、吸风装置、密封装置、干油集中润滑和机尾摆架等。

9.5.2.1 传动装置

烧结机的传动装置，主要靠机头链轮（驱动轮）将台车由下部轨道经机头弯道运到上部水平轨道，并推动前面台车向机尾方向移动，同时完成台车卸料，如图9-44所示。

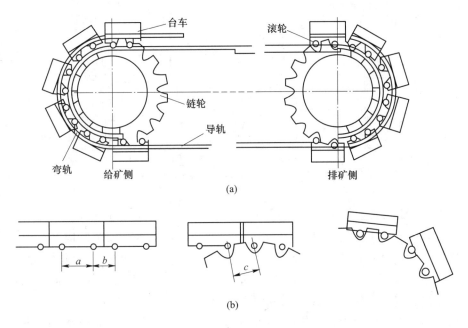

图9-44 机头链轮带动台车运动简图

(a) 台车运动状态；(b) 台车尾部链轮运动状态

头尾的异型弯道主要是将台车从上部或下部平稳过渡到反向的水平轨道上，链辊与台车的内侧滚轮相啮合，一方面台车能上升或下降，另一方面台车能沿轨道回转。台车车轮间距 a、相邻两台车的轮距 b 和链轮的节距 c 之间的关系是 $a=c$，$a>b$。从链轮与滚轮开始啮合时起，相邻的台车之间便开始产生一个间隙，在上升及下降过程中，保持相当于 $a-b$ 的间隙，从而避免台车之间摩擦和冲击造成损失和变形。从链轮与滚轮开始分离时起，间隙开始缩小，由于台车车轮沿着与链轮回转半径无关的轨道回转，因此，相邻台车运动到上下平行位置时间隙消失，台车就一个紧挨着一个运动。烧结机头部的驱动装置主要由电动机、减速器、齿轮传动和链轮部分组成。机尾链轮为从动轮，与机头大小形状都相同，安装在可沿烧结机长度方向运动的并可以自动调节的移动架上。

9.5.2.2 台车

带式烧结机是由许多台车组成的一个封闭式的烧结带，所以，台车是烧结机的重要组成部分。它直接承受装料、点火、抽风、烧结直至机尾卸料，完成烧结作业。烧结机的长宽比为12~20。

台车由车架、拦板、滚轮、箅条和活动滑板（上滑板）五部分组成。图9-45所示为国产 $105m^2$ 烧结机台车。台车铸成两半，由螺栓连接。台车滚轮内装有滚柱轴承，台车两侧装有拦板，车架上铺有3排单体箅条，箅条间隙6mm左右，箅条的有效抽风面积一般为12%~15%。

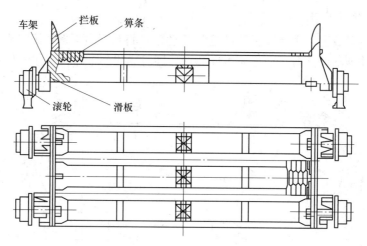

图 9-45 105m² 烧结机台车简图

9.5.2.3 吸风装置

吸风装置（也叫真空箱）装在烧结机工作部分的台车下面，风箱用导气管（支管）同总管连接，其间设有调节废气流的蝶阀。真空箱的个数和尺寸取决于烧结机的尺寸和构造。日本在台车宽度大于 3.5m 的烧结机两侧布置有风箱，风箱角度大于 36°。400m² 以上的大型烧结机多采用双烟道，用两台风机同时工作。

风箱的形式为双侧吸入式，共设 18 个风箱，分为 4m、2m、3m、3.5m 四种规格。所有风箱均用型钢及钢板焊接而成，在尾部的 17、18 风箱内焊有角钢以形成料衬。连接风箱的框架是由纵梁、横梁、中间梁组合装配而成。形状如图 9-46 所示。

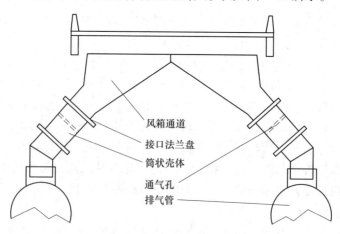

图 9-46 风箱结构简图

9.5.2.4 密封装置

台车与真空箱之间的密封装置是避免烧结漏风的重要组成部分。运行台车与固定真空箱之间密封程度的好坏影响烧结机的生产率及能耗。风箱与台车之间的漏风大多发生在头尾部分，而中间部分较少。新设计的烧结机多采用弹簧密封装置。它是借助弹簧的作用来实现密封的。根据安装方式的不同密封可分为上动式和下动式两种。（1）上动式如

图 9-47 (a) 所示。上动式密封就是把弹簧滑板装在台车上，风箱上的滑板是固定的。在滑板与台车之间放有弹簧，靠弹簧的弹力使台车上的滑板与风箱上的滑板紧密接触，保证风箱与大气隔绝。当某一台弹性滑板失去密封作用时，可以及时更换台车，因此，使用该种密封装置可以提高烧结机的密封性和作业率。目前，这是一种较好的密封装置。(2) 下动式如图 9-47 (b) 所示。下动式密封是把弹簧装在真空箱上，利用金属弹簧产生的弹力使滑道与台车滑板之间压紧。这种装置主要用于旧结构烧结机的改造上。

新型烧结机采用重锤式端部密封装置。其适用于 $18 \sim 450m^2$ 烧结机（台车宽度为 2~5m）的配套或更新换代。特点：浮动密封板，焊接结构，球铁衬板，表面平整光洁，台车运行阻力小；采用不锈薄钢板作浮动板与风箱衔接的密封件，使用寿命比通常使用的柔韧性石棉板密封件高 3~5 倍，且备件方便、价廉；重锤装在头、尾部灰斗以外，便于安装及增减重块，保持浮动密封板与台车的接触压力适当。

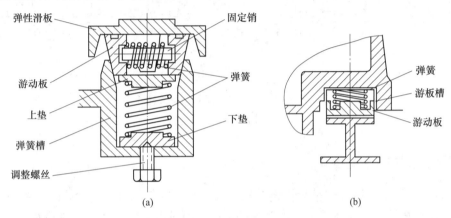

图 9-47　弹簧密封装置结构简图
(a) 上动式弹簧密封；(b) 下动式弹簧密封

9.5.2.5　机架和干油集中润滑

主机架分为头、中、尾三部分，采用分体式现场组装然后焊接。尾部调节架由尾部星轮装置、重锤平衡装置、移动灰箱、固定灰箱及支撑轮等组成。干油集中润滑系统的主要润滑部位有台车密封滑道、头部星轮轴承、尾部摆架支撑轮、单辊破碎机轴承等，润滑系统能够自动向各润滑点周期性供油，保证设备的正常运转，通过调整给油器的微调控制各点的给油量的大小。

9.5.2.6　布料与点火装置

我国采用的布料方式有两种：第一种是圆辊给料机、反射板布料。这种布料方法的优点是工艺流程简单，设备运转可靠，缺点是反射板经常粘料，引起布料偏析、不均匀。目前新建厂都采用圆辊给料机与多辊布料器的工艺流程，用多辊布料器代替反射板，可消除粘料问题。使用精矿粉烧结时要求较大的水分，反射板的黏结问题更为突出。生产实践证明，多辊布料效果较好。第二种是梭式布料器与圆辊给料机联合布料。这种方法布料均匀，有利于强化烧结过程，提高烧结矿产质量。对台车上混合料粒度的分布及炭素的分布检查表明，当梭式布料器运转时，沿烧结机台车宽度方向上混合料粒度的分布比较均匀，效果较好；当梭式布料器固定时，混合料粒度有较大的偏析，大矿槽布料效果最差。

按所用燃料的不同，点火装置可分为气体、液体和固体点火器。气体点火器被烧结厂普遍采用，如图 9-48 所示。气体燃料点火器外壳为钢结构，设有水冷装置，内砌耐火砖，在耐火砖与外壳之间充填绝热材料。点火器顶部装有两排喷嘴，喷嘴设置个数依烧结机大小而定，以保证混合料点火温度均匀。国内有延长点火或二次点火的措施，有利于提高烧结矿的质量。

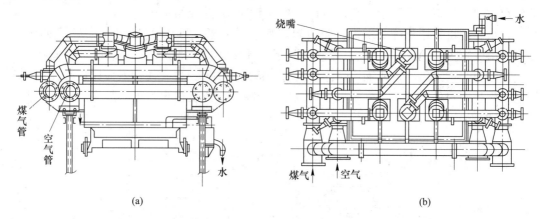

图 9-48　气体点火器的结构简图

（a）主视图；（b）俯视图

9.5.3　链箅机-回转窑焙烧

链箅机-回转窑焙烧（烧结）由链箅机、回转窑和冷却机组合成，如图 9-49 所示。链箅机的机构与烧结机的大体相似，由链箅机本体、内衬耐火料的炉罩、风箱及传动装置组成。链箅机本体由牵引链条、箅板、栏板、链板轴及星轮组装而成，装料台车逆风走向运转。整个链箅机由炉罩密封，引导热气流走向。

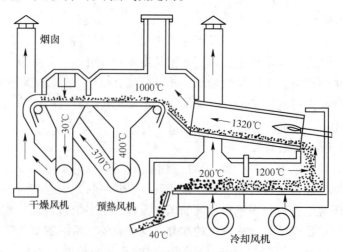

图 9-49　链箅机-回转窑示意图

生球的干燥、脱水和预热过程在链箅机上完成，高温焙烧在回转窑内进行，冷却在冷却机上完成。链箅机装在衬有耐火砖的室内，分为干燥和预热两部分，箅条下面设风箱，生球经辊式布料器装入链箅机上，随同箅条向前移动，不需铺底、边料。在干燥室生球被从预热室抽来的250~450℃的废气干燥，干燥后废气温度降低到120~180℃；然后干球进入预热室，被从回转窑出来的1000~1100℃的氧化性废气加热，生球进行部分氧化和再结晶，具有一定强度，再进入回转窑焙烧。

9.5.4 竖式焙烧炉

球团竖式焙烧炉为矩形立式炉，其基本构造如图9-50所示。中间是焙烧室，两侧是燃烧室，下部是卸料辊和密封装置。炉口上部是生球布料装置和废气排出口。为有利于生球和焙烧气流的均匀分布，焙烧室的宽度多数不超过2.2m。国外还有中等炉高-炉外冷却式竖炉，如图9-51所示。

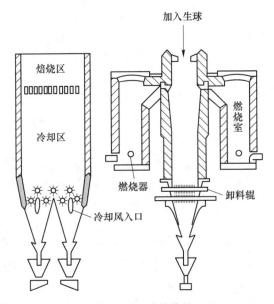

图9-50　竖式焙烧炉

在如图9-50所示的竖式焙烧炉中，冷却和焙烧在同一个室内完成。生球自竖炉上部炉口装入，在自身重力作用下通过各加热带及冷却带到达排料端。在炉身中部两侧设有燃烧室，产生高温气体喷入炉膛内，对球团进行干燥、预热和焙烧，两侧燃烧室喷出的火焰容易将炉料中心烧透。在炉内初步冷却球团矿后的一部分热风上升，通过导风墙和干燥床，以干燥生球。

燃烧室的形状有卧式圆柱形（高炉煤气用）和立式圆柱形（重油和天然气用）两种。国外竖炉多用立式燃烧室，其底部有一个烧嘴供热，自动控制方便。中国竖炉烧嘴安装在卧式燃烧室的侧面，每侧数量为2~5个。

排矿设备由齿辊卸料机及排料机组成。齿辊卸料机的作用主要是控制料面、活动料柱及破碎大块。国外竖炉的齿辊卸料机组通常分上下两层，交叉布置。中国竖炉则由一排齿辊组成，齿辊通水冷却。相邻齿辊的间隙为80~100mm。齿辊工作时转矩大、转速低，宜采用液压传动。齿辊两端宜采用迷宫式密封。由于齿辊间存在着间隙，故需要在漏斗下部

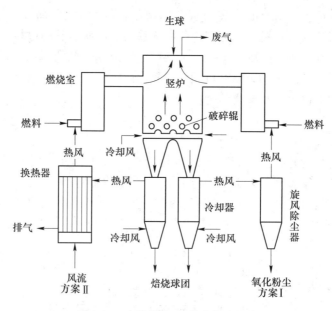

图 9-51   中等炉高-炉外冷却式竖炉

安设控制排料的装置。欧美一些国家竖炉采用"空气炮"排料装置，即用压缩空气吹动斜溜槽上的球团矿进行排料。中国竖炉通常采用电振给料机排料。

习   题

9-1   单选题：

（1）空气的湿含量一定时，其温度愈高，则它的相对湿度就（   ）。

　　A. 愈低　　　　　B. 愈高　　　　　C. 不变　　　　　D. 愈影响传热和传质速率

（2）在恒速干燥阶段，物料的表面温度维持在空气的（   ）。

　　A. 干球温度　　 B. 湿球温度　　 C. 露点温度　　 D. 水的正常沸点

（3）将不饱和的空气在总压和湿度不变下进行冷却而达到饱和时的温度，称为（   ）。

　　A. 湿球温度　　 B. 绝热饱和温度 C. 露点温度　　 D. 干球温度

（4）湿空气在预热过程中不发生变化的状态参数是（   ）。

　　A. 焓　　　　　 B. 相对湿度　　 C. 露点温度　　 D. 湿球温度

（5）干燥操作的经济性主要取决于（   ）。

　　A. 能耗和干燥速率　　　　　　　　B. 能耗和热量的利用率

　　C. 干燥速率　　　　　　　　　　　D. 干燥介质

（6）下面叙述是硫化锌精矿采用流态化焙烧的理由，除了（   ）。

　　A. 硫化锌精矿的化学成分稳定，硫的含量变化不大

　　B. 硫化锌精矿的粒度细小、比表面大、活性高以及硫化物本身也是一种"燃料"

　　C. 200 目的锌精矿颗粒的着火温度 710℃

　　D. 硫化锌精矿的熔点 1650℃

（7）某班生产 4000t 烧结矿，烧结机烧结面积 100m²，生产时间 25h，其利用系数为（   ）。

　　A. 1. 0　　　　　 B. 1. 6　　　　　 C. 1. 8　　　　　 D. 2. 0

（8）铺底料粒度标准为（　　）。

　　A. 7.4mm 以下　　　B. 10～20mm　　　C. 大于50mm　　　D. 50mm 以下

（9）在条件相同情况下，增加给矿量，筛分效率（　　）。

　　A. 下降　　　　　B. 增加　　　　　C. 大于70%　　　D. 小于7%

（10）铁矿石用链箅机-回转窑烧结的理由，除了（　　）。

　　A. 在链箅机内，热铁矿石（1000～1100℃）被从回转窑出来的热得以利用

　　B. 可以调整加料量、窑转速、负压、燃料、助燃空气量等参数来达到控制烧结状态

　　C. 气体的流速影响传热速率、窑的产量、热耗及成品率

　　D. 生料呈悬浮状态，能与气流充分接触，传热速度快、效率高

9-2　现有 10t 铜精矿，其含水量 20%（湿基），将其干燥至含水量 0.5%（干基）后还有多少吨。

9-3　试说明干燥曲线的规律性。

9-4　简述烧结的主要结构和功能。

9-5　简述回转圆筒式干燥机的主要结构与功能。

9-6　分析影响干燥的因素。干燥过程如何节能?

9-7　简述锌精矿流态化焙烧设备的主要结构和功能。

9-8　比较铁矿抽风烧结与铅锌矿鼓风烧结过程。

9-9　综述铁矿烧结、球团竖炉焙烧与链箅机-回转窑焙烧的优缺点。

9-10　以常压湿空气为干燥介质，将湿物料的含水量从 20% 干燥至 5%（湿基）。已测得物料临界含水量 $X_c=0.12kg/kg_{绝干料}$，平衡含水量 $X_e=0.02kg/kg_{绝干料}$，$G/F=8kg_{绝干料}/m^2$干燥表面，降速阶段的干燥速率为直线且其斜率 $k=10kg_{绝干料}/(m^2·h)$，求干燥的总时间。

10 冶金熔炼设备

把金属矿物与熔剂熔化、完成冶金化学反应、实现矿石中金属与脉石成分分离的冶金过程叫做熔炼。熔炼是人们获得大多数金属的主要方法。

燃烧是火法冶金的基础，火法冶金设备离不开燃烧器。对于冶金的燃烧，有时候需要化学反应进行得快一些；有时候需要化学反应进行得慢一些，这就要控制燃烧的化学反应速度。为此，就需要掌握影响燃烧反应速度的因素与燃烧器的结构。

熔炼的金属不同，熔炼设备也不尽相同；熔炼的原理不同，熔炼设备也截然不同；冶金的目的不同，熔炼设备也有粗炼设备和精炼设备之不同。熔炼设备种类多、结构复杂，正在运行的设备看不见内部高温物料运动情况，这给学习熔炼设备带来困难。本章归类介绍熔炼设备，不可能把所有熔炼设备都说详尽，仅从熔炼设备的结构、工作原理、性能和特点方面进行介绍。

10.1 熔炼工程基础

10.1.1 熔炼工程的燃烧基础

燃烧是熔炼工程的基础。冶金燃烧是气体、液体和固体燃料与氧化剂之间进行的一种强烈的化学反应。燃烧过程中总是伴随有质量、动量和能量传输现象。燃烧的理论在熔炼工程中占重要地位。

10.1.1.1 着火过程与着火方式

任何燃烧过程都要经历两个阶段，即着火阶段和燃烧阶段。着火阶段是燃烧的预备过程，着火过程是一种典型的受化学动力学控制的燃烧现象。

可燃混合气体的着火方式有两种：一种称为自燃着火，通常简称自燃；另一种叫作强迫着火，简称点燃或点火。把一定体积的混合气预热到某一温度，混合气的反应速率即自动加速，急剧增大直到着火，这种现象称为自燃；着火以后，可燃混合气释放的能量就能使燃烧过程自行继续下去，而不需要外部再供给能量。强迫着火是在可燃混合气内的某一处用点火热源点着相邻一层混合气，而后燃烧波自动地传播到混合气的其余部分。

10.1.1.2 热自燃过程

谢苗诺夫对热自燃进行了如下的简化假设：

(1) 只考虑热反应，忽略链反应的影响；

(2) 容器内混合气的成分、温度和浓度（或压力）是均匀的；

(3) T_0(容器壁温) = T_0(环境温度) = 定值；

(4) 容器与环境之间有对流换热，对流放热系数 α = 常数（不随温度变化）；

(5) 反应放出的热量 Q = 定值。

据此假设，可燃混合气的工况用温度和浓度的平均值（按容积平均）T 和 $C_{平均}$ 来表示。容器内可燃气体化学反应的放热速率 q_1 按式（10-1）计算。放出的热一部分用于加热混合气体，另一部分则通过器壁传给环境，散热速率 q_2 按式（10-2）计算。

$$q_1 = k_0 p_i^n \cdot \exp\left(\frac{E}{RT}\right) QV \tag{10-1}$$

$$q_2 = \alpha S(T - T_0) \tag{10-2}$$

式中　k_0——燃烧反应的碰撞因子；

p_i——反应物的分压，Pa；

n——反应级数；

Q——混合气体的反应热，即生成 1mol 产物放出的热量，J/mol；

V——容器体积，m^3；

E——总反应的活化能，J；

α——防热系数，$W/(m^2 \cdot K)$；

S——容器表面积，m^2；

T——可燃混合气体的温度，K；

T_0——容器壁温度，K。

q_1 和 q_2 随温度 T 变化的情况如图 10-1 所示。其表示了 q_1 和 q_2 间三种不同的工况。

（1）当系统由于偶然的原因使温度偏离 T_A，设 $T<T_A$（即向左移动）时，因为系统的放热速率大于散热速率，即 $q_1>q_2$，则温度将自动升高，使系统的工况恢复到状态 A 为止；反之，当系统工况偶然偏离 A 点向右移动，因为 $q_2>q_1$，使温度自动下降，故也能使工况恢复到状态 A。

工况 A 代表熄灭状态。工况 C 是一个分界点，C 点以下熄灭，C 点以上着火。

（2）当环境介质的温度 T_0 升高时，q_2 直线向右平移。如果 T_0 达到 T_0'，q_2 取 q_2' 的工况。由于 q_1 始终大于 q_2，一定能引起混合气着火。所以，这种工况也是不稳定的。

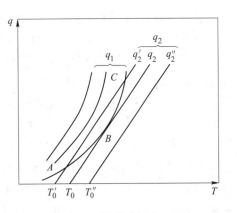

图 10-1　系统的热平衡工况

（3）q_2 与 q_1 曲线相切的工况是临界状态。因而，只要环境介质温度略高于 T_0（哪怕是微小的 ΔT），q_1 和 q_2 就没有交点了，必然导致反应混合气着火。临界状态的物理意义是，系统由于热量自行积累，温度升高，反应自动加速转变为很剧烈的着火过程，这就是热自燃过程。

B 点的状态是着火的临界条件（B 点温度叫作着火温度），有两种情况：（1）反应的放热速率与环境介质的散热率相等；（2）放热率与散热率对温度的导数值相等，用数学的形式来描写，可获得着火的一般条件：

$$\left.\frac{dq_1}{dT}\right|_{T_B} = \left.\frac{dq_2}{dT}\right|_{T_B} \tag{10-3}$$

把式（10-1）和式（10-2）代入式（10-3），解方程并注意一般混合气的火焰温度低于 3500K，T_0 约为 500~1000K，$E=(8~42)\times10^4\,J/mol$，故 RT_0/E 之值很小，一般不超过 0.05。得到：

$$T_B - T_0 = \frac{R}{E}T_0^2 \tag{10-4}$$

式（10-4）的物理意义：可燃混合气体的温度如果比容器壁过热 $T_B-T_0>RT_0^2/E$ 时，将发生自然；反之，$T_B-T_0<RT_0^2/E$ 时，则不会引起热自然。

在小的燃烧设备中，自燃比较困难，因此，在冶金不宜用小尺寸的燃烧室。

10.1.1.3 强迫着火

强迫着火或点燃（引燃）一般系指用炽热的高温物体引燃火焰，如电火花、炽热物体表面或火焰稳定器后面旋涡中的高温燃烧产物等。强迫着火和自燃着火在原理上是一致的。点燃过程如同自燃过程，亦有点火温度、点火延迟期和点火浓度极限。

点燃如同自燃一样，亦存在所谓的可燃界限。作出给定燃料和氧化剂的各种不同比例的混合气与最小点火能量的关系，就会得到如图 10-2 所示的 U 形曲线。

图 10-2 指出，当混合气的组成为（或接近）化学计量比时其 E_{min} 最小。如果混合气变得较稀或较浓，E_{min} 开始缓慢增加，然后陡然升高。这就是说，太稀或太浓的混合气是不可能点火的。还有几点需要说明：（1）在图 10-2 中，相应于 U 字里面的所有能量和组成都能导致着火，而在 U 字之外则不可能。（2）如果混合气太稀或太浓，就不可能着火。可燃上

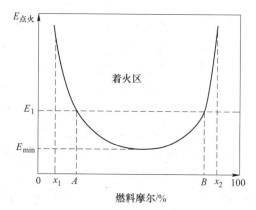

图 10-2 混合比对最小点火能量的影响

限和下限（相应于图 10-2 中的 x_1 和 x_2）是燃料和氧化剂组合的特性。（3）对于任一给定的能量 E_1，在组成上限（B）和下限（A）之间的所有混合气都能着火，而在这界限之外则不能着火。（4）如果 E_1 选取得较小，则着火范围——AB 变窄。当 E_1 小于最小值 E_{min} 时，任何混合气都不能着火。

10.1.1.4 冶金燃料

凡是在冶金燃烧时能够放出大量的热，并且此热量能够有效地被利用在工业和其他方面的物质统称为冶金燃料。煤炭、石油及其加工产品皆为燃料。现代冶炼的有色金属矿大多数是其相应的硫化矿物，矿石自身蕴含的硫可以燃烧，按燃料的定义有色金属矿本身也是有色技术冶炼过程的燃料。

单位重量或单位体积的燃料在完全燃烧时放出的热量叫燃料的发热量。通常用符号 Q 表示，其单位为 kJ/kg。燃料完全燃烧后放出的热量与燃烧产物的状态和温度有关。为了能更明确地表示燃料发热量的大小，应对燃烧产物的状态加以规定。根据燃烧产物的状态，可将燃料的发热量分为：

（1）高发热量（Q_h）。单位质量燃料完全燃烧后，燃烧产物的温度冷却到参加燃烧反应物质的原始温度（20℃），并且燃烧产物中的水蒸气冷凝成为 0℃ 的水时所放出的热

量（Q_h）。

（2）低发热量（Q_L）。单位质量燃料完全燃烧后，燃烧产物的温度冷却到参加燃烧反应物质的原始温度（20℃），而且燃烧产物中的水蒸气冷却成为20℃的水蒸气时所放出的热量（Q_L）。

$$Q_h - Q_L = 2512.2 kJ/kg \qquad (10-5)$$

高发热量只是一个在实验室内鉴定燃料的指标，而在实际的情况下燃烧产物中的水蒸气不可能冷凝成为液体水，故为了更切合实际情况又规定了低发热量的概念。

10.1.1.5 燃料的着火温度

燃料的着火温度是指燃料在空气或者氧气氛围中加热时达到连续燃烧的最低温度，着火温度代表燃料点燃的难易程度。

燃料的着火温度与燃料（如煤）的种类、颗粒大小有关。煤颗粒的着火温度随着煤粒径的减小而降低，粒径小于180目的煤尘着火温度比40~100目煤尘的着火温度低90℃。固体燃料的着火温度不超过700℃，焦炭在空气中的着火温度为450~650℃。

硫化矿的着火温度与颗粒大小有关，更主要与硫化矿本身有关。颗粒越细，着火温度越低。高于着火温度，硫化矿燃烧，反应从动力学控制区转变到扩散控制区。

常见硫化矿的着火温度见表10-1。

表10-1 常见硫化矿的着火温度 （℃）

硫化矿	Sb_2S_3	FeS_2	HgS	Fe_nS_{3n+1}	Cu_2S	PbS	ZnS
粒径 0.1mm	563	598	611	703	703	827	920
粒径 > 0.2mm	613	745	693	863	952	1120	1083

10.1.1.6 空气需要量与空气消耗系数

（1）理论空气需要量。根据燃料中可燃成分燃烧反应方程式的数量关系，先求出助燃所需的氧气量，然后确定空气量。

（2）空气消耗系数。指的是实际空气需要量L_n与理论空气需要量L_o的比值，即：

$$\varepsilon = L_n/L_o \qquad (10-6)$$

当空气消耗系数ε过小时会形成不完全燃烧，而ε过大时对燃烧亦有不利影响。一般在保证最大程度完全燃烧的前提下，空气消耗系数越小越好。

10.1.1.7 火焰的传播

可燃气体在点火后，其燃烧反应首先是在局部地区开始，然后通过燃烧反应区放出的热量把邻近的未燃气体加热，使其达到着火温度而燃烧起来。这种通过热量的传递使燃烧反应区逐渐向前推移的现象叫作"火焰的传播"。火焰前锋相对于器壁的移动速度叫作火焰移动速度（u）。

在一个水平放置的玻璃管中充入已经混合均匀的可燃气体（图10-3）。在点火以后，在点火源附近的一层气体达到着火温度时，便开始激烈的化学反应，即开始着火，形成一层平面火焰，称为火焰前沿。可以看到火焰前沿连续地向前移动。火焰前沿向前移动的速度叫做火焰传播速度（u）。

如果上述实验管内的可燃混合物不是静止的，而是流动的，其流动的速度为v，则火

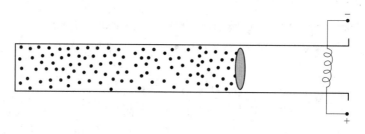

图 10-3　火焰传播示意图

焰传播速度 u 的方向与 v 的方向是相反的，这时，可能有三种情况：

（1）当 $|v| = |u|$ 时，即两者速度相等，但方向相反，这时火焰前沿的位置是稳定的；

（2）当 $|v| < |u|$ 时，火焰前沿就会向管内移动，在烧嘴中发生这种现象称为"回火"；

（3）当 $|v| > |u|$ 时，火焰前沿就会向管口移动而最终脱离开管口，这种现象称为"脱火"。

10.1.1.8　有焰燃烧与无焰燃烧

有焰燃烧法（扩散式燃烧），指的是煤气与空气在燃烧器（简称烧嘴）中不预先混合或只有部分混合，而是在离开烧嘴进入炉内以后在炉内（或燃烧室内）边混合边燃烧，即混合与燃烧是同时进行，形成一个火焰，故称为"有焰燃烧"。

在有焰燃烧中，影响火焰长度的因素主要就是那些影响气流混合的因素，即凡是有利于混合的因素都可以使火焰长度变短；凡是不利于混合的因素都会使火焰长度变长。

所谓无焰燃烧法，指的是煤气和空气在进入炉膛（或燃烧室）之前预先进行了充分的混合，这时燃烧速度极快，整个燃烧过程在烧嘴砖内就可以结束，火焰很短，甚至看不到火焰，这种"预混式"的燃烧通称为"无焰燃烧"。

10.1.2　熔炼工程的燃烧方式

在冶金熔炼设备中，经常遇到焦炭、粉煤与硫化矿的燃烧。

10.1.2.1　硫化矿的燃烧

硫化矿的燃烧方法：

（1）硫化矿颗粒悬浮燃烧。把精矿喷入灼热的炉膛空间，在悬浮状态下进行燃烧，然后在沉淀池进行还原和澄清分离，如闪速熔炼铜、基夫赛特炼铅；也包括固体矿石熔化矿粒在气体中悬浮燃烧，如图 10-4 所示。

硫化矿颗粒悬浮燃烧的特点：（1）颗粒表面温度低，反应速率受传热和氧传递共同控制；（2）强化反应的措施为加强颗粒与气体对流；（3）无焰燃烧，燃烧发出的热量集中于矿层反应区；（4）活化能小（13~36kJ/mol）；（5）反应的热效应比碳质的小，硫化铜矿的发热量（含铜20%、硫25%的铜矿的发热量为 6000~7000kJ/kg）高于硫化铅矿的，大约是炭质燃料发热量的13%。注意热利用效率，通常采用富氧燃烧。

（2）熔池中的硫化矿燃烧。在熔融的熔池中鼓入氧气（浸没底吹氧气），使硫化物精矿在反应器的熔池中燃烧，（氧化）生成粗金属、炉渣和 SO_2 烟气。熔化矿熔体中弥散的气泡内表面的燃烧如图 10-5 所示。

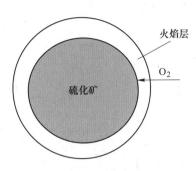

图 10-4　硫化矿颗粒悬浮燃烧示意

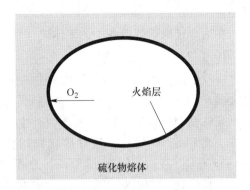

图 10-5　熔池中的硫化矿燃烧示意

熔池中的硫化矿燃烧的特点：（1）无颗粒的熔体，悬浮液滴的表面温度或鼓入熔体的气泡表面温度高，反应速率受氧传递控制；（2）强化反应的措施为强制供氧；（3）无焰燃烧，燃烧发出的热量集中于熔体反应区，但高温传热能力强；（4）活化能小（$13 \sim 36 kJ/mol$）；（5）反应的热效应比炭质的小。一般炭质燃料的发热量约为 $32700 kJ/kg$，重金属硫化矿的发热量低于 $9000 kJ/kg$。

（3）焙烧过程中硫化矿燃烧。利用空气中的氧气与固体硫化物精矿在反应器中充分燃烧，生成烧结矿和 SO_2 烟气。第 9 章中的硫化矿焙烧就属于这类燃烧。

10.1.2.2　炉膛内的焖燃烧

最简单最普通的固体碳燃烧方法是块煤的层状燃烧。它是使煤炭在自身重力的作用下堆积成松散的料层，助燃用的空气从下而上穿过煤块之间的缝隙并和煤进行燃烧反应。

固定碳的燃烧过程可用图 10-6 所示的煤层高度方向上气体成分的变化曲线（AB 灰渣带，BC 氧化带，CD 还原带，DE 干馏带）来说明。从图 10-6 中可以看出，在氧化带中，碳的燃烧除了产生 CO_2 以外，还产生少量 CO。在氧化带末端（该处氧气浓度已趋近于零）CO_2 的浓度达到最大，而且燃烧温度也最高。实验证明，氧化带的高度大约等于煤块

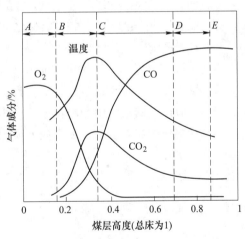

图 10-6　沿煤层高度方向上气体成分的变化

尺寸的 3~4 倍。当煤层厚度大于氧化带的厚度时，在氧化带之上将出现一个还原带，CO_2 被 C 还原成 CO，因为是吸热反应，所以随着 CO 浓度的增大，气体温度逐渐下降，因此出现了两种不同的层状燃烧法，即"薄煤层"燃烧法和"厚煤层"燃烧法。薄煤层燃烧法有的又称完全燃烧法，厚煤层燃烧法也称半煤气燃烧法。

薄煤层法的煤层厚度为 $100 \sim 400 mm$，燃烧室温度高于炉温。前面讲述的烧结机中的燃烧就属于此类。厚煤层法的煤层厚度为 $300 \sim 1000 mm$，炉温高于燃烧室温度。确切讲，煤层厚度是料层厚度，即冶金中的煤与被熔炼的物料构成的料层。冶金料层厚度高

（>1000mm），炉内"半煤气燃烧"，产生还原气氛，完成冶金反应。厚料层燃烧又叫作焖燃烧。

在冶金还原熔炼设备中，固体碳（焦炭或粉煤）的燃烧皆为焖燃烧。

10.1.2.3 浸没燃烧

浸没燃烧是冶金中的一种典型燃烧技术。重有色金属矿由 FeS_2、$CuFeS_2$ 或 FeS_2、PbS_2 等组成，在炼铜或炼铅时，加入的矿落入熔池，生成 Cu_2S-FeS 熔体，或 PbS-FeS 熔体，这种硫化物熔体的熔点为 $950 \sim 1100℃$，在冶炼温度 $1250℃$ 下为液体，将空气鼓入含有硫化矿物的熔体中，气流中的氧与硫化矿物反应放出的热加热熔体，这种燃烧反应在熔池中进行的过程叫做熔池熔炼，属于浸没燃烧。

浸没燃烧法的燃烧过程属于直接接触传热，如图 10-7 所示的装置实现了图 10-5 所示的气泡内表面的燃烧。

浸没燃烧与传统"焙烧-熔炼"相比具有以下优点：

（1）气液两相直接接触时形成的无数气泡表面就是传热面，故传热面很大。由于气泡在熔体中剧烈搅动，强化了传热过程，烟气的热量最大限度地传给了被加热的熔体，故换热系数非常大；其热效率高，可高达95%以上，使单位产品的能耗减少。

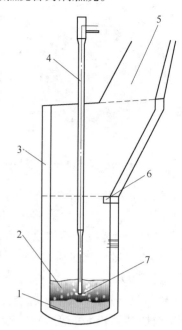

图 10-7　浸没燃烧示意图
1—炉底；2—熔池；3—炉体；4—喷枪；
5—烟道；6—挡溅板；7—浸没燃烧口

（2）设备简单、紧凑，节省钢材，投资少。

（3）反应产出的烟气中 SO_2 浓度高，可以制酸，硫的回收率高，环境友好。

（4）在浸没燃烧设备中，顶部插入喷枪可以鼓入富氧，提高冶金化学反应速度，强化熔炼。

因此，熔池顶吹熔炼在有色金属冶炼中广泛应用，成为节能的重要措施之一。

10.1.3　熔炼设备的评价指标

10.1.3.1　熔炼设备的冶炼强度

冶炼强度，有色金属冶炼中习惯上以某炉子单位熔炼截面积 1 日处理矿石的吨数计算。提高冶炼强度（如加大鼓风量、富氧鼓风等）可以取得提高产量的效果。

现在高炉普遍采取喷吹燃料技术，一昼夜喷吹的燃料量与焦炭量之和与容积的比值叫作综合冶炼强度。

计算公式分别如下：

综合冶炼强度=入炉综合干焦量(t)/高炉有效容积(m^3)×实际工作天数,单位是 $t/(m^3 \cdot d)$。

焦炭冶炼强度=入炉干焦量(t)/高炉有效容积(m^3)×实际工作天数,单位是 $t/(m^3 \cdot d)$。

实际工作天数=日历天数-全部休风天数（包括大、中修天数）

沸腾焙烧炉的焙烧强度以单位沸腾层截面积一日处理含硫35%矿石的吨数计算。处理浮选矿的焙烧强度为 $15\sim20t/(m^2\cdot d)$。

10.1.3.2 熔炼设备的单位热耗

熔炼设备的单位热耗 b 等于燃料的燃烧热与炉子生产率 G 之比，或等于单位重量物料在炉内的比热焓增量与热效率之比。

$$b = \frac{\Delta h}{\eta} \quad kJ/kg \tag{10-7}$$

式中 Δh ——单位重量物料在炉内的比热焓增量，kJ/kg；

$\quad\eta$ ——熔炼设备热效率。

因此，单位热耗与 Δh 值成正比，与炉子热效率成反比。为了节约燃料，必须提高炉子的热效率，同时也要注意降低 Δh 值。这就是节约燃料的两个基本途径。

降低 Δh 值方面：单位重量的物料，在炉内加热（或熔化）时其比热焓的增量（Δh）取决于工艺和原料条件。要想降低 Δh 值，就必须改变原料及工艺的条件。用这种方法降低单位燃耗，在有些情况下也存在着极大的潜力。如在炼钢部门采用铁水热装；在均热炉上提高热锭率和提高钢锭火炉温度等都能节约大量燃料。再如，充分利用从轧钢到热处理的过程中上道工序结束时金属中的余热来进行下道工序。

2019年的铜冶炼行业规范：利用铜精矿的铜冶炼企业矿产粗铜冶炼工艺综合能耗在180千克标准煤/吨及以下，电解工序（含电解液净化）综合能耗在100千克标准煤/吨及以下。利用含铜二次资源的铜冶炼企业阴极铜精炼工艺综合能耗在390千克标准煤/吨及以下。其中，阳极铜工艺综合能耗在290千克标准煤/吨及以下。2018年全国综合能耗平均为360kg/t电铜。

10.1.3.3 熔炼设备的硫捕集率（硫逸散量）

在冶炼过程中，总有一部分硫随气体排放或泄漏，对硫的捕捉量（$I_{捕}$）占原料硫含量（$I_{总}$）的百分率叫作炉子的硫捕集率（$\eta_{硫}$）。随气体排放或泄漏的硫量叫作炉子的硫逸散量。

$$\eta_{硫} = \frac{I_{捕}}{I_{总}} \quad \% \tag{10-8}$$

铜冶炼中硫的总捕集率须达到98.5%以上。锌冶炼中硫的总捕集率须达到98.0%以上。年产40万吨铜的闪速炉冰铜吹炼的硫逸散量（以 SO_2 计）为每年982t，相同产量的P-S转炉的该值为20050t。硫逸散量是有色金属生产过程中对炉子评判的重要技术指标。

10.2 竖 炉

竖炉的特征是在它的炉膛空间内充满着被加热的散状物料，炽热的炉气自下而上地在整个炉膛空间内和散料表面间进行着复杂的热交换过程。它是一种热效率较高的热工设备。

竖炉的料层属散料"致密料层"或"滤过料层"，即如同气体从散料孔隙滤过那样。

相对于气体流动来说，散料的运动是很缓慢的。在冶金炉范围内应用致密料层工作原理的热工装置比较多，例如，炼铁高炉、化铁炉、炼铜鼓风炉、炼铅、炼铅锌、炼镍和炼锑鼓风炉，炼镁工业的竖式氯化炉等。

这些装置中的热工过程对工艺过程有直接的影响，从而影响它们的产量、产品质量和燃料消耗。因此，掌握竖炉的结构、流体流动及燃烧是实现竖炉冶炼技术指标的基础。

10.2.1   竖炉内的物料运行和热交换

竖炉的全部热工过程及工艺过程都是在气流通过被处理物料的料层时实现的。炉料和燃料从炉子上部加入，空气从炉壁下部的风口鼓入。在竖炉内上升风的作用下，必须保证料层均匀下降而不发生悬料（停滞）和崩料。

10.2.1.1   竖炉内的物料下降

在竖炉内，炉料依靠自身的重力下降，炉料可视为散料层，它受物料颗粒之间及料块与侧墙之间的两种摩擦阻力的作用，其结果造成料块自身重力作用在炉底上的垂直压力减少。实际作用于炉底的重量（即垂直压力）称为料柱的有效重量，其值为：

$$G_i = K_i G_{ch} \tag{10-9}$$

式中　　G_i——料柱的有效重量，kN；

　　　　G_{ch}——料柱实际重量，kN；

　　　　K_i——料柱下降的有效重量系数。

式（10-9）的 K_i 值取决于炉子形状，向上扩张的炉子 K_i 值最小，而且随着炉墙扩张角的增大而变小，向上收缩的炉型 K_i 最大。

当料柱超过一定高度后有效重量停止增加，其原因是料层内形成自然"架顶"，即发生悬料现象。料层越高，炉料与侧墙之间的摩擦力越大，形成自然"架顶"可能性越大，而且"架顶"越稳定，故料层高度不能过分增加，也可以采用下扩式炉型加以改善。

上升气流与下降物料相遇时，气流受到物料的阻碍而产生压力损失，这种压力损失对物料构成曳力，它取决于气流阻力，表示为：

$$\Delta p = K \frac{v_g^2}{2} \rho_g A_{ch} \tag{10-10}$$

式中　　Δp——压力损失，Pa；

　　　　v_g——料块间气流速度，m/s；

　　　　K——料层对气流的阻力系数；

　　　　A_{ch}——料层在垂直于流向线平面上的投影面积，m²；

　　　　ρ_g——气体密度，kg/m³。

使物料下降的力 F 取决于物料的有效重量 G_i 和上升气流对物料的曳力：$F = G_i - \Delta p$。

若 $F>0$，则物料能顺利自由降落；若 $F=0$，则物料处理平衡状态，将停止自由下降；若 $F<0$，则物料将被气流抛出层外。为了保证物料顺利下降，就必须在炉内保持 $G_i > \Delta p$，为此应增大物料的有效重量 G_i，相对地减少气流对料层的曳力 Δp。

10.2.1.2   竖炉内料层的热交换

竖炉热交换过程是上升的气体与下降的固体两相在逆向流动时进行的，在高炉正常运行时,高炉从上至下分为块状带、软熔带、滴落带、风口带和渣铁储存带 5 个区。各个区进行的热交换不完全相同。

(1)块状带。明显保持装料时的矿焦分层状态,呈活塞流均匀下降,层状趋于水平,厚度减薄,对流换热系数高。

(2)软熔带。下降炉料不断受到热煤气的加热,矿石开始软化,矿料熔结成为软熔层。两个软熔层之间夹有焦炭层,多个软熔层和焦炭构成完整的软熔带。软熔带内气体流动不像块状带那样均匀,热交换也受软熔带纵剖面形状影响。

(3)滴落带。渣、铁全部熔化滴落,穿过焦炭层到炉缸区。气体、固体和液滴发生热交换,还伴随着化学反应换热,换热强度高。

(4)风口带。在此发生燃烧反应。鼓风使焦炭燃烧,在风口区产生的空洞称为回旋区,是高炉热能和气体还原剂的发源地。

(5)渣铁储存带。形成最终渣、铁混合体,液体对流传热。

10.2.2 高炉

在钢铁冶炼中,用来熔炼铁矿石的竖炉一般称为高炉,目前高炉炼铁是生铁生产的主要手段,全世界生铁产量的 95% 左右由高炉产出。

10.2.2.1 高炉的结构

高炉炼铁生产所用主体设备如图 10-8 所示。高炉炼铁实现正常生产除了高炉本体外,还需配有辅助系统,相关系统介绍如下。

(1)高炉本体系统。高炉本体是冶炼生铁的主体设备,包括炉基、炉衬、冷却设备、炉壳、支柱及炉顶框架等。其中炉基为钢筋混凝土和耐热混凝土结构,炉衬用耐火材料砌筑,其余设备均为金属结构件。在高炉的下部设置有风口、铁口及渣口,上部设置有炉料装入口和煤气导出口。

(2)装料系统。装料系统的主要任务是将炉料装入高炉并使之分布合理,设备主要包括装料、布料、探料及均压几部分。装料系统的类型主要有钟式炉顶、钟阀式炉顶和无料钟炉顶。钟式炉顶主要包括受料漏斗、旋转布料器、大小料钟、大小料斗、大小料钟平衡杆机构、大小料钟电动卷扬机或液压驱动装置、探料装置及其卷扬机等。钟阀式炉顶还有储料罐及密封阀门,无料钟炉顶不设置料钟,采用旋转溜槽布料,其他主要设备与钟阀式炉顶大体相同。

(3)上料系统。把按品种、数量称好的炉料运送到炉顶的机械叫作上料设备。上料系统的任务是保证连续、均衡地供应高炉冶炼所需原料。应满足的要求是,有足够的上料速度,满足工艺操作的需要;运行可靠、耐用,保证连续生产;有可靠的自动控制和安全装置;结构简单、合理,便于维护和检修。高炉上料设备主要有料车和皮带两种基本形式。主要设备包括储矿槽、储焦槽、槽下筛、称量漏斗或称量车、槽上槽下胶带运输机、斜桥、料车及其卷扬机等。料车上料设备由料车、斜桥和卷扬机组成。料车在斜桥上的运动分为起动、加速、稳定运行、减速、倾翻和制动 6 个阶段,整个运动过程速度为"二加二减二均匀"。随着高炉的大型化,料车上料设备已经不能满足生产的供料要求,新建的大高炉都采用皮带上料设备。皮带上料设备其实就是带式散料输送机,具体见散料输送设备一章。

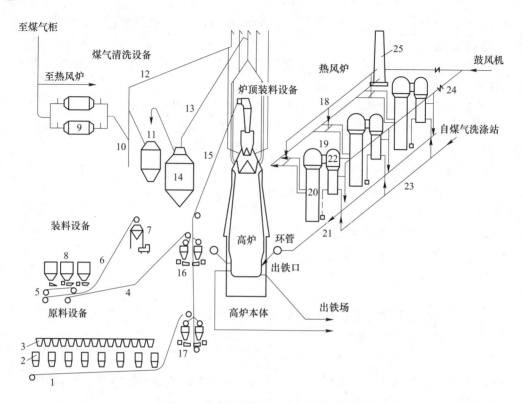

图 10-8   高炉炼铁生产设备连接简图

1—矿石输送皮带机；2—称量漏斗；3—储矿槽；4—焦炭输送皮带机；5—给料机；
6—粉焦输送皮带机；7—粉焦仓；8—储焦槽；9—电除尘器；10—顶压调节阀；
11—文氏管除尘器；12—净煤气放散管；13—下降管；14—重力除尘器；15—上料皮带机；
16—焦炭称量漏斗；17—矿石称量漏斗；18—冷风管；19—烟道；20—蓄热室；21—热风主管；
22—燃烧室；23—煤气主管；24—混风管；25—烟囱

（4）送风系统。送风系统的任务是及时、连续、稳定、可靠地供给高炉冶炼所需热风，主要设备包括高炉鼓风机、脱湿装置、富氧装置、热风炉、废气余热回收装置、热风管道、冷风管道及冷热风管道上的控制阀门等。

（5）煤气除尘系统。煤气除尘系统的任务是对高炉煤气进行除尘降温处理，以满足用户对煤气质量的要求，设备主要包括煤气上升管、煤气下降管、重力除尘器、洗涤塔、文氏管、静电除尘器、捕泥器、脱水器、调压阀组、净煤气管道与阀门等。小型高炉煤气除尘系统一般采用下式布袋除尘器装置。

（6）铁渣处理系统。铁渣处理系统的任务是及时处理高炉排出的渣、铁，保证生产的正常进行。主要设备包括开铁口机、堵铁口泥炮、铁水罐车、堵渣口机、炉渣粒化装置、水渣池及水渣过滤装置等。

在高炉风口和出铁口水平面以下设置有风口平台和出铁场；在风口平台上布置有出渣沟，在出铁场上布置有铁水沟和放渣沟；在出铁场还设置有行车和烟气除尘装置；在热风围管下或风口平台上有换风口机等。

（7）喷吹系统。喷吹系统的主要任务是均匀稳定地向高炉喷吹煤粉，促进高炉生产的节能降耗，主要设备包括磨煤机、主排风机、收尘设备、煤粉仓、中间罐、喷吹罐、混合器、输送气源装置、控制阀门与管道以及喷煤枪等。

10.2.2.2　高炉的炉形

高炉炉形是指高炉内部工作空间中心纵剖面的轮廓。在长期的生产实践过程中，炉形随着原燃料条件的改善、操作技术水平的提高、科学技术的进步而不断发展变化。合理的炉形应满足高产、低耗、长寿的要求，能够很好地适应炉料的顺利下降和煤气流的上升运动。

10.2.2.3　高炉的有效容积及有效高度

高炉大钟下降位置的下沿到铁口中心的高度称为高炉有效高度（H_u），对于无钟炉顶而言，其有效高度为旋转溜槽最低位置的下缘到铁口中心线之间的距离。在有效高度范围中的炉内空间称为高炉有效容积（V_u），从铁口中心线到炉顶法兰（亦称炉顶钢圈）间的距离称为高炉全高。

增大有效高度，炉料与煤气接触机会增多，有利于改善传热传质过程，降低燃料消耗，但过分增加高度，料柱对煤气的阻力增大，容易形成料拱，对炉料下降不利，严重者破坏高炉正常运行。因此高炉有效高度一般随容积的增大来增高，但不是正比关系，容积的扩大主要通过各部分横向尺寸的扩大来实现。为描述纵横尺寸的关系，习惯用高炉有效高度与炉腰直径的比（H_u/D）来表示。巨型高炉 $H_u/D=2$ 左右；大型高炉 2.5~3.1；中型高炉 2.9~3.5；小高炉 3.7~4.5。随高炉大型化，高径比的逐渐降低，高炉已开始向着矮胖的方向发展。

10.2.2.4　高炉的本体结构

现代高炉（本体）主要由炉缸、炉腹、炉腰、炉身、炉喉五部分组成。如图 10-9所示。

（1）炉缸。呈圆筒形，位于高炉炉型下部。炉缸下部容积盛装液态的渣铁，上部空间为风口的燃烧带。炉缸的上、中、下部位分别设有风口、渣口和铁口，但现代大型高炉多不设渣口。

炉缸的容积不仅应保证足够数量的燃料燃烧，而且应能容纳一定数量的铁和渣。炉缸的高度应能保证里面容纳两次除铁间隔时间内生成的铁水和一定数量的炉渣，并应考虑因故不能按时放渣出铁的因素和留有足够安装风口所需的高度。

1）出铁口。随炉容增大、出铁量和次数的增多，铁口数目亦增多。国内外经验是日产生铁 2500~3000t 以下的高炉设置一个铁口；日产生铁 3000~6000t 的设置双铁口，日产生铁 6000~8000t 可设置 3~4 个铁口。

2）出渣口。其数目与渣量多少有关，一般小型高炉设 1 个渣口，大中型高炉设 2 个渣口，渣口高度可以相同也可相差 100~200mm，巨型高炉若铁口多且渣量少可不设渣口。

3）风口。其数目（n）与高炉有效容积和鼓风能力有关，与炉缸直径（d）成正比。对中小型高炉 $n=2(d+1)$；对大型高炉 $n=2(d+2)$；对 4000m³ 以上的高炉 $n=3d$。也可根据风口中心线在炉缸圆周上的距离进行计算：$n=\pi d/s$，s 取值常在 1.1~1.3m 之间。

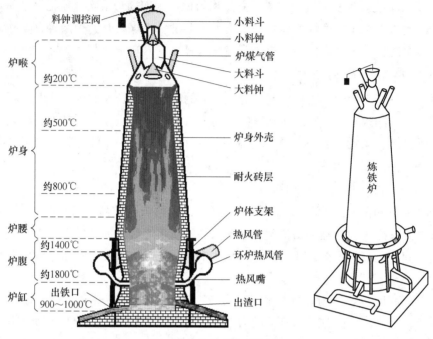

图 10-9   高炉的主要组成

（2）炉腹。炉腹在炉缸上部，呈倒圆锥台形。这适应了炉料熔化后体积收缩的特点，并使风口前高温区产生的煤气流远离炉墙，既不烧坏炉墙又有利于渣皮的稳定，同时亦有利于煤气流的均匀分布。炉腹高度一般为 2.8～3.6m，炉腹角（α）一般为 79°～82°。

（3）炉腰。炉腰呈圆筒形，是炉腹与炉身的过渡段，也是炉型尺寸中直径最大的部分。炉料在此处由固体向熔体过渡，软熔带透气性差，较大的炉腰直径能减少煤气流的阻力。炉腰直径与炉缸直径之比，大高炉为 1.1～1.15，中型高炉为 1.15～1.25。炉腰高度对高炉冶炼过程的影响不明显，设计时常用炉腰高度来调整炉容。一般大型高炉炉腰高 2.0～3.0m，中型高炉 1.0～2.0m。

（4）炉身。炉身呈上小下大的圆锥台形，以适应炉料受热体积膨胀和煤气流冷却后的体积收缩，有利于炉料下降，避免形成料拱。容积几乎占有效容积的 1/2 以上，在此空间内炉料经历了在固体状态下的整个加热过程。炉身角小，有利于炉料下降，但易发展边缘煤气流，使焦比升高；炉身角大，有利于抑制边缘煤气流，但不利于炉料下降。炉身角（β）一般取值在 80°～85.5°之间，炉身高度为有效高度的 50%～60%。

（5）炉喉。炉喉呈圆筒形，炉料和煤气由此处进出，它的主要作用是进行炉顶布料和收拢煤气。炉喉高度应以能够控制炉料和煤气流分布为限，一般在 2.0m 左右。炉喉直径（d_1）与炉腰直径（D）应和炉身一并考虑，一般 $d_1/D=0.65～0.70$。炉喉与大钟的间隙 $(d_1-d_0)/2$（d_0 为大钟直径）的大小决定炉料堆尖的位置，所以，它的大小应和矿石粒度组成与炉身角相适应。

高炉本体各部分的尺寸可参考设计手册。

10.2.2.5   高炉的炉衬及冷却装置

高炉炉底砌体长期在 1200～1400℃高温条件下承受炉料和渣铁的静压力，以及渣铁的机械冲刷和化学侵蚀。要延长炉底及炉缸的寿命，就要将铁水凝固温度等温线缩小到最小范围。炉缸内壁主要靠形成的保护性渣皮来保护，所以加强冷却十分重要。

高炉生产过程必须对炉体进行合理冷却，才能既延长炉寿，又不影响高炉操作。冷却的方式有水冷、风冷、气化冷却三种。高炉各部位的冷却介质、设备及冷却制度都有所不同。喷水冷却高炉炉身和炉腹部位设有环形喷水管，可以直接向炉壳喷水冷却。这种冷却装置简单易修，但冷却不深入，只限于炉皮或碳质炉衬的冷却。在大高炉上可作为冷却器烧毁后的一种辅助冷却手段。

（1）外部喷水冷却装置。利用环形喷水管把水淋于高炉外壳。喷水管直径 100mm，开 5mm 喷水孔，斜向上 45°，炉壳上安装防溅板。冷却水沿炉壳溜下，汇入排水槽。

（2）风口、渣口的冷却结构。风口一般有大、中、小三个套组成。中小套常用紫铜铸造成空腔式结构。风口大套用铸铁铸成，内部铸有蛇形管，通水冷却。风口装配形式如图 10-10 所示。渣口由 3 个套或 4 个套组成，三套和小套与风口小套相似，是由紫铜铸成的空腔结构。大套、二套由铸铁铸成，内衬蛇形管。

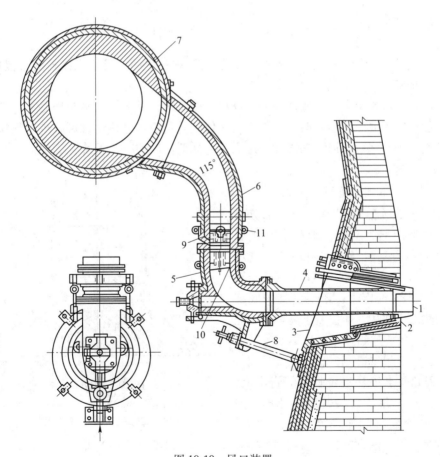

图 10-10 风口装置

1—风口；2—风口二套；3—风口大套；4—直吹管；5—弯管；6—鹅颈管；7—热风围管；
8—拉杆；9—吊环；10—销子；11—套环

渣口大套、二套、三套用卡在炉皮上的楔子顶紧固定。而小套则由进出水管固定在炉皮上。渣口装置形式如图 10-11 所示。

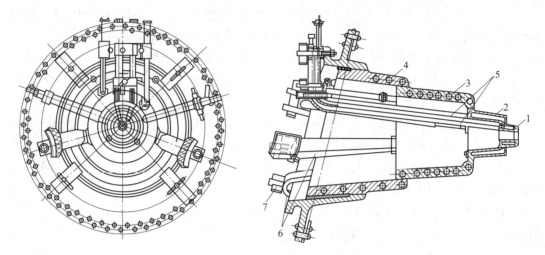

图 10-11　渣口装置

1—小套；2—二套；3—三套；4—大套；5—冷却水管；6—压杆；7—楔子

（3）内部冷却装置。把冷却元件安装在炉壳与炉衬之间，可增强砖衬的抗侵蚀能力。常用的有冷却壁、冷却水箱、汽化冷却器等。

高炉总体冷却情况是，炉底四周用光面冷却壁冷却，风冷管上侧与炉底下部碳质耐火材料配合使用，炉底热量能及时传递出来，不但能防止炉基过热而且可减少因热应力产生的基础开裂。炉底水冷比风冷的冷却强度大、电耗低。高炉冷却系统是确保高炉正常生产的关键之一。

10.2.2.6　高炉的基础及钢结构

（1）高炉基础。高炉基础由两部分组成。埋入地下的称为基座，地面上与炉底相联的部分称为基墩（图 10-12）。炉基承受高炉本体和支柱传递的重量，要求能够承受 0.2~0.5Pa 的压力；还要受到炉底高温产生的热应力作用。所以要求高炉基础能把全部载荷均匀传递给地基，而不发生过分沉陷（≤20~30mm）和偏斜（≤0.1%~0.5%），因此要求炉基建在坚硬的岩层上，如果地层耐压不足，必须做地基处理，如加垫层、钢管柱、打桩或沉箱等。此外，

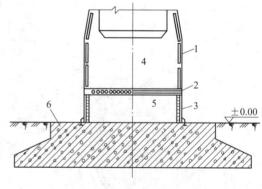

图 10-12　渣口装置

1—冷却壁；2—风冷管；3—耐火砖；4—炉底砖；5—耐热混凝土基墩；6—钢筋混凝土基座

基础应有足够的耐热性能，如采用耐热混凝土基墩、风冷（水冷）炉底。

（2）高炉钢结构。炉壳、支柱、托圈、框架平台及炉顶框架等属于高炉钢结构。炉壳一般由碳素钢板焊接而成，其主要作用是承受载荷，固定冷却设备，防止炉内煤气外逸，且便于喷水冷却延长高炉寿命。

炉缸支柱承受炉腹或炉腰以上经托圈传递过来的全部载荷，它的上端与炉腰托圈连接，下端伸到高炉基础上面。高炉支承结构有四种基本形式，如图 10-13 所示。

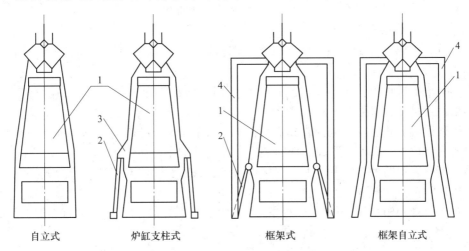

图 10-13 高炉钢结构的基本形式
1—高炉；2—支柱；3—托圈；4—框架

框架自立式炉顶重量主要由顶框架承担，框架没有给炉体传递压力，炉壳承受的重力减轻，无炉缸支柱。这样风口平台宽敞，适合多风口、多出铁口的需要，有利于大修，增加了斜桥的稳定性。这种形式适用于炉顶负荷较大的大型高炉。

在炉顶法兰水平面设有炉顶平台，炉顶平台上设有炉顶框架，支撑装料设备。炉顶框架是由两个门形架组成的体系，它的四个柱脚应与高炉中心相对称。

10.2.2.7 炉顶装料装置

由上料设备运送到炉顶的炉料按一定的工艺要求加入高炉，并能防止煤气外溢的机械叫作炉顶装置。炉顶装置按煤气压力可分为常压炉顶和高压炉顶两种；按炉顶装料结构可分为双钟式、钟阀式和无料钟式。对炉顶装料设备的要求：（1）保证炉料在炉内分布合理，既能均匀布料，又能灵活、准确地调整；（2）力求结构简单、体积小、重量轻、密封性好；（3）能够耐高温和温度剧烈变化，有抗高压、冲击和摩擦的能力；（4）操作灵活、使用方便、运行可靠、易于自动化。

1970 年，由卢森堡发展起来的无钟炉顶是一种新型布料设备。它由受料漏斗、料仓、卸料管、可调角度的旋转溜槽和驱动机构等组成，如图 10-14 所示。随溜槽的旋转，炉料落到炉喉料面上，可接近连续布料。通常一批料，溜槽旋转 8~12 圈，因此布料均匀。溜槽倾角可以任意变动，所以能实现定点、扇形、不等径环形布料，从根本上克服了大钟布料的局限性。无钟炉顶各阀口镶嵌胶圈，密封性好，但耐火温度低，所以无钟炉顶必须用冷矿。

当前，我国的高炉都用无钟炉顶，及"大炉腹角、大矿角"布料方法。具体布料方法如下：

（1）最大矿角的矿石初始落点，原料条件较好的高炉距炉墙≤0.4m，为了保持一定的边缘通路，这个距离不宜过小。

（2）矿石环带整体外移，矿石环带布在炉喉半径距中心 60%~90% 的环带内。

（3）用此方法布料并不意味着边缘负荷过重，而是以创造边缘稳定、中心畅通的炉况为目的。

（4）可以产生理想的煤气曲线——"喇叭花"形曲线。

（5）高炉能够接受较大矿批。

（6）无钟炉顶根据具体设备特点应定时倒罐和变更溜槽旋转方向，以维护圆周工作均匀。

10.2.2.8　探料装置

在高炉冶炼过程中，保持稳定的料线是达到准确布科和高炉正常工作的重要条件之一。如果料线过高，对强迫下降的大钟十分危险；料线过低，会使炉顶煤气温度显著升高，对炉顶设备的使用寿命也会造成不利影响。为了及时、准确地探测和掌握炉料在炉喉的下降速度和位置，必须设置高炉探料装置，并使其工作自动化。

高炉探料装置的种类较多，主要有机械探尺、放射性同位素探料以及激光探料等。目前应用较多的是机械探料尺。

高炉一般都采用 S120 变频器探料系统，如图 10-15 所示。变频电动机的轴承经联轴器

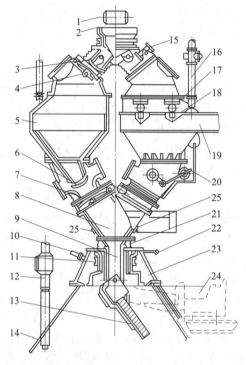

图 10-14　无料钟炉预装置

1—皮带运输机；2—受料漏斗；3—上闸门；4—上密封阀；

5—料仓；6—下闸门；7—下密封阀；8—叉型管；

9—中心喉管；10—冷却气体充入管；11—传动齿轮机构；

12—探尺；13—旋转溜槽；14—炉喉煤气封盖；

15—闸门传动液压缸；16—均压或放散管；

17—料仓支撑轮；18—电子秤压头；

19—支撑架；20—下部闸门传动机构；21—波纹管；

22—测温热电偶；23—气密箱；24—更换溜槽小车；

25—消音器

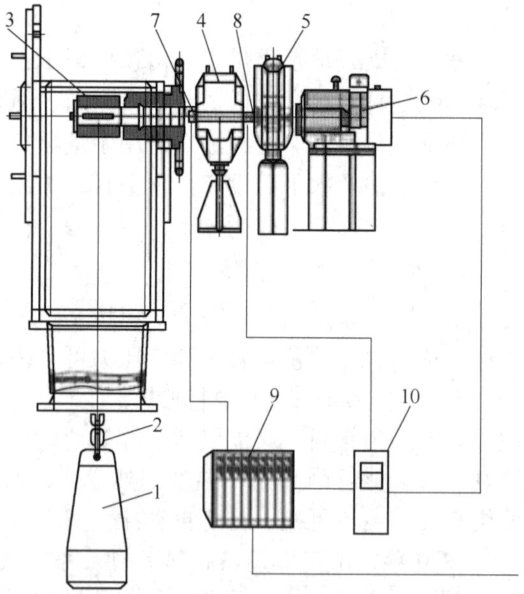

图 10-15　高炉 S120 变频器探料系统

1—探尺重锤；2—探尺链条；3—探尺滚筒；

4—减速机；5—联轴器及制动器；6—变频电动机；

7—绝对值编码器；8—增量型编码器；

9—PLC；10—矢量变频器

和制动器与减速机机械相连，减速机与探尺滚筒同轴连接，探尺滚筒通过探尺链条连接探尺重锤，变频电动机与变频器通过动力变频电缆连接；增量型编码器与变频电动机同轴连接，用于测量电动机转速，增量型编码器通过硬接线的方式连接到矢量变频器，以实现电动机转速的闭环控制。绝对值编码器与减速机同轴连接，绝对值编码器通过总线或硬接线连接到 PLC 读取绝对值，计算得出探尺重锤的实际深度。

10.2.3 鼓风炉

我国是世界上最早使用鼓风炉冶炼技术的国家。春秋时期（公元前 6~7 世纪）就兴起了鼓风炉，大规模熔炼青铜，西汉时期又发明了水排鼓风，使鼓风炉的生产规模和技术都得到了较大发展，当时已有炉缸断面积 8.5m² 的鼓风炉。水排是古代以水为动力，供冶金、铸造业使用的鼓风机械，直到近代使用蒸汽机为动力才被取代。我国古代的鼓风炉在第 1 章（图 1-2）已表述。

鼓风炉（blast furnace）是竖炉的一种，与高炉结构相似。鼓风炉的单位面积日生产能力（即床能率）大，在熔炼重有色矿时的能耗较高，需采用昂贵的焦炭，故逐渐被其他更节能的设备取代，但在铅锌共生矿的冶炼中仍占有重要地位，如铅锌帝国熔炼（ISP）法。

按熔炼过程的性质，鼓风炉熔炼可分为还原熔炼、氧化挥发熔炼及造锍熔炼等。按炉顶结构特点，可分为敞开式和密闭式两类；按炉壁水套布置方式，可分为全水套式、半水套式和喷淋式；按风口区横截面形状，可分为圆形、椭圆形和矩形炉；按炉子竖截面形状，可分为上扩型、直筒型、下扩型和双排风口椅型炉。

密闭鼓风炉由本体（炉基、炉底、炉缸、炉身、炉顶）、密闭加料系统、鼓风系统、支架、放出熔体装置、锌蒸气冷凝系统和排烟口系统构成。

10.2.3.1 密闭加料系统

密闭加料系统包括炉料准备、焦炭加热和鼓风炉上料。炉料准备就是将入炉的物料储存及筛分，根据鼓风炉配料的要求，将炉料送到鼓风炉顶。炉料通常是热的，如烧结块温度为 300~400℃，烧结块储仓需要用混凝土衬耐火砖隔热，并铺设减冲击钢轨。热料需要及时输送筛分和计量给料。计量给料通常用称量料斗的方式，有杠杆式和压电变送器式。密闭加料系统的设备示意如图 10-16 所示。

焦炭加热在竖井炉中进行。为防止焦炭氧化烧损，由炉外燃烧室导入中性或还原性高温燃烧气体。热焦炭还需要筛分，除去小于 25mm 的碎焦。热焦直接输送至鼓风炉，加热炉的排量应与鼓风炉的加料量匹配。

鼓风炉上料用料批加料法。料批重量由鼓风炉料面波动幅度决定，通常波动范围为 200~300mm，每批炉料的加料周期约为 5.9~8.86min。普遍采用料罐上料。料罐车上设 4 个旋转罐座，料罐在旋转中受料。料罐车把装满的料罐送至提升塔下，接受鼓风炉返回的空料罐，再由提升机把满罐吊起来，送往鼓风炉顶部。料罐在鼓风炉顶部与炉料口对接，用类似高炉的双料钟下料方式装炉料。

10.2.3.2 鼓风炉本体

铅锌同时熔炼的鼓风炉由炉基、炉底、炉缸、炉身、炉顶（包括加料装置）、支架、鼓风系统、水冷或汽化冷却系统、放出熔体装置和前床等部分组成，如图 10-17 所示。

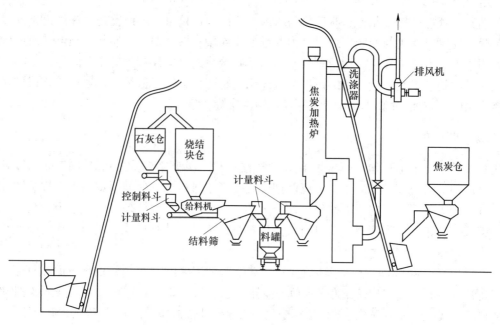

图 10-16   密闭加料系统设备示意图

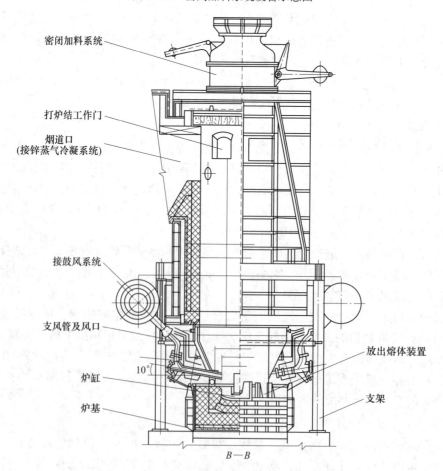

图 10-17   锌铅锌同时熔炼鼓风炉的结构

　　炉基用混凝土或钢筋混凝土筑成，其上树立钢支座或千斤顶，用于支撑炉底。炼铅的炉子直接放在炉基上。炉底结构最下面是铸钢或铸铁板，板上依次为石棉板、黏土砖、镁砖。水套壁（或砌镁砖）组成炉缸（或称本床）。炉身用若干块水套并成，每块水套宽0.8~1.2m，高1.6~5m，用锅炉钢板焊接而成，固定在专门的支架上，风管与水管也布置在支架上。

　　放出熔体装置只有一个熔体放出孔。现代大中型铅厂基本上采用无炉缸铅鼓风炉，只有一个熔体放出孔，铅和渣一道连续地从鼓风炉内排出来，进入前床进行沉淀分离。炉缸还设有放空口，停炉时用。

　　炼铅锌鼓风炉（ISP 炉）结构的特别之处是炉温最高区域的炉腹，炉腹角为20°~28°，除由水套构成外，其内部还砌铝镁砖；风嘴采用水冷活动式；炉身上部除设有清扫孔外，炉身靠矿石熔化形成的软熔体保护炉衬。在一侧或两侧设有排风孔与冷凝器相通；设数个炉顶风口，以便鼓入热风使炉气中 CO 燃烧，提高炉顶温度；在炉顶上设有双钟加料器或环形塞加料钟以及附设有转子冷凝器等。

　　炉身下部两侧各有向炉内鼓风的风口若干个。

　　炉顶设有加料口和排烟口。铅锌密闭鼓风炉用料钟从上方加料及密封。排烟口横向平走，下弯向冷凝器。

10.3　熔池熔炼炉

　　熔池熔炼炉是重有色金属火法冶金中应用范围很广的一种熔炼设备。熔池熔炼泛指化学反应主要发生在熔池内的熔炼过程。用于熔池熔炼的设备有白银法熔炼炉、诺兰达炉、瓦纽柯夫炉和三菱法熔炼炉等。目前，把吹炼方式移到熔池熔炼，向熔体中鼓入富氧，强化气液反应，使之能够自热进行，使得炉子的生产率、冰铜品位和烟气中 SO_2 含量都得到极大的提高。

　　熔池熔炼炉的结构各异，按风吹入熔池的方式可分为侧吹、顶吹及底吹。只要还保持熔池熔炼为主的设备，都归为熔池熔炼炉。下面简要介绍侧吹炉、三菱法熔炼炉、QSL 熔炼炉及奥斯麦特炉。

10.3.1　侧吹炉

　　侧吹炉是主要的传统火法冶炼设备。从设于侧墙埋入熔池的风嘴直接将富氧空气鼓入铜锍-炉渣熔体内，未经干燥的精矿与熔剂加到受鼓风强烈搅动的熔池表面，然后浸没于熔体之中，完成氧化和熔化反应。属于侧吹炉的有诺兰达法、特尼恩特法、瓦纽科夫熔炼法和白银炼铜法等炼铜方法的炉子。

　　诺兰达法采用类似于 P-S 转炉（见铜锍吹炼）的长形卧式圆筒反应器熔炼铜精矿，在炉渣和铜锍的同流过程中完成熔炼和预定的吹炼反应，产出高品位铜锍甚至粗铜。特尼恩特法采用的转炉又称特尼恩特改良转炉，基本结构与诺兰达炉相似。

　　瓦纽科夫熔炼法采用类似于炉渣烟化炉的熔池熔炼炉熔炼铜精矿，高浓度富氧空气使硫化物在渣层内燃烧，完成熔炼反应；熔体在由上往下垂直运动过程中完成铜锍液滴的聚合、长大，并与炉渣分离，然后从两端虹吸池分别放出铜锍和炉渣。

白银炼铜炉有两种炉型，都是固定炉。

10.3.1.1　诺兰达炉

诺兰达炉是 1964 年由加拿大诺兰达公司开发的一种熔炼炉。诺兰达炼铜法最初以直接生产粗铜为目，但因粗铜含有害杂质高，故于 1974 年改为生产高品位铜锍。我国大冶有色金属公司冶炼厂于 1997 年引进消化诺兰达熔炼工艺，建成年生产能力 100kt 粗铜的诺兰达熔炼生产工艺，经过一段时间的试运行生产指标达到国家标准。

A　基本结构

诺兰达炉是圆筒形卧式炉，如图 10-18 所示。炉体由炉壳、端盖和砖体组成通过滚轴支撑在托轮装置上。传动装置可驱动炉体作正反方向旋转。炉体端头有加料口，用抛料机加料，加料端有一台主燃烧器，燃烧柴油、重油或粉煤以补充熔炼过程中热量的不足。炉体一侧有风口装置，由此鼓入富氧空气进行熔炼。锍放出口设在风口同侧，渣口设在炉尾端墙上，此端墙上还装有一台辅助燃烧器，必要时烧重油熔化液面上浮料或提高炉渣温度。在炉尾上部有炉口，烟气由此炉口排出并进入密封烟罩。

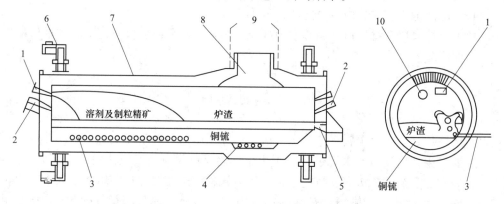

图 10-18　诺兰达炉原理图

1—加料口；2—烧嘴安置口；3—风眼；4—放铜口；5—放渣口；6—转动齿轮；
7—炉壳；8—炉口；9—炉气烟罩；10—烧嘴孔

B　工作原理

诺兰达炉是一个可转动的水平圆筒形反应炉，在图 10-18 中，沿炉身长度可分为熔炼区（风口区）和沉淀区。熔炼区一侧装有浸没风口进行侧吹。

生产时，炉内保持一定高度的炉渣及铜锍熔池面，湿精矿从炉子的一端用抛料机抛散到熔池面上，从靠近炉子加料端浸没在液面下的一排风口鼓入富氧空气侧吹，使熔池激烈搅动，氧化放出的热维持体系的正常温度。熔池面上的精矿被卷入熔池内产生气固液三相反应，连续生成铜锍、炉渣和烟气，熔炼产物在靠近放渣端沉淀分离。在移动过程中，熔体中 FeS 被氧化并与 SiO_2 造渣，依 FeS 被氧化的程度，便可产出任何高品位的铜锍甚至粗铜。高品位铜锍从放锍口放出，炉渣从端部放出。烟气经冷却、收尘后制造硫酸。炉子因故停风时可将炉体转动一个角度，使风口露出溶池表面。

10.3.1.2　瓦纽柯夫炉

瓦纽柯夫法是苏联冶金学家 A. V. 瓦纽柯夫等发明的一种熔池熔炼方法，于 1982 年投入工业生产。

A 基本结构

瓦纽柯夫炉内分为熔炼室、铜锍室和渣池三个部分。熔炼室有三种形式，一是无隔墙的。二是用一道隔墙将渣层上部隔开，把熔炼室分为熔炼区和贫化区，炉料加入熔炼区进行反应，生成铜锍和炉渣，铜锍沉积于铜锍层，仍含有少量铜锍的炉渣从隔墙下部进入贫化区，在贫化区的风口鼓入适量的天然气或加入其他还原剂，如碎煤等，对炉渣进行还原、贫化。第三种形式是双隔墙的熔池，该辅助隔墙下部沉入铜锍层中，上部在渣面以下，熔炼区的炉渣必须从下部相对静止层沿两隔墙之间上升，再溢过辅助隔墙顶部才能进入贫化区上层，这样可以保证所有的炉渣得到很好的贫化处理。

瓦纽柯夫炉由炉缸、炉墙、隔墙、炉顶、风口、加料口、上升烟道、铜锍和炉渣放出口等主要部件组成，基本结构如图 10-19 所示。

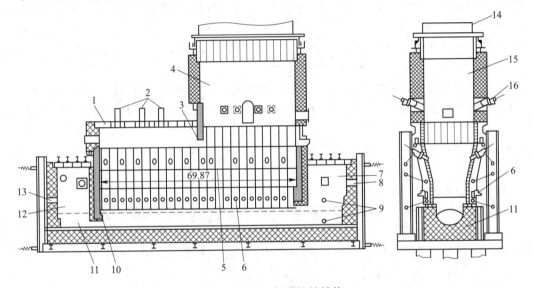

图 10-19 瓦纽柯夫炉的结构

1—炉顶；2—加料装置；3—隔墙；4—上升烟道；5—水套；6—风口；7—渣虹吸临界放出口；
9—熔体快速放出口；10—水冷区底部端墙；11—炉缸；12—溢流铜锍虹吸；13—铜锍虹吸临界放出口；
14—余热锅炉；15—二次燃烧室；16—二次燃烧风口

炉顶：炉顶用长条形的不锈钢水冷水套敷射，两头搭在侧墙的耐火砖上，并设有安装加料溜嘴的孔。水套厚度约为 100~150mm。铜锍池和炉渣池的炉顶也与此相类似。

炉缸：炉缸深 1000~1200mm，底部为反拱形式，全部用镁铬砖砌成。

侧墙：炉子的侧墙下部由 3 排水套组成，上部用镁铬砖砌筑而成。侧墙水套可用电解铜铸成。用螺栓将水套固定在框架上，框架由外面钢柱支撑。每侧水套上设有 2 排风口，下排风口埋在渣面下约 900mm 的熔池中，上排风口设在渣面上方，上下排风口对应设置。一块水套上只有一个风口。

隔墙：隔墙由两列 ϕ70~75mm、间距为 100mm 的厚壁铜管，其间浇铸耐火材料做成。反应区和铜锍虹吸池之间隔墙的下部用耐火材料砌成拱形，形成铜锍通道，距炉底约为 550mm。

风口：风口是水冷铸铜件，为偏心圆锥台形，风口内径 40mm，与水平呈 7°~8° 的下俯角，插入炉墙铜水套内，外端有法兰与三通弹子阀相联。三通弹子阀的结构与一般炼铜转炉的三通弹子阀相同。风口风速为 $250 \sim 280 \mathrm{m/s}$。侧墙有上下两排风口，主要是使用埋入渣层中的下排风口，渣面以上的上排风口不常用，有时从此风口送入一些天然气，其目的一是烧掉烟气中的残氧；二是当炉料中自热熔炼的热量不足时，起烧嘴的作用，对炉子进行补热。

加料口：炉顶中心线上设有 3 个直径为 300mm 的加料管，在分为熔炼区和贫化区的炉子，熔炼区设有两个加料管，炉料由此加入，贫化区设有一个加料管，贫化区加料管只加入碳质还原剂和硫化剂，由单独的皮带进料。液态转炉渣从铜锍虹吸池上方的熔炼室端墙上用溜子加入炉内熔炼区。

上升烟道：上升烟道是截面为长方形的垂直烟道，上升烟道壁用耐火砖砌筑而成。为了降低炉子的烟尘率在熔炼区到上升烟道的入口处装有水冷隔墙，隔墙是由水冷铜管制成，高 700mm，吊装在炉顶上。上升烟道的上部安装有水套式烟尘沉降室，以使被烟气带走的熔体飞溅物和烟尘在此冷却、固化，并被捕收下来。沉降室的水套是可拆换的。烟气出沉降室后，进入总烟道或进入余热锅炉。

铜锍和炉渣放出口：熔炼生成的铜锍和炉渣分别聚积在铜锍虹吸池和炉渣虹吸池。铜锍虹吸一侧有铜锍放出口，而另一侧相对放出口装有燃油或燃气烧嘴，对铜锍池保温，铜锍由溜槽流到铜锍保温炉，铜锍保温炉多为转动炉。铜锍定期从保温炉放入铜锍包送转炉吹炼。炉渣也是从炉渣虹吸池侧墙上放出口流到储渣炉，储渣炉既可以是回转炉，也可以是贫化电炉，在储渣炉内炉渣得到进一步贫化。

B　工作原理

炉子的熔池总深度为 $2 \sim 2.5 \mathrm{m}$，侧墙上有上下 2 排风口，冶炼用的富氧空气通过风口鼓入熔池，使熔池处于强烈搅拌状态。通过炉顶料管加入的炉料直接落入强烈搅拌的熔池，被卷入熔体，与吹入的氧快速反应，被迅速熔化，生成的铜锍和炉渣分别从两端的虹吸池放出。侧吹炉主要的反应区位于铜水套保护位置。

瓦纽可夫炉内渣层较深，在侧面鼓风的作用下，在上部渣层形成了气-液-固三相共存的湍流区，大大增加了熔渣、铜锍和气相的接触面，为熔体中进行各种物理、化学过程提供了充分和适宜的条件，提高了质量交换和热交换的速度，可使渣中炉料迅速熔化，反应中生成的 Fe_3O_4 又容易被硫所还原，所以渣中的 Fe_3O_4 一般不超过 10%。在强烈搅动的熔渣和铜锍的乳化体中铜锍微粒相互碰撞机会大大增加，有利于铜锍的聚合长大形成稳定的铜锍颗粒，在熔炼区下部很容易与炉渣分离。由于氧化造渣反应均在熔体内部发生，反应热得到充分利用，热效率高。

10.3.1.3　反射炉的衍生炉

侧吹炉还包括特尼恩特法和白银炼铜法的熔炼炉。特尼恩特法是在由 1 座反射炉、2 台特尼恩特改良转炉和 6 台常规卧式转炉组成的系统中炼成粗铜的熔炼方法。

由反射炉衍生出很多炉子，白银炉、倾动炉是最典型的衍生炉。将硫化铜精矿等炉料投入熔池进行造锍熔炼的侧吹式固定床熔炼炉都属于这一类。

A　白银炉

白银炉的主体结构由炉基、炉底、炉墙、炉顶、隔墙和内虹吸池及炉体钢结构等部分组成，白银炉有单和双室两种炉型。图 10-20 所示为白银炼铜法的单室熔池熔炼炉。

约在熔池中部的隔墙将熔池分为熔炼区和澄清区两大部分。炉料从炉顶的加料孔连续

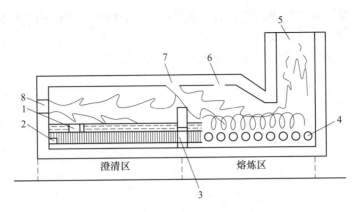

图 10-20 单室熔池熔炼的白银炉
1—放渣孔；2—虹吸口；3—隔墙；4—风口；5—垂直烟道；6—加料孔；
7—炉顶粉煤烧嘴；8—端墙粉煤烧嘴

加入熔炼区。从浸没在熔炼区熔池深处（熔体面下 450mm）的风口鼓入空气，强烈地搅动熔体，落入熔池的炉料迅速被熔体熔化，并与气泡中的氧发生气液两相氧化反应，放出大量的热，维持熔炼区的炉腔温度为 1150~1200℃，熔体温度 1100℃，若热量不足，便由此区顶部安装的辅助燃烧器喷入粉煤或重油供热。在熔炼区形成的铜锍和炉渣，通过隔墙下面的孔道流入炉子的澄清区。在澄清区的端墙上装有重油或粉煤燃烧器，燃料燃烧放出的热使此区的温度维持在 1300~1350℃，使渣温升至 1200~1250℃，铜锍温度升至 1100~1150℃。经升温澄清后，间断地分别从渣孔和虹吸口放出炉渣与铜锍。

隔墙将炉子两区的空间完全分隔开的炉型为双室白银炉，如图 10-21 所示。

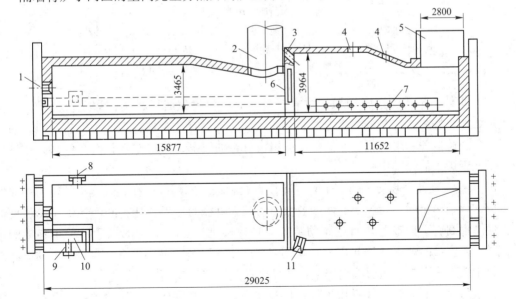

图 10-21 双室白银熔炼炉结构示意图
1—燃烧孔；2—沉淀区直升烟道；3—中部燃烧孔；4—加料孔；5—熔炼区直升烟道；
6—隔墙；7—风口；8—渣口；9—铜锍口；10—内虹吸池；11—转炉渣返口

由于白银炉是侧吹式熔池熔炼炉型，故风口区是影响炉子寿命的关键部位，通常采用熔铸铬镁砖或再结合铬镁砖砌筑（保证使用寿命在 1 年以上）。在渣线附近及隔墙通道采用铜水套冷却，其他炉体部位一般用烧结镁砖或铝镁砖砌成。

B　倾动炉

把上述的白银炉架空，能倾动，就是倾动炉。倾动炉和固定式精炼炉相比，主要不同就是其整台炉子支承于两端的托滚上，由摇杆推动炉子的倾动，摇杆推动由 2 个液压油缸完成，如图 10-22 所示。

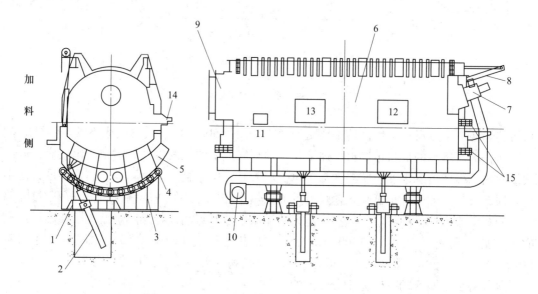

图 10-22　倾动炉结构示意

1—主油缸支座；2—主油缸；3—下轨；4—辊笼；5—上轨；6—炉体；7—烧嘴；
8—烧嘴牵拉设备；9—烟气口；10—燃烧风机；11—出渣门；12—1 号加料门；
13—2 号加料门；14—浇铸口；15—弹簧防振系统

（1）炉体。炉体由金属构架，耐火材料组成。炉膛截面形状类似固定反射炉，由炉顶、炉墙和炉底组成，并分为熔池区和气流区。前墙设有 2 个加料口和 1 个排渣口，后墙设有 1 个浇铸口和 4 组氧化还原插管，端墙设有重油浇嘴，另一端墙设有排烟口，排烟口中心线处于炉子的倾动中心。

（2）支承装置。倾动炉的支承装置有托辊式和鞍座式两种。托辊式支承结构与一般的回转炉支承结构相同，在炉子的两端各设一对较大直径的托辊，托辊间距视炉子的长度而定，炉体辊圈支于托辊上并通过倾动装置使炉体倾动。托辊式支承只适用于小容量的炉子，对于大容量的炉子（200t 以上）采用鞍座式支承。弧形鞍座由多个直径较小的滚筒组成，炉体弧形滚圈支于弧形滚筒组上，依靠倾动装置使炉体倾动。

（3）倾动装置。炉子驱动由摇杆构件和 2 个液压油缸完成，炉体的倾动力分布在摇杆上，由摇杆支配炉体，摇杆构件由 2 个底部件组成并与基础固定，托辊架和摇杆的上面部件与炉体焊接。油缸安装在基础上，定位炉子的方向。倾转速度有两种，可以在规定的范围内选择，氧化还原和倒渣时使用快速挡，浇铸出铜时使用慢速挡。

10.3.2 底吹炉

有色金属冶炼的底吹炉最早可追溯到氧气底吹炼铅（QSL 法）。我国西北铅锌冶炼厂最早引进该工艺技术，但未能成功实现工业运用。该技术在韩国获得工业运用。QSL 反应器是 QSL 法的核心设备。

10.3.2.1 QSL 炉

A 基本结构

QSL 炉为卧式、圆形、断面沿长轴线非等径的反应器，如图 10-23 所示。氧化区直径大，还原区直径小。从出渣口至虹吸出铅口向下倾斜 0.5%。反应器设有驱动装置，沿长轴线可旋转近 90°，以便于停止吹炼操作时能将喷枪转至水平位置，处理事故或更换喷枪。

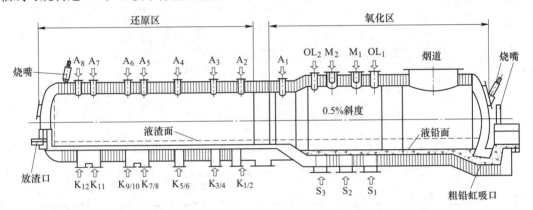

图 10-23 氧气底吹（QSL）炼铅反应器示意图
$S_1 \sim S_3$—氧枪插孔；$K_1 \sim K_{12}$—还原枪插孔；M_1，M_2—加料口；
$A_1 \sim A_8$—辅助燃烧插孔；OL_1，OL_2—燃油枪插孔

B 工作原理

反应器主要由氧化区和还原区组成，用隔墙将两区隔开。矿物原料如精矿、二次物料、熔剂、烟尘和必要时加入的固体燃料均匀混合后从氧化区顶部的加料口直接加入，混合炉料落入由熔渣和液铅组成的熔池内。氧气通过喷枪喷入，熔体在 1050~1100℃下进行脱硫和熔炼反应，此时的氧势较高。在这一区域形成的金属铅含硫较低，称为初铅；形成的炉渣含铅较高（25%~30%），称为初渣；产出烟气的 SO_2 浓度为 10%~15%。初渣流入还原带，在还原带还原剂（粉煤或天然气）通过喷枪与空气载体和氧气一起吹入熔池内。在粉煤中的碳燃烧生成 CO 作用下，炉渣中的氧化铅被还原。还原带的氧势较低，温度较高，为 1150~1250℃。炉渣在流过还原带端墙排渣口的过程中逐渐被还原形成金属铅（二次铅），并沉降到炉底，流向氧化区与一次铅汇合。液铅与炉渣逆向流动，从虹吸口排出；炉渣从排渣口连续或间断排出。

10.3.2.2 SKS 炉（水口山炉）

1985 年国家计委和国家科委立项，把治理铅冶炼污染列为重点科研攻关项目，确定在水口山矿务局开展氧气底吹氧化-鼓风炉还原熔炼扩大试验。1998 年中国有色工程设计研究总院带头，组织池州冶炼厂、河南豫光金铅集团、温州冶炼厂和水口山矿务局五方集

资，进行氧气底吹熔炼——鼓风炉还原工业试验，取得成功。1999 年国家计委、国家经贸委分别批准用该工艺在池州冶炼厂建设 3 万吨/a 的示范性工厂和在河南豫光金铅集团进行 5 万吨/a 铅冶炼厂的技术改造。

水口山法是具有中国知识产权的一种冶炼技术。2001 年在越南建年产 1 万吨电铜工厂中获得应用。在山东东营方圆冶炼厂获得了年产 10 万吨电铜应用。水口山炉的结构如图 10-24 所示。

水口山炉具有良好的氧枪结构和制造工艺。氧枪外有一套完善的传热结构，可以保证在底部出口处生产保护性的蘑菇头。氧气经过氧枪直接垂直喷入熔池，氧枪寿命为 5000h 以上。氧枪结构简单，没有局部结瘤，也不需要捅风眼。由于氧气直接从底部喷入冰铜层，渣中含四氧化三铁低。水口山炉的最大隐患是"喷渣"，操作时需要注意。

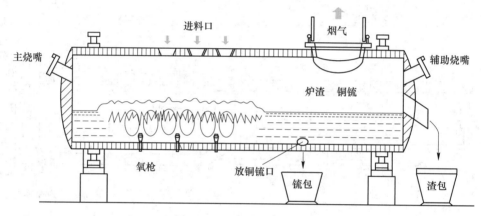

图 10-24　水口山炉的示意图

10.3.3　顶吹炉

顶吹炉是澳斯麦特与艾萨法熔炼技术的基础。其被广泛应用于各种提取冶金中，可以熔炼铜精矿产出铜锍，直接熔炼硫化精铅矿生产粗铅，熔炼锡精矿生产锡，也可以处理冶炼厂的各种渣料及再生料等。

10.3.3.1　顶吹炉的基本结构

艾萨炉和澳斯麦特炉的结构基本上是一样的，由炉壳、炉衬、喷枪、喷枪夹持架及升降装置、加料装置以及产品放出口等组成。

（1）炉壳。炉壳是一个直立的圆筒，由钢板焊接而成，上部钢板厚约 25mm，熔池部分钢板厚约 40mm，熔池部分还有一个钢结构加强框架。炉身上部向一边偏出一个角度，以便让开中心喷枪设置烟气出口。

（2）炉衬。炉衬全部用直接结合镁铬砖砌筑。

（3）炉底。炉底既可以是平底，向放出口倾斜约 2%；也可以是反拱形炉底，同样也要向放出口倾斜约 2%。炉底总厚度约 1200mm，一般分为 3 层，上面的工作层一般厚 460mm，采用带凹槽的异型砖砌筑；工作层下面是一层约 300mm 厚的镁铬质捣打料层，最下面是优质黏土砖砌层，黏土砖分为两层，下层为 115mm 侧砌层，上层是 300mm 立砌层。

（4）炉墙。炉墙的工作条件非常恶劣，下部受强烈搅动的熔体侵蚀、冲刷，上部受喷溅熔渣的侵蚀和高温烟气的冲刷，其中部又在液面的波动范围内，即距炉底 1000~2000mm 的范围内损坏尤其严重。早期的炉衬寿命比较短，只有 0.5a 左右，随着操作技术的改进，目前的炉衬寿命已超过 1.0a。新设计的炉子都增加了炉墙的冷却设施，炉子寿命可达到 1.5~2a。

（5）炉顶。炉顶的形式既可以是倾斜的（奥斯麦特炉），也可以是水平的（艾萨炉）。斜炉顶烟气流动比较畅通，在炉盖上要布置喷枪孔、加料孔、烘炉烧嘴孔、烟道孔等，结构比较复杂，工作条件恶劣，所以炉盖的结构和寿命一直是一个难以解决的问题。一种结构是采用钢板水套，水套下面焊上锚固件，用镁铬质捣打料捣制耐火衬里；另一种结构是采用铜水套炉盖，内表面靠生产时自然喷溅粘上一层结渣保护。

（6）喷枪。澳斯麦特/艾萨熔炼工艺的基础是直立式浸没于熔渣池中的一个垂直喷枪，称为赛洛（Siro）喷枪，如图 10-25 所示。两种炉型的喷枪构造基本相同。喷枪直立于顶部吹炉的上方，在吹炼过程中用升降、固定装置对其进行升降和更换等作业。喷枪头部插入渣层内，是最容易损坏的部位，长度一般为 800~2000mm，外套管多用不锈钢制造。喷枪头部的寿命为 5~7d，更换喷枪很容易，把损坏的喷枪用吊车吊出来，把已准备好的换上即可，大约需 40min。换下来的只需切下头部，焊上新的就可以再用。

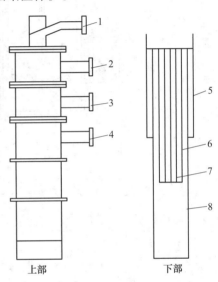

图 10-25　澳斯麦特喷枪结构示意图
1—燃油；2—氧气；3—枪入气；
4—护罩空气；5—护罩空气；6—氧气；
7—燃油管；8—燃烧管

（7）喷枪升降机。艾萨炉是竖式炉，比较高，所以喷枪比较长，一般有 13~16m 长。这样就需要一个行程很大的喷枪升降机。喷枪固定在一个滑架上，与管路连接；滑架的各种管接头分别用金属软管与车间供油、供风管道相接；喷枪头部插入渣层的深度，根据喷吹气体压力变化由计算机自动调节。

（8）上升烟道。上升烟道设计的要点一是保证烟气通畅；二是尽量防止黏结堵塞，而且发生黏结后要容易清理。烟道的结构形式有倾斜式和垂直式。倾斜式烟道黏结严重，而且不易清理。垂直式烟道是余热锅炉受热面的一部分，这种形式的烟道内壁温度低，烟尘易黏结；但黏结层易脱落，好清理。

10.3.3.2　顶吹炉的工作原理

顶吹炉可在熔池内熔体-炉料-气体之间造成强烈的搅拌与混合，大大强化热量传递、质量传递和化学反应速率，在燃料需求和生产能力方面产生较高的经济效益。与浸没侧吹的诺兰达法不同，澳斯麦特/艾萨法的喷枪是竖直浸没在熔渣层内，喷枪结构较为特殊，炉子尺寸比较紧凑，整体设备简单。澳斯麦特炉型与艾萨炉型如图 10-26 所示。

澳斯麦特技术（Ausmelt technology）在原有赛罗熔炼和艾萨熔炼法的基础上，进行了大量的应用性技术开发，特别是增加了喷枪外层套筒，使炉内所需二次燃烧风可以直接从同一支喷枪喷入炉膛，使熔池上方的 CO、金属蒸气和未完全燃烧的炭质颗粒得以充分燃烧，并由激烈搅动和熔体将其吸收，较大幅度地提高了炉内反应的热效率，同时也改善了烟气性质。

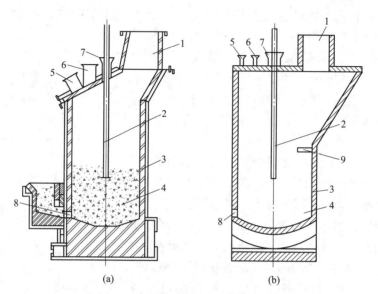

图 10-26　澳斯麦特炉型与艾萨炉型示意图
（a）澳斯麦特炉；（b）艾萨炉
1—上升烟道；2—喷枪；3—炉体；4—熔池；5—备用烧嘴孔；6—加料孔；
7—喷枪孔；8—熔体放出口；9—挡板

10.4　塔式熔炼设备

利用塔形空间进行多相反应的熔炼或精炼设备叫塔式熔炼（精炼）设备。其显著特点是：一定有气体参与反应；反应在空间气相中进行；为保证完成反应所需时间，反应空间必须足够高。闪速炉是一种典型的塔式熔炼设备，参与反应的主要是富氧空气和硫化铜（镍）精矿。反应物为气相和固相，而生成物是液相和气相，反应速度很快（1~4s），但反应物及反应产物自由落体的加速度很大，在空中停留的时间很短。因此，为了保证这1~4s 的反应时间，反应塔高须在 7.5m 以上。

10.4.1　闪速炉

闪速炉是处理粉状硫化物的一种强化冶炼设备，1949 年由芬兰奥托昆普公司首先将其应用于工业生产。目前，炼铜的闪速炉有芬兰奥托昆普闪速炉和加拿大国际镍公司 INCO 氧气闪速熔炼炉两种类型。

奥托昆普闪速炉由精矿喷嘴、反应塔、沉淀池及上升烟道等 4 个主要部分组成，如图 10-27 所示。

10.4.1.1　闪速炉的精矿喷嘴

精矿喷嘴的作用是向炉内喷入精矿、富氧和重油，并使气、液、固物料充分混合，均

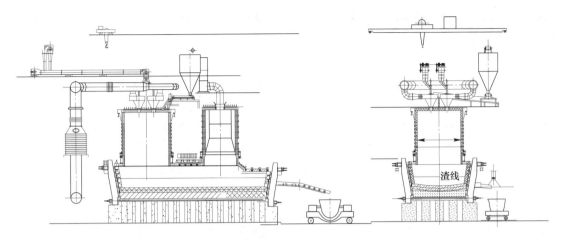

图 10-27 奥托昆普闪速炉总图

匀下落，以便使精矿在反应塔中能迅速完成燃烧、熔炼等反应。

闪速炉喷嘴经历了多次革新，目前喷嘴主要有一段收缩式和喷射式两类。随着富氧熔炼的发展、工厂能力的大型化，许多厂家已将一段收缩式改为中央喷射式喷嘴。中央喷射式喷嘴如图 10-28 所示。

中央喷射式喷嘴在中央安装了一根通富氧空气的小管，改善了反应塔内温度分布。此外，进风系统也改进了，使其具有 3 个设定的最佳气流速度范围。

中央喷射式喷嘴具有如下优点：（1）炉料和富氧空气一起喷入炉内，充满反应塔的整个空间；使火焰中心点上升，可缩短反应塔的高度，减少热损失，降低油耗。（2）烟尘率低（约 5%）。（3）减少气流速度的影响，允许使用高富氧空气熔炼。（4）喷嘴端部不结瘤，避免了中断进料，并改

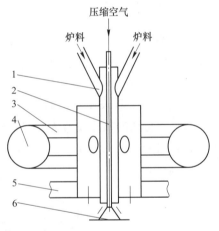

图 10-28 中央喷射式喷嘴示意图
1—加料管（2 根）；2—压缩空气管；
3—支风管（6 根）；4—环形风管；
5—反应塔顶；6—喷头

善劳动条件。（5）处理精矿能力大，单个喷嘴的处理能力达到 160t/h，而一段收缩式喷嘴不到 20t/h。贵溪冶炼厂通过富氧工程和中央喷嘴的技术改造，使闪速炉的熔炼能力翻了一番，已由过去的 200kt/a 提高到目前的 400kt/a。

10.4.1.2 闪速炉的反应塔

闪速炉的物理及化学反应过程主要在反应塔中进行。反应塔由塔顶、塔身和框架组成。精矿喷嘴布置在塔顶中心位置，并支承在塔上部钢架梁上。塔顶由 375mm 厚的镁铬砖砌成，为吊挂平顶形式。塔身为圆筒状，外壳由 30～50mm 厚的钢板焊接而成。塔身由耐火材料、铜水套、钢壳、钢板法兰组成。

反应塔框架是承担反应塔全重的受力构件，框架由钢板焊成的 I 形断面的梁柱构成。反应塔为吊挂结构，通过 8 点吊挂，由板式吊件、钢销吊挂全部反应塔筒体、耐火材料衬

砖、冷却铜水套、设备运行后产生的黏结物和精矿喷嘴等部件的载荷，并将所有载荷传送到反应塔框架上。

10.4.1.3　闪速炉的沉淀池与上升烟道

闪速炉的沉淀池与上升烟道设于反应塔与上升烟道之下，其作用是进一步完成造渣反应使熔体沉淀分离。沉淀池结构类似于反射炉，用铬镁砖吊顶（小型炉为拱顶），厚300~380mm，并砌隔热砖65~115mm。沉淀池渣线以下部分的侧墙砌电铸铬镁砖，其他部分砌铬镁砖，渣线部分的外侧设有冷却水套。沉淀池侧墙上开有2个以上的放锍口，尾部端墙设渣口1~4个，并装有数个重油喷嘴，以便必要时加热熔体，使炉渣与铜锍更好地分离。沉淀池底部用铬镁砖砌成反拱形，下层砌黏土砖。

上升烟道多为矩形结构，用铬镁砖或镁砖和黏土砖砌筑，厚约345mm，外用金属构架加固，上升烟道通常为垂直布置，为减少烟道积灰和结瘤，宜尽量减少水平部分的长度。上升烟道出口处除设有水冷闸门及烟气放空装置外，还装有燃油喷嘴，以便必要时处理结瘤。

10.4.2　基夫塞特炉

基夫赛特法是一种以闪速炉熔炼为主的直接炼铅法。20世纪60年代，由苏联"全苏有色金属科学研究院"开发并于80年代建设了工业性生产工厂。经多年生产运行，已成为工艺先进、技术成熟的现代化直接炼铅法。

10.4.2.1　基夫塞特炉的结构

基夫赛特法的核心设备为基夫赛特炉（图10-29），该炉由带氧焰喷嘴的反应塔、具有焦炭过滤层的熔池、冷却烟气的竖烟道及立式废热锅炉和铅锌氧化物还原挥发的电热区四部分组成。

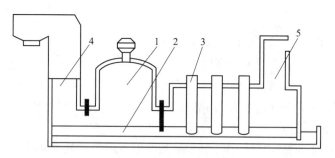

图 10-29　基夫赛特炉结构图

1—反应塔；2—沉淀池；3—电热区；4—直升烟道；5—复燃室

10.4.2.2　基夫塞特炉的工作原理

基夫赛特炉的工作原理主要包括闪速炉氧化熔炼 PbS 精矿和电炉还原贫化炉渣两部分。基夫赛特炉系统的设备连接如图10-30所示。

干燥后的炉料通过喷嘴与工业纯氧同时喷入反应塔内，炉料在塔内完成硫化物的氧化反应并使炉料颗粒熔化，生成金属氧化物、金属铅滴和其他成分组成的熔体。熔体在通过浮在熔池表面的焦炭过滤层时，其中大部分氧化铅被还原成金属铅而沉降到熔池底部。炉

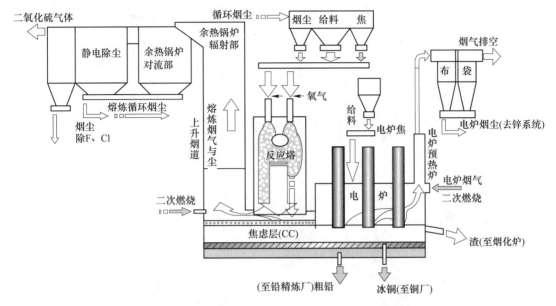

图 10-30　基夫赛特炉系统的设备连接图

渣进入电热区，渣中氧化锌被还原挥发，然后经冷凝器冷凝成粗锌，同时渣铅进一步沉降分离，然后分别放出。由冷凝器出来的含 SO_2 的烟气经竖烟道和废热锅炉气送入高温电收尘器，而后送酸厂净化制酸。有的锌蒸汽不冷凝成粗锌，夹在烟气中由电炉出来后氧化，经滤袋收尘捕集氧化锌。

10.4.3　锌精馏塔

　　精馏法精炼锌的设备是塔式锌精馏炉（图 10-31），简称精馏塔。锌精馏塔包括熔化炉、铅塔、熔析炉、镉塔（包括分馏室）、铅塔冷凝器、高镉锌冷凝器、精锌储槽等部分，实际上是多台设备组合体的总称。

　　锌精馏塔一般由 2 座铅塔和 1 座镉塔组成一个组。塔本体由塔盘重叠安装而成，它分为两部分：在燃烧室内的部分称为蒸发段，燃烧室以上的部分称为回流段。回流段不外加热，但四周有保温空间。在两种不同塔型中不同温度下蒸馏、冷凝回流，使锌与其他杂质金属分离，而得到高纯锌。即第一阶段是将粗锌加入铅塔中脱除高沸点金属杂质 Fe、Pb、Cu 和 Sn 等；第二阶段是在镉塔中脱除低沸点金属镉。但不论在铅塔中或镉塔中，都包括蒸馏和冷凝回流两个物理过程。

　　锌精馏塔的塔盘主要有两种，即蒸发塔盘和回流塔盘。塔盘尺寸的大小选择应根据生产量确定，既不要能力过剩，也不能过负荷运行，影响塔盘质量和塔体寿命。

　　蒸发盘安装在蒸发段。盘的构造呈"W"形，一端设有长方形气孔，中间高出的部分为塔盘底，塔盘底的周围有一环形沟槽。为延长盘内气、液两相的接触时间，在塔盘一端的沟槽和气孔之间开有溢流口。蒸发盘形状如图 10-32 所示，这种形状可以使金属锌液大部分积存在塔盘四周的沟槽内，增大锌液与盘壁的接触面积，有利于接受盘壁传入的热量，因而热传导快、蒸发能力大。在塔盘内平底上只积存很薄一层液体金属（10 ~

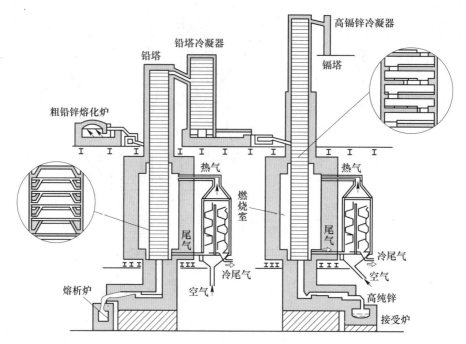

图 10-31　粗锌精馏塔组示意图

20mm)，扩大金属蒸发表面积，当液体金属积存到一定高度时，将由塔盘一端的溢流口溢出，经盘上气孔流到下一块塔盘，并逐步按顺序交错下流，直至底盘，最后到达精馏塔回流段。

回流盘呈"U"形，如图 10-33 所示，它是一个平底长方形碳化硅制品。盘的一端有长方形气孔，平底面设有导流格棱和溢流口，格棱高度一般为 14～20mm，溢流口高 10～14mm。这种形状使液体金属在盘面上呈"S"形流动，延长了盘内气液两相的接触时间，保证锌液和锌蒸气有最大的接触面积。回流盘安装在精馏塔的回流段。当粗锌镉含量不高时，有的镉塔蒸发段的下部也安装回流盘，以减少锌液受热面积，降低锌液蒸发量。回流段不外加热，靠锌蒸气的冷凝热保持温度，为此，在回流段的外面设有保温空间。

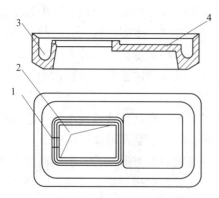

图 10-32　蒸发盘结构示意图

1—溢流口；2—气孔；3—沟槽；4—盘底

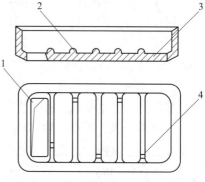

图 10-33　回流盘结构示意图

1—气孔；2—导流格棱；3—盘底；4—溢流口

10.5 转　炉

向熔融物料中喷入空气（或氧气）进行吹炼，且炉体可转动的自热熔炼炉称为转炉。此处所述的转炉为后熔炼（如冰铜吹炼）或精炼的炉，与熔池熔炼炉（铜精矿熔炼）不同。转炉可分为立式（氧气炼钢）转炉、卧式转炉、卡尔多转炉及回转窑精炼炉。它们均有各自的特点及用途。

10.5.1　立式转炉（顶吹）

氧气顶吹转炉炼钢法，从其出现至今已有100多年的历史。氧枪用水冷却，从转炉炉口伸入，在熔池的上方供氧进行吹炼。氧气顶吹转炉炼钢法反应速度快、热效率高，又可使用30%的废钢为原料，因而一经问世就显示出巨大的优越性和生命力。

炼钢转炉按炉衬耐火材料性质可分为碱性转炉和酸性转炉，按供入氧化性气体种类可分为空气和氧气转炉，按供气部位可分为顶吹、底吹、侧吹及复合吹炼转炉，按热量来源可分为自供热和外加燃料转炉。下面介绍氧气顶吹转炉。

10.5.1.1　氧气顶吹转炉本体结构

氧气顶吹转炉本体由炉壳、炉帽、炉口、炉身与炉底构成，其结构如图10-34所示。

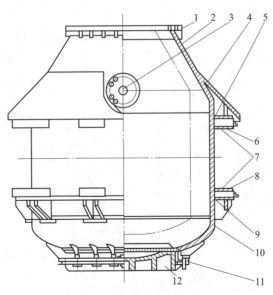

图10-34　氧气顶吹转炉炉体结构

1—炉口；2—炉帽；3—出钢口；4—护板；5，9—上下卡板；6，8—上下卡板槽；7—斜块；
10—炉身；11—销钉和斜楔；12—炉底

（1）炉壳。转炉炉壳要承受耐火材料、钢液、渣液的全部重量，并保持转炉的固定形状；倾动时承受扭转力矩作用。炉壳由普通锅炉钢板，或低合金钢板焊接而成。为了适应高温频繁作业的特点，要求炉壳在高温下不变形、在热应力作用下不破裂，必须具有足够的强度和刚度。目前炉壳钢板的厚度需根据实际数据确定和选择。

（2）炉帽。炉帽的形状有截头圆锥形和半球形两种。半球形的刚度好，但加工复杂；而截头圆锥形制造简单，但刚度稍差，一般用于30t以下的转炉。炉帽上设有出钢口。出钢口最好设计成可拆卸式的，便于修理更换。小转炉的出钢口还是直接焊在炉帽上为好。炉帽受高温炉气、喷溅物的直接热作用，燃烧法净化系统的炉帽还受烟罩辐射热的作用，其温度经常高达300~400℃。

（3）炉口。普遍采用水冷炉口。这样即可以减少炉口变形，提高炉帽寿命，又能减少炉口结渣，即使结渣也较易清理。水冷炉口有水箱式和埋管式两种结构。水箱式水冷炉口用钢板焊成，在水箱内焊有若干块隔水板，使进入的冷却水在水箱中形成一个回路。隔水板既可增强水冷炉口刚度，也可以避免产生冷却死角。埋管式水冷炉口结构是把通冷却水用的蛇形钢管埋铸于灰口铸铁、球墨铸铁或耐热铸铁的炉口中，这种结构比较安全，也比水箱式炉口寿命长。水冷炉口可用销钉-斜楔与炉帽连接，由于喷溅物的黏结，拆卸时不得不用火焰切割。因此我国中、小型转炉采用卡板连接方式将炉口固定在炉帽上。通常炉帽还焊有环形伞状挡渣护板，可避免或减少喷溅黏结物对于炉体及托圈的烧损。

（4）炉身。炉身一般为圆筒形。它是整个炉壳受力最大的部位。转炉的整个重量通过炉身钢板支撑在托圈上，并承受倾动力矩，因此用于炉身的钢板要比炉帽和炉底适当厚些。

（5）炉底。炉底有截锥型和球冠形两种。截锥型炉底制造和砌砖都较为简便，但其强度不如球形好，适用于小型转炉。上修炉方式炉底采用固定式死炉底，适用于大型转炉；下修炉方式采用可拆卸活炉底。可拆卸活炉底又有大炉底和小炉底之分。

10.5.1.2　氧气顶吹转炉系统组成

氧气顶吹转炉系统主要由转炉本体、倾动机构、供氧系统及烟罩系统组成，如图10-35所示。

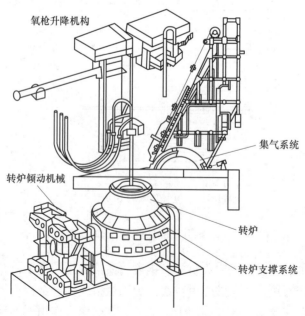

图10-35　氧气顶吹转炉系统的主要组成

（1）托圈与耳轴。用以支撑炉体和传递倾动力矩的构件，要承受转炉总重量、热应力、不正常操作时所出现的瞬时冲击力，因此，托圈、耳轴的材质要求冲击韧性要高，焊接性能好，并具有足够的强度和刚度。

（2）倾动机构。转炉倾动机构处于高温多尘的环境下工作，它要承受倾动力矩、大比速转动力矩、大的动载荷，启动与制动频繁。

倾动机构能使炉体正反转动360°，能平稳而又准确地停在任一倾角位置上，并且与氧枪、副枪、炉下钢包车、烟罩等设备有连锁装置。转炉在出钢、倒渣、人工测温、取样时要平稳缓慢地倾动，避免钢渣猛烈晃动甚至溅出炉口。当空炉或从水平位置摇直，或者从垂直位置刚开始摇下时，均可用较高的倾动速度。

（3）供氧系统。氧气转炉炼钢车间的供氧系统由制氧机、加压机、中压储气罐、输氧管、控制闸阀、测量计器、氧枪等主要设备组成。

其中最关键的是氧枪，又称喷枪或吹氧管，结构如图10-36所示。枪身是由三层同心钢管组成。内管是氧气通道，内层管与中层管之间是冷却水的进水通道；中层管与外层管之间是冷却水的出水通道。自从氧气转炉问世以来，氧枪喷嘴的结构有了很大发展。

喷枪的喷头有单孔拉瓦尔型与多孔喷嘴。氧气转炉生产开始时大多采用单孔拉瓦尔型喷嘴，随着转炉吨位增加，目前国内外普遍采用了多孔喷嘴。

单孔拉瓦尔型喷嘴的结构如图10-37所示。拉瓦尔喷嘴由收缩段、喉口和扩张段构成，喉口处于收缩段和扩张段的交界，此处的截面积最小，通常把喉口直径称为临界直径，把该处的面积称为临界断面积。单孔拉瓦尔喷嘴的氧气流股具有较高的动能，对金属熔池的冲击力较大，因而喷溅严重；同时流股与熔池的相遇面积较小，对化渣不利。单孔喷嘴氧流对熔池的作用力也不均衡，使熔渣和钢液容易发生波动，加剧了熔渣和钢液对炉衬的冲刷和侵蚀。目前很少采用单孔喷嘴。

多孔喷嘴包括三孔、四孔、五孔、六孔、七孔、八孔、九孔等，它们的结构是每个小孔都为拉瓦尔型。现在主要为三孔拉瓦尔型喷嘴，结构如图10-38所示。三孔喷嘴为3个小拉瓦尔孔，与中心线呈一夹角 α，以等边三角形分布，α 为拉瓦尔孔的扩张角。氧气分别进入3个拉瓦尔孔，在出口处获得3股超音速氧气流股。生产实践已充分证明，三孔拉瓦尔型喷嘴有较好的冶金工艺性能。

（4）集气系统。炉体的炉口上方设置有集气罩，集气罩与除尘装置连接，顶吹氧枪设置于炉口上方。集气罩是捕集含尘有害气体的设备装置。集气罩口的气流运动，能在有害

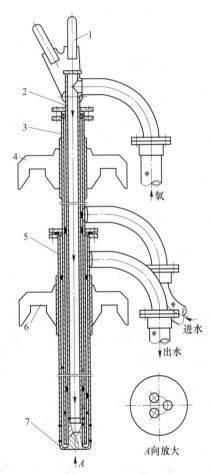

图 10-36 氧枪结构示意图
1—吊环；2—中心管；3—中心层；
4—上托管；5—外层管；
6—下托座；7—喷头

物散发地点直接捕集有害物而控制其在车间的扩散。

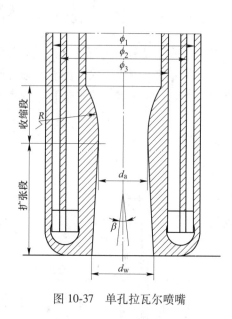

图 10-37　单孔拉瓦尔喷嘴

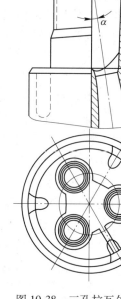

图 10-38　三孔拉瓦尔型喷嘴

10.5.2　卧式转炉

　　卧式转炉多用于有色金属冶金。有卧式侧吹（P-S）转炉和回转式精炼炉两大类。

　　卧式侧吹（P-S）转炉用于吹炼铜锍成粗铜，吹炼镍锍成高冰镍，吹炼贵铅成金银合金，也可用于铜、镍、铅精矿及铅锌烟尘的直接吹炼。卧式转炉处理量大、反应速度快、氧利用率高，可自热熔炼，并可处理大量冷料，是铜冶炼中必不可少的关键设备。但卧式转炉为周期性作业，存在烟气量波动大、SO_2 浓度低、烟气外溢、劳动条件差及耐火材料单耗大等缺点。

　　回转式精炼炉主要用于液态粗铜的精炼。精炼作业一般有加料、氧化、还原、浇铸四个阶段，产品为铜电解精炼提供合格的阳极板。因此，回转式精炼炉一般又称为回转式阳极炉。

　　10.5.2.1　卧式侧吹（P-S）转炉的结构与工作原理

　　铜锍吹炼普遍使用的是卧式侧吹（P-S）转炉。P-S 转炉除本体外，还包括送风系统、倾转系统、排烟系统、熔剂系统、环集系统、残极加入系统、铸渣机系统、烘烤系统、捅风口装置、炉口清理等附属设备。转炉本体包括炉壳、炉衬、炉口、风口、大托轮、大齿圈等部分。图 10-39 所示为 P-S 转炉的结构图。

　　（1）炉壳及内衬材料。转炉炉壳为卧式圆筒，用 40～50mm 的钢板卷制焊接而成，上部中间有炉口，两侧焊接弧型端盖，靠两端盖附近安装有支撑炉体的大托轮（整体铸钢件），驱动侧和自由侧各一个。大托轮既能支撑炉体，同时又是加固炉体的结构，用楔子和环形塞子把大托轮安装在炉体上。大托轮由 4 组托架支承着，每组托架有 2 个托滚，托架上各个托滚负重均匀。驱动侧的托滚有凸边，自由侧的没有，炉体的热膨胀大部分由自

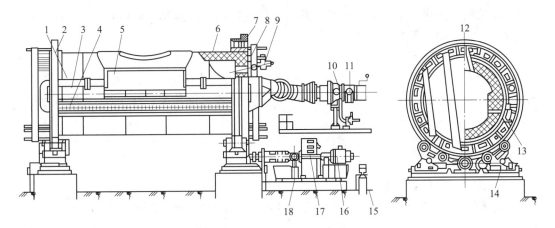

图 10-39　卧式侧吹（P-S）转炉结构（φ3.96m×9.14m）

1—转炉炉壳；2—轮箍；3—U 形配风管；4—集风管；5—挡板；6—衬砖；7—冠状齿轮；8—活动盖；
9—石英喷枪；10—填料盒；11—闸；12—炉口；13—风嘴；14—托轮；15—油槽；
16—电动机；17—变速箱；18—电磁制动器

由侧承担，因而对送风管的万向接头的影响较小。托滚轴承的轴套里放有特殊的固态润滑剂，可做无油轴承使用，并且配有手动润滑油泵，进行集中给油。在驱动侧的托轮旁用螺栓安装着炉体倾转用的大齿轮。大型转炉的大齿轮一般只有炉壳周长的 3/4，转炉便只能转动 270°。在炉壳内部多用镁质和镁铬质耐火砖砌成炉衬。

（2）炉口。炉口设于炉筒体中央或偏向一端，中心向后倾斜，供装料、放渣、放铜、排烟之用。炉口一般为整体铸钢件，采用镶嵌式与炉壳相连用螺栓固定在炉口支座上。炉口里面焊有加强筋板。炉口支座为钢板焊接结构，用螺栓安装在炉壳上。现代转炉大都采用长方形炉口。

我国采用水套炉口已取得成功。这种炉口由 8mm 厚的锅炉钢板焊成，并与保护板（亦称裙板）焊在一起。水套炉口进水温度一般为 25℃ 左右，出水温度一般为 50~70℃。实践表明，水套炉口能够减少炉口黏结物，大大缩短清理炉口的时间，减轻劳动强度，延长炉口寿命。

（3）风口。在转炉的后侧同一水平线上设有一排紧密排列的风口，压缩空气由此送入炉内熔体中，参与氧化反应。它由水平风管、风口底座、风口三通、弹子和消音器组成。风口三通（图 10-40）是铸钢件，用 2 个螺栓安装在炉体预先焊好的风口底座上。水平风口管通过螺纹与风口三通相连接。弹子装在风口三通的弹子室中。送风时，弹子因风压而压向弹子压环，与球面部位相接触，可防止漏风。机械捅风口时，虽然钎子把弹子捅入弹子室漏风，但钎子一

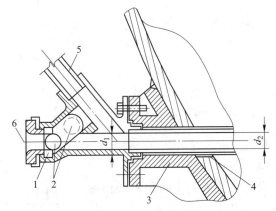

图 10-40　风口盒的结构

1—风口盒；2—钢球；3—风口座；4—风口管；5—支风管；
6—钢钎进出口；d_1、d_2—分别为水平风管的内外径

拔出来，风压又把弹子压向压环，以防漏风。消音器用于消除捅风口时产生的漏风噪声，由消音室、消音块、压缩弹簧和喇叭形压盖组成。

在炉体的大托轮上均匀地标有转炉的角度刻度，有一个指针固定在平台上指示角度的数值，操作人员在操作室内可以看到角度，从而可以了解转炉转动的角度，一般0°位置是捅风眼的位置，其他一些重要的角度有：60°为进料和停风的角度，75°～80°为加氧化渣的角度，140°为出铜时摇炉的极限位置。

（4）烟罩。卧式侧吹（P-S）转炉用三层烟罩，既提高了吹炼产出烟气SO$_2$浓度，又达到了环保的目的。

10.5.2.2　回转精炼炉的主要结构

回转式精炼炉主要由炉体、支承装置和驱动、控制系统四大部分组成。由于回转式精炼炉（理论上）可在180°范围内旋转，因此，所有与其连接的相关设施均应考虑挠性连接后再敷设刚性设施。相关配套设备主要有燃烧装置、助燃风系统、氧化剂、还原剂、蒸汽、压缩空气、冷却水及工艺配管等。回转式精炼炉的结构如图10-41所示。

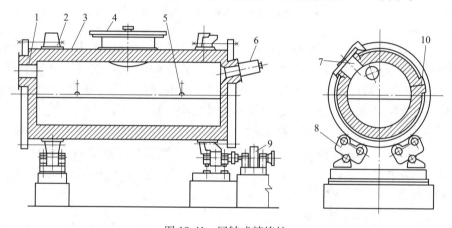

图 10-41　回转式精炼炉

1—排烟口；2—壳体；3—砖砌体；4—炉盖；5—氧化还原口；
6—燃烧口；7—炉口；8—托辊；9—传动装置；10—出铜口

回转式精炼炉的炉体是一个卧式圆筒，壳体用35～45mm的钢板卷成，两端头的金属端板采用压紧弹簧与圆筒连接，在筒体上设有支承用的滚圈和传动用的齿圈以及敷设的各种工艺管道，壳体内衬有耐火材料及隔热材料。回转式精炼炉的炉体上开有炉口、燃烧口、氧化还原孔、取样孔、出铜口、排烟口等各种孔口，各种孔口的方位如图10-42所示。

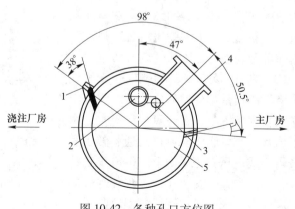

图 10-42　各种孔口方位图

1—出铜口；2—燃烧口；3—取样口；
4—加料倒渣口；5—氧化还原口

筒体的中部开有一个较大的水冷炉口（炉口大小依电解残极尺寸而定）。炉口采用气（或液）动启闭的炉口盖盖住，只有加料和倒渣时才打开。炉口中心向精炼车间主跨（配有行车）方向（或称炉前方）偏47°，加料时可向前方回转以配合行车加料（液态粗铜或一定的冷料以及造渣料等），而倒渣前在炉子底下放有渣包，炉子向前方回转倒渣。在炉口中心线下方50.5°的两侧各设有一个氧化还原孔（又称风眼），风眼角21°，风眼是套管式结构，由于风眼内管是易耗品，氧化还原过程中需要更换，因此结构上要便于装卸。

炉子内衬350~400mm厚的镁铬质耐火砖，外砌116mm厚的黏土砖，靠近钢壳内表面铺设10~20mm厚的耐火纤维板，砌层总厚度控制在500mm左右。由于风眼区部位的内衬腐蚀较为严重，需要经常修补，因此，风眼砖的设计要求采用组合砖型并便于检修。

10.5.3 卡尔多转炉

卡尔多转炉（Caldo）又称氧气斜吹转炉或氧气顶吹转炉。1957年，由瑞典的BO Kalling教授与该国的Domnarvet钢厂共同开发出用于处理高磷高硫生铁和废钢的这种转炉，取名为卡尔多炉。瑞典玻利顿金属公司于20世纪80年代开始使用倾斜式旋转转炉（卡尔多炉）直接炼铅。卡尔多转炉由于炉体倾斜而且旋转，增加了液态金属和液态渣的接触，提高了反应速度，炉衬受热均匀，侵蚀均匀，有利于延长炉子寿命。瑞典公司于1976年开始用卡尔多炉处理含铅锌烟尘，1978年建成熔炼铜精矿的工厂。我国金川有色金属公司自1973年开始，在1.5t的卡尔多炉内进行铜镍高硫分选后的产品镍精矿和铜精矿的半工业熔炼实验，之后又建成了容量为8t的生产炉子取代了原来的反射炉，用于吹炼高镍铜精矿，生产出的铜阳极板含镍低，至今一直担负着粗铜的脱镍任务。

卡尔多炉熔炼是间接操作的，对原料变化适应快。该设备的最大特点是能够处理各种原料，包括复杂铜精矿、氧化矿、各种品位的二次原料、烟灰、浸出渣、废旧金属等。

10.5.3.1 卡尔多炉的主要结构

卡尔多转炉炉体由两个支持圈托在一对或两对托轮上，每个托轮为单独的直流电动机驱动，能够带动炉体作绕轴线的旋转运动，如图10-43所示。

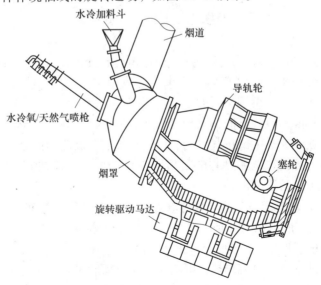

图10-43　卡尔多转炉示意图

炉体外壳为钢板，内砌铬镁砖。外径 3600mm，长 6500mm，操作倾角 28°，新砌炉工作容积 11m³。旋转速度为 0.5~30r/min。炉内衬底砖（125mm）和工作层砖（400mm）全部用铬镁砖砌筑。全套托轮与驱动装置被安放在倾动架上，以使炉体（以 0.1~1r/min 的转动速度）前后做 360°的圆周倾动。支撑圈与许多个膨胀元件相连，以保证在炉温发生变化时炉体和支撑圈间的弹性连接，并使旋转运动中产生的振动不会传送到驱动机构。由于炉体可以根据工艺要求按不同速度旋转，也可在加料、放渣、出料时前后倾转，因而使用十分方便。卡尔多转炉熔化物料或吹炼时炉体处于倾斜位置，一般与水平呈 17°~23°。供热、吹炼用的油氧枪和连续加料管安装在炉口前的活动烟罩上。炉子加料后倾动到吹炼位置，然后合上烟罩，放下油氧枪和连续加料管，调整不同的氧油比进行熔化或吹炼。

在炉子下面的通风坑道内有两个轨道式抬包车用于装运液体或固体产品。

10.5.3.2　卡尔多炉的作业

通常精矿由料管加入，较粗的炉料由烟罩内的移动溜槽加入。移开烟罩，倾动炉口至炉前进料位置，由包子倒入液体锍，大块冷料亦可用吊斗倒入。喷枪一般设置有 2 支，一支是氧气喷枪，多用单孔收缩型喷头；另一支是氧油喷枪，一般做成收缩型或拉瓦尔型。氧气喷枪还能在一定角度内摆动。炉口用可移动的密封烟气罩收集炉内烟气，烟气经烟道与沉降室后进入电收尘器。

卡尔多炉是间歇作业，操作频繁，烟气量和烟气成分呈周期性变化。

瑞典玻利顿公司隆斯卡尔冶炼厂卡尔多转炉既可处理铅精矿，又可处理二次铅原料。处理铅精矿时，处理能力为 330t/d，烟气量为 25000~30000m³/h。氧化熔炼时烟气含 SO_2 为 10.5%。倾斜式旋转转炉法吹炼 1t 铅精矿能耗为 400kW·h，比传统法流程生产的 2000kW·h 低很多。采用富氧后，烟气体积减小，提高了烟气中的 SO_2 浓度。卡尔多炉炼铅分为氧化与还原两个过程，在一台炉内周期性进行。氧化阶段鼓入含 60% O_2 的富氧空气，可以维持 1100℃左右的温度。为了得到含硫低的铅，氧化熔炼渣含铅不低于 35%。渣含铅每降低 10%，则粗铅含硫会升高 0.06%。

10.6　电　　炉

电炉是一种利用电热效应所产生的热来加热物料的设备，以实现预期的物理、化学变化。电炉与其他熔炼炉相比较具有如下优点：电热功率密度大，温度、气氛易于准确控制，热利用率高，渣量小，熔炼金属的总回收率高等。

按电能转变成热能的方式不同，电炉可分为电阻炉、电弧炉、感应炉、电子束炉、等离子炉等五大类。在每大类中又按其结构、用途、气氛及温度等而分成许多小类。

工业电炉实际运行时，电弧热与电阻热同时存在。按电弧热在总电热量中所占的比率，物料熔化过程可分为以下两种：

（1）以电弧热为主进行熔炼的炉叫作电弧炉。少渣炉就属于这种类型，例如硅铁炉。其料层结构如图 10-44 所示，上部是散料层，下部是熔体层，熔体层上部是渣层，而下部是硅铁。电极埋在散料层中，它的末端和渣面间产生电弧，形成埋弧空腔。散料层中产生电阻热，上升的热炉气对它对流传热，电弧对它也有辐射传热，因此散料被加热升温，但是不允许熔化，否则上部散料结壳，阻碍炉料下降，发生“膨料”故障。被预热的散料下降到渣面附近，受电弧的辐射加热，以及电弧通过对流换热（电弧冲击）的加热而熔化。电弧热大部分以辐射和对流的方式直接传给其下的熔体，使其过热，过热熔体向电极径向方向流动，以对流的方式加热下降到渣面处的炉料。

（2）以电阻热为主进行熔炼的炉叫作电阻炉。多渣炉就属于这种类型，如图 10-45 所示的冰铜熔炼炉，炉料（铜精矿与熔剂）从炉顶加料孔加入，浮动在渣面上；电极埋入渣层中，电热转换产生的热主要靠对流传热把炉料加热熔化，熔炼反应后产生冰铜，它的比重较炉渣大，冰铜沉淀汇集炉底。炉子连续生产，定期从渣口放渣，从冰铜口放出冰铜。

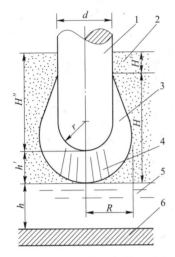

图 10-44　硅铁炉中的埋弧
1—电极；2—散料层；3—弧腔；
4—电弧；5—熔体；6—炭砖层

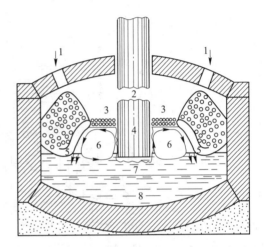

图 10-45　冰铜熔炼炉中炉料熔化过程示意图
1—下料口；2—炉膛空间；3—还原剂；
4—电极；5—正在熔化的炉料；
6—运动的炉渣；7—静止的炉渣；8—冰铜

10.6.1　矿热电炉

电阻炉在结构上是使电能转换为热能的设备。按热量产生的方法可分为间接加热式、直接加热式两类。在炉子内部有专用的电阻材料做发热元件，电流通过加热元件时产生热量加热制品，称为间接加热式；电源直接接在所需加热的材料上，使电流直接流过所需加热的材料而使材料自己发热达到加热效果，叫作直接加热式。

矿热电炉就是采用直接加热式的电阻炉。矿热电炉是靠电极的埋弧电热和物料的电阻电热来熔炼物料的一种电炉，主要类型有铁合金炉、冰铜炉、电石炉、黄磷炉等。

10.6.1.1　矿热电炉的工作原理

矿热炉中物料加热和电热转换同时在料层中进行，属于内热源加热，热阻小、热效率高，一般电热效率在 0.6~0.8。物料熔化是电热转换和传热过程的综合效果。电热量虽可被物料充分吸收，但是要靠传热过程传递热量才能实现工艺要求的物料熔化过程。

当电流在导体（电热元件）中流过时，因为任何导体均存在电阻，电能转变为热能，故按焦耳定律有：

$$Q = I^2 R t \tag{10-11}$$

式中　Q——热能，J；

I——电流，A（安培）；

R——电阻，Ω（欧姆）；

t——时间，s。

10.6.1.2　矿热电炉结构

矿热电炉主要由炉用变压器、短网系统、电极系统、炉体部、水冷系统、加料系统与除尘系统组成。矿热电炉本体一般由炉壳、钢结构、砌体、产品放出装置、加料装置、电极及电极升降、压放、导电装置、热工测量装置等组成。图 10-46 所示为一种连续作业式铁合金炉的结构。

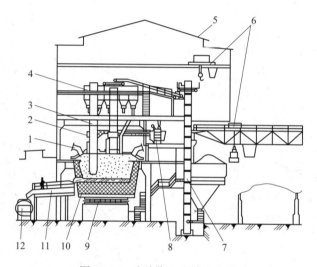

图 10-46　连续作业式铁合金炉

1—出气口；2—导电装置；3—电极；4—加料装置；5—厂房；6—行车；7—装料系统；
8—电炉变压器；9—炉体旋转托架；10—炉体；11—产品放出装置；12—装料桶

A　炉形

按电极排列方式，矿热电炉的炉型有电极三角排列型，包括圆形炉［图 10-47（a）］和三角形炉［图 10-47（b）］；电极直线排列型，包括矩形炉［图 10-47（c）］和椭圆形炉［图 10-47（d）］。典型的是圆形炉（如铁合金炉）和矩形炉（如冰铜炉）。

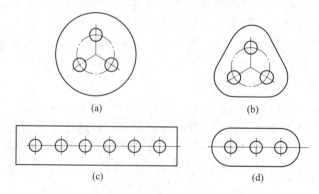

图 10-47　矿热电炉的炉型

（a）圆形炉；（b）三角形炉；（c）矩形炉；（d）椭圆形炉

与矩形炉相比，圆形炉的特点如下：（1）3 个电极成正三角排列，三相负载（工作电阻）和三相功率较均衡；（2）高温区较集中，炉心区间（三电极间）可能达到较高温度；（3）熔池单位截面对应的炉墙散热面较小，不仅可以降低热损失，而且允许较长停电时间；（4）可用机械转动炉身使炉内物料顺行。

与圆形炉相比较，矩形炉的特点如下：（1）炉体结构比较简单，附属机电设备（变压器、进出料机械）配置比较方便；（2）能配置 6 根电极，扩大熔炼区；（3）电极对物料运动的限制少，排除熔炼中产生的气体比较容易；（4）熔池各部位温差较小，不易发生局部过热。在有色冶炼中一般采用固定式矩形密闭电炉。

B　电极升降机构

矿热电炉应用石墨电极，按其焙烧成型方式分为预焙电极和自焙电极。预焙电极是炭素厂制品，自焙电极是随炉制作在使用中完成焙烧过程的电极，现在都用预焙电极。

电极升降机构由电极夹持器、横臂、立柱及传动机构等组成。电极夹持器由铬青铜夹头主体、紫铜压块及非导磁奥氏体不锈钢抱紧带组成，夹持器的夹紧用碟簧式，放松采用气动或液压。横臂用来支持电极夹头和布置二次导体（传统式）。近年采用铜-钢复合的和铝合金导电横臂，不但结构简单，而且强度高、阻抗低，后者还具有重量轻、反应灵敏等优点。电极立柱为钢质结构，它与横臂连接成一个 Γ 形结构，通过传动机构使立柱沿着固定的导向轮升降。电极升降驱动机构多为液压传动，起动、制动快，控制灵敏，速度高 12~18m/min。

10.6.2　电弧炉

电弧炉是利用电弧的电热来熔炼金属的一种电炉。在电弧炉中，存在一个或多个电弧，靠电弧放电作用把电能转变成热能，供给加热熔炼物料所需的热。按照电弧的特性可把电弧炉分为以下几类：

电弧炉 {
　间接——电弧在两电极之间，主要用于铜和铜合金的熔炼，熔炼质量差。
　直接——电弧在电极与物料之间 {
　　三相交流电弧炉
　　直流电弧炉
　　真空自耗炉
　}
　埋弧炉
}

工业上用的电弧炉可分为两类。第一类是直接电热式电弧炉。在这类电弧炉中，电弧发生在电极和被熔化的炉料之间，炉料受到电弧的接触（直接）加热。这类电弧炉主要有三相炼钢电弧炉、直流电弧炉和真空自耗炉。第二类是间接电热式电弧炉。在这类电炉中，电弧发生在两根专用的电极棒之间，而炉料只是受到电弧的传热（间接）加热。这类电弧炉主要用于铜和铜合金的熔炼，但由于噪声大、熔炼质量差等缺点，现已被其他熔炼炉代替。

10.6.2.1　直流电弧炉

直流电弧炉是指用直流电作为能源的电弧炉，利用电极和炉料（或熔池）间产生的电弧来发热，从而达到熔炼的目的。

A　工作原理

电弧是气体导电的现象之一，通常称为弧光放电。弧光放电是一种自激放电，表现为低电压（可以只是几十伏）、电流密度大（可达每平方厘米几百安培）、连续放出耀眼的弧光，产生的热量多、温度高。将固体或液体阴极加热时，其中自由电子吸收了热能，电子动能增加，当电子动能增大到足以克服其中正电荷的引力时，便逸出阴极表面向外发射，称热电子发射。热电子发射所需消耗的能量，称为电子的逸出功（$1eV = 1.59 \times 10^{-19} J$）。逸出功大小取决于材料的种类和表面情况等因素。当阴极材料一定时，阴极表面的热电子发射的电流密度（A/m^2）随着阴极温度的升高而急剧增加，为产生电弧，阴极必须达到较高的温度。

持续地维持电弧才能熔炼，维持电弧就需要在阴阳极间维持一定的电压（U_A）。

$$U_A = U_a + U_k + U_c \tag{10-12}$$

式中 U_a，U_k，U_c——分别为阳极压降、阴极压降与弧柱电压，V。

U_a 与 U_k 与电极材料、极间气体有关，当材料和极间气体一定，则二者皆为常数。弧柱电阻 R_c 与弧柱压降 U 的关系为：

$$U_c = IR_c = I \frac{l_c}{\gamma_c A_c} \tag{10-13}$$

式中 γ_c，A_c——分别为电弧的电导率（S/m）与电弧的截面积，m^2；

           I——弧阻随电流，A；

           l_c——电离度，%。

电场所引起的电离度主要取决于电场强度以及质点的自由程。气体在真空条件下电场引起的电离度较高。电场引起的气体电离中电子起主要作用。

电弧炉的伏安特性取决于炉子构造（如多大容量的炉子）、物料和炉中气氛，不随工作电压和外电阻改变）。直流电弧的伏安特性如图 10-48 所示。

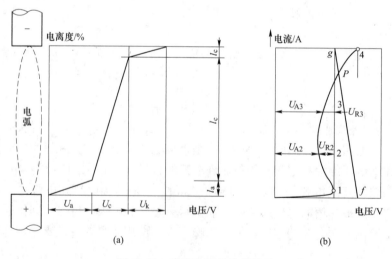

图 10-48   直流电弧的伏安特性

（a）电压 VS 电离度；（b）一定弧长的伏安线

电弧温度升高，电离度升高，弧柱压降减小。弧阻随电流变化，弧阻为非线性伏特性电阻，在图 10-48 中 1 点至 4 点的变化：1 点的燃弧电流最小；1—2 段随着电压 U_A 的增加，电流 I 还会有所下降。进一步随着弧温度 $T_弧$ 升高，2—3 段，U_c 变化不大，电流 I 增大；3—4 段，在较高温度下，随着 U_A 的增加，电流 I 大幅度增大。

直流电弧炉的工作电压在 1 点与 4 点之间的某个电压，在伏安特性曲线的上升段工作。在图 10-48 中，fg 为短网的伏安特性线，与直流电弧的伏安特性的交点 P 为工作点。工作电压和外电阻可根据需要选定或调整。工作电压一定时，改变弧长，则改变静态工作点。

直流电弧炉内的电热过程是，当两根电极与电源接通时，将两极作短时间的接触（短路），而后分开，保持一定距离，在两极之间就会出现电弧。实际上，仅仅是某些导电料的凸起点的接触，在这些接触地方通过大的短路电流，即电流密度很大，很快将接触处加热到较高的温度。电极分开以后，阴极表面产生热电子发射，发射出的电子在电场作用下朝阳极方向运动，在运动中碰撞气体的中性分子，使之电离为正离子和电子。此外电弧的高温使气体（包括金属的蒸气）发生热电离；电场的作用也使气体电离。产生的带电质点在电场吸引下，电子飞往阳极，正离子飞往阴极，因而使电流通过两极之间的气体。但是，电子质轻体小，到达阴极的可能性大，故电弧主要靠电子导电，在此过程中，放出大量的热和强烈的光。

B 直流电弧炉结构

直流电弧炉以一个通过炉顶中心垂直安装的石墨电极作为阴极。电极固定在电极夹持器上，而固定夹持器的柱子可沿转动台的导辊垂直移动。直流炉装有一支或多支石墨电极和一支或多支炉底电极。石墨电极是阴极，底电极是阳极，同时两电极保持在一条中心线上。底电极是直流电弧炉的主要结构部件，其冷却槽露出在炉壳外，而控制系统和信号系统可以连续监视底电极状况，以保证设备的安全运行。图 10-49 所示为直流炼钢电弧炉结构。

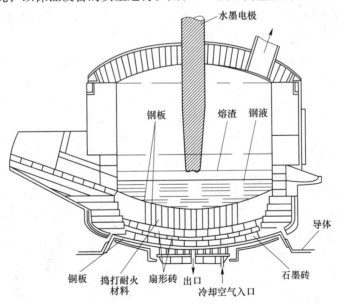

图 10-49 直流电弧炉

由于直流电不存在趋肤效应和邻近效应，在石墨电极截面中电流分布均匀，因此，电流密度可以取得大些。电流相同条件下，直流电弧炉的石墨电极尺寸比交流电弧炉要小一点。底电极的大小为中心电极的 2.5~5 倍。底电极的材料，可以是镁碳砖石墨或普通碳钢。底部电极与溶液接触部分将被烧熔，但在每次倒完钢水后，残留在炉膛内的钢水在底部电极凝结成块,而沉积在底电极顶端,使之"再生",为下一炉开炉做准备。因此,从"再生"意义上来说,用碳钢比石墨优越。

目前各国运行的直流电弧炉的差异主要是炉底电极结构形式不同。代表性的有法国CLECIM公司开发的钢棒式水冷底电极,德国CHH公司开发的触针式风冷底电极,奥地利DVAI公司开发的触片式底电极,瑞士ABB公司开发的导电炉底式风冷底电极。

直流电弧炉与交流电弧炉相比,具有电弧稳定、耐火材料消耗少、维修容易、短网损耗降低石墨电极的消耗减少的优点。

10.6.2.2　交流电弧炉

三相交流电弧炉是冶炼电炉钢的主要设备。虽然直流电弧形成的规律对交流电弧的形成也适用,但交流电电源瞬时电压是变化的,而且三相电存在相位差,所以交流电弧有自己的特殊规律,可以暂时中断,即可以不连续燃弧。

A　交流电弧炉的工作原理

三相电弧炉炉膛中参加热交换的物体是电弧、炉料和炉衬(包括炉壁和炉顶),三者共同构成一个封闭体系。电弧是热源,炉料是受热体,而炉衬是绝热体,它把炉料和电弧与外界大气隔离,减少热损失。在炉况正常时炉气量不大,为简化问题,不考虑它在炉膛传热中的作用。电弧炉炉膛热交换极其复杂,以辐射传热为主,如图10-50所示,同时存在下列传热过程:(1)电弧直接向熔池液面辐射;(2)电弧向炉衬的表面辐射;(3)炉衬内表面向熔池液面辐射;(4)炉衬内表面之间相互辐射;(5)熔池液面向炉衬内表面辐射;(6)熔池上表面向钢液内部传导和对流传热;7)通过炉衬、炉门、水冷件的散热。

B　交流电弧炉结构

成套炼钢电弧炉设备包括电炉本体、主电路设备、电炉控制设备和除尘设备四大部分。炼钢电弧炉的本体主要由炉缸、炉身、炉盖、电极及其升降装置、倾炉机构等几部分构成,如图10-51所示。

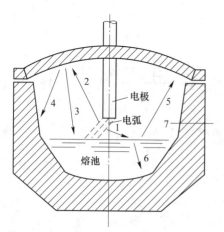

图 10-50　炉膛传热过程示意图

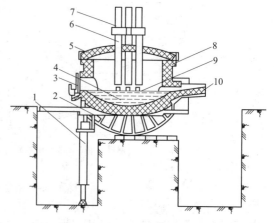

图 10-51　炼钢电弧炉示意图
1—倾炉用液压缸;2—倾炉摇架;3—炉门;
4—熔池;5—炉盖;6—电极;7—电极夹持器;
8—炉体;9—电弧;10—出钢槽

（1）炉缸。炉缸一般采用球形与圆锥形联合的形状，底为球形，熔池为截头锥形。圆锥侧面与垂线成 45°，球形底面高度 h_D 约为钢液总深度的 20%。球形底部的作用在于熔化初期易于聚集钢液，既可保护炉底，不使电弧直接在炉底燃烧，又可加速熔化。熔渣覆盖钢液减少钢液吸收气体。圆锥部侧面与垂线成 45°，保证出钢时炉体倾动 40° 左右就可以把钢液出净，并且便于补炉。

（2）炉膛。炉膛一般也是锥台形，炉墙倾角为 6°～7°。倾斜便于补炉，延长炉衬寿命。但倾角过大会增大炉壳直径，加大热损失，机械装置也要增加行程。

（3）电极位置。将 3 个电极经炉顶盖上的电极孔插入炉内，排列成等边三角形，使 3 个电极的圆心在一个圆周上，叫作电极极心圆或电极分布圆。电极分布圆确定了电极和电弧在炉中的位置，所以分布圆的半径是一个很重要的尺寸。电极分布圆太大，则炉壁的热点将过热，该部位的炉衬寿命短；过小，冷点处炉温不足，影响冶炼。

（4）炉顶拱度。炉顶很重，例如，日产 50t 的电弧炉的炉顶质量接近 5t，有时会因拱脚砖被压碎而报废。在生产实际中，炉顶中心部位容易损坏，引起炉顶砖塌落。原因是 3 个电极孔之间砖的支持力很弱。为防止炉顶砖塌落，炉顶拱高 h 不允许太高。也有采用 3 个电极孔处整体打结成一块预制块，或采用水冷、半水冷炉盖。

（5）炉壁。确定炉墙厚度的观点不一，欧洲电弧炉采用的炉壁较厚；而在美国，即使是大炉子，其壁厚也很少超过 350mm，小型炉炉壁厚一般只有 230mm，并且在砖和炉子壳之间不加绝缘层。因为炉壁内表面温度很高，炉壁厚度超过一定限度，散热损失减少有限，而耐火材料却大幅度增加，得不偿失。

（6）炉身结构与炉盖。炉身主要由炉壳、炉衬、出钢槽、炉门等几部分组成。电炉的炉壳是用钢板拼焊成的，其上部有的炉子做成双层，中间通水冷却。出钢槽连在炉壳上，内砌耐火材料。炉门下部有个开口，用来观察炉内情况、扒渣、加料等，平时用炉门盖掩盖。炉门一般用水冷，用气压或液压机构启闭。

电弧炉的砖砌炉盖有一个圆环形水冷的炉盖圈，是用钢板焊接成的，用它支撑耐火材料。炉盖用耐火材料（国内一般用高铝砖）砌成球拱形。炉盖上有 3 个呈正三角形对称布置的电极孔。炉盖耐火材料的寿命是一项重要技术经济指标，国内一般在 100 炉左右。美国马里奥钢铁公司的全水冷（喷水冷却）炉盖寿命可达 5000 炉次。

炉衬是电弧炉的重要部分。按炉衬材料化学性质不同，炼钢电弧炉分成碱性炉、酸性炉和中性炉三种。具体选用要查阅相关手册。

电弧炉的炉衬在工作时要承受电弧的高温辐射、固体炉料的撞击、液体金属和炉渣的冲刷，容易损坏，因此炉衬的寿命也就成了电弧炉的一项技术经济指标。目前国内电弧炉的半水冷炉衬寿命一般在 150～300 炉之间。

通入电弧炉的电流非常大，以 10t 炉为例，每根电极电流约达到 13kA，因此要求电极有良好的导电性，且耐高温和一定的机械强度，常用石墨电极。石墨电极的消耗指标直接影响炼钢成本，先进指标为 4.5kg/t 或更低至 3.25kg/t。

10.6.3 感应熔炼炉

感应炉是利用感应电流在物料内流动过程中产生热而把物料加热的一种电热设备。

10.6.3.1　感应炉的分类及用途

感应炉按频率不同可以分为以下几种：

（1）高频熔炼炉。熔炼贵重金属和特殊合金，也可以用于熔炼钢、铸铁和有色金属等。

（2）中频熔炼炉。熔炼钢、铸铁和有色金属等，也可降低频率和功率作为保温炉。

（3）工频熔炼炉。工频有心感应炉和工频无心感应炉。

感应炉按气氛不同可以分为以下几种：

（1）真空感应炉。用于耐热合金、磁性材料、电工合金、高强钢等的熔炼及核燃料的制取。

（2）非真空感应炉。见其他标准的非真空感应炉用途。

感应炉按原理和构造不同可以分为以下几种：

（1）有心感应炉。有铁芯穿过感应器，用工频电源供电，只适用于冶炼铜、锌、铸铁等金属料，不适用炼钢。

（2）无心感应炉。无铁芯穿过感应器，进一步分为工频感应炉、三倍频感应炉、发电机组中频感应炉、可控硅中频感应炉、高频感应炉。用于有色金属（铜、铝、锌等）的熔炼、铸造的保温（多于冲天炉双联作业），亦可进行铸铁的熔炼等。

常见感应炉的用途见表 10-2。

表 10-2　常见感应炉的用途

类别		用　途
感应熔炼炉	有心感应熔炼炉	铜、铝、锌等有色金属及其合金、铸铁的熔炼、保温，铁水和钢水的保温
	无心感应熔炼炉	钢、铸铁以及铜、铝、镁、锌等有色金属及合金的熔炼和保温。其中矮线圈炉用于保温；铁坩埚炉用于低熔点合金熔炼；高频炉多用于贵金属熔炼；真空感应熔炼炉用于高温合金、磁性材料、电工合金、高强度钢、核燃料铀等的熔炼
感应加热设备	感应透热设备	钢、铜、铝等金属材料在锻造、轧制、挤压前的加热；钢、铸铁等金属材料的退火、回火和正火；金属零件热装配（见感应透热设备）
	感应淬火设备	机械零件的表面淬火（见感应淬火设备）
	感应烧结设备	粉末冶金坯件的烧结或加压成型，通常在真空中进行（见真空感应烧结炉）

10.6.3.2　感应电热原理

在感应电炉中，用通交流电的感应器产生交变的电磁场，在位于磁场中的导电性物料中产生感应电动势和电流，感应电流在物料内流动过程中克服自身的电阻作用而产生热。各类感应炉，无论是有芯感应炉还是无芯感应炉，也不论工频、中频，还是高频，其基本电路都是由变频电源、电容器、感应线圈和坩埚中的金属炉料组成的（图 10-52）。变频电源有带有串联谐振输出的电压型逆变器与串联—拖二逆变器。串联—拖二逆变器就是一台双供电变频中频电源，可实现 2 台单供电变频电源的效果。但仅需 1 台变压器、1 条高压供电线路。

感应加热的原理是依据下述两则电学的基本定律：一条是法拉第电磁感应定律，另一条是焦耳-楞茨定律。

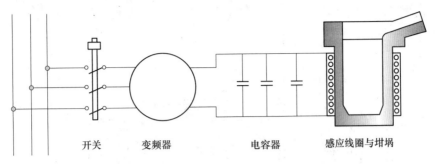

图 10-52 感应电炉的总体组成

当一座无芯感应炉的感应线圈中通有频率为 f 的交变电流时，会在感应圈包围的空间和四周产生一个交变磁场，该交变磁场的极性、磁感应强度和交变的频率随着产生该交变磁场的交变电流而变化。若感应线圈内砌有坩埚并装满金属炉料，则交变磁场的一部分磁力线将穿过金属炉料，磁力线的交变就相当于金属炉料与磁力线之间产生的切割磁力线的相对运动，因此，在金属炉料中将产生感应电动势（E），其大小可用式（10-14）确定：

$$E = 4.44\Phi fn \qquad (10\text{-}14)$$

式中　Φ——感应线圈中交变磁场的磁通量，Wb；

　　　f——交变电流的频率，Hz；

　　　n——炉料形成回路的匝数，通常 $n = 1$。

若要使炉料中产生较大的感应电势，从理论上可以采用增加磁通量、频率以及匝数的方法。但是，增加磁通量有困难，而炉料的匝数一般来说总等于 1，故为了提高感应电势，多用增加频率的方法。

由于金属炉料本身形成一闭合回路 t，所以在金属炉料中产生的感应电流（I）为：

$$I = \frac{4.44\Phi f}{R}A \qquad (10\text{-}15)$$

式中　R——金属炉料的有效电阻，Ω；

　　　A——闭合回路围成的面积，m^2。

焦耳-楞茨定律的形式见式（10-11），其又称为电流热效应原理。炉料的加热速率取决于感应电流、炉料的有效电阻以及通电时间，而感应电流又取决于感应电动势的大小，即穿过炉料的磁通量的大小和交变电流的频率。感应电流的大小取决于金属炉料料块的大小、炉料的导电性质以及装料的密实程度，不同炉料要求频率不同。

10.6.3.3　工频铁芯感应炉

工频铁芯感应炉由炉体、汇流母线、变频装置、水冷装置、炉前控制等 5 个部分组成。中频电炉的炉体由炉壳、感应线圈、炉衬、倾炉减速机等 4 个主要部分组成。图 10-53 所示为单相双熔沟立式熔铜有芯炉，有芯感应熔炼炉炉体一般由以下基本构件组成：

（1）铁芯。与变压器的相同，构成闭合导磁体，横截面呈多边形，以减少铁芯与感应器之间的间隙。

（2）感应器（即感应炉的线圈）。有芯炉皆采用工频电源，以减少感应器电损耗，提高电效率。感应器宜用内壁加厚的矩形或异形紫铜（即纯铜）管绕制。为增大单位长度的

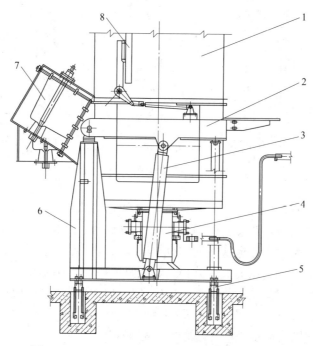

图 10-53　立式可倾倒熔锌有芯感应炉结构示意图

1—收尘罩；2—炉体；3—倾炉机构；4—感应体；5—称重系统；6—固定架；7—浇注头；8—活动炉盖

功率，感应器可做成双层。感应器可设置若干个抽头，以改变工作匝数，调节加热能力。感应器钢管内部必须通冷水，以排除铜管自身的焦耳热以及炉衬传导过来的炉料热损失，保护感应器绝缘层不被烧坏。如果感应器匝数多、水流阻力大，则将感应器分为若干并联的冷却段，保证冷却水出口温度不超过 50~55℃，防止温度过高而结水垢。

（3）熔沟。目前多用散状耐火材料捣筑。熔沟与感应器之间常有一不锈钢或黄铜制成的水冷套筒。熔沟内衬即捣筑于其表面。套筒的另一重要作用是保护感应器。若熔沟内衬开裂，可防止熔体漏出烧坏感应器。套筒必须沿轴向断开，避免产生感应电流而消耗电能。熔沟内衬寿命短而炉膛内衬寿命长。为此，现代有芯炉的熔沟常制成装配式。通过螺栓与钢过壳将熔沟与炉膛连接，熔沟内衬一旦烧坏，可方便更换。

10.6.3.4　工频无芯感应炉

无芯（坩埚式）感应熔炼炉不存在构成闭合磁路的铁芯，故俗称无芯感应熔炼炉，简称无芯炉。又因炉体为耐火材料坩埚，因此，也称为坩埚式感应熔炼炉。在有色金属材料生产中，无芯炉广泛用于铜、铝、锌等有色金属及其合金的熔炼。在钢铁工业中，用于合金钢与铸铁的熔炼。

图 10-54 所示为无芯感应熔炼炉结构简图。无芯感应炉主要由炉体、炉架、辅助装置、冷却系统和电源及控制系统组成。炉体包括炉壳、炉衬（坩埚）、感应器、磁轭及坚固装置等。被熔化的金属置于坩埚之中，坩埚外有隔热与绝缘层，绝缘层外紧贴感应器（线圈）。感应器外均匀分布若干磁轭（导磁体）。

（1）坩埚（炉衬）。无芯感应炉坩埚按材质可分为耐火材料坩埚和导电材料坩埚。耐火材料坩埚有打结的、浇铸成型的或砌筑的。现多为打结的，其材质按熔炼工艺要求分为

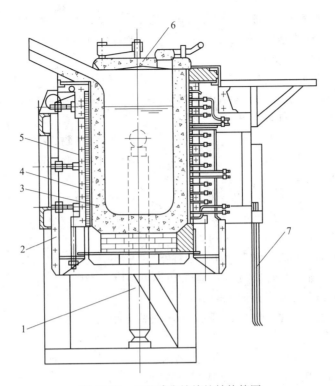

图 10-54　无芯感应熔炼炉结构简图

1—倾炉油缸；2—炉架；3—坩埚；4—导磁体；5—感应线圈；6—炉盖；7—铜排或水冷电缆

酸性、碱性和中性。导电材料坩埚有铸铁、铸钢、钢板、石墨等。

（2）感应器（感应线圈）。无芯感应熔炼炉的感应器一般为密绕的圆筒形状。

（3）磁轭（磁导）。磁轭主要起磁引导或磁屏蔽作用，以约束感应器的磁通量向外散发，从而防止炉壳、炉架及其他金属构架发热，同时可提高炉子的电效率和功率因数。磁轭由 0.2~0.35mm 厚的硅钢片叠制而成，一般选择多个磁轭，尽可能均匀分布在感应器外圆的圆周边上。

习　　题

10-1　单选题：

（1）影响实际燃烧温度的因素中，影响最弱的是（　　）。

A. 燃料的发热量、预热空气和煤气、使燃料完全燃烧、预热空气和煤气的混合、空气需要量

B. 风速、风压、风量

C. 预热空气和煤气、使燃料完全燃烧、富氧空气燃烧、减少燃烧产物传给周围物体的散热、提高燃烧强度

D. 预热空气和煤气、使燃料完全燃烧、燃料的发热量、空气消耗系数、富氧空气燃烧、减少燃烧产物带走的热、提高燃烧强度

（2）高温缺氧时，重油中的碳氢化合物发生热解。产生固体碳粒 C 和黑烟，表明燃烧不好。避免热解和热裂的措施有（　　）。

A. 尽量提高重油雾化质量　　　　　　　　　B. 改善油雾与空气混合

C. 使可燃混合气迅速加热到着火温度　　　　D. 在油中尽量多加水分

（3）硫化物矿物的燃烧形式有（　　　）。

A. 有焰燃烧和无焰燃烧方法　　　　　　　　B. 低氧浓度的燃烧和浸没燃烧

C. 固体硫化物矿物燃烧和液态硫化物矿物燃烧　D. 层状燃烧和粉状燃烧

（4）硫化矿燃烧时，影响着火温度的因素有（　　　）。

A. 硫化物矿物的熔化温度　　　　　　　　　B. 硫化物矿物的粒度

C. 硫化物矿物的结渣度　　　　　　　　　　D. 硫化物矿物的升华温度

（5）影响火焰传播速度的因素不包括（　　　）。

A. 可燃气体混合物中可燃气体含量比例　　　B. 环境空气温度

C. 燃气中惰性气体含量　　　　　　　　　　D. 燃烧孔管径的大小

（6）瓦纽柯夫炉的主要部件是（　　　）。

A. 炉缸、炉墙、隔墙、炉顶、风口、加料口、上升烟道、铜锍和放渣口

B. 由炉基、炉底、炉墙、炉顶、隔墙和内虹吸池及炉体钢结构

C. 固定的炉基部分和转动的炉体部分

D. 由两个支持圈托在一对托轮上带动炉体作绕轴线的旋转运动

（7）闪速炉有两种基本的炉形：（　　　）。

A. 一种是 ISA 闪速炉，另一种是奥托昆普闪速炉

B. 一种是 Inco 闪速炉，另一种是奥托昆普闪速炉

C. 一种是 Inco 闪速炉，另一种是 Kivst 法闪速炉

D. 一种是竖式闪速炉，另一种是卧式闪速炉

（8）下面叙述是闪速熔炼的突出优点，除了（　　　）。

A. 反应所需的热量，大部分或全部来自硫化物本身的强烈氧化放出的热

B. 烟气量小，有利于制酸，环境保护好

C. 床能力高，约 50~60t/（m² · d）

D. 渣含 Fe_3O_4 及渣含铜高，炉渣必须贫化

（9）下面是关于电炉的正确叙述，除了（　　　）。

A. 电炉是一种利用电热效应所产生的热来加热物料的设备，以实现预期的物理、化学变化

B. 矿热电炉是靠电极的埋弧电热和物料的电阻电热来熔炼物料的一种炉

C. 电弧炉是利用电弧的电热来熔炼金属的一种电炉。电弧炉电路连接分三类：三角形、星形与进端三角形/输出星形

D. 矿热电炉一般由炉壳、钢结构、砌体、产品放出装置、加料装置、电极及电极升降、压放、导电装置、热工测量装置等组成

（10）在 Kivcet 直接炼铅过程中，对炉料物规要求（　　　）。

A. 需达到水分小于 1%、粒度小于 1mm 的条件

B. 电流达 42 A，每小时耗电 727kW · h

C. 经球磨机研磨粉碎的物料大于 0.074 mm 的颗粒约占万分之一

D. 经球磨机研磨粉碎的物料大于 0.074 mm 的颗粒约占万分之三

10-2　竖炉中什么是"架顶"；为了避免这一现象，可采用什么方法？

10-3　简述炼铁高炉的本体结构，简要说明其工作原理。

10-4　简述氧气顶吹转炉的结构和作业步骤。

10-5　简述闪速炉的结构和各部件的要求。

10-6　比较熔池熔炼与闪速熔炼时硫化矿燃烧的设备、工作原理及特点。

10-7　简述矿热电炉的结构和各部件的功能。

10-8　简述感应炉的结构和工作原理。

10-9　举例说明有色金属硫化矿燃烧的方法和注意事项。

10-10　简述一种底吹炉的结构和工作原理。

参 考 文 献

[1] 蒋继穆. 论重有色冶炼设备的发展趋势 [J]. 有色设备, 2010 (6): 1~4.

[2] 廖新勤. 我国铝冶炼设备的现状及发展方向 [J]. 有色设备, 2010 (6): 5~7.

[3] 坛论文集委员会. 浅谈浓相在氧化铝输送中的高效节能运行 [C] // 2007 中国国际铝冶金技术论坛论文集. 北京: 冶金工业出版社, 2007 (6): 35~37.

[4] 朱云. 冶金设备 [M]. 2 版. 北京: 冶金工业出版社, 2013.

[5] 王鹏业. 多级离心泵内流与流致噪声特性研究 [D]. 兰州: 动力工程兰州理工大学, 2019.

[6] 李海洋. 龙门刨床数控系统与罗茨鼓风机叶轮型线的研究 [D]. 淄博: 山东理工大学, 2011.

[7] 姜新喜, 范丘林. 一种实用新型往复式液压隔膜泵的探究 [J]. 中国科技纵横, 2020 (13): 71~72.

[8] 周永芳, 孙梅. 气动隔膜泵的工作特性分析 [J]. 农机使用与维修, 2021 (1): 49~50.

[9] 杨世铭, 陶文铨. 传热学 [M]. 4 版. 北京: 高等教育出版社出版, 2006.

[10] 金琦凡, 王宏光. 冷却塔评价指标研究与冷却数应用 [J]. 建筑节能, 2020 (6): 132~136.

[11] 孟继安. 套管强化换热单元组件及穿透混合旋流高效套管式换热器: 中国, CN10776409A [P]. 2018-06-19.

[12] 陈琼光. 板式换热器板片结构参数对换热性能影响的分析 [D]. 沈阳: 东北大学, 2016.

[13] 冯燕波, 唐文权, 陈秀娟. 三座热风炉采用"一烧两送热并联"创新工艺 [J]. 天津冶金, 2020 (2): 13~14.

[14] 张军锋, 刘庆帅, 葛耀君. 子午线型参数对冷却塔结构特性的影响 [J]. 应用力学学报, 2020, 37 (4): 1597~1606.

[15] 金琦凡, 王宏光. 冷却塔评价指标研究与冷却数应用 [J]. 建筑节能, 2020, 48 (6): 132~138.

[16] 凡刘佳, 史玉涛, 张烽. 逆流式冷却塔热力性能数值模拟及改进分析 [J]. 能源化工, 2020, 41 (1): 11~16.

[17] 王亮. 钕铁硼酸溶导流筒搅拌槽三维流场与混合过程的研究分析 [D]. 赣州: 江西理工大学, 2018.

[18] 曹创. 气体分布器对搅拌釜内气液分散特性的影响 [D]. 武汉: 华东理工大学, 2013.

[19] 李鹏, 王仕博, 王华. 底吹熔池氧枪排布对气体振荡射流强化搅拌效果的定量评价 [J]. 中国有色金属学报, 2020, 30 (7): 1653~1664.

[20] 乔志洪. 一种辊式电磁搅拌装置新型支承托辊结构的研究 [J]. 机电产品开发与创新, 2019, 32 (4): 52~54.

[21] 訾福宁, 谭冠军, 林富贵. 双对辊式电磁搅拌装置在板坯连铸机上的应用 [J]. 连铸, 2012, 32 (4): 29~32.

[22] 汤景明. 第 2 讲: 无心炉的炉料、电磁搅拌、允许最大功率及坩埚尺寸的确定 [J]. 工业加热, 2000, 32 (4): 54~56.

[23] 陈启东, 孙越高. 复合型旋流分离器: 中国, CN106111360A [P]. 2016-11-16.

[24] 韩伟. 6m 浓密机结构创新 [J]. 中国新技术新产品, 2014 (10): 119.

[25] 张宏钧, 陶成强. 过滤分离器结构的优化 [J]. 化工设计通讯, 2019, 54 (6): 157.

[26] 潘威丞. 紧凑型静电聚结分离器的设计及实验研究 [D]. 北京: 北京化工大学, 2019.

[27] 陈艳飞, 张保玉, 乌仁娜. 基于颗粒塑料的摩擦式静电分离器整体性能的废旧电气和电子设备改进 [J]. 绿色料技, 2019, 54 (4): 171~173.

[28] 刘殿宇. 蒸发器工艺设计计算及应用 [M]. 北京: 化学工业出版社, 2020.

[29] 李州, 秦炜. 液-液萃取 [M]. 北京: 化学工业出版社, 2013.

[30] 叶庆国, 陶旭梅, 徐东彦. 分离工程 [M]. 2 版. 北京: 化学工业出版社, 2017.

[31] 马尚润，朱福兴，李开华．提高流水线镁电解电解槽使用寿命生产实践［J］．有色金属（冶炼部分），2020（8）：56~58．

[32] 郑正，冯勇，昌克云，等．一种高纯铜生产用电解液循环装置：中国，CN210945808U［P］.2020-07-07.

[33] 张洪亮，田应甫，成海燕，等．一种金属预焙阳极铝电解槽密封槽罩：中国，CN208328140U［P］.2019-01-04.

[34] 周廷熙，张勇，钱清．一种铅电解阴极导电棒拔棒机：中国，授权 CN201176460Y［P］.2009-01-07.

[35] 蔡兵，李正中，叶锋．云锡铜业 ISA 电解试生产实践［J］．中国有色冶金，2016（2）：25~27．

[36] 陈德华，郭鑫，叶锋．锌电解自动剥板机在云南某冶炼厂的应用［J］．矿冶，2019，28（3）：94~96．

[37] 何金辉．制钠电解槽结构优化的模拟研究［D］．包头：内蒙古科技大学，2013.

[38] 张朝辉，袁昆鹏，巨建涛．19m^2 竖炉改造及效果［J］．烧结球团，2012，37（6）：51~53．

[39] 李秀敏，张晓林．回转圆筒干燥器主要技术参数的确定［J］．工业炉，2011，33（6）：43~45．

[40] 崔红红．109m^2 沸腾焙烧炉产能释放的浅析［J］．甘肃冶金，2020，42（5）：21~22．

[41] 许良．大型流态化焙烧炉生产能力分析［J］．中国有色冶金，2020（3）：41.

[42] 张小平，李志永，康惠萍，等．回转式精炼炉托辊装置强度分析［J］．太原重型机械学院学报，2003，24（4）：254~255．

[43] 崔慧君．大型回转式铜精炼炉的优化设计［D］．武汉：机械工程华中科技大学，2006.

[44] 武汉威林炉衬材料有限责任公司．高炉砌筑技术手册［M］．北京：冶金工业出版社，2006.

[45] 罗银华．富邦富氧侧吹熔炼炉技改实践［J］．中国有色冶金，2014（2）：51~52．

[46] 张小明，袁刘旸，袁唐斌．和鼎侧吹熔炼炉技术改造［J］．有色冶金设计与研究，2019，40（3）：14~16．

[47] 李家合，吴克富．闪速炉反应塔结构与砌筑的探讨［J］．甘肃冶金，2020，42（3）：24~26．

冶金工业出版社部分图书推荐

书　名	作　者	定价（元）
中国冶金百科全书·有色金属冶金	编委会	248.00
湿法冶金手册	陈家镛	298.00
湿法冶金原理	马荣骏	160.00
有色金属资源循环利用	邱定蕃	65.00
金属及矿产品深加工	戴永年	118.00
预焙槽炼铝（第3版）	邱竹贤	89.00
现代铝电解	刘业翔	148.00
冶金设备及自动化（本科教材）	王立萍	29.00
有色冶金概论（第3版）（本科教材）	华一新	49.00
有色金属真空冶金（第2版）（本科国规教材）	戴永年	36.00
有色冶金化工过程原理及设备（第2版）（本科国规教材）	郭年祥	49.00
有色冶金炉（本科国规教材）	周子民	35.00
重金属冶金学（第2版）（本科教材）	翟秀静	55.00
冶金设备课程设计（本科教材）	朱云	19.00
冶金设备及自动化（本科教材）	王立萍	29.00
钢铁冶金学（炼铁部分）（第4版）（本科教材）	吴胜利	65.00
现代冶金工艺学——钢铁冶金卷（第2版）（国规教材）	朱苗勇	75.00
热工测量仪表（第2版）（国规教材）	张华	46.00
金属材料学（第3版）（国规教材）	强文江	66.00
冶金物理化学（本科教材）	张家芸	39.00
金属学原理（第3版）（上册）（本科教材）	余永宁	78.00
金属学原理（第3版）（中册）（本科教材）	余永宁	64.00
金属学原理（第3版）（下册）（本科教材）	余永宁	55.00
冶金宏观动力学基础（本科教材）	孟繁明	36.00
冶金传输原理（本科教材）	刘坤	46.00
炼铁设备及车间设计（第2版）（高职国规教材）	万新	29.00
炼钢设备及车间设计（第2版）（高职国规教材）	王令福	25.00
铁合金生产工艺与设备（第2版）（高职高专国规教材）	刘卫	45.00
矿热炉控制与操作（第2版）（高职高专国规教材）	石富	39.00
炼铁工艺及设备（高职高专教材）	郑金星	49.00
炼钢工艺及设备（高职高专教材）	郑金星	49.00
高炉炼铁设备（高职高专教材）	王宏启	36.00
干熄焦生产操作与设备维护（职业技能培训教材）	罗时政	70.00
炼铁技术（高职高专教材）	卢宇飞	29.00